微 积 分（I）

张玉莲　陈　仲　编著

东 南 大 学 出 版 社
·南京·

内 容 提 要

本书是普通高校"独立学院"本科理工类专业微积分(或高等数学)课程的教材.全书有两册,其中《微积分(Ⅰ)》包含极限与连续、导数与微分、不定积分与定积分、空间解析几何等四章,《微积分(Ⅱ)》包含多元函数微分学、二重积分与三重积分、曲线积分与曲面积分、数项级数与幂级数、微分方程等五章.

本书在深度和广度上符合教育部审定的"高等院校非数学专业高等数学课程教学基本要求",并参照教育部考试中心颁发的《全国硕士研究生招生考试数学考试大纲》中数学一与数学二的知识范围,编写的立足点是基础与应用并重,注重数学的思想和方法,注重几何背景和实际意义,并适当地渗透现代数学思想及对部分内容进行更新与优化,适合独立学院培养高素质的具有创新精神的应用型人才的目标.

本书结构严谨,难易适度,语言简洁,既可作为独立学院等高校本科理工科学生学习微积分课程的教材,也可作为科技工作者自学微积分的参考书.

图书在版编目(CIP)数据

微积分.Ⅰ/张玉莲,陈仲编著. — 南京：东南大学出版社,2018.6

ISBN 978 - 7 - 5641 - 7784 - 3

Ⅰ.①微… Ⅱ.①张… ②陈… Ⅲ.①微积分－高等学校－教材 Ⅳ.①O172

中国版本图书馆 CIP 数据核字(2018)第 111113 号

微积分(Ⅰ)

出版发行	东南大学出版社
社　　址	南京市四牌楼 2 号(邮编:210096)
出版人	江建中
责任编辑	吉雄飞(联系电话:025 - 83793169)
经　　销	全国各地新华书店
印　　刷	南京京新印刷厂
开　　本	700mm×1000mm　1/16
印　　张	18.5
字　　数	363 千字
版　　次	2018 年 6 月第 1 版
印　　次	2018 年 6 月第 1 次印刷
书　　号	ISBN 978 - 7 - 5641 - 7784 - 3
定　　价	40.00 元

本社图书若有印装质量问题,请直接与营销部联系,电话:025 - 83791830。

前　　言

　　著名的德国数学家高斯曾说:"数学是科学的皇后".人类的实践也已证明数学是所有科学的共同"语言",是学习所有自然科学的"钥匙",而数学素养更是成为衡量一个国家科技水平的重要标志.独立学院理工类微积分课程是培养高素质应用型人才的重要的必修课,我们编写该课程教材的立足点是基础与应用并重,以提高学生数学素养为根本目标.

　　在基础与应用并重的思想指导下,我们编写了微积分课程的教学大纲,设计了课时安排,教材编写与教学实践密切结合,并多次修改力求完善.在编写过程中,我们努力做到:

　　(1) 在深度和广度上符合教育部审定的"高等院校非数学专业高等数学课程教学基本要求",并参照教育部考试中心颁发的《全国硕士研究生招生考试数学考试大纲》中数学一与数学二的知识范围.在独立学院中,有不少学生是因为高考发挥失常而没有考上理想的高校,进入独立学院后他们发奋努力,立志考研.我们编写教材时,在广度上尽可能达到考研的知识范围.

　　(2) 注重数学的思想和方法,适当地渗透现代数学思想,并运用部分近代数学的术语与符号,以求符合独立学院培养高素质的具有创新精神的应用型人才的目标.教材除了使学生获得微积分的基本概念、基本理论和基本方法外,还要让学生受到一定的科学训练,学到数学思想方法,为其学习后继课程提供必要的数学基础,并为其毕业后胜任工作或继续深造积累潜在的能力.

　　(3) 通过教学研究,将一些经典定理、公式的结论或证明加以更新与优化.如此,既改革了教学内容,又丰富了微积分学的内涵.

　　(4) 对于基本概念和重要定理注重几何背景和实际意义的介绍;对重要的、比较难理解的命题尽量给出几何解释,让学生对微积分的内容能有较好的理解.

　　我们的目标是全书结构严谨,难易适度,语言简洁,既适合培养目标,又贴近教学实际,便于教与学.

　　本书分两册,其中《微积分(Ⅰ)》包含极限与连续、导数与微分、不定积分与定积分、空间解析几何等四章,《微积分(Ⅱ)》包含多元函数微分学、二重积分与三重积分、曲线积分与曲面积分、数项级数与幂级数、微分方程等五章.对数学要求较高的理工类专业,如电子、通信、电气、计算机等,本书可分两个学期讲授,第一学期讲授《微积分(Ⅰ)》,第二学期讲授《微积分(Ⅱ)》;其他理工类专业,如土木、地质、环境、化工等,本书可与《线性代数》分两个学期讲授,第一学期讲授《微积分(Ⅰ)》,第二学期讲授《微积分(Ⅱ)》与《线性代数》的基本内容(如略去三重积分、曲线积分与曲面积分、基变换·坐标变换、二次型等).本书在附录部分提供了微积分课程的教学课时安排建议,供授课老师参考。

书中用 * 标出的部分为较难内容,供任课教师选用,一般留给学生课外自学.书中习题分 A,B 两组,A 组为基本要求,B 组为较高要求,每一章末还配有复习题,供学有余力的学生练习.书末附有习题答案与提示.

本书《微积分(Ⅰ)》由张玉莲、陈仲编著,陈仲写第 1,4 章,张玉莲写第 2,3 章;《微积分(Ⅱ)》由陈仲、王夕予、林小围编著,陈仲写第 5,6 章,王夕予写第 7,8 章,林小围写第 9 章.

感谢金陵学院教务处和基础教学部对编者的关心,感谢钱钟教授、王均义教授、黄卫华教授和王建民主任对编者的支持,感谢范克新、邓建平、袁明霞、马荣、章丽霞、魏云峰、邵宝刚等老师使用本书讲授微积分课程,并给编者提供宝贵的修改建议.感谢东南大学出版社吉雄飞编辑的认真负责和悉心编校,使本书质量大有提高.

书中不足与错误难免,敬请智者不吝赐教.

编　者

2018.2 于南京大学

目　　录

1 极限与连续

微积分学的主要内容是导数与积分,这两个概念都是某种形式的极限,因此极限是微积分学的基础,学好极限概念将有助于学好"微积分"这门课程.

1.1 预备知识

1.1.1 常用的逻辑符号与数学符号

(1)"$\forall$"表示"**任给**",也表示"任取"、"对一切的"、"对于任意一个"等.例如:"$\forall \varepsilon > 0$"表示"任给正数ε".

(2)"$\exists$"表示"**存在**",也表示"存在某个"、"至少有一个"等.例如:"$\exists \delta > 0$"表示"存在正数δ".

(3)"$\Rightarrow$"表示"**推出**",也表示"使得"、"蕴含"等.例如:"$A \Rightarrow B$"表示"如果命题A成立,可推出命题B成立";"命题A是命题B的充分条件";"命题B是命题A的必要条件".

(4)"$\Leftrightarrow$"表示"**等价**",也表示"充分必要"等.例如:"$A \Leftrightarrow B$"表示"命题A等价于命题B";"命题B是命题A成立的充要条件".

(5)"$\xlongequal{\text{def}}$"表示"**定义**".例如:"$A \xlongequal{\text{def}} B$"表示"命题$A$的定义是命题$B$";"用命题$B$来定义命题$A$".

(6)"max"表示"**最大**".例如:$\max\{1,2,3\} = 3$.

(7)"min"表示"**最小**".例如:$\min\{1,2,3\} = 1$.

(8)"$\sum\limits_{i=1}^{n}$"表示"**求和**".例如:$\sum\limits_{i=1}^{n} a_i = a_1 + a_2 + \cdots + a_n$.

(9)"$\prod\limits_{i=1}^{n}$"表示"**求积**".例如:$\prod\limits_{i=1}^{n} a_i = a_1 a_2 \cdots a_n$.

(10)"$\square$"表示"**证毕**".一个定理或命题证明完毕,尾部记$\square$表示证毕.

正确运用上述逻辑符号与数学符号,可大大简化文字叙述,言简意赅.

1.1.2 集合

1) 集合的基本概念

我们将具有某种特定性质的一组事物的全体称为**集合**,记为$A = \{x \mid x$ 具有某种性质}，或 $\mathscr{A}=\{f\mid f$ 具有某种性质$\}$. 一集合中的每个个体称为该集合的**元素**. 若 a 是集合 A 的元素，记为 $a\in A$；若 a 不是集合 A 的元素，记为 $a\notin A$. 一般的，用 $A,B,C,D,\cdots$ 或花体字 $\mathscr{A},\mathscr{B},\mathscr{C},\mathscr{D},\cdots$ 表示集合，用 $a,b,c,\cdots$ 表示元素.

集合中的元素具有确定性、互异性、无序性.

只含有限多个元素的集合称为**有限集**，有限集常用列举法表示，如集合 A 有有限个元素 $a,b,c,\cdots,f$，则 $A=\{a,b,c,\cdots,f\}$；含有无限多个元素的集合称为**无限集**.

给定两个集合 A,B，若 $\forall a\in A\Rightarrow a\in B$，则称 A 是 B 的**子集**，记为 $A\subseteq B$. 若 $A\subseteq B$，且 $\exists b\in B$，使得 $b\notin A$，则称 A 是 B 的**真子集**，记为 $A\subset B$. 不含任何元素的集合称为**空集**，记为 $\varnothing$. 我们规定空集是任何集合的子集，即对任意集合 A，有 $\varnothing\subseteq A$. 例如 $A=\{0,1\}$ 时，A 的全部子集是 $\{0\},\{1\},\{0,1\},\varnothing$.

2）集合的并、交、差运算

定义 1.1.1 设 A,B 是集合，则集合 A 与 B 的并、交、差分别定义为

$$A\bigcup B\xlongequal{\text{def}}\{x\mid x\in A\text{ 或 }x\in B\}$$

$$A\bigcap B\xlongequal{\text{def}}\{x\mid x\in A\text{ 且 }x\in B\}$$

$$A\backslash B\xlongequal{\text{def}}\{x\mid x\in A,\text{但 }x\notin B\}$$

关于集合的并、交、差，有下列性质（证明从略）.

定理 1.1.1 设 A,B,C 是集合，则有

$$A\bigcup B=B\bigcup A,\quad A\bigcap B=B\bigcap A \qquad \textbf{（交换律）}$$

$$(A\bigcup B)\bigcup C=A\bigcup(B\bigcup C),\quad (A\bigcap B)\bigcap C=A\bigcap(B\bigcap C)$$

$$\textbf{（结合律）}$$

$$(A\bigcup B)\bigcap C=(A\bigcap C)\bigcup(B\bigcap C),\quad (A\bigcap B)\bigcup C=(A\bigcup C)\bigcap(B\bigcup C)$$

$$\textbf{（分配律）}$$

$$\overline{A\bigcup B}=\overline{A}\bigcap\overline{B},\quad \overline{A\bigcap B}=\overline{A}\bigcup\overline{B} \qquad \textbf{（德·摩根[①]律）}$$

注 在研究集合与集合之间的关系时，常将具有某种性质的研究对象的全体称为**全集**，记为 Ω. 若 A 是 Ω 的子集，称 $\Omega\backslash A$ 为 A 的**补集**，记为 $\overline{A}$.

3）常用的数集

自然数集 $\quad$ $\mathbf{N}\xlongequal{\text{def}}\{x\mid x=0,1,2,3,\cdots,n,\cdots\}$

正整数集 $\quad$ $\mathbf{N}^*\xlongequal{\text{def}}\{x\mid x=1,2,3,\cdots,n,\cdots\}$

整数集 $\quad$ $\mathbf{Z}\xlongequal{\text{def}}\{x\mid x=0,\pm1,\pm2,\pm3,\cdots,\pm n,\cdots\}$

---

①德·摩根（De Morgan），1806—1871，英国数学家.

有理数集 $\mathbf{Q} \stackrel{\text{def}}{=\!=} \left\{ x \,\middle|\, x = \dfrac{p}{q}, p \in \mathbf{Z}, q \in \mathbf{N}^*, \text{且 } p \text{ 与 } q \text{ 互素} \right\}$

有理数总可用有限小数或无限循环小数表示,我们将无限不循环小数称为**无理数**,有理数与无理数统称为**实数**,而全体实数的集合称为**实数集**,记为 **R**. 实数在几何上用数轴上的点表示,数轴上的每一点表示一个实数.

有时,我们在表示数集的字母的右上角加上符号"$*$"或"$+$"或"$-$",表示该数集的某特定子集. 例如:

$$\mathbf{R}^* = \{x \mid x \in \mathbf{R}, x \neq 0\}, \quad \mathbf{R}^+ = \{x \mid x \in \mathbf{R}, x > 0\}$$
$$\mathbf{R}^- = \{x \mid x \in \mathbf{R}, x < 0\}$$

下面是本书在空间解析几何和多元函数中常用的与实数集有关的几个集合:

二维平面　　　　$\mathbf{R}^2 \stackrel{\text{def}}{=\!=} \{(x, y) \mid x \in \mathbf{R}, y \in \mathbf{R}\}$

三维空间　　　　$\mathbf{R}^3 \stackrel{\text{def}}{=\!=} \{(x, y, z) \mid x \in \mathbf{R}, y \in \mathbf{R}, z \in \mathbf{R}\}$

***n* 维空间**　　　$\mathbf{R}^n \stackrel{\text{def}}{=\!=} \{(x_1, x_2, x_3, \cdots, x_n) \mid x_i \in \mathbf{R}, i = 1, 2, 3, \cdots, n\}$

4) 邻域

定义 1.1.2(邻域)　设 $a, \delta \in \mathbf{R}$,且 $\delta > 0$.

(1) $U_\delta(a) \stackrel{\text{def}}{=\!=} \{x \mid |x - a| < \delta\}$,称 $U_\delta(a)$ 为**点 a 的 δ 邻域**,并称点 a 为邻域的中心,称 δ 为邻域的半径;

(2) $U_\delta^\circ(a) \stackrel{\text{def}}{=\!=} \{x \mid x \in U_\delta(a), x \neq a\}$,称 $U_\delta^\circ(a)$ 为**点 a 的去心 δ 邻域**;

(3) $U_\delta^+(a) \stackrel{\text{def}}{=\!=} \{x \mid x \in U_\delta(a), x > a\}$,称 $U_\delta^+(a)$ 为**点 a 的右 δ 邻域**;

(4) $U_\delta^-(a) \stackrel{\text{def}}{=\!=} \{x \mid x \in U_\delta(a), x < a\}$,称 $U_\delta^-(a)$ 为**点 a 的左 δ 邻域**.

1.1.3　排列与组合

1) 排列

从 n 个不同元素中任取 $m(1 \leqslant m \leqslant n)$ 个不同元素并按照一定的顺序排成一列,叫做从 n 个不同元素中取出 m 个不同元素的一个**排列**. 从 n 个不同元素中取出 m 个不同元素的所有排列的个数称为**排列数**,记为 P_n^m,且

$$P_n^m = n(n-1)(n-2)\cdots(n-m+1) = \frac{n!}{(n-m)!}$$

2) 组合

从 n 个不同元素中任取 $m(1 \leqslant m \leqslant n)$ 个不同元素并成一组,叫做从 n 个不同元素中取出 m 个不同元素的一个**组合**. 从 n 个不同元素中取出 m 个不同元素的所有组合的个数称为**组合数**,记为 C_n^m,且

$$C_n^m = \frac{n(n-1)(n-2)\cdots(n-m+1)}{m!} = \frac{n!}{m!(n-m)!}$$

3）排列与组合的重要性质

应用排列数与组合数的公式，容易证明下列重要性质（证明留给读者）：

（1）$nP_n^n = P_{n+1}^{n+1} - P_n^n$；

（2）$P_1^1 + 2P_2^2 + 3P_3^3 + \cdots + nP_n^n = P_{n+1}^{n+1} - 1$；

（3）$C_n^m = C_n^{n-m}$；

（4）$C_{n+1}^m = C_n^m + C_n^{m-1}$.

1.1.4　数学归纳法

在微积分和现代数学的各学科中，数学归纳法是证明一个命题成立常用的数学方法，有时甚至是不可替代的方法.

在数学中，证明与所有正整数有关的命题 $P(n)$ 时常用数学归纳法. 数学归纳法分第一数学归纳法和第二数学归纳法. **第一数学归纳法**证明的步骤如下：

（1）证明 $n = 1$（或为其他某个正整数）时命题成立，即 $P(1)$ 成立；

（2）对任意正整数 $n(n \geqslant 2)$，假设 $P(n)$ 成立；

（3）从（2）中的假设出发，证明 $P(n+1)$ 一定成立，

则有结论：命题 $P(n)$ 对一切正整数成立.

第二数学归纳法证明的步骤如下：

（1）证明 $n = 1$（或为其他某个正整数）时命题成立，即 $P(1)$ 成立；

（2）对任意正整数 $n(n \geqslant 2)$，假设 $P(2), P(3), \cdots, P(n)$ 成立；

（3）从（2）中的假设出发，证明 $P(n+1)$ 一定成立，

则有结论：命题 $P(n)$ 对一切正整数成立.

例1 证明**二项式定理**：设 $a, b \in \mathbf{R}, n \in \mathbf{N}^*$，则

$$(a+b)^n = a^n + C_n^1 a^{n-1}b + C_n^2 a^{n-2}b^2 + \cdots + C_n^{n-1}ab^{n-1} + b^n$$

证 记 $C_n^0 = 1$，则上式可写为

$$(a+b)^n = \sum_{i=0}^n C_n^i a^{n-i}b^i \tag{1.1.1}_n$$

当 $n = 1$ 时，左边 $= a+b$，右边 $= a+b$，所以式 $(1.1.1)_1$ 成立. 归纳假设式 $(1.1.1)_n$ 成立，则此式两边乘以 $(a+b)$ 得

$$(a+b)^{n+1} = (a+b)\sum_{i=0}^n C_n^i a^{n-i}b^i$$

$$= \sum_{i=0}^n C_n^i a^{n+1-i}b^i + \sum_{i=0}^n C_n^i a^{n-i}b^{i+1} \quad （将第 2 式中 i 改为 j）$$

$$= \sum_{i=0}^{n} C_n^i a^{n+1-i} b^i + \sum_{j=0}^{n} C_n^j a^{n-j} b^{j+1} \quad (\text{在第 2 式中令 } j+1=i)$$

$$= \sum_{i=0}^{n} C_n^i a^{n+1-i} b^i + \sum_{i=1}^{n+1} C_n^{i-1} a^{n-i+1} b^i$$

$$= a^{n+1} + \sum_{i=1}^{n} C_n^i a^{n+1-i} b^i + \sum_{i=1}^{n} C_n^{i-1} a^{n-i+1} b^i + b^{n+1}$$

$$= a^{n+1} + \sum_{i=1}^{n} (C_n^i + C_n^{i-1}) a^{n+1-i} b^i + b^{n+1}$$

$$= a^{n+1} + \sum_{i=1}^{n} C_{n+1}^i a^{n+1-i} b^i + b^{n+1} = \sum_{i=0}^{n+1} C_{n+1}^i a^{n+1-i} b^i$$

因此式$(1.1.1)_{n+1}$ 成立. 于是 $\forall n \in \mathbf{N}^*$,式$(1.1.1)_n$ 成立.

1.1.5 不等式

1) 有关绝对值的不等式

实数 a 的绝对值

$$|a| \xlongequal{\text{def}} \begin{cases} a & (a \geqslant 0); \\ -a & (a < 0) \end{cases}$$

且 $|a|$ 在几何上表示数轴上坐标为 a 的点到坐标原点的距离.

绝对值有下列不等式性质:

(1) $-|a| \leqslant a \leqslant |a|$;

(2) $|x| \leqslant a \Leftrightarrow -a \leqslant x \leqslant a$,$|x| < a \Leftrightarrow -a < x < a$;

(3) $|x| \geqslant a \Leftrightarrow x \geqslant a$ 或 $x \leqslant -a$,$|x| > a \Leftrightarrow x > a$ 或 $x < -a$;

(4) $||x| - |y|| \leqslant |x \pm y| \leqslant |x| + |y|$.

2) 三个常用的不等式

(1) **伯努利**[①]**不等式**:设实数 $x_1, x_2, \cdots, x_n (n \in \mathbf{N}^*)$ 皆大于 -1,且符号相同,则

$$(1+x_1)(1+x_2)\cdots(1+x_n) \geqslant 1+x_1+x_2+\cdots+x_n \qquad (1.1.2)_n$$

证 当 $n=1$ 时,显然式$(1.1.2)_1$ 取等号成立. 归纳假设式$(1.1.2)_n$ 成立,又因 $1+x_{n+1} > 0$,则

$$(1+x_1)(1+x_2)\cdots(1+x_n)(1+x_{n+1})$$

$$\geqslant (1+x_1+x_2+\cdots+x_n)(1+x_{n+1})$$

$$= (1+x_1+x_2+\cdots+x_n+x_{n+1}) + (x_1 x_{n+1} + x_2 x_{n+1} + \cdots + x_n x_{n+1})$$

$$\geqslant 1+x_1+x_2+\cdots+x_n+x_{n+1} \quad (\text{因 } x_i x_{n+1} \geqslant 0, i=1,2,\cdots,n)$$

---

①伯努利(Jacob Bernuolli),1654—1705,瑞士数学家.

因此式$(1.1.2)_{n+1}$成立. 于是 $\forall n \in \mathbf{N}^*$, 式$(1.1.2)_n$成立. □

特别的, 当 $x_1 = x_2 = \cdots = x_n = x > -1(n \in \mathbf{N}^*)$ 时, 伯努利不等式化为

$$(1+x)^n \geqslant 1 + nx \qquad (1.1.3)$$

(2) **AG 不等式**: 设 $a_i > 0(i = 1, 2, \cdots, n)$, 则有

$$(a_1 a_2 a_3 \cdots a_n)^{\frac{1}{n}} \leqslant \frac{a_1 + a_2 + a_3 + \cdots + a_n}{n} \qquad (1.1.4)_n$$

***证** 当 $n = 1$ 时, 左边 $= a_1$, 右边 $= a_1$, 所以式$(1.1.4)_1$成立. 归纳假设式 $(1.1.4)_{n-1}$ 成立, 即假设任意 $n-1$ 个正数的几何平均小于或等于其算术平均. 记

$$\bar{x} = \frac{a_1 + a_2 + a_3 + \cdots + a_n}{n}$$

不妨设 $a_1 \leqslant a_2 \leqslant \cdots \leqslant a_n$, 则 $a_1 \leqslant \bar{x} \leqslant a_n$, 于是

$$(a_n - \bar{x})(\bar{x} - a_1) \geqslant 0 \Leftrightarrow \bar{x}(a_1 + a_n - \bar{x}) \geqslant a_1 a_n$$

由归纳假设, 对于 $n-1$ 个正数 $a_2, a_3, \cdots, a_{n-1}, a_1 + a_n - \bar{x}$ 有

$$(a_2 a_3 \cdots a_{n-1}(a_1 + a_n - \bar{x}))^{\frac{1}{n-1}} \leqslant \frac{a_2 + a_3 + \cdots + a_{n-1} + (a_1 + a_n - \bar{x})}{n-1} = \bar{x}$$

$$\Leftrightarrow \qquad a_2 a_3 \cdots a_{n-1}(a_1 + a_n - \bar{x}) \leqslant (\bar{x})^{n-1}$$

$$\Leftrightarrow \qquad a_2 a_3 \cdots a_{n-1} \bar{x}(a_1 + a_n - \bar{x}) \leqslant (\bar{x})^n$$

$$\Rightarrow \qquad a_1 a_2 a_3 \cdots a_{n-1} a_n = a_2 a_3 \cdots a_{n-1} a_1 a_n \leqslant (\bar{x})^n$$

因此式$(1.1.4)_n$成立. 于是 $\forall n \in \mathbf{N}^*$, 式$(1.1.4)_n$成立. □

(3) **柯西[①]-施瓦兹[②]不等式**: 设 $a_k \in \mathbf{R}, b_k \in \mathbf{R}(k = 1, 2, \cdots, n)$, 则

$$\left(\sum_{k=1}^{n} a_k b_k\right)^2 \leqslant \left(\sum_{k=1}^{n} a_k^2\right)\left(\sum_{k=1}^{n} b_k^2\right) \qquad (1.1.5)$$

当且仅当 $\forall a_k = 0$, 或 $\forall b_k = 0$, 或 $b_k = \lambda a_k(k = 1, 2, \cdots, n)$ 时, 式$(1.1.5)$ 中等号成立.

***证** 由于 $\forall \lambda \in \mathbf{R}$, 有

$$\sum_{k=1}^{n}(\lambda a_k - b_k)^2 = \lambda^2 \sum_{k=1}^{n} a_k^2 - 2\lambda \sum_{k=1}^{n} a_k b_k + \sum_{k=1}^{n} b_k^2 \geqslant 0 \qquad (1.1.6)$$

当且仅当 $b_k = \lambda a_k(k = 1, 2, \cdots, n)$ 时, 式$(1.1.6)$ 中等号成立. 当 $\forall a_k = 0$ 或 $\forall b_k =$

---

① 柯西(Cauchy), 1789—1857, 法国数学家.
② 施瓦兹(Schwarz), 1843—1921, 德国数学家.

0 时,式(1.1.5) 中等号成立. 当 $\sum\limits_{k=1}^{n} a_k^2 \neq 0, \sum\limits_{k=1}^{n} b_k^2 \neq 0$ 时,记

$$A = \sum_{k=1}^{n} a_k^2, \quad B = \sum_{k=1}^{n} a_k b_k, \quad C = \sum_{k=1}^{n} b_k^2$$

式(1.1.6) 化为 $A\lambda^2 - 2B\lambda + C \geqslant 0$,此式表示一元二次方程 $Ax^2 - 2Bx + C = 0$ 无实根或只有二重根,其充分必要条件是

$$\Delta = (2B)^2 - 4AC = \left(2\sum_{k=1}^{n} a_k b_k \right)^2 - 4\left(\sum_{k=1}^{n} a_k^2 \right)\left(\sum_{k=1}^{n} b_k^2 \right) \leqslant 0 \quad (1.1.7)$$

即得式(1.1.5) 成立,且仅当 $b_k = \lambda a_k (k = 1, 2, \cdots, n)$ 时,式(1.1.7) 中等号成立. 故当且仅当 $\forall a_k = 0$,或 $\forall b_k = 0$,或 $b_k = \lambda a_k (k = 1, 2, \cdots, n)$ 时,式(1.1.5) 中等号成立. □

1.1.6　极坐标系

在平面上取一定点 O,从 O 点出发作一条射线 Ox,选定长度单位,这就是**极坐标系**. 称 O 点为**极点**,称 Ox 轴为**极轴**(见图 1.1). 在平面上任取一点 M,点 M 到极点 O 的距离 ρ 称为**极径**,Ox 轴逆时针旋转到 OM 方向

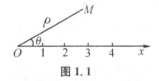

图 1.1

的角度 θ 称为**极角**. 我们用有序数组 (ρ, θ) 来定义点 M 的**极坐标**,记为 $M(\rho, \theta)$,这里 $\rho \geqslant 0, 0 \leqslant \theta < 2\pi$(或 $-\pi \leqslant \theta < \pi$). $\rho = 0$ 表示极点,其极角取任意值. 这样规定后,平面上除极点外,任一点的直角坐标 (x, y) 与极坐标 (ρ, θ) 一一对应,它们的关系是

$$x = \rho\cos\theta, \quad y = \rho\sin\theta$$

注　在极坐标系的上述定义中,我们对 ρ, θ 的取值范围作了规定. 在应用中,有时会遇到 ρ, θ 的取值范围不合上述规定的情况(如下面的例 3). 当 $\rho < 0$ 时,我们规定 (ρ, θ) 与 $(-\rho, \theta + \pi)$ 为同一点;当 $\theta > 2\pi$ 或 $\theta < 0$ 时,我们规定 (ρ, θ) 与 $(\rho, \theta + 2k\pi)(k \in \mathbf{Z})$ 为同一点.

下面举例说明如何画极坐标方程的图形.

例 2　分别画出极坐标方程的图形:(1) $\rho = 1$;(2) $\rho = 2\cos\theta$;(3) $\rho = \sin\theta$.

解　(1) $\rho = 1$ 化为直角坐标方程为 $x^2 + y^2 = 1$,这是半径为 1 的标准圆(见图 1.2).

(2) $\rho = 2\cos\theta$ 化为直角坐标方程为 $x^2 + y^2 = 2x$,即 $(x-1)^2 + y^2 = 1$,这是圆心在 $(1, 0)$,半径为 1 的圆(见图 1.3).

(3) $\rho = \sin\theta$ 化为直角坐标方程为 $x^2 + y^2 = y$,即 $x^2 + \left(y - \dfrac{1}{2} \right)^2 = \dfrac{1}{4}$,这是

圆心在 $\left(0,\dfrac{1}{2}\right)$，半径为 $\dfrac{1}{2}$ 的圆（见图 1.4）.

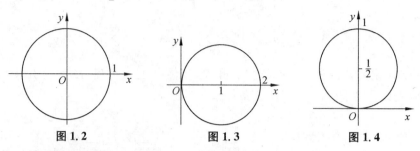

图 1.2　　　　　　图 1.3　　　　　　图 1.4

例 3　画出极坐标方程 $\rho = 2\sin 3\theta$ 的简图.

解　应用大家在中学学过的正弦曲线 $y = 2\sin 3x$ 的图形的知识，首先在直角坐标系 $\theta O\rho$ 平面上画出

$$\rho = 2\sin 3\theta$$

的图形（见图 1.5），然后在极坐标系下用描点法作图：当 θ 从 0 增大到 $\dfrac{\pi}{6}$ 时，ρ 从 0 增大到 2；当 θ 从 $\dfrac{\pi}{6}$ 增大到 $\dfrac{\pi}{3}$ 时，ρ 从 2 递减到 0；当 θ 从 $\dfrac{\pi}{3}$ 增大到 $\dfrac{2}{3}\pi$ 时，ρ 为负值，在其反方向 $\left(\dfrac{4}{3}\pi,\dfrac{5}{3}\pi\right)$ 之间 ρ 从 0 增大到 2，再从 2 减少到 0；当 θ 从 $\dfrac{2}{3}\pi$ 增大到 π 时，ρ 从 0 增大到 2，再从 2 减少到 0；当 θ 从 π 增大到 $\dfrac{4}{3}\pi$ 时，ρ 为负值，在其反方向 $\left(0,\dfrac{\pi}{3}\right)$ 之间画图，此后图形与前面所画图形重合（见图 1.6）.

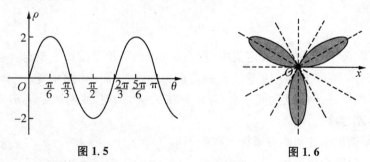

图 1.5　　　　　　　　　图 1.6

1.1.7　映射与函数

定义 1.1.3（映射）　设 A,B 是两个非空集合，若 $\forall x \in A$，按某对应法则 f 有唯一的 $y \in B$ 与之对应，则称 f 为 A 到 B 的**映射**，记为

$$f: A \to B$$

并称 y 为 x 关于映射 f 的**像**，记为 $f(x)$. 称 x 为 y 的**原像**，称 A 为映射 f 的**定义域**，

记为 $D(f)$,并称像 $f(x)$ 的集合为映射 f 的**值域**,记为 $f(A)$.

下面介绍几个特殊的映射:

(1) 若 $B = f(A)$,称 $f:A \to B$ 为**满映射**;

(2) 若 $\forall x_1, x_2 \in A, x_1 \neq x_2$,有 $f(x_1) \neq f(x_2)$,称 $f:A \to B$ 为**单映射**;

(3) 若 $f:A \to B$ 是满映射,又是单映射,则称 $f:A \to B$ 为**一一映射**或**双映射**.

定义 1.1.4（逆映射）　设 $f:A \to B$ 为一一映射,则 $\forall y \in B$,存在唯一的 $x \in A$,使得 $f(x) = y$,这个由 y 到 x 的对应法则称为 f 的逆映射,记为

$$f^{-1}:B \to A$$

定义 1.1.5（复合映射）　设有映射

$$g:A \to B, \quad f:B \to C$$

则由 $f \circ g(x) \xlongequal{\text{def}} f(g(x))$ 定义的 A 到 C 的映射称为 f 与 g 的**复合映射**,记为

$$f \circ g:A \to C$$

定义 1.1.6（函数）　设 $A \subseteq \mathbf{R}, B = \mathbf{R}$,称映射 $f:A \to \mathbf{R}$ 为**一元函数**,简记为 $y = f(x), x \in A$,并称 x 为**自变量**,称 y 为**因变量**或**函数**. 若一元函数 $f:A \to f(A)$ 为一一映射,则称逆映射 $f^{-1}:f(A) \to A$ 为函数 f 的**反函数**,简记为 $x = f^{-1}(y)$.

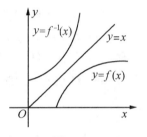

图 1.7

反函数也可记为 $y = f^{-1}(x)$,且函数 $y = f(x)$ 与 $y = f^{-1}(x)$ 的图像在同一坐标平面上是关于直线 $y = x$ 对称的(见图 1.7).

定义 1.1.7（复合函数）　若 $g:A \to \mathbf{R}, f:B \to \mathbf{R}$ 都是一元函数,若

$$A_1 = \{x \mid x \in A, g(x) \in B\} \neq \varnothing$$

则称复合映射 $f \circ g:A_1 \to \mathbf{R}$ 为复合函数,记为

$$f \circ g(x) = f(g(x))$$

函数的定义中包含两个要素:定义域与对应法则. 当两个函数的这两个要素相同时,它们的值域也相同. 因此在判别两个函数是否相同时,常用定义域、对应法则和值域这三个条件来衡量比较.

例 4　判别下列函数 f 与 g 是否相同:

(1) $f(x) = (\sqrt{x})^2, g(x) = \sqrt{x^2}$;

(2) $f(x) = \sqrt{1 - \sin^2 x}, g(x) = \cos x$;

（3）$f(x) = x\sqrt[3]{1+x}$，$g(x) = \sqrt[3]{x^3+x^4}$.

解 （1）函数 f 的定义域为 $[0,+\infty)$，函数 g 的定义域为 $(-\infty,+\infty)$，所以函数 f 与 g 不相同；

（2）函数 f 的值域为 $[0,1]$，函数 g 的值域为 $[-1,1]$，所以函数 f 与 g 不相同；

（3）函数 f 与 g 的定义域都是 $(-\infty,+\infty)$，并且对应法则也相同，所以函数 f 与 g 是相同的函数.

1.1.8 函数的初等性质

定义 1.1.8（单调性） 设函数 $y = f(x)$ 的定义域为 $D(f)$，区间 $X \subseteq D(f)$，若 $\forall x_1, x_2 \in X$，且 $x_1 < x_2$，恒有

$$f(x_1) < f(x_2) \quad (f(x_1) > f(x_2))$$

则称函数 $f(x)$ 在区间 X 上**单调增加（单调减少）**，记为 $\nearrow$（$\searrow$）.

函数 $f(x)$ 在其定义域 $D(f)$ 上单调增加或单调减少时，称 $f(x)$ 为**单调函数**.

定义 1.1.9（有界性） 设函数 $y = f(x)$ 的定义域为 $D(f)$，若 $\exists M \in \mathbf{R}^+$，使得 $\forall x \in D(f)$，恒有 $|f(x)| \leqslant M$，则称 $f(x)$ 为**有界函数**，记为 $f \in \mathscr{B}$. 若函数 f 仅在区间 X 上有界（Bounded），则记为 $f \in \mathscr{B}(X)$[①].

函数 $f(x)$ 有界的定义也可叙述如下：$\exists M_1, M_2 \in \mathbf{R}$，使得 $\forall x \in D(f)$，恒有

$$M_1 \leqslant f(x) \leqslant M_2$$

并称 M_2 是 $f(x)$ 的一个**上界**，称 M_1 是 $f(x)$ 的一个**下界**.

定义 1.1.10（奇偶性） 设函数 $f(x)$ 的定义域为 X，当 $a \in X$ 时，$-a \in X$. 若 $\forall x \in X$，恒有

$$f(-x) = f(x)$$

则称 $f(x)$ 为**偶函数**；若 $\forall x \in X$，恒有

$$f(-x) = -f(x)$$

则称 $f(x)$ 为**奇函数**.

偶函数的图形关于 y 轴对称，奇函数的图形关于原点中心对称.

若 $f_1(x)$ 和 $f_2(x)$ 为奇函数，$g_1(x)$ 和 $g_2(x)$ 为偶函数，a 和 b 为非零常数，则

$$af_1(x) + bf_2(x), \quad f_1(x)g_1(x), \quad \frac{f_1(x)}{g_1(x)}\ (g_1(x) \neq 0)$$

---

① $\mathscr{B}(X)$ 表示区间 X 上有界的函数的全体构成的集合.

$$f_1^{-1}(x)（如果存在的话），\quad f_1(f_2(x))$$

仍为奇函数；而

$$ag_1(x)+bg_2(x)，\quad f_1(x)f_2(x)，\quad g_1(x)g_2(x)，\quad f_1(g_1(x))，\quad g_1(g_2(x))$$

仍为偶函数.

定义 1.1.11（周期性） 设函数 $f(x)$ 的定义域为 X，若 $\exists T\in\mathbf{R}(T\neq0)$，使得 $\forall x\in X$，恒有 $x+T\in X$，且

$$f(x+T)=f(x)$$

则称 $f(x)$ 为**周期函数**，T 为 $f(x)$ 的**周期**.

通常我们所说的周期函数的周期是指最小正周期，除非该函数不存在最小正周期. 例如：**狄利克雷**[①]**函数**

$$f(x)=\begin{cases}1 & (x\in\mathbf{Q})；\\ 0 & (x\in\mathbf{R}\setminus\mathbf{Q})\end{cases}$$

以任意有理数为其周期，显然不存在最小正周期.

1.1.9 基本初等函数

常值函数、幂函数、指数函数、对数函数、三角函数和反三角函数统称为**基本初等函数**. 这六类函数是高等数学研究的重要对象，掌握这些函数的初等性质（包括定义域、值域、单调性、奇偶性、周期性、有界性等）对理解函数的极限概念很有好处，下面逐一介绍.

1）常值函数（$y=C,C\in\mathbf{R}$）

常值函数 $y=C$ 的定义域是 $\mathbf{R}$，值域是 $\{C\}$.

2）幂函数（$y=x^{\lambda},\lambda\in\mathbf{R}$）

当 $\lambda=0$ 时，$y=x^0=1$ 成为常值函数. 当 $\lambda\neq0$ 时，对不同的 λ，$y=x^{\lambda}$ 的定义域一般是不同的. 例如 $\lambda\in\mathbf{N}^*$ 时，定义域为 $\mathbf{R}$；当 $-\lambda\in\mathbf{N}^*$ 时，定义域为 $\mathbf{R}\setminus\{0\}$；当 $\lambda=\dfrac{1}{2}$ 时，定义域为 $[0,+\infty)$；当 $\lambda=\dfrac{1}{3}$ 时，定义域为 $\mathbf{R}$；当 $\lambda=-\dfrac{1}{2}$ 时，定义域为 $\mathbf{R}^+$. 但是，不论 λ 取何值，幂函数的定义域都包含 $\mathbf{R}^+$.

3）指数函数（$y=a^x,a>0$ 且 $a\neq1$）

指数函数 $y=a^x$ 的定义域为 $\mathbf{R}$，值域为 $\mathbf{R}^+$，其图形通过点 $(0,1)$. 当 $a>1$ 时，$y=a^x$ 单调增加（见图 1.8）；当 $0<a<1$ 时，$y=a^x$ 单调减少（见图 1.9）.

①狄利克雷（Dirichlet），1805—1859，德国数学家.

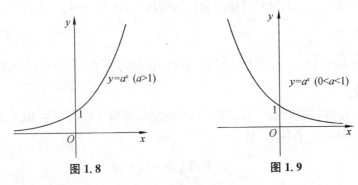

图 1.8　　　　　　　　　　　图 1.9

在工程技术等应用学科中，常使用以无理数

$$e = 2.718\ 281\ 828\cdots$$

为底的自然指数函数 $y = e^x$，它有重要的分析性质，我们将在第 1.3 节中详细讨论这个无理数 e 的定义.

4）对数函数（$y = \log_a x, a > 0$ 且 $a \neq 1$）

对数函数 $y = \log_a x$ 的定义域为 $\mathbf{R}^+$，值域为 $\mathbf{R}$，其图形通过点 $(1,0)$. 当 $a > 1$ 时，对数函数 $y = \log_a x$ 单调增加（见图 1.10）；当 $0 < a < 1$ 时，$y = \log_a x$ 单调减少（见图 1.11）. 它是指数函数 $y = a^x$ 的反函数.

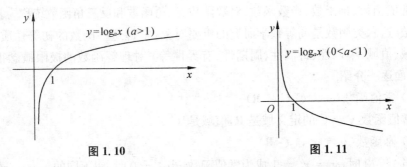

图 1.10　　　　　　　　　　图 1.11

我们将自然指数函数 $y = e^x$ 的反函数称为自然对数函数，记为 $y = \ln x$.

5）三角函数

（1）**正弦函数**（$y = \sin x$）

正弦函数 $y = \sin x$ 的定义域为 $\mathbf{R}$，值域为 $[-1,1]$. 它是周期为 2π 的奇函数（见图1.12）.

（2）**余弦函数**（$y = \cos x$）

余弦函数 $y = \cos x$ 的定义域为 $\mathbf{R}$，值域为 $[-1,1]$. 它是周期为 2π 的偶函数（见图 1.13）.

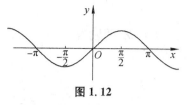

图 1.12

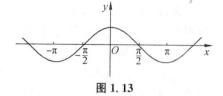

图 1.13

（3）**正切函数**$(y = \tan x)$

正切函数 $y = \tan x$ 的定义域为 $\left(k\pi - \dfrac{\pi}{2}, k\pi + \dfrac{\pi}{2}\right), k \in \mathbf{Z}$，值域为 **R**. 它是周期为 π 的奇函数（见图 1.14）. .

（4）**余切函数**$(y = \cot x)$

余切函数 $y = \cot x$ 的定义域为 $(k\pi, (k+1)\pi), k \in \mathbf{Z}$，值域为 **R**. 它是周期为 π 的奇函数（见图 1.15）.

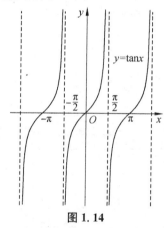

图 1.14

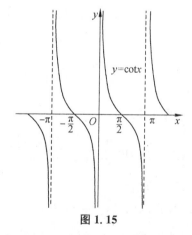

图 1.15

（5）**正割函数**$(y = \sec x)$

正割函数 $y = \sec x$ 的定义域为 $\left(k\pi - \dfrac{\pi}{2}, k\pi + \dfrac{\pi}{2}\right), k \in \mathbf{Z}$，值域为 $(-\infty, -1] \bigcup [1, +\infty)$. 它是周期为 2π 的偶函数（见图 1.16）.

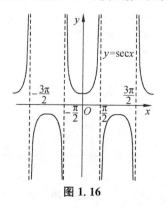

图 1.16

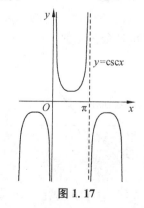

图 1.17

（6）**余割函数**（$y = \csc x$）

余割函数 $y = \csc x$ 的定义域为 $(k\pi, (k+1)\pi)$，$k \in \mathbf{Z}$，值域为 $(-\infty, -1] \bigcup [1, +\infty)$. 它是周期为 2π 的奇函数（见图 1.17）.

（7）**三角函数的基本公式**

① **六边形公式**　在如图 1.18 所示的六边形中有三组公式：一是三条对角线上的两函数的乘积为 1，例如 $\sin x \cdot \csc x = 1$；二是任一顶点的函数等于相邻两顶点的函数的乘积，例如 $\sec x = \tan x \cdot \csc x$；三是在三个倒三角形中，上面两个顶点的函数的平方和等于下面顶点的函数的平方，例如 $\tan^2 x + 1 = \sec^2 x$.

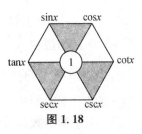

图 1.18

② **和角公式**

$$\sin(x \pm y) = \sin x \cos y \pm \cos x \sin y$$

$$\cos(x \pm y) = \cos x \cos y \mp \sin x \sin y$$

$$\tan(x \pm y) = \frac{\tan x \pm \tan y}{1 \mp \tan x \tan y}$$

③ **半角公式**

$$\sin \frac{x}{2} = \pm\sqrt{\frac{1 - \cos x}{2}}, \quad \cos \frac{x}{2} = \pm\sqrt{\frac{1 + \cos x}{2}}$$

6）**反三角函数**

（1）**反正弦函数**（$y = \arcsin x$）

反正弦函数 $y = \arcsin x$ 的定义域为 $[-1, 1]$，值域为 $\left[-\frac{\pi}{2}, \frac{\pi}{2}\right]$. 它是单调增加的奇函数，是正弦函数 $y = \sin x \left(-\frac{\pi}{2} \leqslant x \leqslant \frac{\pi}{2}\right)$ 的反函数（见图 1.19）.

（2）**反余弦函数**（$y = \arccos x$）

反余弦函数 $y = \arccos x$ 的定义域为 $[-1, 1]$，值域为 $[0, \pi]$. 它是单调减少的非奇非偶函数，是余弦函数 $y = \cos x (0 \leqslant x \leqslant \pi)$ 的反函数（见图 1.20）.

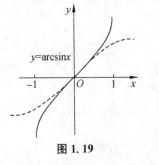

图 1.19

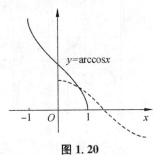

图 1.20

（3）**反正切函数**（$y = \arctan x$）

反正切函数 $y = \arctan x$ 的定义域为 **R**，值域为 $\left(-\dfrac{\pi}{2}, \dfrac{\pi}{2}\right)$. 它是单调增加的奇函数，是正切函数 $y = \tan x\left(-\dfrac{\pi}{2} < x < \dfrac{\pi}{2}\right)$ 的反函数（见图 1.21）.

（4）**反余切函数**（$y = \text{arccot} x$）

反余切函数 $y = \text{arccot} x$ 的定义域为 **R**，值域为 $(0, \pi)$. 它是单调减少的非奇非偶函数，是余切函数 $y = \cot x (0 < x < \pi)$ 的反函数（见图 1.22）.

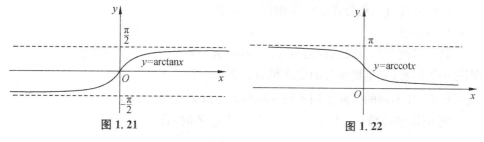

图 1.21   图 1.22

1.1.10 初等函数与分段函数

由六类基本初等函数经有限次四则运算与有限次复合得到的函数称为**初等函数**. 初等函数是最常见、应用最广的一类函数.

例 5 设 $f(x) = \sqrt{x}, g(x) = \ln x, h(x) = \sin x$，求复合函数 $y = f(g(h(x)))$，并求其定义域.

解 所求复合函数为

$$y = f(g(h(x))) = \sqrt{\ln(\sin x)}$$

首先由 $\ln(\sin x) \geqslant 0$ 推出 $\sin x \geqslant 1$，所以 $\sin x = 1$，于是所求复合函数的定义域为

$$\left\{ x \,\middle|\, x = 2k\pi + \frac{\pi}{2}, k \in \mathbf{Z} \right\}$$

下面介绍一类由自然指数函数 e^x 生成的初等函数 —— 双曲函数：

$$y = \text{sh} x = \sinh x \xlongequal{\text{def}} \frac{1}{2}(e^x - e^{-x})$$

$$y = \text{ch} x = \cosh x \xlongequal{\text{def}} \frac{1}{2}(e^x + e^{-x})$$

$$y = \text{th} x = \tanh x \xlongequal{\text{def}} \frac{e^x - e^{-x}}{e^x + e^{-x}}$$

$$y = \text{cth} x = \coth x \xlongequal{\text{def}} \frac{e^x + e^{-x}}{e^x - e^{-x}}$$

分别称为**双曲正弦、双曲余弦、双曲正切、双曲余切**，它们的图形如图 1.23 所示.

由双曲函数的定义，容易验证下列公式：

$$\mathrm{ch}^2 x - \mathrm{sh}^2 x = 1^{①}$$

$$\mathrm{sh}(x \pm y) = \mathrm{sh}x\mathrm{ch}y \pm \mathrm{ch}x\mathrm{sh}y$$

$$\mathrm{ch}(x \pm y) = \mathrm{ch}x\mathrm{ch}y \pm \mathrm{sh}x\mathrm{sh}y$$

这些公式与三角公式有许多相似之处，但有些有符号的差别.

最后举例介绍分段函数的概念. 分段函数一般不是初等函数，它是把函数的定义域分为若干区间及一些点，在不同的区间上用不同的解析表达式表达函数关系.

图 1.23

例 6(取整函数)　当 $k \leqslant x < k+1, k \in \mathbf{Z}$ 时，有

$$y = [x] \xlongequal{\text{def}} k$$

即 $[x]$ 为不超过 x 的最大整数. 它的图形如图 1.24 所示.

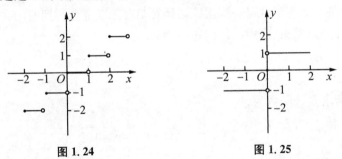

图 1.24　　　　　　　**图 1.25**

例 7(符号函数)　$y = \mathrm{sgn}x \xlongequal{\text{def}} \begin{cases} 1 & (x > 0); \\ 0 & (x = 0); \\ -1 & (x < 0), \end{cases}$ 其图形如图 1.25 所示.

1.1.11　隐函数

当自变量 x 与因变量 y 的函数关系写为 $y = f(x)$ 时，称此函数为**显函数**. 当自变量 x 与因变量 y 的函数关系由方程式

$$F(x,y) = 0 \tag{1.1.8}$$

---

①记 $u = \cos x, v = \sin x$，有 $u^2 + v^2 = 1$(圆)，所以 $\cos x, \sin x$ 又称为圆函数；记 $u = \mathrm{ch}x, v = \mathrm{sh}x$，有 $u^2 - v^2 = 1$(双曲线)，所以称 $\mathrm{ch}x, \mathrm{sh}x$ 为双曲函数.

确定时,称 y 为 x 的**隐函数**.

关于由方程式(1.1.8)确定 y 为 x 的隐函数的条件,我们将在本书第 5 章中研究. 有些隐函数可化为显函数,例如

$$x^2 + y^2 = 1 \quad (y \geqslant 0)$$

可化为显函数 $y = \sqrt{1 - x^2}$;但有些隐函数,例如 $e^{xy} + \sin(x+y) = 1$ 就不能化为显函数.

1.1.12 参数式函数

函数 $y = f(x)$ 的图形是 xOy 平面上的一条曲线,若曲线上任一点 (x, y) 的坐标分量 x 与 y 分别是某个参数 t 的函数,即

$$\begin{cases} x = \varphi(t), \\ y = \psi(t) \end{cases} \quad (t \in [\alpha, \beta]) \tag{1.1.9}$$

这一组方程称为该曲线的**参数方程**.

若 $x = \varphi(t)$ 有反函数 $t = \varphi^{-1}(x)$,代入表达式 $y = \psi(t)$ 得 $y = \psi(\varphi^{-1}(x))$;同样,若 $y = \psi(t)$ 有反函数 $t = \psi^{-1}(y)$,代入表达式 $x = \varphi(t)$ 得 $x = \varphi(\psi^{-1}(y))$. 但是,上述反函数常常写不出来,或很难写出来. 于是我们在探讨由式(1.1.8)确定的函数的性质时,常常直接从式(1.1.9)来研究,并将由式(1.1.9)确定的变量 x 与 y 的这种函数关系称为**参数式函数**.

例 8 设 $a > 0, b > 0$,由参数方程

$$x = a\cos t, \quad y = b\sin t \quad (0 \leqslant t \leqslant \pi)$$

确定的参数式函数与由椭圆方程

$$\frac{x^2}{a^2} + \frac{y^2}{b^2} = 1 \quad (y \geqslant 0)$$

确定的隐函数是同一显函数 $y = \dfrac{b}{a}\sqrt{a^2 - x^2}$.

习题 1.1

A 组

1. 设 $A = \{0\}, B = \{0, 1\}$,判断下列陈述是否正确:

(1) $A = \varnothing$;

(2) $A \subseteq B$;

(3) $A \in B$;

(4) $0 \in A$;

(5) $\{0\} \in B$；   (6) $\{0\} \subseteq A$；

(7) $A \bigcup B = B$；   (8) $A \bigcap B = 0$.

2. 设 $A = \{0,1,2\}$，试写出 A 的一切子集.

3. 已知 $\left| \dfrac{2x-1}{3} \right| = \dfrac{1-2x}{3}$，求 x 的取值范围.

4. 不等式 $|x-2| + |4-x| < k$ 无解，求 k 的取值范围.

5. 用数学归纳法证明：

(1) $1^2 + 2^2 + \cdots + n^2 = \dfrac{1}{6}n(n+1)(2n+1)$；

(2) $1^3 + 2^3 + \cdots + n^3 = \left[\dfrac{n(n+1)}{2} \right]^2$；

(3) $1^2 + 3^2 + 5^2 + \cdots + (2n-1)^2 = \dfrac{n(4n^2-1)}{3}$.

6. 已知 $\left(x^2 - \dfrac{1}{x} \right)^n$ 的展开式中第 5 项是常数，求 x^3 项的系数.

7. 证明：

(1) $nP_n^n = P_{n+1}^{n+1} - P_n^n$；   (2) $C_n^m + C_n^{m-1} = C_{n+1}^m$.

8. 设 $x > 0, y > 0, x + y = 1$，证明：

$$x^2 + y^2 + \dfrac{1}{x^2} + \dfrac{1}{y^2} \geqslant \dfrac{17}{2}$$

9. 将下列曲线方程化为极坐标方程：

(1) $x^2 + y^2 = 2y$；   (2) $x^2 - y^2 = 1$；

(3) $y^2 = 2x$.

10. 画出下列极坐标方程的简图：

(1) $\rho = 2\cos 3\theta$；   (2) $\rho = 3\sin 2\theta$.

11. 求下列函数的定义域：

(1) $y = \dfrac{x^2}{1+x}$；   (2) $y = \sqrt{2+x-x^2}$；

(3) $y = \sqrt{e^x - 1} + \dfrac{1}{1-x}$；   (4) $y = \ln(1 - 2\cos x)$.

12. 求函数 $f(x)$，已知：

(1) $f(x+1) = x^2 + 2x - 3$；　　　　　　(2) $f\left(\dfrac{1}{x}\right) = x + \sqrt{1+x^2}\ (x > 0)$；

(3) $f\left(\dfrac{1}{x+1}\right) = \dfrac{1-x}{2+x}$.

13. 设 $x \in \mathbf{R}, f(x) = x^2, g(x) = \sqrt{x} + x$，求 $f(g(x)), g(f(x))$，并指出定义域.

14. 用几个基本初等函数及四则运算表示下列函数的复合关系：

(1) $y = \mathrm{lnsin}x$；　　　　　　　　(2) $y = \cos\sqrt{1+x^2}$；

(3) $y = \tan(1 + \ln(1+x^2))$.

15. 判别下列函数的奇偶性：

(1) $f(x) = \ln\dfrac{x+2}{x-2}$；　　　　　　(2) $f(x) = 2^x - 2^{-x}$；

(3) $f(x) = \sqrt[3]{x}\ln(x + \sqrt{1+x^2})$；　　(4) $f(x) = x^2\dfrac{\mathrm{e}^x + 1}{\mathrm{e}^x - 1}$；

(5) $f(x) = x\sin\dfrac{1}{x}$；　　　　　　(6) $y = x^3(f(x) - f(-x))$.

16. 求证：定义在 $(-a, a)$ 上的任意函数 $f(x)$ 可以表示为一个奇函数与一个偶函数的和.

17. 求下列函数的反函数：

(1) $y = \dfrac{2^x}{2^x + 1}$；　　　　　　　(2) $y = \sqrt{1-x^2}\ (-1 \leqslant x \leqslant 0)$；

(3) $y = \begin{cases} x^3 & (-\infty < x < 1), \\ 2^{x-1} & (1 \leqslant x < +\infty). \end{cases}$

18. 判断下列结论是否正确. 若认为对，证明之；若认为错，举例说明.

(1) 若 $f(x)$ 在任何有限区间上有界，则 $f(x)$ 在 $(-\infty, +\infty)$ 内必有界；

(2) 若 $y = f(u)$ 为偶函数，$u = \varphi(x)$ 为奇函数，则复合函数 $y = f[\varphi(x)]$（设其有意义）必为偶函数；

(3) 若 $y = f(x)$ 在某区间 I 上的每一点都有确定的函数值（有限值），则 $f(x)$ 在区间 I 上任一点的充分小的邻域内必然有界；

(4) 分段函数都不是初等函数.

19. 某窗户的截面由半圆与矩形组成，已知截面的周长为 6 m，试将截面面积表示为半圆半径 r 的函数.

B 组

20. 设

$$f(x+1) = \begin{cases} x^2 - x & (|x| \leqslant 1); \\ 0 & (|x| > 1) \end{cases}$$

求 $f(x)$.

21. 求

$$f(x) = \begin{cases} \dfrac{4}{\pi}\arctan x & (|x| > 1); \\ \sin \dfrac{\pi x}{2} & (|x| \leqslant 1) \end{cases}$$

的反函数.

22. 设

$$f(x) = \begin{cases} x & (x < 0), \\ 0 & (x \geqslant 0); \end{cases} \quad g(x) = \begin{cases} x & (x < 0), \\ x^2 & (x \geqslant 0) \end{cases}$$

求 $f(g(x)), g(f(x))$.

1.2 极限的定义与运算法则

极限概念是高等数学中最基本的概念.这一节先介绍数列的极限,然后讲述函数的极限.数列可看成定义在正整数集 **N***上的函数,其极限概念和性质较为直观,容易理解,学好它对学习函数的极限很有用处.

1.2.1 数列的极限

数列极限的概念最先产生于求曲边三角形的面积.早在公元前3世纪,阿基米德[①]为求由抛物线 $y = x^2$ 与 x 轴、直线 $x = 1$ 所围图形 D 的面积,他将区间 $[0,1]$ 等分成 n 个小区间,分点为 $0 = x_0 < x_1 < \cdots < x_n = 1$,且 $x_{k+1} - x_k = \dfrac{1}{n}$,再在每个小区间 $[x_k, x_{k+1}]$ 上作高为 x_{k+1}^2 的矩形(见图 1.26),则 n 个矩形面积之和为

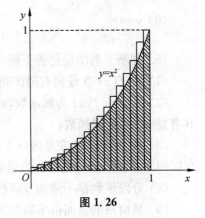

图 1.26

---

①阿基米德(Archimedes),公元前 287— 公元前 212,古希腊伟大的数学家和物理学家.

$$S_n = \frac{1}{n}\left[\left(\frac{1}{n}\right)^2 + \left(\frac{2}{n}\right)^2 + \cdots + \left(\frac{n}{n}\right)^2\right]$$

$$= \frac{1}{n^3}(1^2 + 2^2 + \cdots + n^2)$$

$$= \frac{1}{6}\left(1 + \frac{1}{n}\right)\left(2 + \frac{1}{n}\right)$$

这里$\{S_n\}$就是一个数列. 阿基米德取很大的整数n, 用S_n的值来估计图形D的面积, 他发现n取得越大, S_n越接近于常数$\frac{1}{3}$. 用数列极限的语言来讲, 就是当$n \to \infty$时, 数列$\{S_n\}$的极限为$\frac{1}{3}$, 即

$$\lim_{n \to \infty} S_n = \lim_{n \to \infty} \frac{1}{6}\left(1 + \frac{1}{n}\right)\left(2 + \frac{1}{n}\right) = \frac{1}{3}$$

定义 1.2.1（数列） 无穷多个实数按序排成一列

$$x_1, x_2, x_3, \cdots, x_n, \cdots$$

称为**无穷数列**, 简称**数列**, 记为$\{x_n\}$, 并称x_n为该数列的**通项**或**一般项**.

有时我们将数列$\{x_n\}$看作是定义在正数数集$\mathbf{N}^*$上的函数$f(n) = x_n$. 但要注意的是, 函数的定义中并不涉及自变量取值的次序, 而数列与项的次序有关, 不改变数列的取值但改变项的次序将得到另一个不同的数列.

定义 1.2.2（单调数列、有界数列） 设有数列$\{x_n\}$.

(1) 若$\forall n \in \mathbf{N}$, 恒有$x_n \leqslant x_{n+1} (x_n \geqslant x_{n+1})$, 则称$\{x_n\}$为**单调递增（减）数列**, 单调递增与单调递减数列统称为**单调数列**.

(2) 若$\exists M > 0$, 使得$\forall n \in \mathbf{N}^*$, 恒有$|x_n| \leqslant M$, 则称$\{x_n\}$为**有界数列**. 若$\exists M_1 \in \mathbf{R}$, 使得$\forall n \in \mathbf{N}^*$, 恒有$x_n \leqslant M_1$, 则称$\{x_n\}$为**上有界数列**, 称$M_1$为**上界**; 若$\exists M_2 \in \mathbf{R}$, 使得$\forall n \in \mathbf{N}^*$, 恒有$x_n \geqslant M_2$, 则称$\{x_n\}$为**下有界数列**, 称$M_2$为**下界**.

下面来看一些数列的例子：

$$1, \frac{1}{2}, \frac{1}{3}, \cdots, \frac{1}{n}, \cdots \tag{1.2.1}$$

$$1, -1, 1, -1, 1, -1, \cdots, (-1)^{n+1}, \cdots \tag{1.2.2}$$

$$\frac{1}{2}, \frac{2}{3}, \frac{3}{4}, \cdots, \frac{n}{n+1}, \cdots \tag{1.2.3}$$

$$1, 4, 9, \cdots, n^2, \cdots \tag{1.2.4}$$

$$2, \frac{1}{2}, \frac{4}{3}, \frac{3}{4}, \cdots, 1 + \frac{(-1)^{n+1}}{n}, \cdots \tag{1.2.5}$$

$$2, 2.7, 2.71, 2.718, \cdots \tag{1.2.6}$$

这里数列(1.2.1)是单调递减的有界数列,随着 n 的无限增大,其通项 $\dfrac{1}{n}$ 与常数 0 可任意的接近;数列(1.2.2)是非单调的有界数列,其通项交错取 1 与 -1 这两个数值,随着 n 的无限增大,它不与任何固定常数接近;数列(1.2.3)是单调递增的有界数列,随着 n 的无限增大,其通项 $\dfrac{n}{n+1}$ 与常数 1 可任意的接近;数列(1.2.4)是单调递增的无界数列,随着 n 的无限增大,其通项 n^2 也无限增大;数列(1.2.5)是非单调递的有界数列,它的通项 $1+\dfrac{(-1)^{n+1}}{n}$ 在常数 1 的两边交替取值,随着 n 的无限增大,其通项与常数 1 可任意的接近;数列(1.2.6)是无理数 e 的精确到 10^{-n} 的不同近似值,随着 n 的无限增大,它与无理数 e 可任意的接近.

我们感兴趣的数列是(1.2.1),(1.2.3),(1.2.5),(1.2.6),它们的共性是随着 n 的无限增大(记为 $n \to +\infty$,由于 n 是正整数,常简记为 $n \to \infty$),其通项 x_n 与某固定常数 A 可任意的接近. 如何严格地刻画这一特性呢?下面给出被全世界数学家公认的严格数学定义.

定义 1.2.3(数列极限的 ε-N 定义) 设有数列 $\{x_n\}$,若 $\exists A \in \mathbf{R}$,使得 $\forall \varepsilon > 0$,$\exists N \in \mathbf{N}^*$,当 $n > N$ 时,有 $|x_n - A| < \varepsilon$,则称 A 为数列 $\{x_n\}$ 的极限,或称数列 $\{x_n\}$ 收敛于 A,记为

$$\lim_{n \to \infty} x_n = A \quad \text{或} \quad x_n \to A \quad (n \to \infty)$$

若这样的常数 A 不存在,则称数列 $\{x_n\}$ 发散,或称数列 $\{x_n\}$ 的极限不存在.

例如,上述数列(1.2.1)收敛于 0,数列(1.2.3)和(1.2.5)收敛于 1,数列(1.2.6)收敛于 e;而数列(1.2.2)和(1.2.4)是发散数列.

上述定义是用"ε-N"语言来严格叙述的,现在已被全世界所有国家的各种微积分教材所采用. 该定义是 17 世纪牛顿[①]和莱布尼茨[②]创立微积分概念以后经过 150 年由柯西建立的,至此微积分学才有了牢固的理论基础.

要准确理解定义 1.2.3,重点在"$\forall$"和"$\exists$"这两点. 正数 ε 是"任给的",它可以任意小,从而体现数列 $\{x_n\}$ 与常量 A 可以任意的接近;相应于 ε,一定要"存在"N(N 依赖于 ε),N 找到后,那么数列 $\{x_n\}$ 从第 $N+1$ 项 x_{N+1} 开始以后的所有项都要位于 A 的 ε 邻域内,而数列 $\{x_n\}$ 只有有限项 $x_1, x_2, \cdots, x_N$ 可能位于 A 的 ε 邻域之外. 下面以数列(1.2.3)为例加以说明.

例 1 试用数列极限的 ε-N 定义证明:$\lim\limits_{n \to \infty} \dfrac{n}{n+1} = 1$.

---

①牛顿(Newton),1642—1727,英国著名的物理学家和数学家.

②莱布尼茨(Leibniz),1646—1716,德国著名的数学家和物理学家.

证 令 $x_n = \dfrac{n}{n+1}$，$\forall \varepsilon > 0$，欲使 $|x_n - 1| = \dfrac{1}{n+1} < \varepsilon$，只要 $n > \dfrac{1}{\varepsilon} - 1$，故取 $N = \left[\dfrac{1}{\varepsilon} - 1\right]$（不妨设 $\dfrac{1}{\varepsilon} - 1 > 1$，即 $\varepsilon < \dfrac{1}{2}$），则当 $n > N$ 时，有 $|x_n - 1| < \varepsilon$ 成立.

上述证明中，给出了使 $|x_n - 1| < \varepsilon$ 成立的最小的正整数 $N = \left[\dfrac{1}{\varepsilon} - 1\right]$，而对于比 $\left[\dfrac{1}{\varepsilon} - 1\right]$ 大的任何正整数皆可代替这个 N. 因为依极限的定义，只要证明 N 存在就可以，而一旦 N 存在，它就可以取无穷多个数值. 但在下面的例2和例3中，寻找使 $|x_n - A| < \varepsilon$ 成立的最小正整数 N 却几乎不可能，为此我们介绍一种寻求 N 的所谓"**放缩法**".

例 2 试用数列极限的 ε-N 定义证明：$\lim\limits_{n \to \infty} \dfrac{n^2}{n^2 + 3n - 1} = 1$.

分析 令 $x_n = \dfrac{n^2}{n^2 + 3n - 1}$，则

$$|x_n - 1| = \left|\dfrac{n^2}{n^2 + 3n - 1} - 1\right| = \left|\dfrac{3n - 1}{n^2 + 3n - 1}\right|$$

$$< \dfrac{3n}{n^2 + 2n} = \dfrac{3}{n + 2} < \dfrac{3}{n}$$

$\forall \varepsilon > 0$，欲使 $|x_n - 1| < \varepsilon$，并由此解出 n 是困难的. 若我们将 $|x_n - 1|$ 适当放大到 $\dfrac{3}{n}$，使 $\dfrac{3}{n} < \varepsilon$，则很容易解出 $n > \dfrac{3}{\varepsilon}$.

证 $\forall \varepsilon > 0$，$\exists N = \left[\dfrac{3}{\varepsilon}\right]$，当 $n > N$ 时，有

$$|x_n - 1| = \dfrac{3n - 1}{n^2 + 3n - 1} < \varepsilon$$

例 3 试用数列极限的 ε-N 定义证明：$\lim\limits_{n \to \infty} \dfrac{10^n}{n!} = 0$.

分析 当 $n > 10$ 时，有

$$0 < \dfrac{10^n}{n!} = \dfrac{10 \cdot 10 \cdot \cdots \cdot 10 \cdot 10 \cdot 10^9}{n \cdot (n-1) \cdot \cdots \cdot 11 \cdot 10 \cdot 9!} < \dfrac{10}{n} \cdot \dfrac{10^9}{9!} < \dfrac{10^{10}}{n}$$

$\forall \varepsilon > 0$，欲使 $|x_n - 0| = \dfrac{10^n}{n!} < \varepsilon$，我们将 $\dfrac{10^n}{n!}$ 适量放大到 $\dfrac{10^{10}}{n}$，使 $\dfrac{10^{10}}{n} < \varepsilon$，由此式来寻求正整数 N. 因为 $\dfrac{10^{10}}{n} < \varepsilon \Leftrightarrow n > \dfrac{10^{10}}{\varepsilon}$，故取 $N = \max\left\{10, \left[\dfrac{10^{10}}{\varepsilon}\right]\right\}$.

证 $\forall \varepsilon > 0$，$\exists N = \max\left\{10, \left[\dfrac{10^{10}}{\varepsilon}\right]\right\}$，当 $n > N$ 时，有

$$|x_n - 0| = \frac{10^n}{n!} < \varepsilon$$

应用数列极限的定义,只能验证常数 A 是否为数列的极限,但不能用于求数列的极限.关于求极限的方法,后面再介绍.

1.2.2 函数的极限

以数列极限为基础我们来考虑 x 无限增大(记为 $x \to +\infty$)时函数 $f(x)$ 的变化趋势.若随着 x 的无限增大,函数值 $f(x)$ 与某固定常数可任意的接近,则说该常数为函数 $f(x)$ 在 $x \to +\infty$ 时的极限.此外,对于函数 $f(x)$ 而言,其自变量 x 的变化情况较为复杂,除 $x \to +\infty$ 外,还有 $x \to -\infty$(即 $-x$ 无限增大),$x \to \infty$(即 $|x|$ 无限增大),$x \to a$(即 x 与常数 a 任意的接近,但 $x \neq a$)等多种情况.下面来逐一研究.

1) $x \to \infty$ 时函数的极限

定义 1.2.4(函数极限的 ε-K 定义)

(1) 设 $f(x)$ 在 $(a, +\infty)$ 上有定义,若 $\exists A \in \mathbf{R}$,使得 $\forall \varepsilon > 0$,$\exists K > 0$,当 $x > K$ 时,有 $|f(x) - A| < \varepsilon$,则称 A 为函数 $f(x)$ 在 $x \to +\infty$ 时的极限,记为

$$\lim_{x \to +\infty} f(x) = A \quad 或 \quad f(+\infty) = A$$

若这样的常数 A 不存在,则称函数 $f(x)$ 在 $x \to +\infty$ 时极限不存在.

(2) 设 $f(x)$ 在 $(-\infty, a)$ 上有定义,若 $\exists A \in \mathbf{R}$,使得 $\forall \varepsilon > 0$,$\exists K > 0$,当 $x < -K$ 时,有 $|f(x) - A| < \varepsilon$,则称 A 为函数 $f(x)$ 在 $x \to -\infty$ 时的极限,记为

$$\lim_{x \to -\infty} f(x) = A \quad 或 \quad f(-\infty) = A$$

若这样的常数 A 不存在,则称函数 $f(x)$ 在 $x \to -\infty$ 时极限不存在.

(3) 设 $f(x)$ 在 $|x| > a$ 上有定义,若 $\exists A \in \mathbf{R}$,使得 $\forall \varepsilon > 0$,$\exists K > 0$,当 $|x| > K$ 时,有 $|f(x) - A| < \varepsilon$,则称 A 为函数 $f(x)$ 在 $x \to \infty$ 时的极限,记为

$$\lim_{x \to \infty} f(x) = A \quad 或 \quad f(\infty) = A$$

若这样的常数 A 不存在,则称函数 $f(x)$ 在 $x \to \infty$ 时极限不存在.

由函数极限的定义 1.2.4 可得下面的定理.

定理 1.2.1 设 $f(x)$ 在 $|x| > a$ 上有定义,则 $\lim\limits_{x \to \infty} f(x) = A$ 的充要条件是

$$\lim_{x \to +\infty} f(x) = A, \quad \lim_{x \to -\infty} f(x) = A$$

例 4 试用函数极限的 ε-K 定义证明: $\lim\limits_{x \to \infty} \dfrac{x^2 + 2}{x^2 - x} = 1$.

分析 当 $|x|>2$ 时，$|x|+2<2|x|$，$|x|-1>\frac{1}{2}|x|$，则利用放缩法，有

$$\left|\frac{x^2+2}{x^2-x}-1\right|=\frac{|x+2|}{|x||x-1|}\leqslant\frac{|x|+2}{|x|(|x|-1)}$$

$$\leqslant\frac{2|x|}{|x|\frac{1}{2}|x|}=\frac{4}{|x|}$$

$\forall\varepsilon>0$，欲使 $\left|\frac{x^2+2}{x^2-x}-1\right|<\varepsilon$，我们让 $\frac{4}{|x|}<\varepsilon$，由此可推出 $|x|>\frac{4}{\varepsilon}$，故取 $K=\max\left\{2,\frac{4}{\varepsilon}\right\}$.

证 $\forall\varepsilon>0,\exists K=\max\left\{2,\frac{4}{\varepsilon}\right\}$，当 $|x|>K$ 时，有

$$\left|\frac{x^2+2}{x^2-x}-1\right|\leqslant\frac{4}{|x|}<\varepsilon$$

为从几何上理解函数极限的 $\varepsilon\text{-}K$ 定义，下面我们来考察函数 $y=\arctan x$. 由于函数 $\arctan x$ 在 $(-\infty,+\infty)$ 上单调增加，且 $x\rightarrow+\infty$ 时 $\arctan x$ 与直线 $y=\frac{\pi}{2}$ 任意的接近，$x\rightarrow-\infty$ 时 $\arctan x$ 与直线 $y=-\frac{\pi}{2}$ 任意的接近. 用 $\varepsilon\text{-}K$ 语言来叙述，就是 $\forall\varepsilon>0$，取 $K=\tan\left(\frac{\pi}{2}-\varepsilon\right)$，当 $x>K$ 时，有 $\left|\arctan x-\frac{\pi}{2}\right|<\varepsilon$；当 $x<-K$ 时，有 $\left|\arctan x-\left(-\frac{\pi}{2}\right)\right|<\varepsilon$. 所以

$$\lim_{x\rightarrow+\infty}\arctan x=\frac{\pi}{2},\qquad\lim_{x\rightarrow-\infty}\arctan x=-\frac{\pi}{2}$$

且由定理 1.2.1 知 $\lim\limits_{x\rightarrow\infty}\arctan x$ 不存在.

2）$x\rightarrow a$ 时函数的极限

定义 1.2.5（函数极限的 $\varepsilon\text{-}\delta$ 定义）

（1）设 $f(x)$ 在 $x=a$ 的某去心邻域内有定义，若 $\exists A\in\mathbf{R}$，使得 $\forall\varepsilon>0$，$\exists\delta>0$，当 $x\in U_{\delta}^{\circ}(a)$ 时，有 $|f(x)-A|<\varepsilon$，则称 A 为函数 $f(x)$ 在 $x\rightarrow a$ 时的极限，或称 A 为函数 $f(x)$ 在 $x=a$ 处的极限，记为

$$\lim_{x\rightarrow a}f(x)=A$$

若这样的常数 A 不存在，则称函数 $f(x)$ 在 $x=a$ 处极限不存在.

（2）设 $f(x)$ 在 a 的右邻域内有定义，若 $\exists A \in \mathbf{R}$，使得 $\forall \varepsilon > 0, \exists \delta > 0$，当 $x \in U_\delta^+(a)$ 时，有 $|f(x) - A| < \varepsilon$，则称 A 为函数 $f(x)$ 在 $x \rightarrow a^+$ 时的极限，或称 A 为函数 $f(x)$ 在 $x = a$ 处的右极限，记为

$$\lim_{x \rightarrow a^+} f(x) = A \quad \text{或} \quad f(a^+) = A$$

若这样的常数 A 不存在，则称函数 $f(x)$ 在 $x = a$ 处右极限不存在.

（3）设 $f(x)$ 在 a 的左邻域内有定义，若 $\exists A \in \mathbf{R}$，使得 $\forall \varepsilon > 0, \exists \delta > 0$，当 $x \in U_\delta^-(a)$ 时，有 $|f(x) - A| < \varepsilon$，则称 A 为函数 $f(x)$ 在 $x \rightarrow a^-$ 时的极限，或称 A 为函数 $f(x)$ 在 $x = a$ 处的左极限，记为

$$\lim_{x \rightarrow a^-} f(x) = A \quad \text{或} \quad f(a^-) = A$$

若这样的常数 A 不存在，则称函数 $f(x)$ 在 $x = a$ 处左极限不存在.

由函数极限的定义 1.2.5 可得下面的定理.

定理 1.2.2 设 $f(x)$ 在 a 的某去心邻域内有定义，则 $\lim\limits_{x \rightarrow a} f(x) = A$ 的充要条件是

$$\lim_{x \rightarrow a^+} f(x) = A, \quad \lim_{x \rightarrow a^-} f(x) = A$$

例 5 试用函数极限的 $\varepsilon\text{-}\delta$ 定义证明：$\lim\limits_{x \rightarrow 3} x^2 = 9$.

分析 为了应用放缩法，先让 $0 < |x - 3| < 1$，则

$$|x| = |x - 3 + 3| \leqslant |x - 3| + 3 < 4$$

于是

$$|x^2 - 9| = |x + 3||x - 3| \leqslant (|x| + 3)|x - 3|$$
$$< (4 + 3)|x - 3| = 7|x - 3|$$

$\forall \varepsilon > 0$，欲使 $|x^2 - 9| < \varepsilon$，我们让 $7|x - 3| < \varepsilon$，由此可推出 $|x - 3| < \dfrac{\varepsilon}{7}$，因此取 $\delta = \min\left\{1, \dfrac{\varepsilon}{7}\right\}$.

证 $\forall \varepsilon > 0, \exists \delta = \min\left\{1, \dfrac{\varepsilon}{7}\right\}$，当 $x \in U_\delta^\circ(3)$ 时，有

$$|x^2 - 9| < 7|x - 3| < \varepsilon$$

在例 5 中，$\forall \varepsilon > 0$，我们是用放缩法来求 δ 的，下面介绍一种比较直观的几何方法.

当函数 $f(x)$ 在 $x = a$ 的某去心邻域内单调时，我们可从几何上较为方便的求得 δ. 先设 $f(x)$ 在 a 的某去心邻域内单调增加，欲证

$$\lim_{x \to a} f(x) = A$$

为了使函数 $f(x)$ 的值域为 $(A-\varepsilon, A+\varepsilon)$，先求 x_1, x_2（见图 1.27），使得 $f(x_1) = A-\varepsilon, f(x_2) = A+\varepsilon$，则当 $x \in (x_1, a) \bigcup (a, x_2)$ 时，$f(x) \in (A-\varepsilon, A+\varepsilon)$. 于是可取

$$\delta = \min\{x_2 - a, a - x_1\}$$

则当 $x \in U_\delta^\circ(a)$ 时,有

$$| f(x) - A | < \varepsilon$$

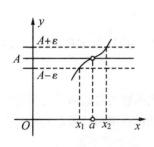

图 1.27　　　　　　　　　图 1.28

当 $f(x)$ 在 $x = a$ 的某去心邻域内单调减少时，欲证

$$\lim_{x \to a} f(x) = A$$

为了使函数 $f(x)$ 的值域为 $(A-\varepsilon, A+\varepsilon)$，先求 x_1, x_2（见图 1.28），使得 $f(x_1) = A+\varepsilon, f(x_2) = A-\varepsilon$，则当 $x \in (x_1, a) \bigcup (a, x_2)$ 时，$f(x) \in (A-\varepsilon, A+\varepsilon)$. 于是可取

$$\delta = \min\{x_2 - a, a - x_1\}$$

则当 $x \in U_\delta^\circ(a)$ 时,有

$$| f(x) - A | < \varepsilon$$

例 6　试用函数极限的 ε-δ 定义证明：

$$\lim_{x \to a} 2^x = 2^a \quad (a \in \mathbf{R})$$

分析　因函数 $y = 2^x$ 单调增加,可先求 x_1, x_2,使得

$$2^{x_1} = 2^a - \varepsilon, \quad 2^{x_2} = 2^a + \varepsilon$$

则

$$x_1 = \log_2(2^a - \varepsilon), \quad x_2 = \log_2(2^a + \varepsilon)$$

证 $\forall \varepsilon > 0, \exists \delta = \min\{a - \log_2(2^a - \varepsilon), \log_2(2^a + \varepsilon) - a\}$，当 $x \in U_\delta^o(a)$ 时，有

$$| 2^x - 2^a | < \varepsilon$$

例 7 试用函数极限的 ε-δ 定义证明：

$$\lim_{x \to a} \ln x = \ln a \quad (a > 0)$$

分析 因函数 $y = \ln x$ 单调增加，可先求 x_1, x_2，使得 $\ln x_1 = \ln a - \varepsilon, \ln x_2 = \ln a + \varepsilon$，则

$$x_1 = a e^{-\varepsilon}, \quad x_2 = a e^\varepsilon$$

证 $\forall \varepsilon > 0, \exists \delta = \min\{a(1 - e^{-\varepsilon}), a(e^\varepsilon - 1)\}$，当 $x \in U_\delta^o(a)$ 时，有

$$| \ln x - \ln a | < \varepsilon$$

从上面的三个例子我们看到，幂函数、指数函数与对数函数在其定义域上某点的极限存在，而且等于这些函数在该点的函数值. 利用函数极限的 ε-δ 定义，我们还可以证明其他的基本初等函数也有这个性质，从而得到下面的定理.

定理 1.2.3（基本初等函数的极限定理） 幂函数、指数函数、对数函数、三角函数与反三角函数等基本初等函数在其定义域上每一点的极限存在，且等于该函数在该点的函数值.

在关于函数极限的定义中，讲述了六种极限过程下函数极限存在的情况. 而当函数极限不存在（即发散）时，有一种常见的所谓"无穷极限"的情况值得关注. 例如函数 $\dfrac{1}{x}$，当 $x \to 0^+$ 时，对应的函数值 $f(x)$ 无限的增大；当 $x \to 0^-$ 时，对应的函数值 $f(x)$ 为负值，且无限的减少. 对于这两种情况，我们分别记为

$$\lim_{x \to 0^+} \frac{1}{x} = +\infty, \quad \lim_{x \to 0^-} \frac{1}{x} = -\infty \quad 或 \quad \lim_{x \to 0} \frac{1}{x} = \infty$$

1.2.3 极限的性质

本小节我们对数列或函数在极限存在的条件下，应用极限的定义来证明此数列或函数所具有的性质.

定理 1.2.4（极限的唯一性）

(1) 若数列 $\{x_n\}$ 收敛，则其极限唯一；

(2) 若函数 $f(x)$ 在某一极限过程下极限存在，则其极限唯一.

证 这里仅就极限过程 $x \to a$ 给出证明，其他情况的证明是类似的. 用反证法，设

$$\lim_{x \to a} f(x) = A, \quad \lim_{x \to a} f(x) = B \quad (A \neq B)$$

应用函数极限的 $\varepsilon\text{-}\delta$ 定义,对于 $\varepsilon_0 = \dfrac{|A-B|}{3} > 0$,因 $\lim\limits_{x \to a} f(x) = A$,故 $\exists \delta_1 > 0$,当 $0 < |x-a| < \delta_1$ 时,恒有

$$|f(x) - A| < \varepsilon_0 \tag{1.2.7}$$

又因 $\lim\limits_{x \to a} f(x) = B$,故 $\exists \delta_2 > 0$,当 $0 < |x-a| < \delta_2$ 时,恒有

$$|f(x) - B| < \varepsilon_0 \tag{1.2.8}$$

取 $\delta = \min\{\delta_1, \delta_2\} > 0$,则当 $0 < |x-a| < \delta$ 时式(1.2.7)和式(1.2.8)同时成立,于是有

$$3\varepsilon_0 = |A-B| = |(f(x) - A) - (f(x) - B)|$$
$$\leqslant |f(x) - A| + |f(x) - B| < \varepsilon_0 + \varepsilon_0 = 2\varepsilon_0$$

此为矛盾式. 故得极限唯一. □

定理 1.2.5(有界性)

(1) 若数列 $\{x_n\}$ 收敛,则 $\{x_n\}$ 为有界数列;

(2) 设函数 $f(x)$ 在 $x \to a$ 时极限存在,则 $\exists X = U_\delta^\circ(a)$,使得 $f \in \mathscr{B}(X)$.

证 这里只证(2),而(1)可类似得证. 设 $\lim\limits_{x \to a} f(x) = A, A \in \mathbf{R}$,应用函数极限的 $\varepsilon\text{-}\delta$ 定义,对于 $\varepsilon_0 = 1^{①}$,$\exists \delta > 0$,当 $x \in U_\delta^\circ(a)$ 时,有

$$|f(x) - A| < 1$$

于是有

$$|f(x)| \leqslant |f(x) - A| + |A| < 1 + |A|$$

此表明 $f \in \mathscr{B}(X)$. □

对于其他的极限过程,当函数极限存在时也有对应的有界性的性质,这里不再赘述.

定理 1.2.6(保号性 I) 设函数 $f(x)$ 在 $x \to a$ 时极限为正数(或负数),则 $\exists \delta > 0$,使得 $f(x)$ 在 $U_\delta^\circ(a)$ 内为正值(或负值)函数.

证 设 $\lim\limits_{x \to a} f(x) = A, A > 0$. 应用函数极限的 $\varepsilon\text{-}\delta$ 定义,对于 $\varepsilon_0 = \dfrac{A}{2}$,$\exists \delta > 0$,当 $x \in U_\delta^\circ(a)$ 时,恒有 $|f(x) - A| < \dfrac{A}{2}$,于是有

---

① 这里取 ε_0 为任一确定的正数皆可.

$$f(x) > A - \frac{A}{2} = \frac{A}{2} > 0$$

设 $\lim\limits_{x \to a} f(x) = A, A < 0$，则对于 $\varepsilon_0 = -\frac{A}{2}, \exists \delta > 0$，当 $x \in U_\delta^\circ(a)$ 时，恒有 $|f(x) - A| < -\frac{A}{2}$，于是有

$$f(x) < A - \frac{A}{2} = \frac{A}{2} < 0 \qquad \square$$

对于数列与函数极限的其他极限过程，当极限为正数（或负数）时也有对应的保号性Ⅰ，这里不一一赘述.

定理 1. 2. 7（保号性Ⅱ） 设函数 $f(x)$ 在 a 的某去心邻域内满足 $f(x) \geqslant 0$（或 $\leqslant 0$），且 $\lim\limits_{x \to a} f(x) = A$，则 $A \geqslant 0$（或 $\leqslant 0$）.

此定理是定理 1. 2. 6 的逆否命题，所以成立.

对于数列与函数极限的其他极限过程，保号性Ⅱ仍成立.

1. 2. 4 函数极限与数列极限的联系

下面的两个定理讨论的是函数极限与数列极限的联系.

定理 1. 2. 8 设有函数 $f(x)$ 与数列 $\{x_n\}$ 满足：

$$\lim\limits_{x \to a} f(x) = A \quad (A \in \mathbf{R}), \quad \lim\limits_{n \to \infty} x_n = a \quad (x_n \neq a)$$

则有

$$\lim\limits_{n \to \infty} f(x_n) = A$$

证 $\forall \varepsilon > 0$，因 $\lim\limits_{x \to a} f(x) = A$，应用函数极限的 ε-δ 定义，可知 $\exists \delta > 0$，当 $x \in U_\delta^\circ(a)$ 时，有

$$|f(x) - A| < \varepsilon$$

对上述 $\delta > 0$，因 $\lim\limits_{n \to \infty} x_n = a(x_n \neq a)$，应用数列极限的 ε-N 定义，可知 $\exists N \in \mathbf{N}^*$，当 $n > N$ 时有

$$0 < |x_n - a| < \delta, \quad 即 \quad x_n \in U_\delta^\circ(a)$$

于是有 $|f(x_n) - A| < \varepsilon$. 这表明 $\forall \varepsilon > 0, \exists N \in \mathbf{N}^*$，当 $n > N$ 时，有

$$|f(x_n) - A| < \varepsilon$$

应用数列极限的 ε-N 定义即得

$$\lim_{n \to \infty} f(x_n) = A \qquad \square$$

定理 1.2.9 设函数 $f(x)$ 在 $x = a$ 的某邻域内有定义,若数列 $\{x_n\}$,$\{y_n\}$ 满足:

$$\lim_{n \to \infty} x_n = a \quad (x_n \neq a), \quad \lim_{n \to \infty} f(x_n) = A$$

$$\lim_{n \to \infty} y_n = a \quad (y_n \neq a), \quad \lim_{n \to \infty} f(y_n) = B$$

且 $A \neq B$,则 $\lim_{x \to a} f(x)$ 不存在.

证 用反证法. 设 $\lim_{x \to a} f(x) = A(A \in \mathbf{R})$,则由定理 1.2.8 得

$$\lim_{n \to \infty} f(x_n) = A, \quad \lim_{n \to \infty} f(y_n) = A$$

从而导出了矛盾. 故 $x \to a$ 时 $f(x)$ 无极限. $\qquad \square$

对于其他的极限过程,有与定理 1.2.8 和定理 1.2.9 类似的结论,这里不一一赘述.

例 8 证明:$\lim_{x \to 0} \sin \dfrac{1}{x}$ 不存在.

证 记 $f(x) = \sin \dfrac{1}{x}$. 首先取 $x_n = \dfrac{1}{n\pi}$,则 $\lim_{n \to \infty} x_n = 0$,且

$$\lim_{n \to \infty} f(x_n) = \lim_{n \to \infty} \sin n\pi = 0$$

又取 $y_n = \dfrac{1}{\left(2n + \dfrac{1}{2}\right)\pi}$,则 $\lim_{n \to \infty} y_n = 0$,且

$$\lim_{n \to \infty} f(y_n) = \lim_{n \to \infty} \sin\left(2n + \frac{1}{2}\right)\pi = \lim_{n \to \infty} \sin \frac{\pi}{2} = 1 \neq 0$$

于是 $x \to 0$ 时,函数 $f(x) = \sin \dfrac{1}{x}$ 的极限不存在.

1.2.5 无穷小量

无穷小量概念在极限理论中有着非常重要的作用,掌握无穷小量的运算性质是学好极限理论的基础.

定义 1.2.6(无穷小量) 设函数 $f(x)$ 在某极限过程下以 0 为其极限,则称该函数 $f(x)$ 为此极限过程下的**无穷小量**,简称无穷小.

例如,$\lim\limits_{x \to \infty} \dfrac{1}{x} = 0$,所以 $\dfrac{1}{x}$ 在 $x \to \infty$ 时为无穷小量.

关于无穷小量,有下列运算性质.

定理 1.2.10（无穷小量的运算性质）

(1) 有限个无穷小量的和仍是无穷小量；

(2) 无穷小量与有界函数的积仍是无穷小量；

(3) 有限个无穷小量的积仍是无穷小量.

证 (1) 我们就极限过程 $x \to a$ 给出证明. 设有 n 个函数 $f_i(x)(i = 1, 2, \cdots, n)$，若

$$\lim_{x \to a} f_i(x) = 0 \quad (i = 1, 2, \cdots, n)$$

$\forall \varepsilon > 0$，令 $\varepsilon_0 = \dfrac{1}{n}\varepsilon > 0$，因 $f_i(x) \to 0 (x \to a)$，故 $\exists \delta_i > 0$，当 $0 < |x - a| < \delta_i$ 时，恒有 $|f_i(x)| < \varepsilon_0$. 取 $\delta = \min\{\delta_1, \delta_2, \cdots, \delta_n\}$，则当 $0 < |x - a| < \delta$ 时，有

$$|f_1(x) + f_2(x) + \cdots + f_n(x)| \leqslant \sum_{i=1}^{n} |f_i(x)| < n\varepsilon_0 = \varepsilon$$

应用函数极限的 ε-δ 定义得

$$\lim_{x \to a}(f_1(x) + f_2(x) + \cdots + f_n(x)) = 0$$

故当 $x \to a$ 时，$f_1(x) + f_2(x) + \cdots + f_n(x)$ 仍为无穷小量.

(2) 我们就极限过程 $x \to +\infty$ 给出证明. 设有函数 $f(x)$ 与 $g(x)$，它们在 $x > K_1$ 时有定义，且 $\lim\limits_{x \to +\infty} f(x) = 0$，又 $\exists M > 0$，使 $x > K_1$ 时，$|g(x)| \leqslant M$.

$\forall \varepsilon > 0$，令 $\varepsilon_0 = \dfrac{\varepsilon}{M} > 0$，因为 $\lim\limits_{x \to +\infty} f(x) = 0$，所以 $\exists K > K_1$，当 $x > K$ 时，有 $|f(x)| < \varepsilon_0$，于是有

$$|f(x)g(x)| < \varepsilon_0 \cdot M = \varepsilon$$

应用函数极限的 ε-K 定义得

$$\lim_{x \to +\infty} f(x)g(x) = 0$$

故当 $x \to +\infty$ 时，$f(x)g(x)$ 仍为无穷小量.

(3) 因无穷小量以 0 为其极限，由定理 1.2.5 知无穷小量为有界变量，再应用上述性质(2)可推得两个无穷小量的积仍为无穷小量，则应用数学归纳法即可证明有限个无穷小量的乘积仍为无穷小量. 具体过程，此不赘述. □

下面应用无穷小量概念推得关于函数极限的一条重要定理.

定理 1.2.11 在某极限过程下，函数 $f(x)$ 以常数 A 为其极限的充要条件是存在此极限过程下的无穷小量 $\alpha(x)$，使得 $f(x) = A + \alpha(x)$.

证 我们就极限过程 $x \to a$ 给出证明.

（**必要性**）$\forall \varepsilon > 0$，因 $\lim\limits_{x \to a} f(x) = A$，所以 $\exists \delta > 0$，当 $x \in U_\delta^{\circ}(a)$ 时，有

$$|f(x) - A| < \varepsilon$$

令 $\alpha(x) = f(x) - A$，于是 $|\alpha(x)| < \varepsilon$，这表明

$$\lim\limits_{x \to a} \alpha(x) = 0$$

即 $\alpha(x)$ 为无穷小量，使得

$$f(x) = A + \alpha(x)$$

（**充分性**）设 $f(x) = A + \alpha(x)$，且 $\lim\limits_{x \to a} \alpha(x) = 0$. $\forall \varepsilon > 0$，因为 $\lim\limits_{x \to a} \alpha(x) = 0$，所以 $\exists \delta > 0$，当 $x \in U_\delta^{\circ}(a)$ 时，有 $|\alpha(x)| < \varepsilon$，于是有

$$|\alpha(x)| = |f(x) - A| < \varepsilon$$

故 $\lim\limits_{x \to a} f(x) = A$. □

1.2.6　极限的运算法则

应用无穷小量的运算性质和上述定理 1.2.11，我们先来推导求极限的四则运算法则，然后证明求极限的变量代换法则. 利用这些法则，将使求极限的问题大为简化. 在下列定理中，我们仅就极限过程 $x \to a$ 进行叙述，对于其他的极限过程，其证明是类似的.

1）极限的四则运算法则

定理 1.2.12（极限的四则运算法则）

设 $\lim\limits_{x \to a} f(x) = A$，$\lim\limits_{x \to a} g(x) = B$，则有

(1) $\lim\limits_{x \to a}(f(x) \pm g(x)) = A \pm B$；

(2) $\lim\limits_{x \to a} f(x)g(x) = A \cdot B$；

(3) $\lim\limits_{x \to a} \dfrac{f(x)}{g(x)} = \dfrac{A}{B}$ $(B \neq 0)$.

证　(1) 因 $\lim\limits_{x \to a} f(x) = A$，$\lim\limits_{x \to a} g(x) = B$，所以在 $x \to a$ 时存在无穷小量 $\alpha(x)$，$\beta(x)$，使得

$$f(x) = A + \alpha(x), \quad g(x) = B + \beta(x)$$

于是

$$f(x) \pm g(x) = (A \pm B) + (\alpha(x) \pm \beta(x))$$

由于 $A \pm B$ 为常数，$\alpha(x) \pm \beta(x)$ 在 $x \to a$ 时为无穷小量，所以

$$\lim_{x \to a}(f(x) \pm g(x)) = A \pm B$$

（2）由于

$$f(x)g(x) = AB + (A\beta(x) + B\alpha(x) + \alpha(x)\beta(x))$$

这里 AB 为常数，$A\beta(x) + B\alpha(x) + \alpha(x)\beta(x)$ 在 $x \to a$ 时为无穷小量，所以

$$\lim_{x \to a} f(x)g(x) = A \cdot B$$

（3）由于 $B \neq 0$，且

$$\frac{f(x)}{g(x)} = \frac{A}{B} + \frac{B\alpha(x) - A\beta(x)}{B(B + \beta(x))} \tag{1.2.9}$$

对于 $\varepsilon = \dfrac{|B|}{2} > 0$，因为 $\lim\limits_{x \to a}\beta(x) = 0$，应用函数极限的 ε-δ 定义，所以 $\exists \delta > 0$，当 $x \in U_\delta^\circ(a)$ 时，有 $|\beta(x)| < \dfrac{|B|}{2}$，于是有

$$|B + \beta(x)| \geqslant |B| - |\beta(x)| > |B| - \frac{|B|}{2} = \frac{|B|}{2}$$

$$\left| \frac{1}{B(B + \beta(x))} \right| < \frac{2}{|B|^2}$$

这表明在 $x \in U_\delta^\circ(a)$ 时 $\dfrac{1}{B(B + \beta(x))}$ 为有界函数. 又因为 $B\alpha(x) - A\beta(x)$ 在 $x \to a$ 时为无穷小量，所以 $\dfrac{B\alpha(x) - A\beta(x)}{B(B + \beta(x))}$ 仍为无穷小量，又 $\dfrac{A}{B}$ 为常数，故由式（1.2.9）可得

$$\lim_{x \to a} \frac{f(x)}{g(x)} = \frac{A}{B} \quad (B \neq 0) \qquad \square$$

例 9　求 $\lim\limits_{x \to 2} \dfrac{x^2 - x - 2}{x^2 + x - 6}$.

解　$x \to 2$ 时，因 $x \neq 2$，所以

$$\text{原式} = \lim_{x \to 2} \frac{(x-2)(x+1)}{(x-2)(x+3)} = \lim_{x \to 2} \frac{x+1}{x+3} = \frac{\lim\limits_{x \to 2}(x+1)}{\lim\limits_{x \to 2}(x+3)} = \frac{3}{5}$$

例 10　求 $\lim\limits_{x \to 1} \dfrac{\sqrt{x+3} - 2}{x - 1}$.

解　$x \to 1$ 时，因分母 $x - 1 \to 0$，所以求极限的四则运算法则不能应用. 我们采用分子有理化的方法将原式变形后再求极限. 因 $x \neq 1$，所以

$$原式 = \lim_{x \to 1} \frac{(\sqrt{x+3}-2)(\sqrt{x+3}+2)}{(x-1)(\sqrt{x+3}+2)} = \lim_{x \to 1} \frac{x-1}{(x-1)(\sqrt{x+3}+2)}$$

$$= \lim_{x \to 1} \frac{1}{\sqrt{x+3}+2} = \frac{\lim_{x \to 1} 1}{\lim_{x \to 1}\sqrt{x+3}+\lim_{x \to 1} 2} = \frac{1}{2+2} = \frac{1}{4}$$

例 11　求 $\lim\limits_{x \to \infty} \dfrac{3x^2-2x+4}{5x^2+2x+1}$ 和 $\lim\limits_{x \to \infty} \dfrac{x^2-2x+3}{2x^3+2x+1}$.

解　因 $x \neq 0$，所以

$$\lim_{x \to \infty} \frac{3x^2-2x+4}{5x^2+2x+1} = \lim_{x \to \infty} \frac{3-\dfrac{2}{x}+\dfrac{4}{x^2}}{5+\dfrac{2}{x}+\dfrac{1}{x^2}} = \frac{3}{5}.$$

$$\lim_{x \to \infty} \frac{x^2-2x+3}{2x^3+2x+1} = \lim_{x \to \infty} \frac{\dfrac{1}{x}-\dfrac{2}{x^2}+\dfrac{3}{x^3}}{2+\dfrac{2}{x^2}+\dfrac{1}{x^3}} = \frac{0}{2} = 0.$$

利用例 11 的方法，求一般的有理分式的极限时有下列公式：当 $a_0 b_0 \neq 0$ 时，有

$$\lim_{x \to \infty} \frac{a_0 x^m + a_1 x^{m-1} + \cdots + a_{m-1} x + a_m}{b_0 x^n + b_1 x^{n-1} + \cdots + b_{n-1} x + b_n} = \begin{cases} \dfrac{a_0}{b_0} & (m=n); \\ 0 & (m<n); \\ \infty & (m>n) \end{cases}$$

应用此公式，可直接写出有理分式在 $x \to \infty$ 时的极限.

2）极限的变量代换法则

下面运用函数极限的定义讨论复合函数的极限.

定理 1.2.13（极限的变量代换法则）　设函数 $y = f(u), u = g(x)$ 满足函数复合的条件，且

$$\lim_{u \to b} f(u) = A, \quad \lim_{x \to a} g(x) = b$$

又在 $x = a$ 的某去心邻域内 $g(x) \neq b$，则

$$\lim_{x \to a} f(g(x)) \xlongequal{\text{令 } g(x)=u} \lim_{u \to b} f(u) = A$$

证　$\forall \varepsilon > 0$，因为 $\lim\limits_{u \to b} f(u) = A$，应用函数极限的 $\varepsilon\text{-}\delta$ 定义，可知 $\exists \delta_1 > 0$，当 $0 < |u-b| < \delta_1$ 时，有

$$|f(u) - A| < \varepsilon$$

对于上述 $\delta_1 > 0$，因为 $\lim\limits_{x \to a} g(x) = b$，再应用函数极限的 $\varepsilon\text{-}\delta$ 定义，可知 $\exists \delta > 0$，

当 $0 < |x-a| < \delta$ 时，恒有

$$0 < |u-b| = |g(x) - b| < \delta_1$$

于是有

$$|f(g(x)) - A| < \varepsilon$$

这表明

$$\lim_{x \to a} f(g(x)) = A$$

即

$$\lim_{x \to a} f(g(x)) \xrightarrow{\;\;\text{令}\; g(x) = u\;\;} \lim_{u \to b} f(u) = A \qquad\qquad \square$$

例 12　求 $\lim\limits_{x \to 0^+} \arctan \dfrac{1}{x}$ 和 $\lim\limits_{x \to 0^-} \arctan \dfrac{1}{x}$.

解　令 $\dfrac{1}{x} = u$，则 $x \to 0^+$ 时，$u \to +\infty$；$x \to 0^-$ 时，$u \to -\infty$. 应用变量代换法则，得

$$\lim_{x \to 0^+} \arctan \frac{1}{x} = \lim_{u \to +\infty} \arctan u = \frac{\pi}{2}$$

$$\lim_{x \to 0^-} \arctan \frac{1}{x} = \lim_{u \to -\infty} \arctan u = -\frac{\pi}{2}$$

例 13　求 $\lim\limits_{x \to 0^+} \mathrm{e}^{\frac{1}{x}}$ 和 $\lim\limits_{x \to 0^-} \mathrm{e}^{\frac{1}{x}}$.

解　令 $\dfrac{1}{x} = u$，则 $x \to 0^+$ 时，$u \to +\infty$；$x \to 0^-$ 时，$u \to -\infty$. 应用变量代换法则，得

$$\lim_{x \to 0^+} \mathrm{e}^{\frac{1}{x}} = \lim_{u \to +\infty} \mathrm{e}^u = +\infty, \qquad \lim_{x \to 0^-} \mathrm{e}^{\frac{1}{x}} = \lim_{u \to -\infty} \mathrm{e}^u = 0$$

习题 1.2

A 组

1. 下列论断是否正确？正确时给出证明，不正确时举一反例.

(1) $\lim\limits_{n \to \infty} x_n = 0 \Leftrightarrow \lim\limits_{n \to \infty} |x_n| = 0$；

(2) $\lim\limits_{n \to \infty} x_n = A \Leftrightarrow \lim\limits_{n \to \infty} |x_n| = |A| \; (A \neq 0)$；

(3) $\lim\limits_{n \to \infty} x_n = A \Leftrightarrow \lim\limits_{n \to \infty} (x_n - A) = 0$.

2. 用数列极限的 ε-N 定义证明：

(1) $\lim\limits_{n\to\infty}\dfrac{\sin n}{n^2}=0$；

(2) $\lim\limits_{n\to\infty}\dfrac{n+1}{2n-3}=\dfrac{1}{2}$；

(3) $\lim\limits_{n\to\infty}\dfrac{\sqrt{n}\arctan n}{1+n}=0$；

(4) $\lim\limits_{n\to\infty}\dfrac{n!}{n^n}=0$.

3. 用函数极限的 ε-K 定义或 ε-δ 定义证明：

(1) $\lim\limits_{x\to\infty}\dfrac{2x^2-1}{3x^2+x}=\dfrac{2}{3}$；

(2) $\lim\limits_{x\to2}x^3=8$；

(3) $\lim\limits_{x\to3}\sqrt{1+x}=2$；

(4) $\lim\limits_{x\to0}a^x=1$.

4. 设 $f(x)=\begin{cases}\mathrm{e}^x & (x<0),\\ x+a & (x>0),\end{cases}$ 作出函数 $f(x)$ 的图形,根据函数极限的几何意义求 $f(0^-)$ 与 $f(0^+)$,并求 a 为何值时 $\lim\limits_{x\to0}f(x)$ 存在.

5. 求下列极限：

(1) $\lim\limits_{n\to\infty}\left(\dfrac{1}{1\cdot2}+\dfrac{1}{2\cdot3}+\cdots+\dfrac{1}{n(n+1)}\right)$；

(2) $\lim\limits_{n\to\infty}\left(\dfrac{1}{n^2}+\dfrac{2}{n^2}+\cdots+\dfrac{n}{n^2}\right)$；

(3) $\lim\limits_{n\to\infty}\left(1+\dfrac{1}{1\cdot3}\right)\left(1+\dfrac{1}{2\cdot4}\right)\cdots\left(1+\dfrac{1}{n(n+2)}\right)$；

(4) $\lim\limits_{n\to\infty}\left(1-\dfrac{1}{2^2}\right)\left(1-\dfrac{1}{3^2}\right)\cdots\left(1-\dfrac{1}{n^2}\right)$；

(5) $\lim\limits_{n\to\infty}(\sqrt{n+1}-\sqrt{n})$；

(6) $\lim\limits_{n\to\infty}(\sqrt{n^2+n}-n)$.

6. 求下列极限：

(1) $\lim\limits_{x\to1}\dfrac{x^2-3x+2}{x^3-1}$；

(2) $\lim\limits_{x\to1}\left(\dfrac{2}{x-1}-\dfrac{3x+3}{x^3-1}\right)$；

(3) $\lim\limits_{x\to0}\dfrac{(a+x)^2-a^2}{2x}$；

(4) $\lim\limits_{x\to1}\dfrac{1-\sqrt{x}}{x-1}$；

(5) $\lim\limits_{x\to+\infty}(\sqrt{x^2+x}-\sqrt{x^2-1})$；

(6) $\lim\limits_{x\to4}\dfrac{x+4}{\sqrt{5-x}-3}$.

B 组

7. 下列说法是否正确? 为什么?

(1) 当 $n \to \infty$ 时, 数列 $\{x_n\}$ ($x_n \geqslant 0$) 越来越大, 则 $\lim\limits_{n\to\infty} x_n = +\infty$;

(2) 当 $n \to \infty$ 时, 数列 $\{x_n\}$ ($x_n > 0$) 越来越小, 则 $\lim\limits_{n\to\infty} x_n = 0$;

(3) 当 $n \to \infty$ 时, 极限 $\lim\limits_{n\to\infty} x_n$ 存在, 则 $\{x_n\}$ 收敛;

(4) 当 $n \to \infty$ 时, $\lim\limits_{n\to\infty} x_n = \infty$, 则极限 $\lim\limits_{n\to\infty} x_n$ 存在.

8. 求常数 A, B, 使得

(1) $\lim\limits_{x\to\infty} \left(\dfrac{x^2+1}{x+1} + Ax + B \right) = 0$;

(2) $\lim\limits_{x\to+\infty} \left(\sqrt{x^2+x+1} + Ax + B \right) = 0$.

9. 证明: 数列 $\{x_n\}$ 收敛于 A 的充要条件是数列 $\{x_{2n}\}$ 与 $\{x_{2n+1}\}$ 皆收敛于 A.

1.3 极限的存在准则与两个重要极限

为了解决更多的求极限的问题, 这一节介绍两个极限的存在准则, 并分别应用这两个准则求得两个重要极限.

1.3.1 夹逼准则

定理 1.3.1（夹逼准则）

(1) 已知数列 $\{x_n\}$, $\{y_n\}$, $\{z_n\}$, $\forall n \in \mathbf{N}^*$, 若 $y_n \leqslant x_n \leqslant z_n$, 且

$$\lim_{n\to\infty} y_n = A, \quad \lim_{n\to\infty} z_n = A$$

则

$$\lim_{n\to\infty} x_n = A$$

(2) 在某极限过程中（下面以 $x \to a$ 为例）, 若 $g(x) \leqslant f(x) \leqslant h(x)$, 且

$$\lim_{x\to a} g(x) = A, \quad \lim_{x\to a} h(x) = A$$

则

$$\lim_{x\to a} f(x) = A$$

证 我们只证(1), 而(2) 可类似证明.

因 $\lim\limits_{n\to\infty} y_n = A$，所以 $\forall \varepsilon > 0$，$\exists N_1 \in \mathbf{N}^*$，当 $n > N_1$ 时，有 $| y_n - A | < \varepsilon$；又因 $\lim\limits_{n\to\infty} z_n = A$，所以 $\forall \varepsilon > 0$，$\exists N_2 \in \mathbf{N}^*$，当 $n > N_2$ 时，有 $| z_n - A | < \varepsilon$.

$\forall \varepsilon > 0$，取 $N = \max\{N_1, N_2\}$，则当 $n > N$ 时，有

$$| y_n - A | < \varepsilon, \quad | z_n - A | < \varepsilon$$

于是有

$$A - \varepsilon < y_n \leqslant x_n \leqslant z_n < A + \varepsilon$$

即 $| x_n - A | < \varepsilon$，故 $\lim\limits_{n\to\infty} x_n = A$.　　□

例 1　求 $\lim\limits_{n\to\infty}\left(\dfrac{1}{n^2+1} + \dfrac{2}{n^2+2} + \cdots + \dfrac{n}{n^2+n}\right)$.

解　记 $x_n = \dfrac{1}{n^2+1} + \dfrac{2}{n^2+2} + \cdots + \dfrac{n}{n^2+n}$，首先构造不等式

$$\frac{1+2+\cdots+n}{n^2+n} = y_n \leqslant x_n \leqslant z_n = \frac{1+2+\cdots+n}{n^2+1}$$

由于

$$\lim_{n\to\infty} y_n = \lim_{n\to\infty} \frac{\dfrac{1}{2}n(n+1)}{n^2+n} = \frac{1}{2}$$

$$\lim_{n\to\infty} z_n = \lim_{n\to\infty} \frac{\dfrac{1}{2}n(n+1)}{n^2+1} = \frac{1}{2}$$

则应用夹逼准则得

$$原式 = \lim_{n\to\infty} x_n = \frac{1}{2}$$

例 2　求 $\lim\limits_{n\to\infty} \sqrt[n]{n}$.

解　令 $\sqrt[n]{n} - 1 = x_n (n > 1)$，则 $n = (1 + x_n)^n$，应用二项式定理得

$$n = 1 + n x_n + \frac{n(n-1)}{2} x_n^2 + \cdots + x_n^n > 1 + \frac{n(n-1)}{2} x_n^2$$

于是有 $0 \leqslant x_n < \sqrt{\dfrac{2}{n}}$，应用夹逼准则得 $\lim\limits_{n\to\infty} x_n = 0$，所以

$$\lim_{n\to\infty} \sqrt[n]{n} = \lim_{n\to\infty}(1 + x_n) = 1 + 0 = 1$$

1.3.2 第一个重要极限

下面我们来证明第一个重要极限：

$$\lim_{x\to 0}\frac{\sin x}{x}=1$$

证 作一半径为 1 的扇形 OAB（见图 1.29），设 $\angle AOB = x$（弧度），作 $AC \perp OA$ 交 OB 的延长线于 C，连接 AB，则 $S_{\triangle AOB} < S_{\text{扇形}AOB} < S_{\triangle AOC}$.

图 1.29

当 $0 < x < \dfrac{\pi}{2}$ 时，上式化为

$$\frac{1}{2}\sin x < \frac{1}{2}x < \frac{1}{2}\tan x^{①} \tag{1.3.1}$$

再化为

$$\cos x < \frac{\sin x}{x} < 1 \tag{1.3.2}$$

应用基本初等函数的极限定理可得

$$\lim_{x\to 0^+}\cos x = 1$$

在式（1.3.2）中令 $x \to 0^+$，则由夹逼准则得

$$\lim_{x\to 0^+}\frac{\sin x}{x}=1$$

当 $-\dfrac{\pi}{2} < x < 0$ 时，应用极限的变量代换法则，令 $u = -x$，则有

$$\lim_{x\to 0^-}\frac{\sin x}{x} = \lim_{-x\to 0^+}\frac{\sin(-x)}{-x} = \lim_{u\to 0^+}\frac{\sin u}{u} = 1$$

于是原式得证. □

例 3 求下列极限：

(1) $\lim\limits_{x\to\infty} x\sin\dfrac{1}{x}$；   (2) $\lim\limits_{x\to 0} x\sin\dfrac{1}{x}$；   (3) $\lim\limits_{x\to\infty}\dfrac{\sin x}{x}$；

(4) $\lim\limits_{x\to 0}\dfrac{\sin 2x}{\sin 3x}$；   (5) $\lim\limits_{x\to 0}\dfrac{1-\cos x}{x^2}$.

---

① 这里用到的扇形面积公式 $\dfrac{1}{2}r^2 x$ 是由圆面积公式 πr^2 推出的（r 为半径，x 为扇形的圆心角）.

解 （1）应用极限的变量代换法则，令 $u = \dfrac{1}{x}$，则

$$\lim_{x \to \infty} x \sin \frac{1}{x} = \lim_{u \to 0} \frac{\sin u}{u} = 1$$

（2）由 $x \to 0$，$\left| \sin \dfrac{1}{x} \right| \leqslant 1$，应用无穷小量与有界变量的乘积仍是无穷小量，即得

$$\lim_{x \to 0} x \sin \frac{1}{x} = 0$$

（3）由 $x \to \infty$ 得 $\dfrac{1}{x} \to 0$，又 $|\sin x| \leqslant 1$，因为无穷小量与有界变量的乘积仍是无穷小量，所以

$$\lim_{x \to \infty} \frac{\sin x}{x} = \lim_{x \to \infty} \frac{1}{x} \sin x = 0$$

（4）应用第一个重要极限，则

$$\text{原式} = \lim_{x \to 0} \frac{\dfrac{\sin 2x}{2x}}{\dfrac{\sin 3x}{3x}} \cdot \frac{2}{3} = \frac{\lim\limits_{u \to 0} \dfrac{\sin u}{u}}{\lim\limits_{v \to 0} \dfrac{\sin v}{v}} \cdot \frac{2}{3} = \frac{1}{1} \cdot \frac{2}{3} = \frac{2}{3}$$

（5）应用极限的变量代换法则与第一个重要极限，令 $u = \dfrac{x}{2}$，则

$$\text{原式} = \lim_{x \to 0} \frac{2 \sin^2 \dfrac{x}{2}}{x^2} = \lim_{x \to 0} \frac{2}{4} \left(\frac{\sin \dfrac{x}{2}}{\dfrac{x}{2}} \right)^2 = \frac{1}{2} \lim_{u \to 0} \left(\frac{\sin u}{u} \right)^2 = \frac{1}{2}$$

1.3.3　单调有界准则

众所周知，半径为 r 的圆的面积等于 πr^2，圆的周长等于 $2\pi r$. 不论在初等数学还是在高等数学中，这两个公式都是极其重要的. 上一小节证明第一个重要极限时就用到圆面积公式，下一章将用这个重要极限证明三角函数求导公式，我们将看到一系列的微积分公式都与圆面积公式有关.

那么圆的面积公式是怎么得到的呢? 古代数学家就是利用"单调有界准则"的思想方法来考虑圆周率、圆面积与圆周长的. 公元前 3 世纪，古希腊数学家、力学家阿基米德用"穷竭法"，从圆内接正 3 边形开始，边数逐步加倍（计算到正 96 边形），得到圆周率 π 的近似值为 $\dfrac{22}{7}$. 我国古代数学家刘徽，在公元 3 世纪撰《九章算术注》

时创造性提出"割圆术"，他从圆内接正 6 边形开始割圆，然后逐次加倍（用正 $6 \cdot 2^n$ 边形逼近圆），计算出圆内接正 12 288 边形时圆周率 π 的近似值为 $\dfrac{3\,927}{1\,250}$. 刘徽第一个很明确地使用了"单调有界准则"的思想，采用无穷细分然后求其极限状态的和的方式得出了圆的面积与周长的公式.

定理 1.3.2（单调有界准则）

（1）设数列 $\{x_n\}$ 是单调递增且上有界的数列（或单调递减且下有界的数列），则 $\exists A \in \mathbf{R}$，使得 $\lim\limits_{n \to \infty} x_n = A$；

（2）设在某极限过程中（下面以 $x \to +\infty$ 为例），函数 $f(x)$ 单调增加且上有界（或单调减少且下有界），则 $\exists A \in \mathbf{R}$，使得 $\lim\limits_{x \to +\infty} f(x) = A$.

单调有界准则的证明需用到实数理论的知识，超过本课程的教学要求，这里从略.

例 4 设有数列 $\{x_n\}$，若 $x_1 = 1, x_{n+1} = \sqrt{2x_n + 3}\,(n = 1, 2, \cdots)$，试证明 $\{x_n\}$ 收敛，并求 $\lim\limits_{n \to \infty} x_n$.

解法1 首先用数学归纳法证明 $\{x_n\}$ 单调递增. 因

$$x_2 = \sqrt{2x_1 + 3} = \sqrt{5} > x_1$$

假设 $0 < x_{n-1} < x_n$，则

$$0 < 2x_{n-1} + 3 < 2x_n + 3 \Rightarrow x_n = \sqrt{2x_{n-1} + 3} < \sqrt{2x_n + 3} = x_{n+1}$$

于是 $\{x_n\}$ 单调递增.

再用数学归纳法证明 $\{x_n\}$ 有上界. 因 $x_1 < 3$，假设 $0 < x_n < 3$，则

$$0 < 2x_n + 3 < 6 + 3 = 9 \Rightarrow x_{n+1} = \sqrt{2x_n + 3} < \sqrt{9} = 3$$

于是 $\{x_n\}$ 有上界 3. 应用单调有界准则可知数列 $\{x_n\}$ 收敛.

令 $x_n \to A\,(n \to \infty)$，则 $x_{n+1} \to A\,(n \to \infty)$. 因此，在等式 $x_{n+1}^2 = 2x_n + 3$ 两边令 $n \to \infty$ 得

$$A^2 = 2A + 3 \Rightarrow A = 3 \quad (A = -1 \text{ 舍去})$$

于是 $\lim\limits_{n \to \infty} x_n = 3$.

解法2 应用夹逼准则求解. 由于

$$0 \leqslant |x_{n+1} - 3| = |\sqrt{2x_n + 3} - 3| = \frac{2|x_n - 3|}{\sqrt{2x_n + 3} + 3} \leqslant \frac{2}{3}|x_n - 3|$$

应用同样的方法可得 $|x_n - 3| \leqslant \dfrac{2}{3}|x_{n-1} - 3|$，代入上式并一直继续下去得

$$0 \leqslant |x_{n+1} - 3| \leqslant \frac{2}{3} |x_n - 3| \leqslant \left(\frac{2}{3}\right)^2 |x_{n-1} - 3| \leqslant \cdots$$

$$\leqslant \left(\frac{2}{3}\right)^n |x_1 - 3| = 2\left(\frac{2}{3}\right)^n$$

由于 $\lim\limits_{n \to \infty} 2\left(\frac{2}{3}\right)^n = 0$，应用夹逼准则得

$$|x_{n+1} - 3| \to 0 \Leftrightarrow x_{n+1} \to 3 \quad (n \to \infty)$$

即 $x_n \to 3 (n \to \infty)$.

注 在例 4 中，我们先证明数列 $\{x_n\}$ 收敛，在此条件下才能令 $x_n \to A$，并在有关表达式两边令 $n \to \infty$ 取极限，这样求得的极限才有效. 否则，有时会导出错误的结论. 例如 $x_n = (-1)^{n+1}$，显然 $\{x_n\}$ 是发散的，但若由 $x_1 = 1, x_{n+1} = -x_n$，直接令 $x_n \to A$，则由 $A = -A$ 可得 $A = 0$，从而导出了错误结论. 由此可看出极限存在准则的重要性.

1.3.4 第二个重要极限

对于第二个重要极限：

$$\lim_{x \to \infty} \left(1 + \frac{1}{x}\right)^x = \mathrm{e}^{①}$$

我们分三步来证明.

(1) 证明：$\lim\limits_{n \to \infty} \left(1 + \frac{1}{n}\right)^n = \mathrm{e}$；

(2) 证明：$\lim\limits_{x \to +\infty} \left(1 + \frac{1}{x}\right)^x = \mathrm{e}$；

(3) 证明：$\lim\limits_{x \to -\infty} \left(1 + \frac{1}{x}\right)^x = \mathrm{e}$.

证 (1) 令 $x_n = \left(1 + \frac{1}{n}\right)^n$，下面用两种方法证明数列 $\{x_n\}$ 单调递增且有上界.

(法 1) 因为 $x_n = \left(\frac{n+1}{n}\right)^n$，$x_{n+1} = \left(1 + \frac{1}{n+1}\right)^{n+1}$，则

$$\frac{x_{n+1}}{x_n} = \left(1 + \frac{1}{n+1}\right)\left(1 - \frac{1}{(n+1)^2}\right)^n \quad \text{（应用伯努利不等式(1.1.3)）}$$

---

① 下文中称此极限为"关于 e 的重要极限". 数 e 取自瑞士著名数学家、自然科学家欧拉 (Euler，1707—1783) 名字的第一个字母，以表达后来的数学家对这位著名数学家的尊敬. 欧拉的一个伟大发现是公式 $\mathrm{e}^{\mathrm{i}\pi} + 1 = 0$，它将不相干的 5 个数 $\mathrm{e}, \pi, \mathrm{i}, 1, 0$ 联系起来.

$$\geqslant \left(1+\frac{1}{n+1}\right)\left(1-\frac{n}{(n+1)^2}\right)=1+\frac{1}{(n+1)^3}>1$$

所以数列 $\{x_n\}$ 单调递增. 再应用伯努利不等式(1.1.3) 得

$$\frac{1}{\sqrt{x_{2n}}}=\left(\frac{2n}{2n+1}\right)^n=\left(1-\frac{1}{2n+1}\right)^n\geqslant 1-\frac{n}{2n+1}=\frac{1}{2}+\frac{1}{4n+2}>\frac{1}{2}$$

故 $x_n<x_{2n}<4$，所以数列 $\{x_n\}$ 上有界.

（法 2） 对于 $n+1$ 个正数 $1,\underbrace{1+\frac{1}{n},1+\frac{1}{n},\cdots,1+\frac{1}{n}}_{n\text{个}}$，应用 AG 不等式，有

$$x_n=\left(1+\frac{1}{n}\right)^n=1\cdot\underbrace{\left(1+\frac{1}{n}\right)\cdot\left(1+\frac{1}{n}\right)\cdot\cdots\cdot\left(1+\frac{1}{n}\right)}_{n\text{个}}$$

$$\leqslant\left[\frac{1+\left(1+\frac{1}{n}\right)+\left(1+\frac{1}{n}\right)+\cdots+\left(1+\frac{1}{n}\right)}{n+1}\right]^{n+1}$$

$$=\left(1+\frac{1}{n+1}\right)^{n+1}=x_{n+1}$$

所以数列 $\{x_n\}$ 单调递增. 又对于 $n+2$ 个正数 $\frac{1}{2},\frac{1}{2},\underbrace{1+\frac{1}{n},1+\frac{1}{n},\cdots,1+\frac{1}{n}}_{n\text{个}}$，应用 AG 不等式，有

$$x_n=\left(1+\frac{1}{n}\right)^n=4\cdot\frac{1}{2}\cdot\frac{1}{2}\cdot\underbrace{\left(1+\frac{1}{n}\right)\cdot\left(1+\frac{1}{n}\right)\cdot\cdots\cdot\left(1+\frac{1}{n}\right)}_{n\text{个}}$$

$$\leqslant 4\left[\frac{\frac{1}{2}+\frac{1}{2}+\left(1+\frac{1}{n}\right)+\left(1+\frac{1}{n}\right)+\cdots+\left(1+\frac{1}{n}\right)}{n+2}\right]^{n+2}$$

$$=4\left(\frac{n+2}{n+2}\right)^{n+2}=4$$

即数列 $\{x_n\}$ 上有界.

应用单调有界准则得数列 $\{x_n\}$ 收敛，并记

$$\lim_{n\to\infty}\left(1+\frac{1}{n}\right)^n=\mathrm{e}\qquad\qquad(1.3.3)$$

（2） 令 $n=[x]$，即

$$n\leqslant x<n+1\quad(n\in\mathbf{N}^*)$$

则当 $x \geqslant 1$ 时,有

$$\left(1+\frac{1}{n+1}\right)^n < \left(1+\frac{1}{x}\right)^x < \left(1+\frac{1}{n}\right)^{n+1} \tag{1.3.4}$$

记

$$g(x) = \left(1+\frac{1}{n+1}\right)^n, \quad h(x) = \left(1+\frac{1}{n}\right)^{n+1} \quad (n=[x])$$

由于

$$\lim_{x \to +\infty} g(x) = \lim_{n \to \infty} \frac{\left(1+\dfrac{1}{n+1}\right)^{n+1}}{1+\dfrac{1}{n+1}} = \frac{e}{1} = e$$

$$\lim_{x \to +\infty} h(x) = \lim_{n \to \infty} \left(1+\frac{1}{n}\right)^n \left(1+\frac{1}{n}\right) = e \cdot 1 = e$$

在式(1.3.4)中令 $x \to +\infty$,应用夹逼准则得

$$\lim_{x \to +\infty} \left(1+\frac{1}{x}\right)^x = e \tag{1.3.5}$$

(3) 作变量代换,令 $x = -t$,则 $x \to -\infty$ 时 $t \to +\infty$,于是由式(1.3.5)得

$$\lim_{x \to -\infty} \left(1+\frac{1}{x}\right)^x = \lim_{t \to +\infty} \left(1-\frac{1}{t}\right)^{-t} = \lim_{t \to +\infty} \left(\frac{t}{t-1}\right)^t$$

$$= \lim_{t \to +\infty} \left(1+\frac{1}{t-1}\right)^{t-1} \left(1+\frac{1}{t-1}\right) = e \cdot 1 = e$$

综合(2)和(3),即得重要极限

$$\lim_{x \to \infty} \left(1+\frac{1}{x}\right)^x = e \qquad\qquad \square$$

在应用中,第二个重要极限常写为另一形式:

$$\lim_{x \to 0}(1+x)^{\frac{1}{x}} = e^{①}$$

这是因为作变量代换 $x = \dfrac{1}{t}$,则 $x \to 0 \Leftrightarrow t \to \infty$,应用极限的变量代换法则有

$$\lim_{x \to 0}(1+x)^{\frac{1}{x}} = \lim_{t \to \infty}\left(1+\frac{1}{t}\right)^t = e$$

①下文中也称此式为"关于 e 的重要极限".

例5　求下列极限：

(1) $\lim\limits_{x\to\infty}\left(1-\dfrac{1}{x}\right)^{x}$；

(2) $\lim\limits_{x\to0}(1-2x)^{\frac{1}{x}}$．

解　(1) 令 $x=-t$，应用极限的变量代换法则得

$$\lim\limits_{x\to\infty}\left(1-\dfrac{1}{x}\right)^{x}=\lim\limits_{t\to\infty}\left(1+\dfrac{1}{t}\right)^{-t}=\left(\lim\limits_{t\to\infty}\left(1+\dfrac{1}{t}\right)^{t}\right)^{-1}=\dfrac{1}{\mathrm{e}}$$

(2) 令 $2x=-t$，应用极限的变量代换法则得

$$\lim\limits_{x\to0}(1-2x)^{\frac{1}{x}}=\left(\lim\limits_{t\to0}(1+t)^{\frac{1}{t}}\right)^{-2}=\dfrac{1}{\mathrm{e}^{2}}$$

习题 1.3

A 组

1. 应用夹逼准则求 $\lim\limits_{n\to\infty}\sqrt[n]{1+2^n+3^n+\cdots+9^n}$．

2. 求 $\lim\limits_{n\to\infty}\left(\dfrac{n}{n^2+1}+\dfrac{n}{n^2+2}+\cdots+\dfrac{n}{n^2+n}\right)$．

3. 设 $x_1=\sqrt{2}$，$x_{n+1}=\sqrt{2+x_n}\,(n=1,2,\cdots)$，求证数列 $\{x_n\}$ 收敛，并求 $\lim\limits_{n\to\infty}x_n$．

4. 设 x_1,a 均为正数，$x_{n+1}=\dfrac{1}{2}\left(x_n+\dfrac{a}{x_n}\right)(n=1,2,\cdots)$，求证数列 $\{x_n\}$ 收敛，并求 $\lim\limits_{n\to\infty}x_n$．

5. 求下列极限：

(1) $\lim\limits_{x\to0}\dfrac{\sin ax}{\sin bx}\,(b\neq0)$；

(2) $\lim\limits_{x\to0}\dfrac{\arctan x}{x}$；

(3) $\lim\limits_{x\to0}\dfrac{x\tan x}{1-\cos x}$；

(4) $\lim\limits_{x\to0}\dfrac{\tan x^2}{1-\cos^2 x}$；

(5) $\lim\limits_{x\to0}\dfrac{\sqrt{1+x^2}-1}{x\sin x}$；

(6) $\lim\limits_{x\to0}\dfrac{\sqrt{1+x^4}-1}{1-\cos x^2}$；

(7) $\lim\limits_{x\to\infty}\left(1-\dfrac{2}{x}\right)^{x}$；

(8) $\lim\limits_{x\to0}(1+2x)^{\frac{1}{x}}$；

(9) $\lim\limits_{x\to\infty}\left(\dfrac{x+2}{x-2}\right)^{x}$；

(10) $\lim\limits_{x\to\infty}\dfrac{2x^2+1}{3x+2}\sin\dfrac{1}{x}$．

B 组

6. 求 $\lim\limits_{x\to0}\left(\dfrac{2+\mathrm{e}^{\frac{1}{x}}}{1+\mathrm{e}^{\frac{2}{x}}}+\dfrac{\sin x}{|x|}\right)$．

7. 设 $x_1 = \dfrac{1}{2}$，$x_{n+1} = \dfrac{1+x_n^2}{2}(n=1,2,\cdots)$，证明数列 $\{x_n\}$ 收敛，并求 $\lim\limits_{n\to\infty} x_n$.

8. 设 $x_1 = 1$，$x_{n+1} = \dfrac{1}{1+x_n}(n=1,2,\cdots)$，证明数列 $\{x_n\}$ 收敛，并求 $\lim\limits_{n\to\infty} x_n$.

9. 应用夹逼准则证明 $\lim\limits_{x\to+\infty} x^{\frac{1}{x}} = 1$.

1.4　无穷小量的比较与无穷大量的比较

设 $\alpha(x)$ 与 $\beta(x)$ 为同一极限过程下的无穷小量，它们趋向于 0 的"速率"有时是不一样的. 例如，当 $x \to 0^+$ 时，$\sqrt{x}$ 与 x^2 都是无穷小量，当 $x = 0.01$ 时 $\sqrt{x} = 0.1$，$x^2 = 0.0001$，前者是后者的 1 000 倍；若 x 取更小的正数时，它们之间的倍数会更大. 这就是说 x^2 趋向于 0 的"速率"比 $\sqrt{x}$ 趋向于 0 的"速率"大得多. 在数学上，我们用"阶"来表示这一性态.

1.4.1　无穷小量的比较

定义 1.4.1（无穷小量的比较）　设 $\alpha(x)$ 与 $\beta(x)$ 为同一极限过程下的无穷小量（为确定计，下文以 $x \to a$ 为例）.

(1) 若 $\lim\limits_{x\to a}\dfrac{\alpha(x)}{\beta(x)} = 0$，则在 $x \to a$ 时，称 $\alpha(x)$ 是比 $\beta(x)$ **高阶的无穷小**，记为

$$\alpha(x) = o(\beta(x))$$

(2) 若 $\lim\limits_{x\to a}\dfrac{\alpha(x)}{\beta(x)} = \infty$，则在 $x \to a$ 时，称 $\alpha(x)$ 是比 $\beta(x)$ **低阶的无穷小**，记为

$$\beta(x) = o(\alpha(x))$$

(3) 若 $\lim\limits_{x\to a}\dfrac{\alpha(x)}{\beta(x)} = c(c \neq 0)$，则在 $x \to a$ 时，称 $\alpha(x)$ 与 $\beta(x)$ 为**同阶无穷小**. 特别的，当 $c = 1$ 时，称 $\alpha(x)$ 与 $\beta(x)$ 为**等价无穷小**，记为

$$\alpha(x) \sim \beta(x)$$

当 $c \neq 1$ 时，称 $\alpha(x)$ 与 $\beta(x)$ 为**同阶不等价无穷小**，记为

$$\alpha(x) \sim c\beta(x) \quad (c \neq 0 \text{ 且 } c \neq 1)$$

例如 $x \to 0$ 时，$1 - \cos x$ 是比 $x^\lambda(0 < \lambda < 2)$ 高阶的无穷小；$1 - \cos x$ 是比 $x^\lambda(\lambda > 2)$ 低阶的无穷小；$1 - \cos x$ 与 x^2 为同阶无穷小；$1 - \cos x$ 与 $\dfrac{1}{2}x^2$ 为等价无穷小.

1.4.2 等价无穷小替换法则

关于等价无穷小,有下列性质.

定理 1.4.1 设 $\alpha(x)$,$\beta(x)$,$\gamma(x)$ 是同一极限过程下的无穷小量,则

(1) $\alpha \sim \beta$ 时,$\beta \sim \alpha$; **(对称性)**

(2) $\alpha \sim \beta$,$\beta \sim \gamma$ 时,$\alpha \sim \gamma$; **(传递性)**

(3) $\alpha \sim \beta$ 的充要条件是 $\alpha = \beta + o(\beta)$.

证 这里(1)和(2)的证明留给读者,下面证(3).不妨设极限过程为 $x \to a$,则在 $x \to a$ 时有

$$\alpha \sim \beta \Leftrightarrow \lim_{x \to a} \frac{\alpha}{\beta} = 1 \Leftrightarrow \lim_{x \to a} \frac{\alpha - \beta}{\beta} = 0$$
$$\Leftrightarrow \alpha - \beta = o(\beta) \Leftrightarrow \alpha = \beta + o(\beta) \qquad \square$$

现在来介绍等价无穷小概念在求极限时的重要应用.

定理 1.4.2(等价无穷小替换法则) 设在某极限过程下(为确定计,下面以 $x \to a$ 为例),$\alpha(x)$,$\beta(x)$,$\alpha_1(x)$ 和 $\beta_1(x)$ 均为无穷小量,$\alpha(x) \sim \alpha_1(x)$,$\beta(x) \sim \beta_1(x)$,且 $\exists U_\delta^\circ(a)$,使得 $\forall x \in U_\delta^\circ(a)$,$\beta(x) \neq 0$,$\alpha_1(x) \neq 0$,$\beta_1(x) \neq 0$,则

$$\lim_{x \to a} \frac{\alpha(x)}{\beta(x)} = \lim_{x \to a} \frac{\alpha_1(x)}{\beta_1(x)} \qquad (1.4.1)$$

即当上式右端极限存在时,左端极限也存在,而且相等;当上式右端极限不存在时,左端极限也不存在.

证
$$\lim_{x \to a} \frac{\alpha(x)}{\beta(x)} = \lim_{x \to a} \frac{\alpha(x)}{\alpha_1(x)} \cdot \frac{\beta_1(x)}{\beta(x)} \cdot \frac{\alpha_1(x)}{\beta_1(x)}$$
$$= \lim_{x \to a} \frac{\alpha(x)}{\alpha_1(x)} \cdot \lim_{x \to a} \frac{\beta_1(x)}{\beta(x)} \cdot \lim_{x \to a} \frac{\alpha_1(x)}{\beta_1(x)} = \lim_{x \to a} \frac{\alpha_1(x)}{\beta_1(x)} \qquad \square$$

定理 1.4.3 当 $x \to 0$ 时,有下列无穷小的等价关系:

(1) $x \sim \sin x \sim \tan x \sim \arcsin x \sim \arctan x \sim \ln(1+x) \sim e^x - 1$;

(2) $1 - \cos x \sim \frac{1}{2} x^2$;

(3) $(1+x)^\lambda - 1 \sim \lambda x \ (\lambda \in \mathbf{R}^*)$.

证 (1) $x \to 0$ 时,由第一个重要极限得 $x \sim \sin x$.因为

$$\lim_{x \to 0} \frac{\tan x}{x} = \lim_{x \to 0} \frac{\sin x}{x} \cdot \frac{1}{\cos x} = 1 \cdot 1 = 1$$

故 $x \to 0$ 时,$x \sim \tan x$.

令 $\arcsin x = t$,则 $x = \sin t$,因 $t \to 0 \Leftrightarrow x \to 0$,应用极限的变量代换法则得

$$\lim_{x\to 0}\frac{\arcsin x}{x}=\lim_{t\to 0}\frac{t}{\sin t}=1$$

故 $x\to 0$ 时, $x\sim\arcsin x$.

令 $\arctan x=t$, 则 $x=\tan t$, 因 $t\to 0\Leftrightarrow x\to 0$, 应用极限的变量代换法则得

$$\lim_{x\to 0}\frac{\arctan x}{x}=\lim_{t\to 0}\frac{t}{\tan t}=1$$

故 $x\to 0$ 时, $x\sim\arctan x$.

令 $(1+x)^{\frac{1}{x}}=t$, 因 $x\to 0$ 时 $t\to\mathrm{e}$, 应用极限的变量代换法则得

$$\lim_{x\to 0}\frac{\ln(1+x)}{x}=\lim_{x\to 0}\ln(1+x)^{\frac{1}{x}}=\lim_{t\to\mathrm{e}}\ln t=\ln\mathrm{e}=1$$

故 $x\to 0$ 时, $x\sim\ln(1+x)$.

令 $\mathrm{e}^x-1=t$, 则 $x=\ln(1+t)$, 因 $x\to 0\Leftrightarrow t\to 0$, 应用极限的变量代换法则得

$$\lim_{x\to 0}\frac{\mathrm{e}^x-1}{x}=\lim_{t\to 0}\frac{t}{\ln(1+t)}=1$$

故 $x\to 0$ 时, $x\sim\mathrm{e}^x-1$.

(2) 由 $\lim\limits_{x\to 0}\dfrac{1-\cos x}{x^2}=\dfrac{1}{2}$ (见第 1.3 节的例 3(5)) 可得.

(3) 令 $(1+x)^\lambda-1=t$, 则 $\lambda\ln(1+x)=\ln(1+t)$, 因 $x\to 0\Leftrightarrow t\to 0$, 应用极限的变量代换法则和等价无穷小替换法则, $x\to 0$ 时

$$(1+x)^\lambda-1=t\sim\ln(1+t)=\lambda\ln(1+x)\sim\lambda x \qquad\qquad \square$$

在应用定理 1.4.3 中无穷小等价关系时, 我们常用 $\square$ 代替 x, 当 $\square\to 0$ 时, 有

$$\square\sim\sin\square\sim\tan\square\sim\arcsin\square\sim\arctan\square\sim\ln(1+\square)\sim\mathrm{e}^\square-1$$

$$1-\cos\square\sim\frac{1}{2}\square^2,\quad(1+\square)^\lambda-1\sim\lambda\square$$

例如, 当 $x\to 0^+$ 时

$$\sin(1-\cos\sqrt{x})\sim 1-\cos\sqrt{x}\sim\frac{1}{2}(\sqrt{x})^2=\frac{1}{2}x$$

这里第一次视 $1-\cos\sqrt{x}$ 为 $\square$, 第二次视 $\sqrt{x}$ 为 $\square$, 逐次作等价无穷小替换.

熟记上述无穷小等价关系, 并正确运用于等价无穷小替换法则求极限, 将使求极限的运算过程大大简化.

例 1　求 $\lim\limits_{x\to 0}\dfrac{(\sqrt[3]{1-x^3}-1)\cdot\ln(1-2x^2)}{(1-\mathrm{e}^{-x})\cdot(1-\cos x^2)}$.

解　这里分子、分母中的四项皆为无穷小因子，因为 $x \to 0$ 时

$$\sqrt[3]{1-x^3}-1 \sim \frac{1}{3}(-x^3) = -\frac{1}{3}x^3$$

$$\ln(1-2x^2) \sim -2x^2$$

$$1-\mathrm{e}^{-x} = -(\mathrm{e}^{-x}-1) \sim -(-x) = x$$

$$1-\cos x^2 \sim \frac{1}{2}(x^2)^2 = \frac{1}{2}x^4$$

于是

$$原式 = \lim_{x \to 0} \frac{\left(-\frac{1}{3}x^3\right)(-2x^2)}{x \cdot \frac{1}{2}x^4} = \frac{4}{3}$$

例 2　求 $\lim\limits_{x \to 0} \dfrac{2\sin x + 1 - \mathrm{e}^x}{x + \cos x - 1}$.

解　这里分子中的 $\sin x$，$1-\mathrm{e}^x$ 都不是因子，分母中的 $\cos x - 1$ 也不是因子，所以都不能直接应用等价无穷小替换法则. 因为 $x \to 0$ 时 $x \neq 0$，原式的分子、分母同时除以 x 后，应用极限的四则运算法则将原式的分子、分母分项，对这些分项应用等价无穷小替换法则，则

$$原式 = \frac{2\lim\limits_{x \to 0}\dfrac{\sin x}{x} - \lim\limits_{x \to 0}\dfrac{\mathrm{e}^x-1}{x}}{1 - \lim\limits_{x \to 0}\dfrac{1-\cos x}{x}} = \frac{2\lim\limits_{x \to 0}\dfrac{x}{x} - \lim\limits_{x \to 0}\dfrac{x}{x}}{1 - \lim\limits_{x \to 0}\dfrac{\frac{1}{2}x^2}{x}} = \frac{2-1}{1-0} = 1$$

例 3　求 $\lim\limits_{x \to 0} \dfrac{\cos x - \mathrm{e}^{x^2}}{\cos x \cdot \sin^2 x}$.

解　这里对分母可应用等价无穷小替换法则，而分子则不可直接应用等价无穷小替换法则. 我们先将分子分项，再应用等价无穷小替换法则，则

$$原式 = \lim_{x \to 0}\frac{\cos x - 1 - \mathrm{e}^{x^2} + 1}{1 \cdot x^2} = \lim_{x \to 0}\frac{\cos x - 1}{x^2} - \lim_{x \to 0}\frac{\mathrm{e}^{x^2}-1}{x^2}$$

$$= \lim_{x \to 0}\frac{-\frac{1}{2}x^2}{x^2} - \lim_{x \to 0}\frac{x^2}{x^2} = -\frac{1}{2} - 1 = -\frac{3}{2}$$

我们将形如 $y = [u(x)]^{v(x)}$ 的函数称为**幂指函数**. 关于幂指函数的极限，简单的情况如下：若 $\lim\limits_{x \to a} u(x) = A\,(A > 0)$，$\lim\limits_{x \to a} v(x) = B\,(B \in \mathbf{R})$，则

$$\lim_{x \to a}[u(x)]^{v(x)} = \exp(\lim_{x \to a} v(x) \ln u(x))^{①}$$
$$= \exp(B \ln A) = A^B$$
$$= \left(\lim_{x \to a} u(x)\right)^{\lim_{x \to a} v(x)}$$

其他情况下幂指函数的极限,可应用关于 e 的重要极限或是应用等价无穷小因子替换法则去处理;更复杂的情况,我们将在第 2.6 节中进一步研究.

例 4　求 $\lim_{x \to 0}(\sin x + \cos x)^{\tan x}$.

解　由于 $\lim_{x \to 0}(\sin x + \cos x) = 1, \lim_{x \to 0} \tan x = 0$,所以

$$原式 = \left(\lim_{x \to 0}(\sin x + \cos x)\right)^{\lim_{x \to 0} \tan x} = 1^0 = 1$$

例 5　求 $\lim_{x \to 0}(\cos x)^{\cot^2 x}$.

解法 1　应用关于 e 的重要极限 $(1 + \square)^{\frac{1}{\square}} \to e \ (\square \to 0)$,则

$$原式 = \lim_{x \to 0}(1 + \cos x - 1)^{\frac{1}{\cos x - 1} \cdot \frac{\cos x - 1}{\tan^2 x}}$$
$$= \exp\left(\lim_{x \to 0} \frac{\cos x - 1}{\tan^2 x}\right) = \exp\left(\lim_{x \to 0} \frac{-\dfrac{1}{2}x^2}{x^2}\right)$$
$$= e^{-\frac{1}{2}}$$

解法 2　由于 $\lim_{x \to 0} v(x) = \lim_{x \to 0} \cot^2 x = \infty$,所以不可用上面的公式直接求极限. 我们采用等价无穷小替换法则,则

$$原式 = \exp\left(\lim_{x \to 0} \frac{\ln(1 + \cos x - 1)}{\tan^2 x}\right) = \exp\left(\lim_{x \to 0} \frac{\cos x - 1}{x^2}\right)$$
$$= \exp\left(\lim_{x \to 0} \frac{-\dfrac{1}{2}x^2}{x^2}\right) = e^{-\frac{1}{2}}$$

例 6　求 $\lim_{x \to \frac{\pi}{2}}(\sin x)^{\tan^2 x}$.

解　应用关于 e 的重要极限,则

$$原式 = \lim_{x \to \frac{\pi}{2}}(1 - \cos^2 x)^{\frac{1}{-\cos^2 x} \cdot \frac{-\sin^2 x}{2}}$$
$$= \exp\left(\lim_{x \to \frac{\pi}{2}} \frac{-\sin^2 x}{2}\right) = e^{-\frac{1}{2}}$$

---

① $\exp u \xlongequal{\text{def}} e^u$.

1.4.3 无穷小量的阶数

下面介绍无穷小量的"阶数"的概念.

定义 1.4.2（无穷小量的阶数） 设函数 $f(x)$ 在 $x \to 0$ 时为无穷小量,如果 $\exists k > 0, c \neq 0$,使得

$$\lim_{x \to 0} \frac{f(x)}{x^k} = c$$

则在 $x \to 0$ 时,称 $f(x)$ 关于 x 是 k 阶无穷小.

例 7 (1) $x \to 0^+$ 时,求 $\sqrt{x + \sqrt{x}}$ 关于 x 的无穷小的阶数;

(2) $x \to 0$ 时,求 $\sin x - \tan x$ 关于 x 的无穷小阶数.

解 (1) $x \to 0^+$ 时,由于

$$x + \sqrt{x} = \sqrt{x}(1 + \sqrt{x}) \sim \sqrt{x}$$

所以 $\sqrt{x + \sqrt{x}} \sim \sqrt{\sqrt{x}} = x^{\frac{1}{4}}$,于是 $x \to 0^+$ 时, $\sqrt{x + \sqrt{x}}$ 关于 x 是 $\frac{1}{4}$ 阶无穷小.

(2) $x \to 0$ 时,由于

$$\sin x - \tan x = \sin x \left(1 - \frac{1}{\cos x}\right) = \sin x \cdot \frac{\cos x - 1}{\cos x} \sim x \cdot \left(-\frac{1}{2}x^2\right) = -\frac{1}{2}x^3$$

所以 $x \to 0$ 时, $\sin x - \tan x$ 关于 x 是 3 阶无穷小.

1.4.4 无穷大量的比较

与无穷小量有密切联系的还有无穷大量概念. 若在某极限过程下,函数 $f(x)$ 的极限不存在,但绝对值 $|f(x)|$ 无限增大,即 $|f(x)| \to +\infty$,则在此极限过程下称 $f(x)$ 为无穷大量. 下面以极限过程 $x \to a$ 为例,叙述无穷大量的严格定义.

定义 1.4.3（无穷大量） 设函数 $f(x)$ 在 a 的某去心邻域内有定义,若 $\forall M > 0$, $\exists \delta > 0$,当 $x \in U_\delta^\circ(a)$ 时,有 $|f(x)| > M$,则在 $x \to a$ 时,称 $f(x)$ 为**无穷大量**,简称**无穷大**,记为 $\lim\limits_{x \to a} f(x) = \infty$.

关于无穷小量与无穷大量的关系,我们有下面的定理.

定理 1.4.4 在同一极限过程下,若

(1) $f(x)$ 为无穷大量,则 $\dfrac{1}{f(x)}$ 为无穷小量;

(2) $f(x)$ 为无穷小量,且 $f(x) \neq 0$,则 $\dfrac{1}{f(x)}$ 为无穷大量.

 *证 这里只证(1),而(2)可类似证明.

不妨设极限过程为 $x \to a$，$\forall \varepsilon > 0$，因为 $\lim\limits_{x \to a} f(x) = \infty$，所以对 $M = \dfrac{1}{\varepsilon} > 0$，$\exists \delta > 0$，当 $x \in U_\delta^\circ(a)$ 时，有 $|f(x)| > M$，于是有 $\left| \dfrac{1}{f(x)} \right| < \dfrac{1}{M} = \varepsilon$. 这表明：

$\forall \varepsilon > 0$，$\exists \delta > 0$，当 $x \in U_\delta^\circ(a)$ 时，有 $\left| \dfrac{1}{f(x)} \right| < \varepsilon$. 应用函数极限的 ε-δ 定义可知

$\lim\limits_{x \to a} \dfrac{1}{f(x)} = 0$，即 $x \to a$ 时 $\dfrac{1}{f(x)}$ 为无穷小量. $\qquad\qquad\square$

定义 1.4.4（无穷大量的比较） 设函数 $f(x)$ 与 $g(x)$ 在 $x \to +\infty$ 时皆为正无穷大量，即

$$\lim_{x \to +\infty} f(x) = +\infty, \qquad \lim_{x \to +\infty} g(x) = +\infty$$

(1) 若 $\lim\limits_{x \to +\infty} \dfrac{f(x)}{g(x)} = +\infty$，则在 $x \to +\infty$ 时，称 $f(x)$ 是比 $g(x)$ **高阶的无穷大**；

(2) 若 $\lim\limits_{x \to +\infty} \dfrac{f(x)}{g(x)} = 0$，则在 $x \to +\infty$ 时，称 $f(x)$ 是比 $g(x)$ **低阶的无穷大**；

(3) 若 $\lim\limits_{x \to +\infty} \dfrac{f(x)}{g(x)} = c(c \neq 0)$，则在 $x \to +\infty$ 时，称 $f(x)$ 与 $g(x)$ 是**同阶无穷大**，特别当 $c = 1$ 时，称 $f(x)$ 与 $g(x)$ 为**等价无穷大**，记为 $f(x) \sim g(x)$；

(4) 若 $\lim\limits_{x \to +\infty} \dfrac{f(x)}{x^k} = c(c \neq 0, k > 0)$，则在 $x \to +\infty$ 时，称 $f(x)$ 关于 x 是 $\boldsymbol{k}$ **阶无穷大**.

例如，$x \to +\infty$ 时，指数函数 e^x 是比幂函数 $x^\lambda(\lambda > 0)$ 高阶的无穷大，幂级数 $x^\lambda(\lambda > 0)$ 是比对数函数 $\ln x$ 高阶的无穷大（证明见第 2.6 节例 3）.

例 8 求 $x \to +\infty$ 时 $\sqrt{x + \sqrt{x}}$ 关于 x 的无穷大的阶数.

解 $x \to +\infty$ 时，由于

$$x + \sqrt{x} = x\left(1 + \dfrac{1}{\sqrt{x}}\right) \sim x$$

所以 $\sqrt{x + \sqrt{x}} \sim \sqrt{x} = x^{\frac{1}{2}}$，于是 $\sqrt{x + \sqrt{x}}$ 关于 x 是 $\dfrac{1}{2}$ 阶无穷大.

习题 1.4

A 组

1. 求下列极限：

(1) $\lim\limits_{x \to 0} \dfrac{\sin 2x - \sin x}{\sin 5x - \sin 3x}$；

(2) $\lim\limits_{x \to 0} \dfrac{2\sin x + 1 - \cos x}{\ln(1 - x) + \mathrm{e}^{x^2} - 1}$；

(3) $\lim\limits_{x\to 0}\dfrac{\sqrt[3]{1+x^2}-1}{\sin x\arctan x}$;

(4) $\lim\limits_{x\to 0}\dfrac{\cos x-\cos x^2}{\ln(1-x^2)}$;

(5) $\lim\limits_{x\to 1}\dfrac{\arcsin(1-x)}{\ln x}$;

(6) $\lim\limits_{x\to 1}\dfrac{1+\cos\pi x}{(1-x)^2}$;

(7) $\lim\limits_{x\to 1}\dfrac{(\sqrt{x}-1)(\sqrt[3]{x}-1)(\sqrt[4]{x}-1)}{(x-1)^3}$;

(8) $\lim\limits_{x\to+\infty}\dfrac{\ln(1+3^{-x})}{\ln(1+2^{-x})}$;

(9) $\lim\limits_{x\to 0}(\sin x+\cos x)^{\frac{1}{x}}$;

(10) $\lim\limits_{x\to 0}(x+e^x)^{\frac{1}{x}}$.

2. $x\to 0$ 时,求下列函数关于 x 的无穷小的阶数:

(1) $x^2+x^3-2x^4$;

(2) e^x-e^{-x};

(3) $\sqrt{x+\sqrt{x+\sqrt{x}}}$;

(4) $\sqrt{1+x}-\sqrt{1-2x}$;

(5) $\sin^2 x-\tan^2 x$;

(6) $1-\cos^3 x$.

3. $x\to+\infty$ 时,求下列函数关于 x 的无穷大的阶数:

(1) $x^2+2x^3-4x^4$;

(2) $\dfrac{2x^2+x+5}{x+3}$;

(3) $\sqrt{x+\sqrt{x+\sqrt{x}}}$;

(4) $\sqrt[4]{x^3\sin\dfrac{1}{x}}$.

B 组

4. 求下列极限:

(1) $\lim\limits_{x\to 0}(\sec x)^{2\cot^2 x}$;

(2) $\lim\limits_{x\to\frac{\pi}{2}}(\sin x)^{\tan x}$;

(3) $\lim\limits_{x\to 0}\dfrac{e^x-\sqrt{x+1}}{x}$;

(4) $\lim\limits_{x\to+\infty}(\sqrt{x^2+x}-\sqrt{x^2-x})$;

(5) $\lim\limits_{x\to 0}\dfrac{e^x-e^{\sin x}}{x-\sin x}$;

(6) $\lim\limits_{x\to+\infty}(\sin\sqrt{1+x^2}-\sin x)$.

5. $x\to 0$ 时,求下列函数关于 x 的无穷小的阶数:

(1) $\sqrt[3]{1+\sqrt[3]{x}}-1$;

(2) $\sqrt{1+\tan x}-\sqrt{1-\sin x}$.

6. 求下列极限:

(1) $\lim\limits_{x\to+\infty}(\sqrt{x^2+x}-\sqrt[3]{x^3+x^2})$;

(2) $\lim\limits_{x\to 0}\left(\dfrac{\cos x}{\cos 2x}\right)^{\frac{1}{x^2}}$.

1.5　函数的连续性与间断点

这一节讨论与极限概念有着密切联系的连续性概念及其基本性质. 连续函数是高等数学中应用最广的一类函数.

1.5.1　连续性与间断点

首先,我们利用极限概念给出函数在某点连续的定义.

定义 1.5.1(连续性)　设函数 $f(x)$ 在 $U_\delta(a)$ 内有定义,若

$$\lim_{x \to a} f(x) = f(a) \tag{1.5.1}$$

则称 $f(x)$ 在点 a 处**连续**(Continuous),记为 $f \in \mathscr{C}(a)$[①].

需要说明的是,式(1.5.1)的左边是 $x \to a(x \neq a)$ 时函数 $f(x)$ 的极限,右边是 $x = a$ 时函数 $f(x)$ 的函数值.

上述定义用函数极限的 ε-δ 定义可叙述如下:

定义 1.5.2(连续性)　设函数 $f(x)$ 在 $x = a$ 的某邻域内有定义,若 $\forall \varepsilon > 0$,$\exists \delta > 0$,当 $x \in U_\delta(a)$ 时,有 $|f(x) - f(a)| < \varepsilon$,则称 $f(x)$ 在点 a 处**连续**.

现在讨论函数在区间上的连续性. 若函数 $f(x)$ 在开区间 (a,b) 内的每一点皆连续,则称 $f(x)$ 在**开区间** (a,b) **上连续**,记为 $f \in \mathscr{C}(a,b)$.

为了给出函数在闭区间上连续的概念,我们先来介绍单侧连续的定义.

定义 1.5.3(单侧连续性)　设 $f(x)$ 在区间 $[a,a+\delta)$ 上有定义,若

$$\lim_{x \to a^+} f(x) = f(a)$$

则称 $f(x)$ 在 $x = a$ 处**右连续**;设 $f(x)$ 在区间 $(a-\delta,a]$ 上有定义,若

$$\lim_{x \to a^-} f(x) = f(a)$$

则称 $f(x)$ 在 $x = a$ 处**左连续**.

由此定义,可得下面的定理.

定理 1.5.1　函数 $f(x)$ 在 $x = a$ 处连续的充要条件是 $f(x)$ 在 $x = a$ 处左连续且右连续.

若函数 $f(x)$ 的开区间 (a,b) 上连续,在 $x = a$ 处右连续,在 $x = b$ 处左连续,则称 $f(x)$ 在**闭区间** $[a,b]$ **上连续**,记为 $f \in \mathscr{C}[a,b]$.

函数 $f(x)$ 在点 a 处连续的定义 1.5.1 中含有三个条件:

---

①$\mathscr{C}(a)$ 表示在 $x = a$ 处连续的函数的全体构成的集合,$\mathscr{C}(X)$ 表示在区间 X 上连续的函数的全体构成的集合.

① $\lim\limits_{x \to a} f(x) = A, A \in \mathbf{R}$;

② $f(x)$ 在 $x = a$ 有定义；

③ $A = f(a)$.

当这三个条件中至少有一条不成立时,称 $f(x)$ 在点 a 处**不连续**,并称 $x = a$ 为函数 $f(x)$ 的一个**间断点**.

例1 设

$$f_1(x) = \begin{cases} 1+x & (x<0), \\ 0 & (x=0), \\ 1-x & (x>0); \end{cases} \quad f_2(x) = \begin{cases} \mathrm{e}^x & (x<0), \\ 2 & (x=0), \\ x^2 & (x>0) \end{cases}$$

$$f_3(x) = \frac{1}{x}; \quad f_4(x) = \sin\frac{1}{x}$$

讨论这四个函数在 $x = 0$ 处的连续性.

解 这四个函数的图形分别如图 1.30(a) $\sim$ (d) 所示,可见这四个函数在 $x = 0$ 处都不连续.

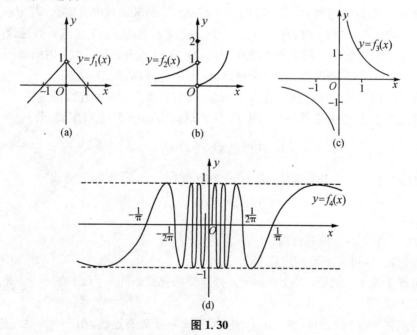

图 1.30

(1) 对于 $f_1(x)$,$x \to 0$ 时 $f_1(x) \to 1$,极限存在,但 $f_1(0) = 0 \neq 1$,条件 ③ 不成立；

(2) 对于 $f_2(x)$,$x \to 0$ 时,$f_2(0^-) = 1$,$f_2(0^+) = 0$,故 $x \to 0$ 时 $f_2(x)$ 的极限不存在,条件 ① 不成立；

(3) 对于 $f_3(x)$,$x \to 0$ 时 $f_3(0^-) = -\infty$,$f_3(0^+) = +\infty$,左、右极限皆不存在,

条件 ① 不成立;

（4）对于 $f_4(x)$，$x \to 0$ 时 $f_4(x)$ 在 -1 到 1 之间无限振荡，$f_4(x)$ 的极限不存在，条件 ① 不成立.

上述例 1 刻画了间断点附近函数变化的四种有代表性的性态，根据这些性态我们把间断点进行分类.

定义 1.5.4（间断点分类） 设 $x = a$ 是函数 $f(x)$ 的间断点.

（1）当 $f(a^-)$ 与 $f(a^+)$ 皆存在时，称 $x = a$ 为函数 $f(x)$ 的**第 Ⅰ 类间断点**. 更进一步，若 $f(a^-) = f(a^+)$，则称 $x = a$ 为**可去型间断点**；若 $f(a^-) \neq f(a^+)$，则称 $x = a$ 为**跳跃型间断点**.

（2）当 $f(a^-)$ 与 $f(a^+)$ 中至少有一个不存在时，称 $x = a$ 为函数 $f(x)$ 的**第Ⅱ类间断点**. 更进一步，若 $f(a^-)$ 与 $f(a^+)$ 中至少有一个为无穷大时，称 $x = a$ 为**无穷型间断点**；当 $f(x)$ 的图形在 $x = a$ 左、右附近无限振荡时，称 $x = a$ 为**振荡型间断点**.

例如在例 1 中，$x = 0$ 是 $f_1(x)$ 的可去型间断点，$x = 0$ 是 $f_2(x)$ 的跳跃型间断点，$x = 0$ 是 $f_3(x)$ 的无穷型间断点，$x = 0$ 是 $f_4(x)$ 的振荡型间断点.

1.5.2 连续函数的运算法则

在这一小节，我们讨论连续函数的四则运算法则、复合函数的连续性、反函数的连续性，最后给出初等函数的连续性定理.

定理 1.5.2（连续函数的四则运算法则） 设函数 $f(x)$ 与 $g(x)$ 都在 $x = a$ 处连续，则它们的和、差、积、商（分母不为零）也在 $x = a$ 处连续.

证 结论由下列等式得到：

$$\lim_{x \to a}(f(x) \pm g(x)) = \lim_{x \to a} f(x) \pm \lim_{x \to a} g(x) = f(a) \pm g(a)$$

$$\lim_{x \to a} f(x)g(x) = \lim_{x \to a} f(x) \cdot \lim_{x \to a} g(x) = f(a)g(a)$$

$$\lim_{x \to a}\frac{f(x)}{g(x)} = \frac{\lim\limits_{x \to a} f(x)}{\lim\limits_{x \to a} g(x)} = \frac{f(a)}{g(a)} \quad (g(a) \neq 0) \qquad \square$$

由定理 1.5.2 和区间上的连续函数的定义，显见下面论断成立：同一区间（开或闭）上的两个连续函数的和、差、积、商（分母在该区间上恒不为零），仍是该区间上的连续函数.

定理 1.5.3（连续函数的复合运算法则） 设函数 $g(x)$ 在 $x \to a$ 时极限存在，即有 $\lim\limits_{x \to a} g(x) = b$，若函数 $f(u)$ 在 $u = b$ 处连续，则复合函数 $f(g(x))$ 在 $x \to a$ 时极限存在，且

$$\lim_{x \to a} f(g(x)) = f\Big(\lim_{x \to a} g(x)\Big) = f(b)$$

*证 $\forall \varepsilon > 0$ 时，因 $f(u)$ 在 $u = b$ 处连续，所以 $\exists \delta_1 > 0$，当 $|u-b| < \delta_1$ 时，恒有

$$| f(u) - f(b) | < \varepsilon$$

对上述 $\delta_1 > 0$，因 $\lim\limits_{x \to a} g(x) = b$，故 $\exists \delta > 0$，当 $x \in U_{\delta}^{\circ}(a)$ 时，恒有

$$| g(x) - b | = | u - b | < \delta_1$$

于是有

$$| f(g(x)) - f(b) | < \varepsilon$$

这表明

$$\lim_{x \to a} f(g(x)) = f(b) = f\left(\lim_{x \to a} g(x) \right) \qquad \Box$$

定理 1. 5. 4（复合函数的连续性） 设函数 $g(x)$ 在 $x = a$ 处连续，$g(a) = b$，若函数 $f(u)$ 在 $u = b$ 处连续，则复合函数 $f(g(x))$ 在 $x = a$ 处连续，即

$$\lim_{x \to a} f(g(x)) = f(g(a))$$

该定理证明由定理 1.5.3 立即可得，这里不赘述.

定理 1. 5. 5（反函数的连续性） 设函数 $y = f(x)$ 的反函数 $x = f^{-1}(y)$ 存在，若 $f(x)$ 在 $x = a$ 处连续，$f(a) = b$，则其反函数 $x = f^{-1}(y)$ 在 $y = b$ 处连续.

此定理的严格证明从略. 它的几何意义很清楚：由于 $y = f(x)$ 在 $x = a$ 的邻域内单调增加（减少），在 $x = a$ 处连续，所以

$$\lim_{x \to a} y = \lim_{x \to a} f(x) = f(a) = b$$

即当 $x \to a$ 时 $y \to b$；反过来，反函数 $f^{-1}(y)$ 在 $y = b$ 的邻域内也单调增加（减少），当 $y \to b$ 时必有 $f^{-1}(y) \to a$，即

$$\lim_{y \to b} f^{-1}(y) = a = f^{-1}(b)$$

此式即表示 $f^{-1}(y)$ 在 $y = b$ 处连续.

下面来研究初等函数的连续性.

我们已经知道基本初等函数的极限定理 1.2.3，由此定理和连续性的定义，直接推知基本初等函数在其定义域上连续，再应用连续函数的四则运算法则与复合函数的连续性定理，立刻得到下面的定理.

定理 1. 5. 6（初等函数的连续性定理） 初等函数在其有定义的区间上连续.

设函数 $f(x)$ 的定义域是一区间（开区间、闭区间、半开区间或无穷区间），且 $f(x)$ 在该区间上连续，则称 $f(x)$ 为**连续函数**，记为 $f \in \mathscr{C}$.

例如，$y = a^x, y = \ln x, y = \sin x, \cdots$ 都是连续函数，它们没有间断点；但 $y = \tan x, y = \cot x, y = \sec x, \cdots$ 不是连续函数，只能说它们在其有定义的区间上连续.

初等函数的连续性定理常被用来求初等函数的极限：设 $f(x)$ 为初等函数，若 $f(x)$ 在 $x = a$ 处有定义，则 $f(x)$ 在 $x \to a$ 时极限存在，且

$$\lim_{x \to a} f(x) = f(a)$$

例 2 求 $\lim\limits_{x \to 1} \ln(1 - x + e^x)$.

解 因 $f(x) = \ln(1 - x + e^x)$ 为初等函数，且 $f(x)$ 在 $x = 1$ 处有定义，所以

$$原式 = f(1) = \ln e = 1$$

例 3 设 $f(x)$ 在 $(-\infty, +\infty)$ 上有定义，$\forall x, y \in \mathbf{R}$，恒有

$$f(x + y) = f(x) + f(y) \tag{1.5.2}$$

且 $f(x)$ 在 $x = 0$ 处连续，求证：$f \in \mathscr{C}$.

证 在式 (1.5.2) 中令 $x = y = 0$ 得 $f(0) = 0$. $\forall a \in (-\infty, +\infty)$，作变量代换，令 $x - a = t$，则 $x \to a$ 时 $t \to 0$. 因为

$$\lim_{x \to a} f(x) = \lim_{t \to 0} f(a + t) = \lim_{t \to 0} (f(a) + f(t))$$
$$= \lim_{t \to 0} f(a) + \lim_{t \to 0} f(t) = f(a) + f(0) = f(a)$$

故 $f(x)$ 在 $x = a$ 处连续. 由 $a \in (-\infty, +\infty)$ 的任意性得 $f \in \mathscr{C}$.

例 4 设 $f(x) = \lim\limits_{n \to \infty} \dfrac{1 - x^n}{1 + x^n}$，讨论 $f(x)$ 的连续性，求其间断点并判别类型.

解 因为

$$f(x) = \begin{cases} \dfrac{1 - 0}{1 + 0} = 1 & (|x| < 1); \\[3mm] \lim\limits_{n \to \infty} \dfrac{x^{-n} - 1}{x^{-n} + 1} = -1 & (|x| > 1); \\[3mm] 0 & (x = 1) \end{cases}$$

所以 $f(x)$ 在区间 $(-\infty, -1), (-1, 1), (1, +\infty)$ 上连续. $x = -1$ 时 $f(x)$ 无定义，因为 $f(-1^-) = -1, f(-1^+) = 1$，故 $x = -1$ 为跳跃型间断点；又 $f(1) = 0, f(1^-) = 1, f(1^+) = -1$，故 $x = 1$ 也为跳跃型间断点.

1.5.3 闭区间上连续函数的性质

本小节介绍闭区间上连续函数的重要性质，它是高等数学中的重要基础知识.

定理 1.5.7（最值定理） 设函数 $f \in \mathscr{C}[a, b]$，则 $\exists x_1, x_2 \in [a, b]$，使得 $\forall x \in [a, b]$，恒有

$$f(x_1) \leqslant f(x) \leqslant f(x_2)$$

此定理的证明从略. 这里 $f(x_1)$, $f(x_2)$ 分别是函数 $f(x)$ 在 $[a,b]$ 上的最小值和最大值(统称为**最值**). 因 $f(x)$ 取到最小值和最大值, 故函数 $f(x)$ 在区间 $[a,b]$ 上必为有界函数. 此定理中的闭区间条件很重要. 考虑函数 $y = \dfrac{1}{x}$, 它在开区间 $(0,1)$ 上连续, 但它是无界函数, 既无最大值, 也无最小值.

定理 1.5.8(零点定理)　设函数 $f \in \mathscr{C}[a,b]$, 且 $f(a)f(b) < 0$, 则 $\exists \xi \in (a,b)$, 使得 $f(\xi) = 0$[①].

＊证　用反证法. 设 $\forall x \in (a,b)$, $f(x) \neq 0$. 根据题意, 我们不妨设 $f(a) < 0$, $f(b) > 0$, 并令 $[a_1,b_1] = [a,b]$. 考察 $f\left(\dfrac{a_1+b_1}{2}\right)$, 若 $f\left(\dfrac{a_1+b_1}{2}\right) > 0$, 取 $[a_2,b_2] = \left[a_1, \dfrac{a_1+b_1}{2}\right]$, 若 $f\left(\dfrac{a_1+b_1}{2}\right) < 0$, 取 $[a_2,b_2] = \left[\dfrac{a_1+b_1}{2}, b_1\right]$, 则 $f(a_2) < 0$, $f(b_2) > 0$; 再考察 $f\left(\dfrac{a_2+b_2}{2}\right)$, 若 $f\left(\dfrac{a_2+b_2}{2}\right) > 0$, 取 $[a_3,b_3] = \left[a_2, \dfrac{a_2+b_2}{2}\right]$, 若 $f\left(\dfrac{a_2+b_2}{2}\right) < 0$, 取 $[a_3,b_3] = \left[\dfrac{a_2+b_2}{2}, b_2\right]$, 则 $f(a_3) < 0$, $f(b_3) > 0$. 如此下去, 我们得到一组闭区间 $\{[a_n,b_n]\}$ $(n = 1,2,\cdots)$, 使得

$$a_1 \leqslant a_2 \leqslant \cdots \leqslant a_n \leqslant \cdots \leqslant b_n \leqslant b_{n-1} \leqslant \cdots \leqslant b_2 \leqslant b_1$$

且 $f(a_n) < 0$, $f(b_n) > 0$.

由于 $\{a_n\}$ 单调增加上有界, $\{b_n\}$ 单调减少下有界, 应用单调有界准则得数列 $\{a_n\}$ 与 $\{b_n\}$ 都收敛. 令

$$\lim_{n \to \infty} a_n = \xi, \quad \lim_{n \to \infty} b_n = \eta$$

由于 $b_n - a_n = \dfrac{b-a}{2^{n-1}} \to 0$ $(n \to \infty)$, 所以 $\xi = \eta$. 由 f 的连续性可知

$$\lim_{n \to \infty} f(a_n) = \lim_{n \to \infty} f(b_n) = f(\xi)$$

再应用极限的保号性, 由 $f(a_n) < 0$, 推得 $f(\xi) \leqslant 0$; 由 $f(b_n) > 0$, 推得 $f(\xi) \geqslant 0$. 故 $f(\xi) = 0$, 此与反证的假设矛盾. 故 $f(x)$ 在 (a,b) 内至少有一点零点.　　□

注　在零点定理中, 若 $f \in \mathscr{C}(a,b)$, 条件 $f(a)f(b) < 0$ 改为 $f(a^+) = -\infty$, $f(b^-) = +\infty$ (或 $f(a^+) = +\infty$, $f(b^-) = -\infty$) 时, 结论仍然成立(证明留给读者).

定理 1.5.9(介值定理)　设函数 $f \in \mathscr{C}[a,b]$, 常数 m, M 分别是 $f(x)$ 在 $[a,b]$ 上的最小值与最大值, $\forall \mu \in (m,M)$, 则 $\exists \xi \in (a,b)$, 使得 $f(\xi) = \mu$.

[①]当 ξ 是方程 $f(x) = 0$ 的根时, 称 ξ 是函数 $f(x)$ 的**零点**.

证　不妨设 $f(x_1) = m, f(x_2) = M$，且 $a \leqslant x_1 \leqslant x_2 \leqslant b.$ 令

$$F(x) = f(x) - \mu$$

则 $F \in \mathscr{C}[x_1, x_2]$，且

$$F(x_1) = f(x_1) - \mu = m - \mu < 0, \quad F(x_2) = f(x_2) - \mu = M - \mu > 0$$

应用零点定理，必 $\exists \xi \in (x_1, x_2) \subseteq (a, b)$，使得 $F(\xi) = 0$，即 $f(\xi) = \mu.$ □

例 5　求证：曲线 $y = 2\ln x$ 与曲线 $y = \ln^4 x - 1$ 至少有 2 个交点.

证　令 $f(x) = \ln^4 x - 1 - 2\ln x$，由于 $f(0^+) = +\infty$，所以在 $x = 0$ 的右侧必有点 x_1，使 $f(x_1) > 0$，譬如 $x_1 = \dfrac{1}{e}$ 时，$f\left(\dfrac{1}{e}\right) = 2 > 0.$ 又 $f(e) = -2 < 0$，且

$$\lim_{x \to +\infty} f(x) = \lim_{x \to +\infty} (\ln x \cdot (\ln^3 x - 2) - 1) = +\infty$$

所以必存在 $x_2 > e$，使 $f(x_2) > 0$，譬如 $x_2 = e^2$ 时，$f(e^2) = 11 > 0.$ 因 $f(x)$ 为初等函数，定义域为 $(0, +\infty)$，所以 $f \in \mathscr{C}.$ 在区间 $\left(\dfrac{1}{e}, e\right)$ 与 (e, e^2) 上分别应用零点定理，可知 $f(x)$ 在 $\left(\dfrac{1}{e}, e\right)$ 上至少有一个零点，在 (e, e^2) 上至少有一个零点，于是 $f(x)$ 在 $(0, +\infty)$ 上至少有 2 个零点. 因函数 $f(x)$ 的零点就是题目中两曲线的交点，故得证.

注　待第 2 章学习导数在几何上的应用之后，我们可进一步证明例 5 中两曲线恰有两个交点.

例 6　设 $f \in \mathscr{C}[0, 1]$，$f(0) = 0, f(1) = 1$，求证：$\exists \xi \in (0, 1)$，使得

$$f\left(\xi - \frac{1}{2}\right) = f(\xi) - \frac{1}{2}$$

证　令 $F(x) = f\left(x - \dfrac{1}{2}\right) - f(x) + \dfrac{1}{2}$，则 $F(x)$ 的定义域为 $\left[\dfrac{1}{2}, 1\right]$，且 $F \in \mathscr{C}\left[\dfrac{1}{2}, 1\right].$ 由于

$$F\left(\frac{1}{2}\right) \cdot F(1) = -\left(\frac{1}{2} - f\left(\frac{1}{2}\right)\right)^2$$

当 $f\left(\dfrac{1}{2}\right) = \dfrac{1}{2}$ 时，则 $\xi = \dfrac{1}{2}$，使 $f\left(\xi - \dfrac{1}{2}\right) = f(\xi) - \dfrac{1}{2}$ 成立；

当 $f\left(\dfrac{1}{2}\right) \neq \dfrac{1}{2}$ 时，$F\left(\dfrac{1}{2}\right)F(1) < 0$，对函数 $F(x)$ 在区间 $\left[\dfrac{1}{2}, 1\right]$ 上应用零点定理，$\exists \xi \in \left(\dfrac{1}{2}, 1\right) \subset (0, 1)$，使得 $F(\xi) = 0$，即得 $f\left(\xi - \dfrac{1}{2}\right) = f(\xi) - \dfrac{1}{2}$ 成立.

习题 1.5

A 组

1. 试问常数 a,b,c 为何值时,函数

$$f(x) = \begin{cases} a - \dfrac{\sin x}{x} & (x < 0); \\ 1 & (x = 0); \\ b + cx^2 & (x > 0) \end{cases}$$

为连续函数?

2. 设

$$f(x) = \begin{cases} \dfrac{2\ln(1 + ax^2)}{x \sin x} & (x < 0); \\ 6 & (x = 0); \\ \dfrac{3 + a^2 x - 3e^x}{\arcsin x} & (x > 0) \end{cases}$$

(1) a 为何值时,$f(x)$ 在 $x = 0$ 处连续?

(2) a 为何值时,$x = 0$ 是 $f(x)$ 的可去间断点?

3. 求下列函数的间断点,并判断间断点的类型.

(1) $f(x) = \dfrac{x}{\sin x}$;　　　　　　(2) $f(x) = \dfrac{x}{|x|}$;

(3) $f(x) = x \sin \dfrac{1}{x}$;　　　　　　(4) $f(x) = \arctan \dfrac{1}{x}$;

(5) $f(x) = \arctan \dfrac{1}{x^2}$;　　　　　(6) $f(x) = \dfrac{x^2 - 1}{x^2 + x - 2}$.

4. 研究下列函数的连续性,若有间断点,判断其类型.

(1) $f(x) = \lim\limits_{n \to \infty} \sqrt[n]{1 + x^{2n}}$;　　(2) $f(x) = \lim\limits_{n \to \infty} \dfrac{1 - x^{2n}}{1 + x^{2n}} x$;

(3) $f(x) = \lim\limits_{n \to \infty} \dfrac{x}{1 + x^{2n}}$.

5. 若两曲线 $y = e^{-x}$ 与 $y = kx$ 在 $(0,1)$ 上有一个交点,求 k 的取值范围.

6. 设函数 $f \in \mathscr{C}[a,b]$,$g \in \mathscr{C}[a,b]$,且 $f(a) > g(a)$,$f(b) < g(b)$,求证:$\exists \xi \in (a,b)$,使得 $f(\xi) = g(\xi)$.

7. 设 $\alpha > 0$,$\beta > 0$,函数 $f \in \mathscr{C}[a,b]$,求证:$\exists \xi \in [a,b]$,使得

$$\alpha f(a) + \beta f(b) = (\alpha + \beta) f(\xi)$$

B 组

8. 设

$$f(x) = \begin{cases} e^x - 1 & (x < 1), \\ a & (x \geqslant 1); \end{cases} \quad g(x) = \begin{cases} b & (x < 0), \\ x + 1 & (x \geqslant 0) \end{cases}$$

求常数 a, b 的值,使得 $f(x) + g(x)$ 为连续函数.

9. 设

$$f(x) = \begin{cases} e^{\frac{1}{1-x}} & (x > 0); \\ \ln(1+x) & (x < 0) \end{cases}$$

求 $f(x)$ 的间断点,并判别其类型.

10. 设 $f \in \mathscr{C}[0,1], f(0) = 0, f(1) = 1$,求证:$\exists \xi \in (0,1)$,使得

$$f\left(\xi - \frac{1}{3}\right) = f(\xi) - \frac{1}{3}$$

11. 设 $f(x)$ 在 $[a,b]$ 上满足 $a \leqslant f(x) \leqslant b$,且 $\exists k \in \mathbf{R}^+$,使得 $\forall x, y \in [a,b]$ 有

$$| f(x) - f(y) | \leqslant k | x - y |$$

(1) 求证:① $f \in \mathscr{C}[a,b]$;② $\exists \xi \in [a,b]$,使得 $f(\xi) = \xi$.

(2) 若 $0 \leqslant k < 1$,定义数列 $\{x_n\}: x_1 \in [a,b], x_{n+1} = f(x_n)(n = 1, 2, \cdots)$,试证明 $\{x_n\}$ 收敛,并求 $\lim_{n \to \infty} x_n$.

复习题 1

1. 设

$$f(x) = \begin{cases} 2 - x^2 & (| x | \leqslant 1), \\ 1 + x & (| x | > 1); \end{cases} \quad g(x) = \begin{cases} 1 & (| x | < 2), \\ -2 & (| x | \geqslant 2) \end{cases}$$

求 $f(g(x)), g(f(x))$.

2. 求证:无穷小量 $\alpha(n)$ 的 n 次幂$(n \in \mathbf{N}^*)$ 仍是无穷小量.

3. 证明数列 $\{x_n\}: x_n = \left(1 + \frac{1}{n}\right)^{n+1}$ 单调递减有下界,并求 $\lim_{n \to \infty} x_n$.

4. 求下列极限:

(1) $\lim_{n \to \infty} \frac{1}{n}\left[\left(x + \frac{1}{n}\right)^2 + \left(x + \frac{2}{n}\right)^2 + \cdots + \left(x + \frac{n-1}{n}\right)^2 + \left(x + \frac{n}{n}\right)^2\right]$;

(2) $\lim_{x \to 0} \frac{\tan(a+x)\tan(a-x) - \tan^2 a}{x^2}$;

(3) $\lim\limits_{x \to 1} \dfrac{x^{n+1} - (n+1)x + n}{(x-1)^2}$;

(4) $\lim\limits_{x \to 0} \dfrac{(1+\alpha x)^{\frac{1}{m}} - (1+\beta x)^{\frac{1}{n}}}{x}$ $(\alpha,\beta,m,n \in \mathbf{R})$;

(5) $\lim\limits_{n \to \infty} (1^{3n} + 2^{2n} + 3^n)^{\frac{1}{n}}$;

(6) $\lim\limits_{x \to +\infty} \ln(1+\mathrm{e}^{ax}) \ln\left(1 + \dfrac{a}{x}\right)$ $(a > 0)$;

(7) $\lim\limits_{n \to \infty} (-1)^n n \cos(\pi\sqrt{n^2+n})$.

5. 判断下列命题是否成立(判断成立时给出证明,判断不成立时举一反例)：

(1) 若 $y = f(u),u = \varphi(x)$ 满足复合条件,且
$$\lim\limits_{x \to a} \varphi(x) = b, \quad \lim\limits_{u \to b} f(u) = A \quad (a,b,A \in \mathbf{R})$$
则 $\lim\limits_{x \to a} f(\varphi(x)) = A$.

(2) 若 $f(x),g(x)$ 在 $x = a$ 处皆不连续,则 $f(x)g(x)$ 在 $x = a$ 处也不连续.

(3) $\forall [a,b] \subset (-\infty, +\infty)$,有 $f \in \mathscr{C}[a,b]$,则 $f \in \mathscr{C}(-\infty, +\infty)$.

(4) $\forall a \in \mathbf{R}$,有 $f \in \mathscr{C}(-\infty,a]$,且 $f \in \mathscr{C}(a, +\infty)$,则 $f \in \mathscr{C}(-\infty, +\infty)$.

(5) $\exists a \in \mathbf{R}$,有 $f \in \mathscr{C}(-\infty,a]$,且 $f \in \mathscr{C}(a, +\infty)$,则 $f \in \mathscr{C}(-\infty, +\infty)$.

6. 设
$$f(x) = \begin{cases} \dfrac{(a+b)x+a}{\sqrt{2x+1} - \sqrt{x+2}} & (x \neq 1); \\ 6 & (x = 1) \end{cases}$$

且 $f \in \mathscr{C}$,求常数 a,b 的值.

7. 设 $f(x)$ 在 $(0, +\infty)$ 上有定义,$\forall x_1, x_2 \in (0, +\infty)$,有 $f(x_1 x_2) = f(x_1) + f(x_2)$,且 $f \in \mathscr{C}(1)$,求证：$f \in \mathscr{C}(0, +\infty)$.

8. 设 $f \in \mathscr{C}(-\infty, +\infty)$,若
$$g(x) = \begin{cases} 1 & (f(x) > 1); \\ f(x) & (|f(x)| \leqslant 1); \\ -1 & (f(x) < -1) \end{cases}$$

证明：$g \in \mathscr{C}(-\infty, +\infty)$.

9. 讨论下列函数的连续性,并指出间断点的类型：

(1) $f(x) = \lim\limits_{n \to \infty} \dfrac{1}{1+x^n}$;   (2) $f(x) = \lim\limits_{n \to \infty} \dfrac{1+x\mathrm{e}^{nx}}{x - \mathrm{e}^{nx}}$.

2 导数与微分

导数与微分是微积分课程的核心内容,其中导数概念源于 17 世纪人们对切线和速度问题的研究. 这一章先介绍导数与微分的基本概念,以及求导法则、微分中值定理,然后讨论导数在研究函数的单调性、极值、凹凸性等问题上的应用.

2.1 导数基本概念

导数通俗称为"变化率",它是从物理、几何等学科的大量实际问题中抽象出来的. 下面我们从平面曲线的切线入手来研究.

2.1.1 平面曲线的切线与法线

设函数 $f(x)$ 在区间 (a,b) 上有定义,且 $f \in \mathscr{C}(a,b)$,函数 $y = f(x)$ 的图形是 xOy 平面上的一条曲线 Γ(见图2.1). 设 $A(x,y)$ 为曲线上一定点,我们来讨论该曲线过点 A 的切线问题.

在曲线 Γ 上点 A 的附近取一动点 B,设点 B 的坐标为 (x_1,y_1),记 $\Delta x = x_1 - x$,$\Delta y = y_1 - y$,于是点 B 的坐标可写为 $(x + \Delta x, y + \Delta y)$. 称 Δx 为**自变量** x **的增量**,称

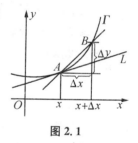

图 2.1

$$\Delta y = f(x + \Delta x) - f(x)$$

为**函数** $f(x)$ **的增量**. 过点 A,B 作直线 AB,称 AB 为曲线 Γ 在点 A 的**割线**,则割线 AB 的斜率为 $\dfrac{\Delta y}{\Delta x}$. 让点 B 沿着曲线 Γ 移动,使之任意接近于点 A(即 $\Delta x \to 0$),则割线 AB 将绕着点 A 转动,若割线 AB 在 $\Delta x \to 0$ 时的极限位置存在,并记为 L,则称 L 为曲线 Γ 在点 A 的**切线**. 并且,我们用割线 AB 的斜率在 $\Delta x \to 0$ 时的极限来定义切线 L 的斜率 k,即

$$k \xrightarrow{\text{def}} \lim_{\Delta x \to 0} \frac{\Delta y}{\Delta x} = \lim_{\Delta x \to 0} \frac{f(x + \Delta x) - f(x)}{\Delta x} \tag{2.1.1}$$

切线 L 的斜率 k 由式(2.1.1)化为求函数 $y = f(x)$ 的增量 Δy 与自变量 x 的增量 Δx 之比的极限($\Delta x \to 0$). 斜率 k 求出后,则曲线 $y = f(x)$ 在点 $A(x,y)$ 的切

线方程为

$$Y - f(x) = k(X - x)$$

这里 (X, Y) 为切线 L 上动点的坐标. 当 $k \neq 0$ 时, 曲线 $y = f(x)$ 在点 $A(x, y)$ 的法线方程为

$$Y - f(x) = -\frac{1}{k}(X - x)$$

这里 (X, Y) 为法线上动点的坐标.

在物理学中, 欲求质点沿直线运动的速度, 也可化为求位移的增量

$$\Delta s = s(t + \Delta t) - s(t)$$

与时间的增量 Δt 之比的极限问题 $(\Delta t \to 0)$.

从数学的角度来分析上述几何的、物理的实际问题, 它们的实质是一样的, 都是求函数的增量与自变量的增量之比（称为**平均变化率**）的极限（称此极限为函数在**一点的变化率**）.

2.1.2 导数的定义

定义 2.1.1（导数）

(1) 设函数 $f(x)$ 在 $U_\delta(a)$ 上有定义, 若

$$\lim_{\Delta x \to 0} \frac{\Delta y}{\Delta x} = \lim_{\Delta x \to 0} \frac{f(a + \Delta x) - f(a)}{\Delta x}$$

存在, 则称函数 $f(x)$ 在 $x = a$ 处**可导**(Derivable), 记为 $f \in \mathscr{D}(a)$[①], 并称该极限值为函数 $f(x)$ 在 $x = a$ 的**导数**（或微商）, 记为

$$f'(a) = \lim_{\Delta x \to 0} \frac{f(a + \Delta x) - f(a)}{\Delta x} \tag{2.1.2}$$

或记为 $y'(a), \left.\dfrac{\mathrm{d}f}{\mathrm{d}x}\right|_{x=a}, \dfrac{\mathrm{d}f}{\mathrm{d}x}(a), \mathrm{D}f(a)$ 等.

(2) 设函数 $f(x)$ 在点 a 的右侧区间 $[a, a + \delta)$ 上有定义, 若

$$\lim_{\Delta x \to 0^+} \frac{\Delta y}{\Delta x} = \lim_{\Delta x \to 0^+} \frac{f(a + \Delta x) - f(a)}{\Delta x}$$

存在, 则称函数 $f(x)$ 在 $x = a$ 处**右可导**, 并称该极限值为函数 $f(x)$ 在 $x = a$ 的**右**

[①] $\mathscr{D}(a)$ 表示在 $x = a$ 处可导的函数的全体构成的集合, $\mathscr{D}(X)$ 表示在区间 X 上可导的函数的全体构成的集合.

导数,记为

$$f'_+(a) = \lim_{\Delta x \to 0^+} \frac{f(a + \Delta x) - f(a)}{\Delta x} \tag{2.1.3}$$

或记为 $y'_+(a)$.

(3) 设函数 $f(x)$ 在 $x = a$ 的左侧区间 $(a - \delta, a]$ 上有定义,若

$$\lim_{\Delta x \to 0^-} \frac{\Delta y}{\Delta x} = \lim_{\Delta x \to 0^-} \frac{f(a + \Delta x) - f(a)}{\Delta x}$$

存在,则称函数 $f(x)$ 在 $x = a$ 处**左可导**,并称该极限值为函数 $f(x)$ 在 $x = a$ 的**左导数**,记为

$$f'_-(a) = \lim_{\Delta x \to 0^-} \frac{f(a + \Delta x) - f(a)}{\Delta x} \tag{2.1.4}$$

或记为 $y'_-(a)$.

上面定义中的右导数与左导数统称为**单侧导数**. 显见有下面的定理.

定理 2.1.1 函数 $f(x)$ 在 $x = a$ 处可导的充要条件是函数 $f(x)$ 在 $x = a$ 处左可导且右可导,同时

$$f'_-(a) = f'_+(a)$$

按上一小节的讨论,可知导数的几何意义如下:若 $y = f(x)$ 在 $x = a$ 处可导,那么 $f'(a)$ 为曲线 $y = f(x)$ 在点 $(a, f(a))$ 处的切线的斜率,且切线不与 x 轴垂直,切线方程为

$$y - f(a) = f'(a)(x - a)$$

若 $y = f(x)$ 在 $x = a$ 处右可导,那么 $f'_+(a)$ 为曲线 $y = f(x)$ 在点 $(a, f(a))$ 的右侧切线的斜率;若 $y = f(x)$ 在 $x = a$ 处左可导,那么 $f'_-(a)$ 为曲线 $y = f(x)$ 在点 $(a, f(a))$ 的左侧切线的斜率.

当 $f'(a) \neq 0$ 时,曲线 $y = f(x)$ 在点 $(a, f(a))$ 处的法线方程为

$$y - f(a) = -\frac{1}{f'(a)}(x - a)$$

在应用导数定义的表达式 (2.1.2) 时,常常用 □ 代替 Δx,得到

$$f'(a) = \lim_{\square \to 0} \frac{f(a + \square) - f(a)}{\square} \tag{2.1.5}$$

这里 □ 常取为 $x, h, x - a, u(x)$ 等.

例 1 若 $f'(1) = 2$,求 $\lim_{x \to 0} \frac{f(1 - 2x) - f(1)}{x}$.

解 $x \to 0$ 时，令 $\square = -2x$，则

$$\lim_{x \to 0} \frac{f(1-2x)-f(1)}{x} = \lim_{\square \to 0} \frac{f(1+\square)-f(1)}{\square} \cdot (-2)$$

$$= -2f'(1) = -4$$

下面讨论导数定义的表达式的其他等价形式.

在式(2.1.5)中，分别取 $\square = h, \square = x-a$，可得导数定义的下列等价形式：

$$f'(a) = \lim_{h \to 0} \frac{f(a+h)-f(a)}{h}, \quad f'(a) = \lim_{x \to a} \frac{f(x)-f(a)}{x-a} \quad (2.1.6)$$

特别 $y = f(x)$ 在 $x = 0$ 处的导数，常用下列形式比较方便：

$$f'(0) = \lim_{x \to 0} \frac{f(x)-f(0)}{x} \quad (2.1.7)$$

与(2.1.6)，(2.1.7) 两式相对应，也有右导数与左导数的多种表达形式，这里不一一赘述.

设函数 $f(x)$ 在其定义域 X 上每一点都可导，则称 $f(x)$ 为**可导函数**，记为 $f \in \mathcal{D}(X)$，或 $f \in \mathcal{D}$，并称 $f'(x)$ 为函数 $f(x)$ 的**导函数**，简称**导数**. 由式(2.1.2)，(2.1.6)可得

$$f'(x) = \lim_{\Delta x \to 0} \frac{f(x+\Delta x)-f(x)}{\Delta x} = \lim_{h \to 0} \frac{f(x+h)-f(x)}{h} \quad (2.1.8)$$

导数 $f'(x)$ 也记为 $y'(x), y', \dfrac{\mathrm{d}y}{\mathrm{d}x}, \mathrm{D}f(x)$ 等.

接着，我们来研究函数 $f(x)$ 可导与函数 $f(x)$ 连续之间的关系.

定理 2.1.2 若 $f \in \mathcal{D}(a)$，则 $f \in \mathcal{C}(a)$.

证 因为 $f \in \mathcal{D}(a)$，所以

$$\lim_{x \to a} \frac{f(x)-f(a)}{x-a} = f'(a) \in \mathbf{R}$$

于是

$$\lim_{x \to a}(f(x)-f(a)) = \lim_{x \to a} \frac{f(x)-f(a)}{x-a} \cdot (x-a)$$

$$= f'(a) \cdot 0 = 0$$

因此

$$\lim_{x \to a} f(x) = f(a)$$

这表明 $f \in \mathcal{C}(a)$. $\square$

此定理表明：连续是可导的必要条件. 但是，定理 2.1.2 的逆命题不真(见下例).

例2 判别函数 $f(x) = |\tan x|$ 在 $x = 0$ 处的连续性与可导性.

解 因为

$$f(0^-) = \lim_{x \to 0^-} |\tan x| = \lim_{x \to 0^-} (-\tan x) = 0$$

$$f(0^+) = \lim_{x \to 0^+} |\tan x| = \lim_{x \to 0^+} (\tan x) = 0$$

且 $f(0) = 0$，所以 $f(x)$ 在 $x = 0$ 处连续. 由于

$$f'_-(0) = \lim_{x \to 0^-} \frac{f(x) - f(0)}{x} = \lim_{x \to 0^-} \frac{-\tan x}{x} = -1$$

$$f'_+(0) = \lim_{x \to 0^+} \frac{f(x) - f(0)}{x} = \lim_{x \to 0^+} \frac{\tan x}{x} = 1$$

显见 $f'_-(0) \neq f'_+(0)$，所以 $f(x)$ 在 $x = 0$ 处不可导.

例3 设 $f(x) = \begin{cases} x^2 \sin \dfrac{1}{x} & (x < 0), \\ 1 - \cos x & (x \geqslant 0), \end{cases}$ 试求 $f'(0)$.

解 $f(x)$ 为分段函数，因 $f(0) = 0$，其左、右导数分别为

$$f'_-(0) = \lim_{x \to 0^-} \frac{f(x) - f(0)}{x} = \lim_{x \to 0^-} x \sin \frac{1}{x} = 0$$

$$f'_+(0) = \lim_{x \to 0^+} \frac{f(x) - f(0)}{x} = \lim_{x \to 0^+} \frac{1 - \cos x}{x} = \lim_{x \to 0^+} \frac{\frac{1}{2} x^2}{x} = 0$$

故 $f'_-(0) = f'_+(0) = 0$，于是 $f'(0) = 0$.

*例4 设函数 $f(x)$ 在 $x = 1$ 处可导，在 $x = 0$ 的某邻域内满足关系式

$$f(1 + \sin x) - 2f(1 - 2\sin x) = 5x + \alpha(x) \tag{2.1.9}$$

其中 $\alpha(x)$ 在 $x \to 0$ 时是 x 的高阶无穷小，求曲线 $y = f(x)$ 在点 $x = 1$ 处的切线方程.

解 因为 $f(x)$ 在 $x = 1$ 处可导，$f(x)$ 必在 $x = 1$ 处连续. 在式(2.1.9)中令 $x \to 0$ 得 $f(1) - 2f(1) = 0$，故 $f(1) = 0$.

将式(2.1.9)两边同除以 x 后，令 $x \to 0$，得

$$\lim_{x \to 0} \frac{f(1 + \sin x) - f(1)}{x} - 2 \lim_{x \to 0} \frac{f(1 - 2\sin x) - f(1)}{x} = 5 + \lim_{x \to 0} \frac{\alpha(x)}{x} = 5$$

$$\tag{2.1.10}$$

由于 $f(x)$ 在 $x = 1$ 处可导，所以

$$\lim_{x \to 0} \frac{f(1 + \sin x) - f(1)}{x} = \lim_{x \to 0} \frac{f(1 + \sin x) - f(1)}{\sin x} = f'(1)$$

$$\lim_{x \to 0} \frac{f(1-2\sin x) - f(1)}{x} = \lim_{x \to 0} \frac{f(1-2\sin x) - f(1)}{-2\sin x} \cdot (-2) = -2f'(1)$$

代入式(2.1.10) 得 $f'(1) + 4f'(1) = 5$，故 $f'(1) = 1$。

因此，曲线在点$(1,0)$ 处的切线方程为 $y = x - 1$。

2.1.3　基本初等函数的导数

下面，我们应用导数的定义

$$f'(x) = \lim_{h \to 0} \frac{f(x+h) - f(x)}{h}$$

来求基本初等函数的导数.

(1) 常值函数的导数：设 $C \in \mathbf{R}$，则

$$C' = \lim_{h \to 0} \frac{C-C}{h} = 0$$

(2) 幂函数的导数：设 $\lambda \in \mathbf{R}$，则

$$(x^\lambda)' = \lim_{h \to 0} \frac{(x+h)^\lambda - x^\lambda}{h} = x^\lambda \lim_{h \to 0} \frac{\left(1+\dfrac{h}{x}\right)^\lambda - 1}{h}$$

$$= x^\lambda \lim_{h \to 0} \frac{\lambda \dfrac{h}{x}}{h} = \lambda x^{\lambda-1} \quad (x \neq 0)$$

当 $x = 0$ 时，只要 $\lambda > 1$，则

$$(x^\lambda)' \bigg|_{x=0} = \lim_{x \to 0} \frac{x^\lambda - 0}{x} = \lim_{x \to 0} x^{\lambda-1} = 0$$

特别的，有

$$(\sqrt{x})' = \frac{1}{2\sqrt{x}}, \quad \left(\frac{1}{x}\right)' = -\frac{1}{x^2}$$

(3) 指数函数的导数：当 $a > 0, a \neq 1$ 时，有

$$(a^x)' = \lim_{h \to 0} \frac{a^{x+h} - a^x}{h} = a^x \lim_{h \to 0} \frac{e^{h\ln a} - 1}{h} = a^x \lim_{h \to 0} \frac{h\ln a}{h} = a^x \ln a$$

特别的，有

$$(e^x)' = e^x$$

(4) 对数函数的导数：当 $a > 0, a \neq 1$ 时，有

$$(\log_a x)' = \lim_{h \to 0} \frac{\log_a (x+h) - \log_a x}{h} = \lim_{h \to 0} \frac{\log_a \left(1 + \dfrac{h}{x}\right)}{h}$$

$$= \lim_{h \to 0} \frac{\ln \left(1 + \dfrac{h}{x}\right)}{h \ln a} = \lim_{h \to 0} \frac{\dfrac{h}{x}}{h \ln a} = \frac{1}{x \ln a}$$

特别的,有

$$(\ln x)' = \frac{1}{x}$$

(5) 正弦函数与余弦函数的导数

$$(\sin x)' = \lim_{h \to 0} \frac{\sin(x+h) - \sin x}{h} = \lim_{h \to 0} \frac{\sin x \cos h + \cos x \sin h - \sin x}{h}$$

$$= \lim_{h \to 0} \frac{\sin x (\cos h - 1) + \cos x \sin h}{h}$$

$$= \sin x \lim_{h \to 0} \frac{\cos h - 1}{h} + \cos x \lim_{h \to 0} \frac{\sin h}{h}$$

$$= \sin x \lim_{h \to 0} \frac{-\dfrac{h^2}{2}}{h} + \cos x = \cos x$$

$$(\cos x)' = \lim_{h \to 0} \frac{\cos(x+h) - \cos x}{h} = \lim_{h \to 0} \frac{\cos x \cos h - \sin x \sin h - \cos x}{h}$$

$$= \lim_{h \to 0} \frac{\cos x (\cos h - 1) - \sin x \sin h}{h}$$

$$= \cos x \lim_{h \to 0} \frac{\cos h - 1}{h} - \sin x \lim_{h \to 0} \frac{\sin h}{h}$$

$$= \cos x \lim_{h \to 0} \frac{-\dfrac{h^2}{2}}{h} - \sin x = -\sin x$$

其余的基本初等函数的导数,留待下一节应用求导法则去解决.

习题 2.1

A 组

1. 讨论下列函数在 $x = 0$ 处的连续性与可导性:

(1) $y = |\sin x|$;

(2) $y = |x^3|$;

(3) $y = \begin{cases} 2x - x^2 & (x \leqslant 0), \\ 2\sin x & (x > 0). \end{cases}$

2. 设函数 $g \in \mathscr{C}(a)$，$f(x) = (x^3 - a^3)g(x)$，求证 $f \in \mathscr{D}(a)$，并求 $f'(a)$.

3. 设 $f \in \mathscr{D}(a)$，$\alpha, \beta \in \mathbf{R}$，求：

(1) $\lim\limits_{x \to 0} \dfrac{f(a - \alpha x) - f(a)}{x}$；

(2) $\lim\limits_{x \to 0} \dfrac{f(a + \alpha x) - f(a + \beta x)}{x}$.

4. 设 $f \in \mathscr{D}(0)$，在 $x = 0$ 的某邻域内 $f(x)$ 满足关系式

$$f(x^2) - 3f(1 - \cos x) = x^2 + o(x^2)$$

试求曲线 $y = f(x)$ 在点 $x = 0$ 处的切线方程.

5. 应用基本初等函数的已知导数公式求下列函数的导数：

(1) $y = \sqrt{x}$；

(2) $y = \dfrac{1}{\sqrt{x}}$；

(3) $y = \dfrac{1}{x}$；

(4) $y = \log_2 x$；

(5) $y = 2^x \cdot \mathrm{e}^x$.

6. 求抛物线 $y = x^2$ 在点 $x = 3$ 处的切线方程.

7. 试求 x 取何值时，曲线 $y = 3x^2$ 的切线与曲线 $y = x^3 (x \neq 0)$ 的切线平行，并写出这两条切线的方程.

B 组

8. 利用导数的定义求下列函数的导数：

(1) $y = \sin(2x)$；

(2) a^{2x}.

9. 证明：双曲线 $xy = a^2$ 上任一点的切线与两坐标轴所围的三角形的面积为常量.

2.2 求导法则

直接应用导数的定义求函数的导数是比较麻烦的事情. 本节我们从导数定义出发给出求导数的四则运算法则、反函数与复合函数求导法则、隐函数与参数式函数求导法则以及取对数求导法则等，利用这些法则能够方便地推出上一节留下的基本初等函数的导数公式，进而可求出所有初等函数的导数.

2.2.1 导数的四则运算法则

定理 2.2.1（导数的四则运算法则） 设函数 $u(x), v(x)$ 皆在点 x 处可导，则它们的和、差、积、商（分母不为零）也在点 x 处可导，且有

(1) $(u \pm v)' = u' \pm v'$；

(2) $(uv)' = u'v + uv' , (cu)' = cu' \ (c \in \mathbf{R})$;

(3) $\left(\dfrac{u}{v}\right)' = \dfrac{u'v - uv'}{v^2}, \left(\dfrac{1}{v}\right)' = -\dfrac{v'}{v^2} \ (v \neq 0)$.

证　(1) 设 $f(x) = u(x) + v(x)$,则由导数定义有

$$f'(x) = \lim_{h \to 0} \frac{f(x+h) - f(x)}{h}$$

$$= \lim_{h \to 0} \frac{u(x+h) + v(x+h) - u(x) - v(x)}{h}$$

$$= \lim_{h \to 0} \frac{u(x+h) - u(x)}{h} + \lim_{h \to 0} \frac{v(x+h) - v(x)}{h}$$

$$= u'(x) + v'(x)$$

即 $(u+v)' = u' + v'$. 而 $(u-v)' = u' - v'$ 的证明是类似的.

(2) 设 $f(x) = u(x)v(x)$,则由导数定义有

$$f'(x) = \lim_{h \to 0} \frac{f(x+h) - f(x)}{h} = \lim_{h \to 0} \frac{u(x+h)v(x+h) - u(x)v(x)}{h}$$

$$= \lim_{h \to 0} \frac{u(x+h)v(x+h) - u(x)v(x+h)}{h} + \lim_{h \to 0} \frac{u(x)v(x+h) - u(x)v(x)}{h}$$

$$= \lim_{h \to 0} \frac{u(x+h) - u(x)}{h} \cdot \lim_{h \to 0} v(x+h) + u(x) \lim_{h \to 0} \frac{v(x+h) - v(x)}{h}$$

由于 $v(x)$ 可导, $v(x)$ 必连续,故 $\lim\limits_{h \to 0} v(x+h) = v(x)$,于是

$$f'(x) = [u(x)v(x)]' = u'(x)v(x) + u(x)v'(x)$$

此式中取 $v(x) = c(c \in \mathbf{R})$,因为 $c' = 0$,故 $(cu(x))' = cu'(x)$.

(3) 设 $f(x) = \dfrac{u(x)}{v(x)}$,则由导数定义有

$$f'(x) = \lim_{h \to 0} \frac{f(x+h) - f(x)}{h} = \lim_{h \to 0} \frac{\dfrac{u(x+h)}{v(x+h)} - \dfrac{u(x)}{v(x)}}{h}$$

$$= \lim_{h \to 0} \frac{u(x+h)v(x) - u(x)v(x+h)}{hv(x)v(x+h)}$$

$$= \lim_{h \to 0} \frac{u(x+h) - u(x)}{hv(x)v(x+h)} v(x) - \lim_{h \to 0} \frac{v(x+h) - v(x)}{hv(x)v(x+h)} u(x)$$

$$= \frac{u'(x)v(x) - u(x)v'(x)}{v^2(x)} \qquad (v(x) \neq 0)$$

即 $\left(\dfrac{u(x)}{v(x)}\right)' = \dfrac{u'(x)v(x) - u(x)v'(x)}{v^2(x)}$. 此式中取 $u = 1$,得

$$\left(\frac{1}{v}\right)' = \frac{1' \cdot v - 1 \cdot v'}{v^2} = -\frac{v'}{v^2} \quad (v \neq 0) \qquad \square$$

应用导数的四则运算法则，容易推出正切、余切、正割与余割函数的导数：

$$(\tan x)' = \left(\frac{\sin x}{\cos x}\right)' = \frac{(\sin x)'\cos x - \sin x(\cos x)'}{\cos^2 x}$$

$$= \frac{\cos^2 x + \sin^2 x}{\cos^2 x} = \frac{1}{\cos^2 x} = \sec^2 x$$

$$(\cot x)' = \left(\frac{\cos x}{\sin x}\right)' = \frac{(\cos x)'\sin x - \cos x(\sin x)'}{\sin^2 x}$$

$$= \frac{-\sin^2 x - \cos^2 x}{\sin^2 x} = -\frac{1}{\sin^2 x} = -\csc^2 x$$

$$(\sec x)' = \left(\frac{1}{\cos x}\right)' = -\frac{(\cos x)'}{\cos^2 x} = \frac{\sin x}{\cos^2 x} = \sec x \cdot \tan x$$

$$(\csc x)' = \left(\frac{1}{\sin x}\right)' = -\frac{(\sin x)'}{\sin^2 x} = -\frac{\cos x}{\sin^2 x} = -\csc x \cdot \cot x$$

例1　求函数 $\dfrac{\tan x}{\sqrt{x}}$ 的导数.

解　应用导数的四则运算法则，有

$$\left(\frac{\tan x}{\sqrt{x}}\right)' = \frac{(\tan x)'\sqrt{x} - \tan x(\sqrt{x})'}{(\sqrt{x})^2}$$

$$= \frac{\sec^2 x \cdot \sqrt{x} - \tan x \cdot \dfrac{1}{2\sqrt{x}}}{x} = \frac{4x - \sin 2x}{4x\sqrt{x}\cos^2 x}$$

2.2.2　反函数求导法则

定理 2.2.2（反函数求导法则）　设函数 $f(y)$ 在某区间 Y 上单调增加（减少），且 $f \in \mathcal{D}(Y)$，$f' \neq 0$，则其反函数 $f^{-1} \in \mathcal{D}(X)$，$X = f(Y)$，且有

$$(f^{-1}(x))' = \frac{1}{f'(y)} = \frac{1}{f'(f^{-1}(x))} \tag{2.2.1}$$

证　因函数 $f \in \mathcal{D}(Y)$，故 $f \in \mathscr{C}(Y)$，又 $f(y)$ 在 Y 上单调增加（减少），故反函数 $f^{-1}(x)$ 在区间 $X = f(Y)$ 上单调增加（减少），且 $f^{-1} \in \mathscr{C}(X)$. $\forall x_0 \in X$，令 $y_0 = f^{-1}(x_0)$，则 $x \to x_0 \Leftrightarrow y \to y_0$，且 $x \neq x_0 \Leftrightarrow y \neq y_0$. 应用导数的定义得

$$\frac{\mathrm{d}}{\mathrm{d}x}f^{-1}(x)\Big|_{x=x_0} = \lim_{x \to x_0}\frac{f^{-1}(x) - f^{-1}(x_0)}{x - x_0} = \lim_{y \to y_0}\frac{y - y_0}{f(y) - f(y_0)}$$

$$= \frac{1}{\lim\limits_{y \to y_0} \dfrac{f(y) - f(y_0)}{y - y_0}} = \frac{1}{f'(y_0)} = \frac{1}{f'(f^{-1}(x_0))}$$

由 $x_0 \in X$ 的任意性,即得式(2.2.1)成立. $\qquad\qquad\qquad\qquad\qquad\qquad$ □

反函数求导法则常常简记为

$$\frac{\mathrm{d}y}{\mathrm{d}x} = \frac{1}{\dfrac{\mathrm{d}x}{\mathrm{d}y}}$$

应用反函数求导法则,容易推出反三角函数的导数:

$$(\arcsin x)' = \frac{1}{(\sin y)'} = \frac{1}{\cos y} = \frac{1}{\sqrt{1 - \sin^2 y}} = \frac{1}{\sqrt{1 - x^2}} \qquad (2.2.2)$$

$$(\arccos x)' = \frac{1}{(\cos y)'} = \frac{1}{-\sin y} = \frac{-1}{\sqrt{1 - \cos^2 y}} = \frac{-1}{\sqrt{1 - x^2}} \qquad (2.2.3)$$

$$(\arctan x)' = \frac{1}{(\tan y)'} = \frac{1}{\sec^2 y} = \frac{1}{1 + \tan^2 y} = \frac{1}{1 + x^2}$$

$$(\text{arccot} x)' = \frac{1}{(\cot y)'} = \frac{1}{-\csc^2 y} = \frac{-1}{1 + \cot^2 y} = \frac{-1}{1 + x^2}$$

注 式(2.2.2)中 $|x| < 1$,$|y| < \dfrac{\pi}{2}$,故 $\cos y > 0$,于是式中的根号前取正号;式(2.2.3)中 $|x| < 1$,$0 < y < \pi$,故 $\sin y > 0$,于是式中的根号前取正号.

2.2.3 复合函数求导法则

定理 2.2.3(复合函数求导法则) 设函数 $\varphi(x)$ 在点 x 可导,函数 $f(u)$ 在 $u = \varphi(x)$ 可导,则复合函数 $f(\varphi(x))$ 在点 x 可导,且有

$$(f(\varphi(x)))' = f'(u)\varphi'(x) = f'(\varphi(x))\varphi'(x)$$

证 给自变量 x 以增量 $\Delta x(\Delta x \neq 0)$,相应得到函数 $\varphi(x)$ 有增量 Δu(这里 Δu 可能等于零). 对于中间变量 u 的增量 Δu,引起函数 $f(u)$ 有增量 Δy. 因此 Δy 也可看作是由增量 Δx 引起的函数 $f(\varphi(x))$ 的增量.

因 $\lim\limits_{\Delta u \to 0} \dfrac{\Delta y}{\Delta u} = f'(u)$,应用定理 1.2.11 可得

$$\frac{\Delta y}{\Delta u} = f'(u) + \alpha$$

这里 $\alpha \to 0 (\Delta u \to 0)$,上式两边乘以 Δu 得

$$\Delta y = f'(u)\Delta u + \alpha \cdot \Delta u \tag{2.2.4}$$

此式当 $\Delta u = 0$ 时显然也成立. 式(2.2.4) 两边同除以 Δx 得

$$\frac{\Delta y}{\Delta x} = f'(u)\frac{\Delta u}{\Delta x} + \alpha \cdot \frac{\Delta u}{\Delta x} \tag{2.2.5}$$

当 $\Delta x \to 0$ 时 $\Delta u \to 0$，因此有 $\alpha \to 0$. 再在式(2.2.5) 两边令 $\Delta x \to 0$，得

$$\frac{\mathrm{d}y}{\mathrm{d}x} = (f(\varphi(x)))' = f'(u)\varphi'(x) = f'(\varphi(x))\varphi'(x) \qquad \square$$

复合函数求导法则常常简记为

$$\frac{\mathrm{d}y}{\mathrm{d}x} = \frac{\mathrm{d}y}{\mathrm{d}u} \cdot \frac{\mathrm{d}u}{\mathrm{d}x}$$

此公式又称为**链锁法则**. 在求初等函数的导数时，复合函数求导法则是应用最广泛的法则.

当复合函数含多次复合时，例如 $y = f(u)$，$u = g(v)$，$v = \varphi(x)$，且它们皆可导，则两次应用链锁法则得

$$(f(g(\varphi(x))))' = f'(u)g'(v)\varphi'(x)$$

其中 $u = g(\varphi(x))$，$v = \varphi(x)$.

应用导数的四则运算法则和链锁法则，容易推出双曲函数的导数：

$$(\mathrm{sh}x)' = \frac{1}{2}(\mathrm{e}^x - \mathrm{e}^{-x})' = \frac{1}{2}((\mathrm{e}^x)' - (\mathrm{e}^{-x})')$$

$$= \frac{1}{2}(\mathrm{e}^x + \mathrm{e}^{-x}) = \mathrm{ch}x$$

$$(\mathrm{ch}x)' = \frac{1}{2}(\mathrm{e}^x + \mathrm{e}^{-x})' = \frac{1}{2}((\mathrm{e}^x)' + (\mathrm{e}^{-x})')$$

$$= \frac{1}{2}(\mathrm{e}^x - \mathrm{e}^{-x}) = \mathrm{sh}x$$

$$(\mathrm{th}x)' = \left(\frac{\mathrm{sh}x}{\mathrm{ch}x}\right)' = \frac{(\mathrm{sh}x)'\mathrm{ch}x - \mathrm{sh}x(\mathrm{ch}x)'}{\mathrm{ch}^2 x}$$

$$= \frac{\mathrm{ch}^2 x - \mathrm{sh}^2 x}{\mathrm{ch}^2 x} = \frac{1}{\mathrm{ch}^2 x}$$

例2 求函数 $\ln|x|$ 的导数.

解 当 $x > 0$ 时显见有 $(\ln x)' = \dfrac{1}{x}$；当 $x < 0$ 时，$\ln|x| = \ln(-x) = \ln u$，其中 $u = -x$，应用链锁法则得

$$(\ln \mid x \mid)' = (\ln(-x))' = (\ln u)' \cdot (-x)' = \frac{-1}{u} = \frac{1}{x}$$

因此，不管 $x > 0$ 还是 $x < 0$，皆有

$$(\ln \mid x \mid)' = \frac{1}{x}$$

例 3 设函数 $f(x)$ 可导，求函数 $\ln \mid f(x) \mid$ 的导数.

解 令 $u = f(x)$，则 $\ln \mid f(x) \mid = \ln \mid u \mid$，应用链锁法则和例 2 的结论得

$$(\ln \mid f(x) \mid)' = (\ln \mid u \mid)' \cdot f'(x) = \frac{1}{u} f'(x) = \frac{f'(x)}{f(x)} \quad (2.2.6)$$

例 4 求函数 $\ln(x + \sqrt{x^2 + a^2})$ 的导数.

解 应用链锁法则和导数的四则运算法则得

$$(\ln(x + \sqrt{x^2 + a^2}))' = \frac{1}{x + \sqrt{x^2 + a^2}} (x + \sqrt{x^2 + a^2})'$$

$$= \frac{1}{x + \sqrt{x^2 + a^2}} \cdot \left(1 + \frac{1}{2\sqrt{x^2 + a^2}} \cdot (x^2 + a^2)'\right)$$

$$= \frac{1}{x + \sqrt{x^2 + a^2}} \cdot \left(1 + \frac{2x}{2\sqrt{x^2 + a^2}}\right)$$

$$= \frac{1}{\sqrt{x^2 + a^2}}$$

例 5 求函数 $a^{\tan^2 \frac{1}{x}}$ 的导数.

解 应用链锁法则得

$$(a^{\tan^2 \frac{1}{x}})' = a^{\tan^2 \frac{1}{x}} \ln a \cdot \left(\tan^2 \frac{1}{x}\right)' = a^{\tan^2 \frac{1}{x}} \ln a \cdot 2\tan \frac{1}{x} \cdot \left(\tan \frac{1}{x}\right)'$$

$$= 2a^{\tan^2 \frac{1}{x}} \ln a \cdot \tan \frac{1}{x} \cdot \sec^2 \frac{1}{x} \cdot \left(\frac{1}{x}\right)'$$

$$= \frac{-2}{x^2} a^{\tan^2 \frac{1}{x}} \cdot \ln a \cdot \tan \frac{1}{x} \cdot \sec^2 \frac{1}{x}$$

例 6 设函数 $f(x)$ 可导，求函数 $f(x^2)$ 的导数.

解 令 $u = x^2$，则 $f(x^2) = f(u)$，应用链锁法则得

$$\frac{\mathrm{d}}{\mathrm{d}x} f(x^2) = (f(x^2))' = f'(u) \cdot 2x = 2xf'(x^2)$$

由例 6 可知 $\frac{\mathrm{d}}{\mathrm{d}x} f(x^2) \neq f'(x^2)$. 只当不涉及复合运算时才有 $\frac{\mathrm{d}}{\mathrm{d}x} f(x) = f'(x)$，

在使用导数符号"'"时应注意这一区别.

2.2.4　隐函数求导法则

设由方程式

$$F(x,y) = 0 \qquad (2.2.7)$$

确定 y 为 x 的**隐函数**.

我们避开由式(2.2.7)出发解出 y 与 x 的显函数关系这一困难的问题,而是将式(2.2.7)中的 y 视为 x 的函数 $y(x)$,应用链锁法则,将恒等式

$$F(x,y(x)) = 0$$

两边对 x 求导,然后解出 y',即为所求隐函数的导数.下面用例子来说明这一方法.

例7　求由方程式

$$e^{xy} + \ln(x+y) = x^2 \qquad (2.2.8)$$

确定的函数 $y = y(x)$ 在 $x = 1$ 处的导数 $y'(1)$.

解　当 $x = 1$ 时,由式(2.2.8)得 $e^y + \ln(1+y) = 1$,由此式可解得 $y = 0$.式(2.2.8)两边对 x 求导得

$$e^{xy} \cdot (y + xy') + \frac{1+y'}{x+y} = 2x \qquad (2.2.9)$$

在式(2.2.9)中令 $x = 1, y = 0$ 得 $y'(1) + 1 + y'(1) = 2$,故 $y'(1) = \dfrac{1}{2}$.

2.2.5　参数式函数求导法则

设由参数方程

$$\begin{cases} x = \varphi(t), \\ y = \psi(t) \end{cases} \quad (t \in T) \qquad (2.2.10)$$

确定 y 为 x 的**参数式函数**.

定理2.2.4（参数式函数求导法则）　设函数 $\varphi(t), \psi(t)$ 皆在区间 T 上可导,且 $\varphi'(t) \neq 0$,则由参数方程(2.2.10)确定的参数式函数 $y(x)$ 在 $X = \varphi(T)$ 上可导,且有

$$\frac{dy}{dx} = \frac{\psi'(t)}{\varphi'(t)}$$

证　应用复合函数求导法则与反函数求导法则得

$$\frac{\mathrm{d}y}{\mathrm{d}x} = \frac{\mathrm{d}y}{\mathrm{d}t} \cdot \frac{\mathrm{d}t}{\mathrm{d}x} = \frac{\mathrm{d}y}{\mathrm{d}t} \cdot \frac{1}{\dfrac{\mathrm{d}x}{\mathrm{d}t}} = \frac{\psi'(t)}{\varphi'(t)} \qquad \square$$

例8 设一平面曲线的极坐标方程为 $\rho = 1 + \cos\theta$(θ 为极角,ρ 为极径),试求该曲线在与 $\theta = \dfrac{\pi}{2}$ 所对应的点 (x,y) 处的切线方程.

解 由直角坐标与极坐标的关系公式得曲线的参数方程为

$$\begin{cases} x = (1 + \cos\theta)\cos\theta, \\ y = (1 + \cos\theta)\sin\theta \end{cases}$$

当 $\theta = \dfrac{\pi}{2}$ 时,$x = 0, y = 1$. 由于

$$\frac{\mathrm{d}y}{\mathrm{d}x} = \frac{\dfrac{\mathrm{d}y}{\mathrm{d}\theta}}{\dfrac{\mathrm{d}x}{\mathrm{d}\theta}} = \frac{\cos\theta + \cos2\theta}{-\sin\theta - \sin2\theta}$$

取 $\theta = \dfrac{\pi}{2}$ 得 $\dfrac{\mathrm{d}y}{\mathrm{d}x}\Big|_{\theta=\frac{\pi}{2}} = 1$,于是切线方程为 $y = x + 1$.

2.2.6 取对数求导法则

定理2.2.5(取对数求导公式) 设 $f \in \mathscr{D}$,且 $f(x) \neq 0$,则有

$$f'(x) = f(x)(\ln|f(x)|)' \qquad (2.2.11)$$

证 由本节例3可知

$$(\ln|f(x)|)' = \frac{f'(x)}{f(x)}$$

两边同乘以 $f(x)$ 即得式(2.2.11)成立. $\qquad \square$

例9 设 $y = x^{\sin x}$,求 y'.

解 应用取对数求导公式得

$$y' = x^{\sin x}(\sin x \cdot \ln x)' = x^{\sin x}\left(\cos x \cdot \ln x + \frac{\sin x}{x}\right)$$

例10 设 $y = \sqrt[3]{\dfrac{(x^2 + 2x + 2)(x + 1)}{x(x^2 + 3)}}$,求 y'.

解 应用取对数求导公式得

$$y' = y \cdot \frac{1}{3}(\ln(x^2 + 2x + 2) + \ln|x + 1| - \ln|x| - \ln(x^2 + 3))'$$

$$= \frac{1}{3}\sqrt[3]{\frac{(x^2 + 2x + 2)(x + 1)}{x(x^2 + 3)}}\left(\frac{2(x + 1)}{x^2 + 2x + 2} + \frac{1}{x + 1} - \frac{1}{x} - \frac{2x}{x^2 + 3}\right)$$

2.2.7 导数基本公式

在上节与本节中,我们求出了所有基本初等函数的导数,再利用求导法则,初等函数的求导问题就完全解决了. 这里我们将常用函数的导数公式汇集如下,以便于读者查阅,并希望读者能够熟记,这是学好微积分的基础.

(1) $(C)' = 0 \ (C \in \mathbf{R})$;

(2) $(x^\lambda)' = \lambda x^{\lambda-1} \ (\lambda \in \mathbf{R})$;

(3) $(\sqrt{x})' = \dfrac{1}{2\sqrt{x}}$;

(4) $\left(\dfrac{1}{x}\right)' = -\dfrac{1}{x^2}$;

(5) $(a^x)' = a^x \ln a \ (a > 0, a \neq 1)$;

(6) $(e^x)' = e^x$;

(7) $(\log_a |x|)' = \dfrac{1}{x \ln a} \ (a > 0, a \neq 1)$;

(8) $(\ln |x|)' = \dfrac{1}{x}$;

(9) $(\sin x)' = \cos x$;

(10) $(\cos x)' = -\sin x$;

(11) $(\tan x)' = \sec^2 x$;

(12) $(\cot x)' = -\csc^2 x$;

(13) $(\sec x)' = \sec x \cdot \tan x$;

(14) $(\csc x)' = -\csc x \cdot \cot x$;

(15) $(\arcsin x)' = \dfrac{1}{\sqrt{1-x^2}}$;

(16) $(\arccos x)' = \dfrac{-1}{\sqrt{1-x^2}}$;

(17) $(\arctan x)' = \dfrac{1}{1+x^2}$;

(18) $(\text{arccot}\, x)' = \dfrac{-1}{1+x^2}$;

(19) $(\ln(x + \sqrt{x^2 \pm a^2}))' = \dfrac{1}{\sqrt{x^2 \pm a^2}}$;

(20) $(\text{sh}\,x)' = \text{ch}\,x$;

(21) $(\text{ch}\,x)' = \text{sh}\,x$;

(22) $(\text{th}\,x)' = \dfrac{1}{\text{ch}^2 x}$

习题 2.2

A 组

1. 求下列函数的导数:

(1) $y = x + \sqrt{x} - \sqrt[3]{x}$;

(2) $y = \dfrac{1}{x} - \dfrac{1}{\sqrt[3]{x}}$;

(3) $y = x^3(2 - \sqrt{x})$;

(4) $y = \cos x \cdot \arcsin x$;

(5) $y = a^x \cdot x^a \ (a > 0)$;

(6) $y = x\sqrt{1-x^2}$;

(7) $y = \dfrac{x + e^x}{x - e^x}$;

(8) $y = \dfrac{1 - \sin x}{1 + \cos x}$;

(9) $y = \dfrac{\sin^2 x}{\sin x^2}$;

(10) $y = \arctan(\tan^3 x)$;

(11) $y = \ln(\sqrt{x} + \sqrt{x+1})$； (12) $y = \dfrac{\arcsin x}{\sqrt{1-x^2}}$.

2. 设

$$f(x) = \begin{cases} x\arctan \dfrac{1}{x^2} & (x \neq 0)； \\ 0 & (x = 0) \end{cases}$$

求 $f'(x)$，并讨论 $f'(x)$ 在 $x = 0$ 的连续性.

3. 设

$$f(x) = \begin{cases} ax^2 + bx + c & (x > 0)； \\ e^x & (x \leqslant 0) \end{cases}$$

的导函数连续，求 a,b,c，并求 $f'(x)$.

4. 求曲线 $y = x^2 + 3$ 的切线，使其通过点 $(1,0)$.

5. 求曲线 $y = x\ln x$ 的切线，使其平行于直线 $2x - y + 3 = 0$.

6. 设函数 $f(x)$ 可导，求下列函数的导数：

(1) $y = f(2x)$； (2) $y = f(\sin x)$；

(3) $y = \sin f(x)$； (4) $y = f(e^x)e^{f(x)}$.

7. 求下列方程所确定的隐函数 $y(x)$ 在指定点的导数：

(1) $y\cos x = 2\sin(x+y)$，求 $y'(0)$；

(2) $\ln(x+y) = x\arctan y$，求 $y'(0)$.

8. 求下列方程所确定的参数式函数的导数：

(1) $\begin{cases} x = a(t + \sin t)， \\ y = a(1 + \cos t)； \end{cases}$ (2) $\begin{cases} x = \cos^3 t， \\ y = \sin^3 t. \end{cases}$

9. 求下列函数的导数：

(1) $y = (2-x)^x$； (2) $y = x^{\tan x}$；

(3) $y = (\ln x)^x$； (4) $y = \sqrt[3]{\dfrac{1-x}{1+x}}$.

10. 求曲线 $xy + \ln y = 1$ 在点 $(1,1)$ 处的切线方程与法线方程.

B 组

11. 设 $f(x)$ 是可导的偶函数，求证：$f'(0) = 0$.

12. 设 $f(x)$ 是可导的奇（偶）函数，求证：$f'(x)$ 是偶（奇）函数.

13. 求下列函数的导数：

(1) $y = e^{\sin^2 \frac{1}{x}}$；

(2) $y = \arctan \sqrt{1 + \tan^2 x}$；

(3) $y^2 \sin x = x^2 \cos y$，求 $\dfrac{\mathrm{d}y}{\mathrm{d}x}\Big|_{x=y=\frac{\pi}{4}}$；

(4) $y = \sqrt{x \mathrm{e}^x \sqrt{1 + \ln x}}$．

14. 图 2.2 中有三条曲线 $\Gamma_1, \Gamma_2, \Gamma_3$，其中一条是汽车沿直线开出后位移函数的曲线，一条是汽车途中速度函数的曲线，一条是汽车途中加速度函数的曲线，试确定 $\Gamma_1, \Gamma_2, \Gamma_3$ 分别是哪个函数的曲线，并说明理由(t 为时间)．

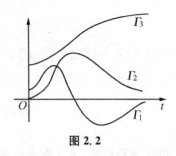

图 2.2

2.3　高阶导数

当函数 $f(x)$ 在区间 X 上可导时，$f'(x)$ 仍是区间 X 上有定义的函数，我们来考虑 $f'(x)$ 在 X 上可导的问题，这就是高阶导数．本节先给出高阶导数的定义，再应用求导法则导出一些常用函数的高阶导数公式．

2.3.1　高阶导数的定义

定义 2.3.1(二阶导数)　设 $X = U_\delta(a), f \in \mathscr{D}(X)$，若极限

$$\lim_{\Delta x \to 0} \frac{f'(a + \Delta x) - f'(a)}{\Delta x}$$

存在，则称函数 $f(x)$ 在 $x = a$ 处**二阶可导**，记为 $f \in \mathscr{D}^2(a)$．并称该极限值为 $f(x)$ 在 $x = a$ 的**二阶导数**，记为

$$f''(a) = \lim_{\Delta x \to 0} \frac{f'(a + \Delta x) - f'(a)}{\Delta x} \tag{2.3.1}$$

或记为 $y''(a)$，$\dfrac{\mathrm{d}^2 f}{\mathrm{d}x^2}\Big|_{x=a}$，$\dfrac{\mathrm{d}^2 f}{\mathrm{d}x^2}(a)$ 等．

在应用二阶导数定义的表达式(2.3.1) 时，常常用 $\square$ 代替 Δx，得到

$$f''(a) = \lim_{\square \to 0} \frac{f'(a + \square) - f'(a)}{\square} \tag{2.3.2}$$

这里 $\square$ 常取为 $x, h, x - a, u(x)$ 等．

若函数 $f(x)$ 在某区间 (a,b) 上每一点都二阶可导，则称 $f(x)$ 在区间 (a,b) 上为**二阶可导**，记为 $f \in \mathscr{D}^2(a,b)$，并称 $f''(x)$ 为函数 $f(x)$ 的**二阶导函数**，简称**二阶导数**．由式(2.3.1) 与(2.3.2) 可得

$$f''(x) = \lim_{\Delta x \to 0} \frac{f'(x + \Delta x) - f'(x)}{\Delta x} = \lim_{\square \to 0} \frac{f'(x + \square) - f'(x)}{\square} \quad (2.3.3)$$

二阶导数 $f''(x)$ 有时也记为 $f^{(2)}(x), y''(x), y'', \dfrac{\mathrm{d}^2 f}{\mathrm{d}x^2}(x), \dfrac{\mathrm{d}^2 f}{\mathrm{d}x^2}$ 等.

定义 2.3.2(高阶导数)　若函数 $f^{(n-1)}(x)$ 在区间 (a,b) 上可导,则称 $f(x)$ 在

区间 (a,b) 上 **n 阶可导**,记为 $f \in \mathscr{D}^n(a,b)$,并称 $\dfrac{\mathrm{d}}{\mathrm{d}x} f^{(n-1)}(x)$ 为 $f(x)$ 的 **n 阶导数**,

记为 $f^{(n)}(x), y^{(n)}, \dfrac{\mathrm{d}^n f}{\mathrm{d}x^n}(x), \dfrac{\mathrm{d}^n y}{\mathrm{d}x^n}$ 等. 当 $n \geqslant 2$ 时,n 阶导数均称为**高阶导数**.

例 1　设

$$f(x) = \begin{cases} x^3 & (x < 0); \\ x - \sin x & (x \geqslant 0) \end{cases}$$

试求 $f''(x)$,并讨论 $f''(x)$ 在 $x = 0$ 处的连续性.

解　先求 $f'(x)$. 由于 $f(x)$ 是分段函数,欲求 $f'(0)$,须求左、右导数 $f'_{\pm}(0)$,有

$$f'_-(0) = \lim_{x \to 0^-} \frac{f(x) - f(0)}{x} = \lim_{x \to 0^-} \frac{x^3 - 0}{x} = 0$$

$$f'_+(0) = \lim_{x \to 0^+} \frac{f(x) - f(0)}{x} = \lim_{x \to 0^+} \frac{x - \sin x - 0}{x}$$

$$= \lim_{x \to 0^+} \left(1 - \frac{\sin x}{x} \right) = 0$$

所以 $f'(0) = 0$,且

$$f'(x) = \begin{cases} 3x^2 & (x < 0); \\ 0 & (x = 0); \\ 1 - \cos x & (x > 0) \end{cases}$$

由于 $f'(x)$ 仍是分段函数,欲求 $f''(0)$,须求二阶左、右导数 $f''_{\pm}(0)$,有

$$f''_-(0) = \lim_{x \to 0^-} \frac{f'(x) - f'(0)}{x} = \lim_{x \to 0^-} \frac{3x^2 - 0}{x} = 0$$

$$f''_+(0) = \lim_{x \to 0^+} \frac{f'(x) - f'(0)}{x} = \lim_{x \to 0^+} \frac{1 - \cos x}{x} = \lim_{x \to 0^+} \frac{\frac{1}{2}x^2}{x} = 0$$

所以 $f''(0) = 0$,且

$$f''(x) = \begin{cases} 6x & (x < 0); \\ 0 & (x = 0); \\ \sin x & (x > 0) \end{cases}$$

由于

$$f''(0^+) = \lim_{x \to 0^+} \sin x = 0, \quad f''(0^-) = \lim_{x \to 0^-} 6x = 0, \quad f''(0) = 0$$

所以 $f''(x)$ 在 $x = 0$ 处连续.

定义 2.3.3(连续可导) 设 $x_0 \in \mathbf{R}$，若 $\exists X = U_\delta(x_0)$，使得

$$f \in \mathscr{D}(X), \quad f' \in \mathscr{C}(x_0)$$

则称 $f(x)$ 在 x_0 处**连续可导**，记为 $f \in \mathscr{C}^{(1)}(x_0)$；若 $f(x)$ 在开区间 (a,b) 上每一点都连续可导，则称 $f(x)$ **在开区间** (a,b) **上连续可导**，记为 $f \in \mathscr{C}^{(1)}(a,b)$. 一般的，若

$$f \in \mathscr{D}^n(X), \quad f^{(n)} \in \mathscr{C}(x_0)$$

则称 $f(x)$ 在 x_0 处 n **阶连续可导**，记为 $f \in \mathscr{C}^{(n)}(x_0)$；若 $f(x)$ 在 (a,b) 上每一点都 n 阶连续可导，则称 $f(x)$ **在开区间** (a,b) **上** n **阶连续可导**，记为 $f \in \mathscr{C}^{(n)}(a,b)$.

例如，在上面的例 1 中，函数 $f(x)$ 的二阶导数 $f''(x)$ 显然在 $(-\infty, +\infty)$ 上处处连续，所以 $f \in \mathscr{C}^{(2)}(-\infty, +\infty)$.

2.3.2　常用函数的高阶导数

1) 幂函数的高阶导数

(1) 设 $y = x^n (n \in \mathbf{N}^*)$，逐次应用幂函数的导数公式，有

$$(x^n)^{(k)} = \begin{cases} \dfrac{n!}{(n-k)!} x^{n-k} & (1 \leqslant k < n); \\ n! & (k = n); \\ 0 & (k > n) \end{cases}$$

(2) 设 $y = \dfrac{1}{x}$，逐次应用幂函数的导数公式，得

$$\left(\frac{1}{x}\right)^{(n)} = (-1)^n \frac{n!}{x^{n+1}} \quad (n \geqslant 1)$$

2) 对数函数的高阶导数

设 $y = \ln|x|$，则 $y' = \dfrac{1}{x}$，再逐次应用幂函数的导数公式，有

$$(\ln|x|)^{(n)} = (-1)^{n-1} \frac{(n-1)!}{x^n} \quad (n \geqslant 2)$$

例 2　求函数 $f(x) = \ln(6 - x - x^2)$ 的 n 阶导数.

解　因 $f(x) = \ln(2-x)(x+3)$，$-3 < x < 2$，所以

$$f(x) = \ln(2-x) + \ln(x+3)$$

$$f'(x) = \frac{-1}{2-x} + \frac{1}{x+3} = \frac{1}{x-2} + \frac{1}{x+3}$$

由于 $\left(\dfrac{1}{x}\right)^{(n-1)} = (-1)^{n-1} \dfrac{(n-1)!}{x^n} \ (n \geqslant 2)$，所以

$$f^{(n)}(x) = \left(\frac{1}{x-2}\right)^{(n-1)} + \left(\frac{1}{x+3}\right)^{(n-1)}$$

$$= (-1)^{n-1} \frac{(n-1)!}{(x-2)^n} + (-1)^{n-1} \frac{(n-1)!}{(x+3)^n}$$

$$= (-1)^{n-1} \cdot (n-1)! \cdot \left(\frac{1}{(x-2)^n} + \frac{1}{(x+3)^n}\right)$$

3) 指数函数的高阶导数

设 $y = a^x (a > 0, a \neq 1)$，逐次应用指数函数的导数公式，有

$$(a^x)^{(n)} = a^x (\ln a)^n \quad (n \geqslant 1)$$

特别的，有

$$(e^x)^{(n)} = e^x$$

4) 正弦函数与余弦函数的高阶导数

设 $y = \sin x$，则

$$y' = \cos x = \sin\left(x + \frac{\pi}{2}\right), \quad y'' = \cos\left(x + \frac{\pi}{2}\right) = \sin\left(x + 2 \cdot \frac{\pi}{2}\right)$$

如此继续，则得

$$(\sin x)^{(n)} = \sin\left(x + n \cdot \frac{\pi}{2}\right)$$

同法可得

$$(\cos x)^{(n)} = \cos\left(x + n \cdot \frac{\pi}{2}\right)$$

5) 参数式函数的二阶导数

定理2.3.1 设 $\varphi(t) \in \mathscr{D}^2, \varphi'(t) \neq 0, \psi(t) \in \mathscr{D}^2$，则由

$$\begin{cases} x = \varphi(t), \\ y = \psi(t) \end{cases} \quad (t \in T)$$

确定的参数式函数 $y = y(x) \in \mathscr{D}^2$，且

$$\frac{\mathrm{d}^2 y}{\mathrm{d}x^2} = \frac{\psi''(t)\varphi'(t) - \psi'(t)\varphi''(t)}{(\varphi'(t))^3}$$

证 应用参数式函数导数公式

$$\frac{\mathrm{d}y}{\mathrm{d}x} = \frac{\psi'(t)}{\varphi'(t)}$$

此式两边对 x 求导得

$$\frac{\mathrm{d}^2 y}{\mathrm{d}x^2} = \frac{\mathrm{d}}{\mathrm{d}x}\left(\frac{\psi'(t)}{\varphi'(t)}\right) = \frac{\mathrm{d}}{\mathrm{d}t}\left(\frac{\psi'(t)}{\varphi'(t)}\right)\frac{\mathrm{d}t}{\mathrm{d}x} = \frac{\psi''(t)\varphi'(t) - \psi'(t)\varphi''(t)}{(\varphi'(t))^2} \cdot \frac{1}{\dfrac{\mathrm{d}x}{\mathrm{d}t}}$$

$$= \frac{\psi''(t)\varphi'(t) - \psi'(t)\varphi''(t)}{(\varphi'(t))^3} \qquad \square$$

6) 隐函数的二阶导数

我们用下面的例 3 来说明求隐函数二阶导数的方法.

例 3 设由 $\mathrm{e}^y = xy$ 确定 $y = y(x)$,求 y''.

解 原式两边对 x 求导得

$$\mathrm{e}^y \cdot y' = y + xy' \qquad (2.3.4)$$

由此式解得 $y' = \dfrac{y}{\mathrm{e}^y - x}$. 将式(2.3.4) 两边对 x 求导得

$$\mathrm{e}^y(y')^2 + \mathrm{e}^y \cdot y'' = 2y' + xy''$$

由此可解得 $y'' = \dfrac{2y' - \mathrm{e}^y(y')^2}{\mathrm{e}^y - x}$,再将 y' 的表达式代入即得

$$y'' = \frac{y\mathrm{e}^y(2 - y) - 2xy}{(\mathrm{e}^y - x)^3}$$

2.3.3 两个函数乘积的高阶导数

定理 2.3.2(莱布尼茨公式) 设 X 为一区间,函数 $u(x), v(x) \in \mathscr{D}^n(X)$,则函数 $u(x)v(x) \in \mathscr{D}^n(X)$,且有

$$(uv)^{(n)} = \sum_{k=0}^{n} C_n^k u^{(n-k)} v^{(k)} \qquad (2.3.5)_n$$

其中 $u^{(0)} \overset{\text{def}}{=\!=\!=} u,\ v^{(0)} \overset{\text{def}}{=\!=\!=} v$.

证 应用数学归纳法. 因

$$(uv)' = u'v + uv'$$

故式$(2.3.5)_1$ 成立. 设$(2.3.5)_n$ 成立,两边对 x 求导得

$$(uv)^{(n+1)} = \sum_{k=0}^{n} C_n^k (u^{(n-k+1)} v^{(k)} + u^{(n-k)} v^{(k+1)})$$

$$= \sum_{k=0}^{n} C_n^k u^{(n-k+1)} v^{(k)} + \sum_{k=0}^{n} C_n^k u^{(n-k)} v^{(k+1)} \qquad (2.3.6)$$

式$(2.3.6)$ 右端的第一项等于

$$u^{(n+1)} v + \sum_{k=1}^{n} C_n^k u^{(n+1-k)} v^{(k)} \qquad (2.3.7)$$

式$(2.3.6)$ 右端的第二项等于

$$\sum_{k=0}^{n-1} C_n^k u^{(n-k)} v^{(k+1)} + uv^{(n+1)} = \sum_{k=1}^{n} C_n^{k-1} u^{(n-k+1)} v^{(k)} + uv^{(n+1)} \qquad (2.3.8)$$

因为 $C_n^{k-1} + C_n^k = C_{n+1}^k$,则将$(2.3.7)$,$(2.3.8)$ 两式代入式$(2.3.6)$ 得

$$(uv)^{(n+1)} = u^{(n+1)} v + \sum_{k=1}^{n} C_{n+1}^k u^{(n+1-k)} v^{(k)} + uv^{(n+1)}$$

$$= \sum_{k=0}^{n+1} C_{n+1}^k u^{(n+1-k)} v^{(k)}$$

故式$(2.3.5)_{n+1}$ 成立. 因而 $\forall n \in \mathbf{N}^*$,式$(2.3.5)_n$ 成立. □

例 4 设 $y = \mathrm{e}^x x^3$,求 $y^{(100)}$.

解 在莱布尼茨公式中,取 $u = \mathrm{e}^x$,$v = x^3$,由于 $u^{(n)} = \mathrm{e}^x$,$v' = 3x^2$,$v'' = 6x$,$v''' = 6$,$v^{(4)} = v^{(5)} = \cdots = v^{(100)} = 0$,则

$$y^{(100)} = u^{(100)} v + C_{100}^1 u^{(99)} v' + C_{100}^2 u^{(98)} v'' + C_{100}^3 u^{(97)} v'''$$

$$= \mathrm{e}^x \left(x^3 + 100 \cdot 3x^2 + \frac{100 \times 99}{2!} \cdot 6x + \frac{100 \times 99 \times 98}{3!} \cdot 6 \right)$$

$$= \mathrm{e}^x (x^3 + 300x^2 + 29\,700x + 970\,200)$$

*例 5 设 $y = \arcsin x$,求 $y^{(n)}(0)$.

解 因 $y' = (1-x^2)^{-\frac{1}{2}}$,$y'' = x(1-x^2)^{-\frac{3}{2}}$,所以

$$(1-x^2) y'' = xy' \qquad (2.3.9)$$

在式$(2.3.9)$ 的左边取 $u = y''$,$v = 1-x^2$,应用莱布尼茨公式,则式$(2.3.9)$ 左边的 $n-2$ 阶导数等于

$$y^{(n)}(1-x^2) + (n-2)y^{(n-1)}(-2x) + \frac{(n-2)(n-3)}{2} y^{(n-2)}(-2)$$

$$(2.3.10)$$

在式(2.3.9)右边取 $u=y',v=x$,应用莱布尼茨公式,则式(2.3.9)右边的 $n-2$ 阶导数等于

$$y^{(n-1)}x+(n-2)y^{(n-2)}\cdot 1 \qquad (2.3.11)$$

由式(2.3.10)与式(2.3.11)相等得

$$y^{(n)}(1-x^2)-2(n-2)xy^{(n-1)}-(n-2)(n-3)y^{(n-2)}=xy^{(n-1)}+(n-2)y^{(n-2)}$$

令 $x=0$,得

$$y^{(n)}(0)=(n-2)^2y^{(n-2)}(0) \qquad (2.3.12)$$

又 $y'(0)=1,y''(0)=0$,所以由式(2.3.12)递推可得

$$y^{(2k)}(0)=(2k-2)^2(2k-4)^2\cdots2^2\cdot y''(0)=0$$

$$y^{(2k+1)}(0)=(2k-1)^2(2k-3)^2\cdots1^2\cdot y'(0)=[(2k-1)!!]^{2①}$$

其中 $k\in \mathbf{N}^*$.

习题 2.3

A 组

1. 求下列函数的二阶导数:

(1) $y=\sqrt{1+x^2}$;

(2) $y=x^2\ln x$;

(3) $y=\sin(x+y)$;

(4) $\begin{cases} x=\ln(1+t), \\ y=\arctan t; \end{cases}$

(5) $\begin{cases} x=a(t-\sin t), \\ y=a(1-\cos t); \end{cases}$

(6) $y=x^x$.

2. 求下列函数的 n 阶导数:

(1) $y=\mathrm{e}^x x^2$;

(2) $y=\dfrac{1-x}{1+x}$;

(3) $y=\dfrac{1}{6-x-x^2}$;

(4) $y=\ln\dfrac{1-x}{1+x}$.

3. 求下列函数的指定阶的导数:

----

① $n!!$ 称为 n 的**双阶乘**,有 $n!!\xlongequal{\mathrm{def}}\begin{cases} n(n-2)(n-4)\cdots2 \ (n\ 为偶数); \\ n(n-2)(n-4)\cdots1 \ (n\ 为奇数). \end{cases}$

(1) $y = x^2 \cos x$，求 $y^{(50)}(0)$；　　　　　(2) $y = x \sin 3x$，求 $y^{(50)}$；

(3) 设 $f(x) = \begin{cases} 2x^3 + x^2 & (x \geqslant 0), \\ 2(1 - \cos x) & (x < 0), \end{cases}$ 求 $f''(0)$.

B 组

4. 求下列函数的 n 阶导数：

(1) $y = \sin^2 x$；　　　　　　　　(2) $y = e^x \sin x$.

5. 设 $f(x) = \begin{cases} \dfrac{\tan x - \sin x}{x} & (x \neq 0), \\ 0 & (x = 0), \end{cases}$ 求 $f''(0)$.

2.4　微分

高等数学的主要内容是微分和积分. 这一节我们讨论微分的概念以及它与导数的关系等.

2.4.1　微分的定义

先来看一个例子: 将半径为 $r = 3\text{cm}$ 的实心铁球放入火中加热, 测得一段时间后其半径增加了 $\Delta r(\text{cm})$, 试计算铁球的体积增加了多少. 显见

$$\Delta V = V(r + \Delta r) - V(r) = \frac{4}{3}\pi(r + \Delta r)^3 - \frac{4}{3}\pi r^3$$

$$= 4\pi r^2 \Delta r + 4\pi r(\Delta r)^2 + \frac{4}{3}\pi(\Delta r)^3$$

于是

$$\Delta V \Big|_{r=3} = 36\pi \Delta r + 12\pi(\Delta r)^2 + \frac{4}{3}\pi(\Delta r)^3 \tag{2.4.1}$$

由式 (2.4.1) 可看出铁球体积的增量由两项组成, 第一项 $36\pi\Delta r$ 是 Δr 的线性函数, 第二项 $12\pi(\Delta r)^2 + \dfrac{4}{3}\pi(\Delta r)^3$ 关于 Δr 是二阶无穷小. 因此当 $|\Delta r|$ 很小时, 我们可用其线性部分近似代替铁球体积的增量. 下面, 我们用"微分"来描述这一"线性部分".

定义 2.4.1(微分)　设函数 $y = f(x)$ 的增量

$$\Delta y = f(x + \Delta x) - f(x)$$

能够表示为

$$\Delta y = A(x)\Delta x + o(\Delta x) \qquad (2.4.2)$$

这里 $A(x)$ 为仅与 x 有关的函数,$o(\Delta x)$ 在 $\Delta x \to 0$ 时是比 Δx 高阶的无穷小,则称函数 $f(x)$ 在点 x 处**可微**,并称 $A(x)\Delta x$ 为函数 $f(x)$ 在点 x 处的**微分**,记为

$$df(x) = A(x)\Delta x \qquad (2.4.3)$$

下面研究函数可微与函数可导的关系.

定理 2.4.1 函数 $y = f(x)$ 在点 x 处可微的充要条件是函数 $f \in \mathscr{D}(x)$,且函数 $f(x)$ 在点 x 处的微分可写为

$$dy = df(x) = f'(x)dx$$

证 (**必要性**)设 $f(x)$ 在 x 处可微,则式(2.4.2)成立.将式(2.4.2)两边同除以 Δx,并令 $\Delta x \to 0$ 得

$$\lim_{\Delta x \to 0}\frac{\Delta y}{\Delta x} = \lim_{\Delta x \to 0}A(x) + \lim_{\Delta x \to 0}\frac{o(\Delta x)}{\Delta x} = A(x)$$

由此可得 $f'(x) = A(x)$,于是 $f \in \mathscr{D}(x)$,且有

$$dy = df(x) = f'(x)\Delta x \qquad (2.4.4)$$

在式(2.4.4)中令 $y = x$,有 $dy = dx = x'\Delta x = \Delta x$,这表示自变量 x 的微分恒等于自变量 x 的增量.因此式(2.4.4)可进一步写为

$$dy = df(x) = f'(x)dx \qquad (2.4.5)$$

(**充分性**)设函数 $f \in \mathscr{D}(x)$,由定义可得

$$\lim_{\Delta x \to 0}\frac{\Delta y}{\Delta x} = f'(x)$$

应用定理 1.2.11 可得 $\dfrac{\Delta y}{\Delta x} = f'(x) + \alpha(\Delta x)$,这里 $\alpha(\Delta x) \to 0(\Delta x \to 0)$. 所以有

$$\Delta y = f'(x)\Delta x + \Delta x \cdot \alpha(\Delta x) = f'(x)\Delta x + o(\Delta x)$$

此式表明函数 $f(x)$ 在点 x 处可微. $\qquad \square$

在式(2.4.5)中取 $x = a$,可得函数 $f(x)$ 在点 a 处的微分为

$$dy\Big|_{x=a} = df(x)\Big|_{x=a} = f'(a)dx$$

将微分表达式 $dy = f'(x)dx$ 两边同除以 dx 得

$$\frac{dy}{dx} = f'(x)$$

因此函数 y 的导数等于函数 y 的微分与自变量 x 的微分之商(这是导数又称为**微商**的缘由),同时给导数符号 $\dfrac{\mathrm{d}y}{\mathrm{d}x}$ 赋予了第二种含义.

例 1 求函数 $y = \sin x$ 对 $\sqrt{x}$ 的导数($x > 0$).

解法 1 令 $\sqrt{x} = t$,则 $\sin x = \sin t^2$,故

$$\frac{\mathrm{d}\sin x}{\mathrm{d}\sqrt{x}} = \frac{\mathrm{d}}{\mathrm{d}t}\sin t^2 = 2t\cos t^2 = 2\sqrt{x}\cos x$$

解法 2 $\dfrac{\mathrm{d}\sin x}{\mathrm{d}\sqrt{x}} = (\mathrm{d}\sin x) \div (\mathrm{d}\sqrt{x}) = (\cos x \mathrm{d}x) \div \left(\dfrac{\mathrm{d}x}{2\sqrt{x}}\right) = 2\sqrt{x}\cos x$

例 2 设 $f(x) = \dfrac{\ln x}{\sqrt{x}}$,求 $\mathrm{d}f(x)\Big|_{x=\mathrm{e}}$.

解 先求 $f(x)$ 的导数,有

$$f'(x) = \frac{\dfrac{1}{x}\sqrt{x} - \dfrac{1}{2\sqrt{x}}\ln x}{x} = \frac{2 - \ln x}{2x\sqrt{x}}$$

于是 $f'(\mathrm{e}) = \dfrac{1}{2\mathrm{e}\sqrt{\mathrm{e}}}$,因此

$$\mathrm{d}f(x)\Big|_{x=\mathrm{e}} = f'(\mathrm{e})\mathrm{d}x = \frac{1}{2\mathrm{e}\sqrt{\mathrm{e}}}\mathrm{d}x$$

2.4.2 微分法则

定理 2.4.2(微分的四则运算法则) 设 $u(x), v(x)$ 皆是 x 的可微函数,则

(1) $\mathrm{d}(u \pm v) = \mathrm{d}u \pm \mathrm{d}v$;

(2) $\mathrm{d}(uv) = v\mathrm{d}u + u\mathrm{d}v$, $\mathrm{d}(cu) = c\mathrm{d}u$ $(c \in \mathbf{R})$;

(3) $\mathrm{d}\left(\dfrac{u}{v}\right) = \dfrac{v\mathrm{d}u - u\mathrm{d}v}{v^2}$, $\mathrm{d}\left(\dfrac{1}{v}\right) = \dfrac{-\mathrm{d}v}{v^2}$ $(v \neq 0)$.

证 我们仅证(2),其他的证明留给读者. 根据定理 2.4.1,得

$$\begin{aligned}\mathrm{d}(uv) &= (uv)'\mathrm{d}x = (u'v + uv')\mathrm{d}x\\ &= v \cdot u'\mathrm{d}x + u \cdot v'\mathrm{d}x = v\mathrm{d}u + u\mathrm{d}v\end{aligned} \qquad (2.4.6)$$

由于常数 c 的微分等于 0,即 $\mathrm{d}c = 0$,应用式(2.4.6)得

$$\mathrm{d}(cu) = u\mathrm{d}c + c\mathrm{d}u = c\mathrm{d}u \qquad \qquad \square$$

定理 2.4.3(一阶微分形式的不变性) 设函数 $F(u)$ 可微,$\varphi(x)$ 可微,且

$$F'(u) = f(u)$$

则复合函数 $F(\varphi(x))$ 可微，且有

$$\mathrm{d}F(\varphi(x)) = f(\varphi(x))\varphi'(x)\mathrm{d}x = f(u)\mathrm{d}u \quad (u = \varphi(x))$$

证 令 $u = \varphi(x)$，由微分的计算公式和链锁法则得

$$\mathrm{d}F(\varphi(x)) = \frac{\mathrm{d}}{\mathrm{d}x}F(\varphi(x)) \cdot \mathrm{d}x = F'(\varphi(x)) \cdot \varphi'(x)\mathrm{d}x$$

$$= f(\varphi(x))\mathrm{d}\varphi(x) = f(u)\mathrm{d}u \qquad \square$$

例3 设 $f(x) = \arctan\dfrac{\sqrt{1+x^2}}{x}$，试求 $\mathrm{d}f(x)$.

解 令 $u = \dfrac{\sqrt{1+x^2}}{x}$，应用一阶微分形式的不变性，得

$$\mathrm{d}f(x) = (\arctan u)'\mathrm{d}u = \frac{1}{1+u^2}\mathrm{d}\frac{\sqrt{1+x^2}}{x}$$

$$= \frac{1}{1+u^2} \cdot \frac{x\dfrac{x}{\sqrt{1+x^2}} - \sqrt{1+x^2}}{x^2}\mathrm{d}x = \frac{x^2}{1+2x^2} \cdot \frac{-1}{x^2\sqrt{1+x^2}}\mathrm{d}x$$

$$= \frac{-1}{(1+2x^2)\sqrt{1+x^2}}\mathrm{d}x$$

2.4.3 微分的应用

当函数 $f(x)$ 在点 x_0 处可微时，有

$$\Delta y = f(x_0 + \Delta x) - f(x_0) = f'(x_0)\Delta x + o(\Delta x)$$

当 $|\Delta x|$ 很小时，略去上式右端的高阶无穷小 $o(\Delta x)$，可得近似计算公式：

$$f(x_0 + \Delta x) \approx f(x_0) + f'(x_0)\Delta x$$

特别的，当 $x_0 = 0$ 时，$\Delta x = x - 0 = x$，当 $|x|$ 很小时，上式化为

$$f(x) \approx f(0) + f'(0)x$$

此式称为在 $x = 0$ 邻近函数 $f(x)$ 的**一次近似式**. 在工程技术中常用的一次近似式有

$$\mathrm{e}^x \approx 1 + x, \quad \ln(1+x) \approx x, \quad \sin x \approx x, \quad \tan x \approx x, \quad (1+x)^\lambda \approx 1 + \lambda x$$

注 这里的近似等于号"$\approx$"不同于无穷小量等价的记号"$\sim$"，使用时不能混淆. 例如 $x \to 0$ 时，可写 $\mathrm{e}^x \approx 1 + x, \mathrm{e}^x - 1 \approx x, \mathrm{e}^x - 1 \sim x$，不可写 $\mathrm{e}^x \sim 1 + x$.

例4 求 $\sqrt[3]{7.925}$ 的近似值.

解　取 $f(x) = \sqrt[3]{x}$，$x_0 = 8$，$\Delta x = -0.075$，则

$$\sqrt[3]{7.925} = f(x_0 + \Delta x) \approx f(x_0) + f'(x_0)\Delta x$$

$$= \sqrt[3]{8} + \frac{1}{3}(8)^{-\frac{2}{3}}(-0.075) = 1.99375$$

在微小局部用线性函数近似代替非线性函数，这一局部线性化的数学方法在数学、物理等自然科学和工程技术等应用科学中都有很好的应用.

习题 2.4

A 组

1. 求下列函数的微分：

(1) $y = \sqrt{1-x^2}$；

(2) $y = \dfrac{x}{1-x^2}$；

(3) $y = \mathrm{e}^{-x}\ln(1+x^2)$；

(4) $y = \mathrm{e}^x\sin x$；

(5) $y = \ln(x + \sqrt{x^2-a^2})$；

(6) $y = x\arctan x$；

(7) $y = \dfrac{\ln x}{x^2}$；

(8) $y = \dfrac{x}{\sqrt{x^2+a^2}}$.

2. 在下列题中括号内填上适当的函数：

(1) $\mathrm{d}(\qquad) = \sin 2x\mathrm{d}x$；

(2) $\mathrm{d}(\qquad) = \dfrac{2}{x}\mathrm{d}x$；

(3) $\mathrm{d}(\qquad) = \dfrac{1}{\sqrt{x}}\mathrm{d}x$；

(4) $\mathrm{d}(\qquad) = \mathrm{e}^{2x}\mathrm{d}x$；

(5) $\mathrm{d}(\qquad) = \dfrac{1}{x^2}\mathrm{d}x$；

(6) $\mathrm{d}(\qquad) = \mathrm{sce}^2 3x\mathrm{d}x$.

3. 函数 $y = \ln(1+ax)$ 在点 $x = 3$ 处取增量 $\Delta x = 0.04$ 时，其微分 $\mathrm{d}y = 0.01$，求常数 a 的值.

4. 求下列导数：

(1) $\dfrac{\mathrm{d}}{\mathrm{d}x^2}(x^4 + x^3 - x^2)$；

(2) $\dfrac{\mathrm{d}}{\mathrm{d}x^3}\sin x$.

5. 有一半径为 0.5 m，高为 12 m 的水泥圆柱，现在其侧面的表面包了一层厚度为 0.5 cm 的合金板，求合金板体积的近似值.

B 组

6. 设函数 $f(x)$ 可导，$y = f(\ln x)\mathrm{e}^{f(x)}$，求 $\mathrm{d}y$.

7. 设由方程式 $\arctan\dfrac{y}{x} = \ln(x^2 + y^2)$ 确定 $y = y(x)$，试求 $\mathrm{d}y(x)$.

2.5 微分中值定理

为利用导数研究函数的性态，这一节介绍微分中值定理和泰勒公式，它是导数应用的理论基础.

2.5.1 罗尔定理

为证明微分中值定理中最基本的罗尔定理，我们先建立一个引理.

定理 2.5.1（费马[①]引理） 设函数 $f(x)$ 在 a 的某邻域上有最大（小）值 $f(a)$，且 $f \in \mathscr{D}(a)$，则 $f'(a) = 0$.

证 不妨设 $f(a)$ 为最大值. 因 $f(x)$ 在 $x = a$ 处可导，所以 $f'_-(a) = f'_+(a) = f'(a)$. 又由极限的保号性，有

$$f'_-(a) = \lim_{x \to a^-} \frac{f(x) - f(a)}{x - a} \geqslant 0 \quad (x \to a^- \text{ 时}, f(x) - f(a) \leqslant 0, x - a < 0)$$

$$f'_+(a) = \lim_{x \to a^+} \frac{f(x) - f(a)}{x - a} \leqslant 0 \quad (x \to 0^+ \text{ 时}, f(x) - f(a) \leqslant 0, x - a > 0)$$

故 $f'(a) = 0$. □

定理 2.5.2（罗尔[②]定理） 已知函数 $f(x)$ 满足 $f \in \mathscr{C}[a,b]$，$f \in \mathscr{D}(a,b)$，且 $f(a) = f(b)$，则 $\exists \xi \in (a,b)$，使得 $f'(\xi) = 0$.

证 因 $f \in \mathscr{C}[a,b]$，由最值定理，$f(x)$ 在 $[a,b]$ 上有最大值 M 与最小值 m. 分两种情况：

(1) 若 $M = m$，则 $f(x)$ 在 $[a,b]$ 上为常值函数，故 $\forall \xi \in (a,b)$，有 $f'(\xi) = 0$；

(2) 若 $m < M$，因为 $f(a) = f(b)$，所以函数 $f(x)$ 必在 (a,b) 内的某点 ξ 处取最大值或最小值，由费马引理即得 $f'(\xi) = 0$. □

罗尔定理表明：对可导函数 $f(x)$，在方程

$$f(x) = k \quad (k \in \mathbf{R})$$

的两相邻实根之间，至少有方程 $f'(x) = 0$ 的一个实根.

罗尔定理的几何意义如图 2.3 所示：连续曲线 $y = f(x)$ 在两端点 A, B 处的纵坐标相等，连接 A, B 的弦平行于 x 轴；曲线除 A, B 两点外，其上每一点的切线存在，且不与 x 轴垂直，则在这些切线中至少有一条与弦 AB

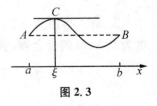

图 2.3

---

①费马（Fermat），1601—1665，法国数学家.
②罗尔（Rolle），1652—1719，法国数学家.

平行；当点 C 是曲线上离弦 AB 最远的点时，曲线在 C 点的切线必平行于弦 AB.

罗尔定理成立包含三个条件，它们缺一不可. 在图 2.4 中，曲线仅在 $x=a$ 一点不连续，其他条件满足；在图 2.5 中，曲线仅在一点 $x=c$ 处不可导，其他条件满足；在图 2.6 中，曲线仅两端点函数值不相等，其他条件满足. 在这三种情况中罗尔定理的结论都不成立，即在 (a,b) 内不存在 ξ，使得 $f'(\xi)=0$.

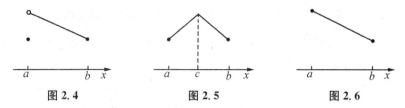

图 2.4　　　　　　图 2.5　　　　　　图 2.6

在微分中值定理的应用中，罗尔定理的应用最多、最广. 应用罗尔定理证明命题时，通常要构造辅助函数. 一般常用如下构造辅助函数的方法：

方法 1　将欲证明的表达式写为 $G(\xi)=0$ 的形式，若由

$$F'(x)=G(x) \tag{2.5.1}$$

能看出函数 $F(x)^{①}$，则 $F(x)$ 即为所作的辅助函数，对 $F(x)$ 应用罗尔定理即可. 关于应用罗尔定理的区间，简单题可取原命题中给的区间 $[a,b]$，复杂的命题还要自己寻求 $[a,b]$ 的一个子区间.

方法 2　若由式(2.5.1)不能看出函数 $F(x)$，则寻求在某区间上没有零点的函数 $\varphi(x)$（例如 $\varphi(x)=\mathrm{e}^{\lambda x}$，$x^{\lambda}(x\neq 0)$ 等），若由

$$F'(x)=\varphi(x)G(x)$$

能看出函数 $F(x)$，则 $F(x)$ 即为所作的辅助函数，对 $F(x)$ 应用罗尔定理即可.

例 1　设函数 $f(x)$ 满足 $f\in\mathscr{C}[0,1]$，$f\in\mathscr{D}(0,1)$，且 $f(0)=0$，$f(1)=\dfrac{\pi}{2}$，证明：$\exists\xi\in(0,1)$，使得 $f'(\xi)=\dfrac{1}{\sqrt{1-\xi^{2}}}$.

证　采用方法 1. 由

$$F'(x)=f'(x)-\frac{1}{\sqrt{1-x^{2}}}\Rightarrow F(x)=f(x)-\arcsin x$$

则 $F\in\mathscr{C}[0,1]$，$F\in\mathscr{D}(0,1)$，且

$$F(0)=f(0)-\arcsin 0=0,\quad F(1)=f(1)-\arcsin 1=\frac{\pi}{2}-\frac{\pi}{2}=0$$

---

①满足方程(2.5.1)的函数 $F(x)$ 可能有无穷多个，这里只要看出一个就行. 由方程(2.5.1)求解 $F(x)$ 的一般方法，我们将在下一章研究.

应用罗尔定理，必 $\exists \xi \in (0,1)$，使得 $F'(\xi)=0$，即得 $f'(\xi)-\dfrac{1}{\sqrt{1-\xi^2}}=0$.

例2 设函数 $f(x)$ 满足 $f\in\mathscr{C}[a,b]$，$f\in\mathscr{D}(a,b)$，且 $f(a)=f(b)=0$，求证：$\exists \xi\in(a,b)$，使得 $f'(\xi)+2f(\xi)=0$.

证 采用方法2. 由

$$F'(x)=\mathrm{e}^{2x}(f'(x)+2f(x))\Rightarrow F(x)=\mathrm{e}^{2x}f(x) \tag{2.5.2}$$

且函数 $F(x)$ 在 $[a,b]$ 上满足罗尔定理的条件，应用罗尔定理，必 $\exists \xi\in(a,b)$，使得 $F'(\xi)=0$，即得 $f'(\xi)+2f(\xi)=0$.

在例2中，取 $F(x)=\mathrm{e}^{\lambda x}f(x)$，对于不同的常数 λ，仿式(2.5.2)求导数，可获得一系列命题.

2.5.2 拉格朗日中值定理

当罗尔定理的三个条件中的第三个不成立时，我们来考虑罗尔定理的推广.

定理2.5.3(拉格朗日[①]中值定理) 已知函数 $f(x)$ 满足 $f\in\mathscr{C}[a,b]$，$f\in\mathscr{D}(a,b)$，则 $\exists \xi\in(a,b)$，使得

$$f'(\xi)=\frac{f(b)-f(a)}{b-a} \tag{2.5.3}$$

证法1 采用上一小节介绍的方法1. 由

$$F'(x)=f'(x)-\frac{f(b)-f(a)}{b-a}$$

$$\Rightarrow \quad F(x)=f(x)-f(a)-\frac{f(b)-f(a)}{b-a}(x-a)$$

则 $F\in\mathscr{C}[a,b]$，$F\in\mathscr{D}(a,b)$，且 $F(a)=0$，$F(b)=0$，应用罗尔定理，必 $\exists \xi\in(a,b)$，使得 $F'(\xi)=0$，即得 $f'(\xi)=\dfrac{f(b)-f(a)}{b-a}$. □

证法2 下面介绍使用"常数变易法"构造辅助函数.

首先将式(2.5.3)中与 ξ 有关的项 $f'(\xi)$ 记为 k，则 k 为常数，即

$$k=\frac{f(b)-f(a)}{b-a}$$

则得恒等式

$$f(b)-f(a)-k(b-a)=0$$

---

①拉格朗日(Lagrange)，1736—1813，法国著名的数学家和物理学家.

作辅助函数(将上式中的 b(或 a) 改为 x)

$$F(x) = f(x) - f(a) - k(x - a)$$

则显然有 $F \in \mathscr{C}[a,b], F \in \mathscr{D}(a,b)$,且 $F(b) = F(a) = 0$,应用罗尔定理,必 $\exists \xi \in (a,b)$,使得 $F'(\xi) = 0.$ 由于

$$F'(x) = f'(x) - k$$

所以由 $F'(\xi) = 0$,即得 $f'(\xi) = k = \dfrac{f(b) - f(a)}{b - a}.$ □

拉格朗日中值定理的几何意义如图 2.7 所示:连续曲线 $y = f(x)$ 除两端点 A, B 外,其上每一点的切线都存在,且不与 x 轴垂直,则在曲线上至少有一点 C,曲线在点 C 的切线与弦 AB 平行,且点 C 是曲线上离弦 AB 最远的点(与点 C 附近的点比较).

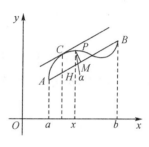

图 2.7

在曲线上任取点 $P(x, f(x))$,点 P 到弦 AB 的距离 $d(x) = PM.$ 求最远的点 C, 即求 $d(x)$ 的最大值. 由图 2.7 可以看出

$$PH = \frac{PM}{\cos\alpha} = \frac{d(x)}{\cos\alpha}$$

这里 α 是弦 AB 的倾斜角 $\left(0 < \alpha < \dfrac{\pi}{2}\right)$,所以求 $d(x)$ 的最大值相当于求 PH 的最大值. 由于弦 AB 的方程为

$$y = f(a) + \frac{f(b) - f(a)}{b - a}(x - a)$$

所以

$$PH = f(x) - y = f(x) - f(a) - \frac{f(b) - f(a)}{b - a}(x - a)$$

这就是证明拉格朗日中值定理时所作的辅助函数

$$F(x) = f(x) - f(a) - \frac{f(b) - f(a)}{b - a}(x - a)$$

下面,我们应用拉格朗日中值定理来证明一个很有用的导数极限定理.

定理 2.5.4(导数极限定理) 设 $X = U_\delta(x_0)$,函数 $f \in \mathscr{C}(X)$.

(1) 若 $f \in \mathscr{D}(U_\delta^+(x_0))$,且 $\lim\limits_{x \to x_0^+} f'(x) = A(A \in \mathbf{R})$,则 $f_+'(x_0) = A$;

(2) 若 $f \in \mathscr{D}(U_\delta^-(x_0))$,且 $\lim\limits_{x \to x_0^-} f'(x) = A(A \in \mathbf{R})$,则 $f_-'(x_0) = A$;

(3) 若 $f \in \mathscr{D}(U_\delta^\circ(x_0))$，且 $\lim\limits_{x \to x_0} f'(x) = A (A \in \mathbf{R})$，则 $f'(x_0) = A$.

证 （1）应用右导数的定义，并在区间 $[x_0, x]$ 上应用拉格朗日中值定理，必 $\exists \xi \in (x_0, x)$，使得

$$f'_+(x_0) = \lim_{x \to x_0^+} \frac{f(x) - f(x_0)}{x - x_0} = \lim_{\xi \to x_0^+} f'(\xi) = A$$

（2）应用左导数的定义，并在区间 $[x, x_0]$ 上应用拉格朗日中值定理，必 $\exists \eta \in (x, x_0)$，使得

$$f'_-(x_0) = \lim_{x \to x_0^-} \frac{f(x) - f(x_0)}{x - x_0} = \lim_{\eta \to x_0^-} f'(\eta) = A$$

（3）应用上述（1）和（2），即得（3）成立. □

例 3（同第 2.3 节例 1） 设

$$f(x) = \begin{cases} x^3 & (x < 0); \\ x - \sin x & (x \geqslant 0) \end{cases}$$

试求 $f''(x)$，并讨论 $f''(x)$ 在 $x = 0$ 的连续性.

解 由于 $f(x)$ 在 $x = 0$ 处连续，且

$$f'(x) = \begin{cases} 3x^2 & (x < 0); \\ 1 - \cos x & (x > 0) \end{cases}$$

$$f'_-(0) = \lim_{x \to 0^-} 3x^2 = 0, \quad f'_+(0) = \lim_{x \to 0^+} (1 - \cos x) = 0$$

对 $f(x)$ 应用导数极限定理，即得

$$f'(x) = \begin{cases} 3x^2 & (x < 0); \\ 0 & (x = 0); \\ 1 - \cos x & (x > 0) \end{cases}$$

由于 $f'(x)$ 在 $x = 0$ 处连续，且

$$f''(x) = \begin{cases} 6x & (x < 0); \\ \sin x & (x > 0) \end{cases}$$

$$f''_-(0) = \lim_{x \to 0^-} 6x = 0, \quad f''_+(0) = \lim_{x \to 0^+} \sin x = 0$$

对 $f'(x)$ 应用导数极限定理，即得

$$f''(x) = \begin{cases} 6x & (x < 0); \\ 0 & (x = 0); \\ \sin x & (x > 0) \end{cases}$$

由于 $f''(0^+) = f''(0^-) = f''(0) = 0$, 所以 $f''(x)$ 在 $x = 0$ 处连续.

例 4 设 $\forall x \in (a,b)$, $f'(x) = 0$, 求证: $f(x)$ 在 (a,b) 上为常值函数.

证 $\forall x_1, x_2 \in (a,b)$, 不妨设 $x_1 < x_2$, 由于 $f \in \mathscr{D}[x_1, x_2]$, 应用拉格朗日中值定理, 必 $\exists \xi \in (x_1, x_2)$, 使得

$$f(x_2) - f(x_1) = f'(\xi)(x_2 - x_1) = 0$$

所以 $\forall x_1, x_2 \in (a,b)$, 有 $f(x_1) = f(x_2)$, 即 $f(x)$ 在 (a,b) 上为常值函数.

例 5 求证不等式:

$$\frac{x}{1+x} < \ln(1+x) < x \quad (x > 0)$$

证 取函数 $f(t) = \ln(1+t)$, $t \in [0, x]$, 则 $f \in \mathscr{D}[0, x]$, 应用拉格朗日中值定理, 必 $\exists \xi \in (0, x)$, 使得

$$f(x) - f(0) = f'(\xi)(x - 0)$$

因 $f'(t) = \dfrac{1}{1+t}$, 所以上式化为

$$\ln(1+x) = \frac{1}{1+\xi} x$$

由于 $0 < \xi < x$, 所以 $\dfrac{1}{1+x} < \dfrac{1}{1+\xi} < 1$, 代入上式即得

$$\frac{x}{1+x} < \ln(1+x) < x$$

2.5.3 柯西中值定理

这一小节我们来研究拉格朗日中值定理的推广.

1) 柯西中值定理的证明

定理 2.5.5(柯西中值定理) 设函数 $f(x), g(x)$ 满足 $f, g \in \mathscr{C}[a,b]$, $f, g \in \mathscr{D}(a,b)$, 且 $g'(x) \neq 0$, 则 $\exists \xi \in (a,b)$, 使得

$$\frac{f(b) - f(a)}{g(b) - g(a)} = \frac{f'(\xi)}{g'(\xi)} \tag{2.5.4}$$

** **证** 首先对函数 $g(x)$ 应用拉格朗日中值定理, 可得 $\exists \eta \in (a,b)$, 使得

$$g(b) - g(a) = g'(\eta)(b - a) \neq 0$$

下面用两种方法继续证明.

方法 1 由

$$F'(x) = (f(b) - f(a))g'(x) - (g(b) - g(a))f'(x)$$

$$\Rightarrow \quad F(x) = (f(b) - f(a))(g(x) - g(a)) - (g(b) - g(a))(f(x) - f(a))$$

则显然有 $F \in \mathscr{C}[a,b], F \in \mathscr{D}(a,b)$，且 $F(a) = F(b) = 0$，应用罗尔定理，必 $\exists \xi \in (a,b)$，使得 $F'(\xi) = 0$，即

$$F'(\xi) = (f(b) - f(a))g'(\xi) - (g(b) - g(a))f'(\xi) = 0$$

又 $g(b) - g(a) \neq 0, g'(\xi) \neq 0$，所以

$$\frac{f(b) - f(a)}{g(b) - g(a)} = \frac{f'(\xi)}{g'(\xi)} \qquad \square$$

方法 2 记

$$\frac{f(b) - f(a)}{g(b) - g(a)} = k \Rightarrow f(b) - f(a) - k(g(b) - g(a)) = 0$$

用"常数变易法"构造辅助函数，令

$$F(x) = f(x) - f(a) - k(g(x) - g(a))$$

则显然有 $F \in \mathscr{C}[a,b], F \in \mathscr{D}(a,b)$，且 $F(a) = F(b) = 0$，应用罗尔定理，必 $\exists \xi \in (a,b)$，使得 $F'(\xi) = 0$. 由于

$$F'(x) = f'(x) - kg'(x)$$

且 $g'(\xi) \neq 0$，所以由 $F'(\xi) = 0$，即得 $k = \dfrac{f'(\xi)}{g'(\xi)}$，于是有式(2.5.4)成立. $\square$

*2) 柯西中值定理的几何意义

柯西中值定理的几何意义如图 2.8 所示：设连续

曲线 $\overset{\frown}{AB}$ 的方程为

$$\begin{cases} x = g(t), \\ y = f(t) \end{cases} \quad (t \in [a,b])$$

曲线上两个端点的坐标为

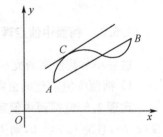

图 2.8

$$A(g(a), f(a)), \quad B(g(b), f(b))$$

则弦 AB 的斜率为

$$\frac{f(b) - f(a)}{g(b) - g(a)}$$

曲线 $\overset{\frown}{AB}$ 上点 $C(g(\xi), f(\xi))$ 处的切线平行于弦 AB，又由参数式函数的导数公式

得此切线的斜率为 $\dfrac{\mathrm{d}y}{\mathrm{d}x}\Big|_{t=\xi}=\dfrac{f'(\xi)}{g'(\xi)}$，于是有

$$\frac{f(b)-f(a)}{g(b)-g(a)}=\frac{f'(\xi)}{g'(\xi)}$$

2.5.4 泰勒公式与马克劳林公式

在数值计算和理论研究中,常用简单函数近似代替复杂函数,使得许多困难的问题变得可行. 常用的简单函数是多项式,它只含加、减、乘三种算术运算. 本小节我们介绍的泰勒公式与马克劳林公式就是解决这类问题的有效工具.

定理 2.5.6(泰勒[①]公式) 设 $X=U_\delta(a),f\in\mathscr{D}^{n+1}(X)$,则 $\forall x\in U_\delta^\circ(a)$,必 $\exists\xi\in(a,x)$(或(x,a)),使得

$$
\begin{aligned}
f(x)=&f(a)+f'(a)(x-a)+\frac{f''(a)}{2!}(x-a)^2+\cdots\\
&+\frac{f^{(n)}(a)}{n!}(x-a)^n+\frac{f^{(n+1)}(\xi)}{(n+1)!}(x-a)^{n+1}
\end{aligned}
\tag{2.5.5}
$$

*证 欲证式(2.5.5),等价于证明: $\forall b\in U_\delta^\circ(a)$,必 $\exists\xi\in(a,b)$(或(b,a)),使得

$$
\begin{aligned}
f(b)=&f(a)+f'(a)(b-a)+\frac{f''(a)}{2!}(b-a)^2+\cdots\\
&+\frac{f^{(n)}(a)}{n!}(b-a)^n+\frac{f^{(n+1)}(\xi)}{(n+1)!}(b-a)^{n+1}
\end{aligned}
\tag{2.5.6}
$$

首先将式(2.5.6)中与 ξ 有关的项 $f^{(n+1)}(\xi)$ 记为 k,则 k 为常数,且

$$k=\frac{(n+1)!}{(b-a)^{n+1}}\left[f(b)-f(a)-f'(a)(b-a)-\cdots-\frac{f^{(n)}(a)}{n!}(b-a)^n\right]$$

并有恒等式

$$f(a)+f'(a)(b-a)+\cdots+\frac{f^{(n)}(a)}{n!}(b-a)^n+\frac{k}{(n+1)!}(b-a)^{n+1}-f(b)\equiv0 \tag{2.5.7}$$

下面用"常数变易法"构造辅助函数(将式(2.5.7)中 a 改为 x)[②]

$$F(x)=f(x)+f'(x)(b-x)+\cdots+\frac{f^{(n)}(x)}{n!}(b-x)^n$$

---

①泰勒(Taylor),1685—1731,英国数学家.

②这里不可将式(2.5.7)中 b 改为 x 构造辅助函数.

$$+ \frac{k}{(n+1)!}(b-x)^{n+1} - f(b)$$

不妨设 $a < b$，显见有 $F \in \mathscr{C}(a,b)$，$F \in \mathscr{D}(a,b)$，且 $F(a) = 0$，$F(b) = 0$，应用罗尔定理，必 $\exists \xi \in (a,b)$，使得 $F'(\xi) = 0$。由于

$$F'(x) = f'(x) + f''(x)(b-x) - f'(x) + \cdots + \frac{f^{(n+1)}(x)}{n!}(b-x)^n$$

$$- \frac{f^{(n)}(x)}{(n-1)!}(b-x)^{n-1} - \frac{k}{n!}(b-x)^n$$

$$= \frac{f^{(n+1)}(x)}{n!}(b-x)^n - \frac{k}{n!}(b-x)^n$$

所以

$$F'(\xi) = 0 \Leftrightarrow k = f^{(n+1)}(\xi)$$

代入式(2.5.7)即得式(2.5.6)成立. □

在泰勒公式(2.5.5)中，右端的最后一项

$$R_n(x) = \frac{f^{(n+1)}(\xi)}{(n+1)!}(x-a)^{n+1}$$

称为**拉格朗日余项**. 并称式(2.5.5)为函数 $f(x)$ 在 $x = a$ 处的 n **阶泰勒公式**. 当 $x \to a$ 时，$R_n(x)$ 关于 $x-a$ 是 $n+1$ 阶无穷小，略去拉格朗日余项，可得**函数 $f(x)$ 在 $x = a$ 处的 n 次近似表达式**

$$f(x) \approx f(a) + f'(a)(x-a) + \cdots + \frac{f^{(n)}(a)}{n!}(x-a)^n \qquad (2.5.8)$$

且正整数 n 愈大，误差愈小.

定理 2.5.7(马克劳林[①]公式)　设 $X = (-\delta,\delta)$，函数 $f \in \mathscr{D}^{n+1}(X)$，则 $\forall x \in (-\delta,\delta)$，且 $x \neq 0$，必 $\exists \xi \in (0,x)$（或$(x,0)$），使得

$$f(x) = f(0) + f'(0)x + \frac{f''(0)}{2!}x^2 + \cdots + \frac{f^{(n)}(0)}{n!}x^n + \frac{f^{(n+1)}(\xi)}{(n+1)!}x^{n+1} \qquad (2.5.9)$$

证　在泰勒公式(2.5.5)中取 $a = 0$，即得式(2.5.9)[②]，其中 ξ 介于 0 与 x 之间，常记为 $\xi = \theta x (0 < \theta < 1)$. □

略去马克劳林公式(2.5.9)中的余项，可得函数 $f(x)$ 在 $x = 0$ 处的 n 次近似表达式

---

①马克劳林(Maclaurin)，1698—1746，英国数学家.

②这里的证明是作为泰勒公式的特例($a = 0$)得到的. 实际上，马克劳林是自己独立获得此公式的，故称为马克劳林公式.

$$f(x) \approx f(0) + f'(0)x + \cdots + \frac{f^{(n)}(0)}{n!}x^n \qquad (2.5.10)$$

现在我们利用式(2.5.9)推导几个常用的初等函数的马克劳林公式. 为简便计,我们将其拉格朗日余项写为 $o(x^n)$. 当 $x \to 0$ 时,有

(1) $e^x = 1 + x + \frac{1}{2!}x^2 + \cdots + \frac{1}{n!}x^n + o(x^n)$;

(2) $\ln(1-x) = -x - \frac{1}{2}x^2 - \frac{1}{3}x^3 - \cdots - \frac{1}{n}x^n + o(x^n)$;

(3) $\sin x = x - \frac{1}{3!}x^3 + \frac{1}{5!}x^5 - \cdots + (-1)^n \frac{1}{(2n+1)!}x^{2n+1} + o(x^{2n+2})$;

(4) $\cos x = 1 - \frac{1}{2!}x^2 + \frac{1}{4!}x^4 - \cdots + (-1)^n \frac{1}{(2n)!}x^{2n} + o(x^{2n+1})$;

(5) $(1+x)^\alpha = 1 + \alpha x + \frac{\alpha(\alpha-1)}{2!}x^2 + \cdots + \frac{\alpha(\alpha-1)\cdots(\alpha-n+1)}{n!}x^n + o(x^n)$.

证 (1) 令 $f(x) = e^x$,则 $f^{(n)}(x) = e^x$,所以 $f^{(n)}(0) = 1$,代入公式(2.5.9)即得所要求证的公式.

(2) 令 $f(x) = \ln(1-x)$,则 $f(0) = 0$,$f^{(n)}(x) = -\dfrac{(n-1)!}{(1-x)^n}(n \geq 1)$,所以 $f^{(n)}(0) = -(n-1)!$,代入式(2.5.9)即得所要求证的公式.

(3) 令 $f(x) = \sin x$,则 $f^{(n)}(x) = \sin\left(x + n \cdot \frac{\pi}{2}\right)$,所以 $f(0) = 0$,$f^{(2n)}(0) = 0$,$f^{(2n+1)}(0) = (-1)^n$,代入式(2.5.9)即得所要求证的公式.

(4) 令 $f(x) = \cos x$,则 $f^{(n)}(x) = \cos\left(x + n \cdot \frac{\pi}{2}\right)$,所以 $f(0) = 1$,$f^{(2n)}(0) = (-1)^n$,$f^{(2n+1)}(0) = 0$,代入式(2.5.9)即得所要求证的公式.

(5) 令 $f(x) = (1+x)^\alpha$,则 $f^{(n)}(x) = \alpha(\alpha-1)\cdots(\alpha-n+1)(1+x)^{\alpha-n}$,所以 $f^{(n)}(0) = \alpha(\alpha-1)\cdots(\alpha-n+1)$,代入式(2.5.9)即得所要求证的公式. □

例6 求无理数 e 的近似值,使其精确到 10^{-4}.

解 取 e^x 在 $x = 0$ 处的 n 次近似表达式为

$$e^x \approx 1 + x + \frac{1}{2!}x^2 + \frac{1}{3!}x^3 + \cdots + \frac{1}{n!}x^n$$

令 $x = 1$ 得

$$e \approx 1 + 1 + \frac{1}{2!} + \frac{1}{3!} + \cdots + \frac{1}{n!}$$

由于 $\frac{1}{2!} = 0.50000$,$\frac{1}{3!} = 0.16667$,$\frac{1}{4!} = 0.04167$,$\frac{1}{5!} = 0.00833$,$\frac{1}{6!} = 0.00139$,

$\dfrac{1}{7!} = 0.000\,20, \dfrac{1}{8!} = 0.000\,02$，所以 $n = 8$ 时可精确到 10^{-4}，此时

$$e \approx 2.718\,3$$

例 7 求函数 $f(x) = e^{2x}\ln(1+x)$ 在 $x = 0$ 的四次近似表达式.

解 函数 e^{2x} 的三次近似表达式为

$$e^{2x} \approx 1 + 2x + \frac{1}{2!}(2x)^2 + \frac{1}{3!}(2x)^3 = 1 + 2x + 2x^2 + \frac{4}{3}x^3 \quad (2.5.11)$$

函数 $\ln(1+x)$ 的四次近似表达式为

$$\ln(1+x) \approx x - \frac{1}{2}x^2 + \frac{1}{3}x^3 - \frac{1}{4}x^4 \quad (2.5.12)$$

（这里 $\ln(1+x)$ 的近似表达式的首项为 x，因此 e^{2x} 的近似表达式写到三次就行）将式(2.5.11)与式(2.5.12)相乘得所求的四次近似表达式为

$$e^{2x}\ln(1+x) \approx x + \frac{3}{2}x^2 + \frac{4}{3}x^3 + \frac{3}{4}x^4$$

*例 8 已知函数 $f(x) = e^{2x}\ln(1+x) + ax + bx^2 + cx^3$，设 $x \to 0$ 时，$f(x) = o(x^3)$，求 a, b, c，并求 $f(x)$ 关于 x 的无穷小阶数.

解 因 $f(x) = o(x^3)$，故将 $f(x)$ 展开为四阶马克劳林公式，此时该展开式中的常数项以及 x, x^2, x^3 的系数皆等于 0，而 x^4 的系数应不等于 0. 若 x^4 的系数也等于 0，还要将 $f(x)$ 展开为五阶马克劳林公式，要求 x^5 的系数不等于 0. 依此类推.

由例 7，我们已得到 $e^{2x}\ln(1+x)$ 的四次近似表达式，所以 $e^{2x}\ln(1+x)$ 的四阶马克劳林公式为

$$e^{2x}\ln(1+x) = x + \frac{3}{2}x^2 + \frac{4}{3}x^3 + \frac{3}{4}x^4 + o(x^4)$$

因而 $f(x)$ 的四阶马克劳林公式为

$$f(x) = (a+1)x + \left(b + \frac{3}{2}\right)x^2 + \left(c + \frac{4}{3}\right)x^3 + \frac{3}{4}x^4 + o(x^4)$$

因为 $f(x) = o(x^3)$，所以

$$a + 1 = 0, \quad b + \frac{3}{2} = 0, \quad c + \frac{4}{3} = 0$$

此时 $f(x) = \dfrac{3}{4}x^4 + o(x^4)$，因此得到

$$a = -1, \quad b = -\frac{3}{2}, \quad c = -\frac{4}{3}$$

且 $f(x)$ 是 x 的四阶无穷小.

习题 2.5

A 组

1. 设函数 $f \in \mathscr{D}(a,b)$,且 $f(a) = f(b)$,则在 (a,b) 内使得 $f'(\xi) = 0$ 的 ξ

（　　　）

A. 一定存在　　　　　B. 一定不存在　　　　　C. 不一定存在

2. 设 $f(x) = x(x+1)(x-2)(x+3)$,不求导数,说明方程 $f'(x) = 0$ 有几个实根,并指出它们所在的区间.

3. 设函数 $f(x)$ 满足 $f \in \mathscr{C}[0,1]$,$f \in \mathscr{D}(0,1)$,且 $f(0) = 0$,$f(1) = \dfrac{\pi}{4}$,求证：$\exists \xi \in (0,1)$,使得 $f'(\xi) = \dfrac{1}{1+\xi^2}$.

4. 设函数 $f(x)$ 满足 $f \in \mathscr{C}[a,b]$,$f \in \mathscr{D}(a,b)$,且 $f(a) = f(b) = 0$,求证：$\exists \xi \in (a,b)$,使得 $f'(\xi) = f(\xi)$.

5. 设函数 $f(x)$ 满足 $f \in \mathscr{C}[0,1]$,$f \in \mathscr{D}(0,1)$,$f(1) = 0$,求证：$\exists \xi \in (0,1)$,使得 $2f(\xi) + \xi f'(\xi) = 0$.

6. 设函数 $f(x)$ 满足 $f \in \mathscr{C}[0,1]$,$f \in \mathscr{D}(0,1)$,且 $f(0) = 1$,$f(1) = 0$,求证：$\exists \xi, \eta \in (0,1)$,且 $\xi \neq \eta$,使得 $f'(\xi)f'(\eta) = 1$.

7. 设函数 $f(x)$ 满足 $f \in \mathscr{C}[a,b]$,$f \in \mathscr{D}^2(a,b)$,且 $f(a) = f(b) = 0$,又 $\exists c \in (a,b)$,使得 $f(c) > 0$,求证：$\exists \xi \in (a,b)$,使得 $f''(\xi) < 0$.

8. 设函数 $f(x)$ 满足 $f \in \mathscr{C}[a,b]$,$f \in \mathscr{D}(a,b)(a>0)$,求证：$\exists \xi \in (a,b)$,使得

$$2\xi(f(b) - f(a)) = f'(\xi)(b^2 - a^2)$$

9. 证明下列恒等式：

(1) $\arcsin x + \arccos x = \dfrac{\pi}{2}$;

(2) $\arctan x + \arctan \dfrac{1}{x} = \dfrac{\pi}{2}$ $(x > 0)$;

(3) $\arctan \dfrac{1+x}{1-x} + \operatorname{arccot} x = \dfrac{3}{4}\pi$ $(-1 < x < 1)$.

10. 证明下列不等式：

(1) $\dfrac{x}{1+x^2} < \arctan x < x$ $(x > 0)$;

(2) $1+x < \mathrm{e}^x < 1+\mathrm{e}x$ $(0 < x < 1)$；

(3) $1-\dfrac{a}{b} < \ln \dfrac{b}{a} < \dfrac{b}{a}-1$ $(0 < a < b)$.

11. 对给定的 n，求下列函数在 $x=0$ 处的 n 次近似表达式：

(1) $f(x) = \mathrm{e}^{x^2}\sin x$，$n=5$；

(2) $f(x) = \cos x \cdot \ln(1+x)$，$n=4$；

(3) $f(x) = \dfrac{\sin x}{1-x}$，$n=4$.

12. 设 $f(x) = \mathrm{e}^x + \ln(1-x) - \sin x + ax + b$，若 $x \to 0$ 时 $f(x) = o(x^3)$，求 a,b，并求 $f(x)$ 关于 x 的无穷小阶数.

B 组

13. 设 $f \in \mathscr{D}^2[a,b]$，$g \in \mathscr{D}^2[a,b]$，$g'' \neq 0$，且 $f(a)=f(b)=0$，$g(a)=g(b)=0$，求证：(1) $\forall x \in (a,b)$，$g(x) \neq 0$；(2) $\exists \xi \in (a,b)$，使得 $\dfrac{f(\xi)}{g(\xi)} = \dfrac{f''(\xi)}{g''(\xi)}$.

14. 设函数 $f(x)$ 在 $(-\infty,+\infty)$ 上是可导的奇函数，$\forall a > 0$，求证：$\exists \xi > 0$，使得 $f'(\xi) = \dfrac{f(a)}{a}$.

15. 设函数 $f(x)$ 满足 $f \in \mathscr{C}[a,b]$，$f \in \mathscr{D}(a,b)$ $(a>0)$，求证：$\exists \xi \in (a,b)$，使得

$$\frac{af(b)-bf(a)}{b-a} = \xi f'(\xi) - f(\xi)$$

16. 设 $f \in \mathscr{C}^{(2)}$，且 $f''(a) \neq 0$，试证：由拉格朗日中值定理公式

$$f(a+h) - f(a) = f'(a+h\theta(h))h \quad (0 < \theta(h) < 1)$$

所确定的函数 $\theta(h)$，有 $\lim\limits_{h \to 0} \theta(h) = \dfrac{1}{2}$.

2.6　洛必达法则

在上一章我们讨论无穷小量的比较与无穷大量的比较时，需要求两个无穷小量之商的极限和两个无穷大量之商的极限，我们把它们分别记为 $\dfrac{0}{0}$ 型与 $\dfrac{\infty}{\infty}$ 型的极限. 由于这两个极限可能存在，也可能不存在，极限存在时极限可能等于零，也可能是其他任何非零常数，极限不存在时极限可能为 ∞，也可能是振荡形式的不存在，

所以我们将它们统称为**未定式的极限**. 这一节, 我们介绍的洛必达[①]法则是计算 $\dfrac{0}{0}$ 型与 $\dfrac{\infty}{\infty}$ 型未定式的极限的非常有效的方法.

2.6.1 $\dfrac{0}{0}$ 型未定式的极限

定理 2.6.1(洛必达法则 I) 记 $X = U_\delta^\circ(a)$, 设函数 $f(x), g(x)$ 满足条件:

(1) $\lim\limits_{x \to a} f(x) = \lim\limits_{x \to a} g(x) = 0$;

(2) $f, g \in \mathscr{D}(X), g'(x) \neq 0$;

(3) $\lim\limits_{x \to a} \dfrac{f'(x)}{g'(x)} = A$ (有限或 $\pm\infty$),

则

$$\lim_{x \to a} \frac{f(x)}{g(x)} \xlongequal{\frac{0}{0}} \lim_{x \to a} \frac{f'(x)}{g'(x)} = A \quad (有限或 \pm\infty)$$

证 由于 $\lim\limits_{x \to a} f(x) = \lim\limits_{x \to a} g(x) = 0$, 我们可假设 $f(a) = g(a) = 0$. $\forall x \in X$, 则在区间 $[a, x]$ (或 $[x, a]$) 上, 函数 $f(x), g(x)$ 满足柯西中值定理的条件, 故 $\exists \xi \in (a, x)$ (或 (x, a)), 使得

$$\frac{f(x)}{g(x)} = \frac{f(x) - f(a)}{g(x) - g(a)} = \frac{f'(\xi)}{g'(\xi)} \tag{2.6.1}$$

由于 $x \to a$ 时 $\xi \to a$, 且

$$\lim_{x \to a} \frac{f'(x)}{g'(x)} = A \ (有限或 \pm\infty) \Rightarrow \lim_{\xi \to a} \frac{f'(\xi)}{g'(\xi)} = A \ (有限或 \pm\infty)$$

在式 (2.6.1) 中令 $x \to a$, 得

$$\lim_{x \to a} \frac{f(x)}{g(x)} = \lim_{\xi \to a} \frac{f'(\xi)}{g'(\xi)} = A \quad (有限或 \pm\infty) \qquad \square$$

注 1 定理 2.6.1 中极限过程换为 $x \to a^+$ 或 $x \to a^-$, 其他条件作相应修改, 结论仍然成立.

注 2 定理 2.6.1 的条件 (3), 若换为

$$\lim_{x \to a} \frac{f'(x)}{g'(x)} \ 不存在 (但不是 \infty)$$

---

①洛必达 (L'Hospital), 1661—1704, 法国数学家.

则不能推出 $\lim\limits_{x\to a}\dfrac{f(x)}{g(x)}$ 不存在. 例如 $f(x)=x^2\sin\dfrac{1}{x}$, $g(x)=x$, 当 $x\to 0$ 时, 有 $f\to 0$, $g\to 0$, 且

$$\lim_{x\to 0}\frac{f'(x)}{g'(x)}=\lim_{x\to 0}\frac{2x\sin\dfrac{1}{x}-\cos\dfrac{1}{x}}{1}=0-\lim_{x\to 0}\cos\frac{1}{x}$$

显见 $\lim\limits_{x\to 0}\cos\dfrac{1}{x}$ 不存在(但不是 ∞), 故 $\lim\limits_{x\to 0}\dfrac{f'(x)}{g'(x)}$ 不存在(但不是 ∞); 但

$$\lim_{x\to 0}\frac{f(x)}{g(x)}=\lim_{x\to 0}x\sin\frac{1}{x}=0$$

这表明定理 2.6.1 的条件(3)不成立时, 洛必达法则不可用.

定理 2.6.2(洛必达法则 Ⅱ) 设 $b\in\mathbf{R}$, 函数 $f(x)$, $g(x)$ 满足条件:

(1) $\lim\limits_{x\to +\infty}f(x)=\lim\limits_{x\to +\infty}g(x)=0$;

(2) $f,g\in\mathscr{D}(b,+\infty)$, $g'(x)\neq 0$;

(3) $\lim\limits_{x\to +\infty}\dfrac{f'(x)}{g'(x)}=A$ (有限或 $\pm\infty$),

则

$$\lim_{x\to +\infty}\frac{f(x)}{g(x)}\xlongequal{\frac{0}{0}}\lim_{x\to +\infty}\frac{f'(x)}{g'(x)}=A\quad (\text{有限或}\pm\infty)$$

证 应用极限的变量代换法则, 令 $x=\dfrac{1}{t}$, 则 $x\to +\infty\Leftrightarrow t\to 0^+$, 于是

$$\lim_{x\to +\infty}\frac{f(x)}{g(x)}=\lim_{t\to 0^+}\frac{f\left(\dfrac{1}{t}\right)}{g\left(\dfrac{1}{t}\right)}=\lim_{t\to 0^+}\frac{\dfrac{\mathrm{d}}{\mathrm{d}t}f\left(\dfrac{1}{t}\right)}{\dfrac{\mathrm{d}}{\mathrm{d}t}g\left(\dfrac{1}{t}\right)}$$

$$=\lim_{t\to 0^+}\frac{-\dfrac{1}{t^2}f'\left(\dfrac{1}{t}\right)}{-\dfrac{1}{t^2}g'\left(\dfrac{1}{t}\right)}=\lim_{t\to 0^+}\frac{f'\left(\dfrac{1}{t}\right)}{g'\left(\dfrac{1}{t}\right)}\quad \left(\text{令}\ t=\frac{1}{u}\right)$$

$$=\lim_{u\to +\infty}\frac{f'(u)}{g'(u)}=A\quad (\text{有限或}\pm\infty)\qquad\square$$

注 定理 2.6.2 中的极限过程换为 $x\to -\infty$ 或 $x\to\infty$, 其他条件作相应修改, 结论仍然成立, 证明从略.

例 1 求 $\lim\limits_{x\to 0}\dfrac{x-\sin x}{x^3}$.

解法 1 应用 $\sin x$ 的三阶马克劳林公式, 有

$$\sin x = x - \frac{1}{3!}x^3 + o(x^3) = x - \frac{1}{6}x^3 + o(x^3)$$

可得

$$x - \sin x = \frac{1}{6}x^3 + o(x^3)$$

于是

$$\lim_{x \to 0} \frac{x - \sin x}{x^3} = \lim_{x \to 0} \left(\frac{\frac{1}{6}x^3}{x^3} + \frac{o(x^3)}{x^3} \right) = \frac{1}{6}$$

解法 2　应用洛必达法则与等价无穷小替换,有

$$\lim_{x \to 0} \frac{x - \sin x}{x^3} \xlongequal{\frac{0}{0}} \lim_{x \to 0} \frac{1 - \cos x}{3x^2} = \lim_{x \to 0} \frac{\frac{1}{2}x^2}{3x^2} = \frac{1}{6}$$

例 2　求 $\lim\limits_{x \to 1} \dfrac{x^x - x}{\ln x - x + 1}$.

解法1　应用洛必达法则,有

$$原式 \xlongequal{\frac{0}{0}} \lim_{x \to 1} \frac{x^x(x\ln x)' - 1}{\frac{1}{x} - 1} = \lim_{x \to 1} \frac{x^x(\ln x + 1) - 1}{1 - x}$$

上式右端仍是 $\dfrac{0}{0}$ 型的极限,继续应用洛必达法则,有

$$原式 = \lim_{x \to 1} \frac{x^x(x\ln x)'(\ln x + 1) + x^x \cdot \frac{1}{x}}{-1}$$

$$= -\lim_{x \to 1}(x^x(\ln x + 1)^2 + x^{x-1}) = -2$$

解法2　应用等价无穷小替换与洛必达法则,有

$$原式 = \lim_{x \to 1} \frac{x(\mathrm{e}^{(x-1)\ln x} - 1)}{\ln x - x + 1} = \lim_{x \to 1} \frac{(x-1)\ln x}{\ln x - x + 1}$$

$$\xlongequal{\frac{0}{0}} \lim_{x \to 1} \frac{\ln x + \frac{x-1}{x}}{\frac{1}{x} - 1} = \lim_{x \to 1} \frac{x\ln x + x - 1}{1 - x}$$

$$\xlongequal{\frac{0}{0}} \lim_{x \to 1} \frac{\ln x + 2}{-1} = -2$$

2.6.2 $\dfrac{\infty}{\infty}$ 型未定式的极限

定理 2.6.3(洛必达法则 Ⅲ) 记 $X = U_\delta^\circ(a)$，设函数 $f(x)$，$g(x)$ 满足条件：

(1) $\lim\limits_{x \to a} f(x) = \lim\limits_{x \to a} g(x) = \infty$；

(2) $f, g \in \mathscr{D}(X)$，$g'(x) \neq 0$；

(3) $\lim\limits_{x \to a} \dfrac{f'(x)}{g'(x)} = A$（有限或 $\pm \infty$），

则

$$\lim_{x \to a} \frac{f(x)}{g(x)} \xlongequal{\frac{\infty}{\infty}} \lim_{x \to a} \frac{f'(x)}{g'(x)} = A \quad (\text{有限或} \pm \infty)$$

*证 (1) 当 $A \in \mathbf{R}$ 时，由条件(3)，$\forall \varepsilon > 0$，$\exists x_1 \in U_\delta^\circ(a)$，当 $a < x < x_1$（或 $x_1 < x < a$）时，有 $\left| \dfrac{f'(x)}{g'(x)} - A \right| < \varepsilon$. 在区间 $[x, x_1]$（或 $[x_1, x]$）上应用柯西中值定理，存在 $\xi \in (x, x_1)$（或 $\xi \in (x_1, x)$），使得

$$\left| \frac{f(x_1) - f(x)}{g(x_1) - g(x)} - A \right| = \left| \frac{f'(\xi)}{g'(\xi)} - A \right| < \varepsilon$$

所以

$$\lim_{x \to a} \frac{f(x_1) - f(x)}{g(x_1) - g(x)} = A$$

由于 $x \to a$ 时

$$\left| \frac{f(x)}{g(x)} - A \right|$$
$$\leqslant \left| \frac{f(x)}{g(x)} - \frac{f(x_1) - f(x)}{g(x_1) - g(x)} \right| + \left| \frac{f(x_1) - f(x)}{g(x_1) - g(x)} - A \right|$$
$$= \left| \frac{f(x_1) - f(x)}{g(x_1) - g(x)} \right| \left| \frac{f(x)(g(x_1) - g(x))}{g(x)(f(x_1) - f(x))} - 1 \right| + \left| \frac{f(x_1) - f(x)}{g(x_1) - g(x)} - A \right|$$
$$= \left| \frac{f(x_1) - f(x)}{g(x_1) - g(x)} \right| \left| \frac{\frac{g(x_1)}{g(x)} - 1}{\frac{f(x_1)}{f(x)} - 1} - 1 \right| + \left| \frac{f(x_1) - f(x)}{g(x_1) - g(x)} - A \right|$$
$$\to A \cdot 0 + 0 = 0$$

所以 $\lim\limits_{x \to a} \dfrac{f(x)}{g(x)} = A$.

(2) 当 $A = \infty$ 时，由 $\lim\limits_{x \to a} \dfrac{f'(x)}{g'(x)} = \infty$ 可知 $\exists \delta_1 (0 < \delta_1 < \delta)$，当 $x \in U_{\delta_1}^\circ(a)$ 时

$$\left|\frac{f'(x)}{g'(x)}\right| > 1 \Rightarrow |f'(x)| > |g'(x)| \neq 0 \Rightarrow f'(x) \neq 0$$

所以 $\lim\limits_{x \to a}\dfrac{g'(x)}{f'(x)} = 0$，则应用上面(1)的结论可得 $\lim\limits_{x \to a}\dfrac{g(x)}{f(x)} = \lim\limits_{x \to a}\dfrac{g'(x)}{f'(x)} = 0$. 又由条件(1)，可设 $x \in U^{\circ}_{\delta_1}(a)$ 时 $g(x) \neq 0$，于是 $\lim\limits_{x \to a}\dfrac{f(x)}{g(x)} = \infty$. $\qquad\square$

注 定理 2.6.3 的极限过程换为 $x \to a^+, x \to a^-, x \to +\infty, x \to -\infty, x \to \infty$ 中的任一个，其他条件作相应修改，结论仍然成立.

例 3 求 $\lim\limits_{x \to +\infty}\dfrac{x^2}{e^{\lambda x}} (\lambda > 0)$ 和 $\lim\limits_{x \to +\infty}\dfrac{\ln x}{x^\lambda} (\lambda > 0)$.

解 这两个极限都是 $\dfrac{\infty}{\infty}$ 型，应用洛必达法则，有

$$\lim_{x \to +\infty}\frac{x^2}{e^{\lambda x}} \overset{\frac{\infty}{\infty}}{=\!=\!=} \lim_{x \to +\infty}\frac{2x}{\lambda e^{\lambda x}} \overset{\frac{\infty}{\infty}}{=\!=\!=} \lim_{x \to +\infty}\frac{2}{\lambda^2 e^{\lambda x}} = 0$$

$$\lim_{x \to +\infty}\frac{\ln x}{x^\lambda} \overset{\frac{\infty}{\infty}}{=\!=\!=} \lim_{x \to +\infty}\frac{\frac{1}{x}}{\lambda x^{\lambda-1}} = \lim_{x \to +\infty}\frac{1}{\lambda x^\lambda} = 0$$

例 3 的结论具有一般性：$x \to +\infty$ 时三个正无穷大量 $e^{\lambda x}(\lambda > 0), x^\lambda(\lambda > 0)$，$\ln x$ 的无穷大的阶数，指数函数 $e^{\lambda x}$ 比幂函数 x^λ 高，幂函数 x^λ 比对数函数 $\ln x$ 高. 在求它们之比的极限时，高的在分母上，极限为 0；高的在分子上，极限为 ∞. 记住这一性质，以后求一些相关极限时可直接使用.

例 4 求 $\lim\limits_{x \to +\infty}\dfrac{\ln(2^x + 3^x + 5^x)}{x}$ 和 $\lim\limits_{x \to -\infty}\dfrac{\ln(2^x + 3^x + 5^x)}{x}$.

解 这两个极限都是 $\dfrac{\infty}{\infty}$ 型，应用洛必达法则，有

$$\lim_{x \to +\infty}\frac{\ln(2^x + 3^x + 5^x)}{x} \overset{\frac{\infty}{\infty}}{=\!=\!=} \lim_{x \to +\infty}\frac{2^x\ln 2 + 3^x\ln 3 + 5^x\ln 5}{2^x + 3^x + 5^x}$$

$$= \lim_{x \to +\infty}\frac{\left(\frac{2}{5}\right)^x\ln 2 + \left(\frac{3}{5}\right)^x\ln 3 + \ln 5}{\left(\frac{2}{5}\right)^x + \left(\frac{3}{5}\right)^x + 1} = \ln 5$$

$$\lim_{x \to -\infty}\frac{\ln(2^x + 3^x + 5^x)}{x} \overset{\frac{\infty}{\infty}}{=\!=\!=} \lim_{x \to -\infty}\frac{2^x\ln 2 + 3^x\ln 3 + 5^x\ln 5}{2^x + 3^x + 5^x}$$

$$= \lim_{x \to -\infty}\frac{\ln 2 + \left(\frac{3}{2}\right)^x\ln 3 + \left(\frac{5}{2}\right)^x\ln 5}{1 + \left(\frac{3}{2}\right)^x + \left(\frac{5}{2}\right)^x} = \ln 2$$

2.6.3 其他类型的未定式的极限

未定式除了上述 $\dfrac{0}{0}$ 与 $\dfrac{\infty}{\infty}$ 两种基本类型外,还有 $0 \cdot \infty, \infty - \infty, 1^{\infty}, 0^{0}, \infty^{0}$ 等五种其他类型,这些其他类型的未定式均可通过代数式的恒等变形化为两种基本类型. 现在分别讨论如下(极限过程以 $x \to a$ 为例):

1) $0 \cdot \infty$ 型

设 $x \to a$ 时, $f(x) \to 0, g(x) \to \infty$,采用恒等变形得

$$f \cdot g = \frac{f}{\frac{1}{g}} = \frac{g}{\frac{1}{f}} \tag{2.6.2}$$

式(2.6.2)中间一项为 $\dfrac{0}{0}$ 型,右端一项为 $\dfrac{\infty}{\infty}$ 型.

例 5 求 $\lim\limits_{x \to 0^+} x^{\lambda} \ln x \ (\lambda > 0)$.

解 这是 $0 \cdot \infty$ 型未定式,应用洛必达法则,有

$$原式 = \lim_{x \to 0^+} \frac{\ln x}{x^{-\lambda}} \xlongequal{\frac{\infty}{\infty}} \lim_{x \to 0^+} \frac{\frac{1}{x}}{-\lambda x^{-\lambda - 1}} = \lim_{x \to 0^+} \frac{x^{\lambda}}{-\lambda} = 0$$

2) $\infty - \infty$ 型

设 $x \to a$ 时, $f(x) \to +\infty$(或 $-\infty$), $g(x) \to +\infty$(或 $-\infty$)($f(x), g(x)$ 同时取 $+\infty$,或同时取 $-\infty$),采用恒等变形得

$$f - g = \frac{\frac{1}{g} - \frac{1}{f}}{\frac{1}{fg}} \tag{2.6.3}$$

式(2.6.3)右端即为 $\dfrac{0}{0}$ 型.

式(2.6.3)表明 $f - g$ 一定可化为 $\dfrac{0}{0}$ 型,但在具体解题时可采用变量代换、通分化简等方法化为 $\dfrac{0}{0}$ 型,而不是机械地运用式(2.6.3),因为式(2.6.3)中分子与分母的导数比较难求.

例 6 求 $\lim\limits_{x \to +\infty} \left[x - x^2 \ln \left(1 + \dfrac{1}{x} \right) \right]$.

解 由于

$$\lim_{x \to +\infty} x^2 \ln \left(1 + \frac{1}{x} \right) = \lim_{x \to +\infty} x^2 \cdot \frac{1}{x} = \lim_{x \to +\infty} x = \infty$$

所以原式是 $\infty-\infty$ 型未定式. 先作变量代换, 令 $x=\dfrac{1}{t}$, 则

$$原式 = \lim_{t\to0^+}\left(\frac{1}{t}-\frac{1}{t^2}\ln(1+t)\right) = \lim_{t\to0^+}\frac{t-\ln(1+t)}{t^2}$$

$$\xlongequal{\frac{0}{0}} \lim_{t\to0^+}\frac{1-\dfrac{1}{1+t}}{2t} = \lim_{t\to0^+}\frac{t}{2t(1+t)} = \frac{1}{2}$$

3) $1^\infty, 0^0, \infty^0$ 型

在讨论幂指函数 $y=[u(x)]^{v(x)}$ 的极限时, 常将其化为

$$y=[u(x)]^{v(x)} = \exp[v(x)\cdot\ln u(x)] \tag{2.6.4}$$

的形式. 式(2.6.4)右端括号中的项为 $v(x)$ 与 $\ln u(x)$ 的积, 在 $x\to a$ 时, 若 $v(x)\to\infty, u(x)\to1$, 则 $v\ln u$ 为 $\infty\cdot0$ 型; 若 $v(x)\to0, u(x)\to0^+$, 则 $v\ln u$ 为 $0\cdot\infty$ 型; 若 $v(x)\to0, u(x)\to+\infty$, 则 $v\ln u$ 为 $0\cdot\infty$ 型. 当 $v\ln u$ 为 $\infty\cdot0$ 型或 $0\cdot\infty$ 型时, u^v 为 $1^\infty, 0^0, \infty^0$ 的类型, 应用上面1)的方法求得 $v\ln u$ 的极限后代入式(2.6.4)即可.

例 7 求 $\displaystyle\lim_{x\to\infty}\left(x\sin\frac{1}{x}\right)^{x^2}$.

解 这是 1^∞ 型未定式. 先作变量代换, 令 $x=\dfrac{1}{t}$, 有

$$原式 = \lim_{t\to0}\left(\frac{\sin t}{t}\right)^{\frac{1}{t^2}} \tag{2.6.5}$$

下面用两种方法求解式(2.6.5).

方法 1 应用关于 e 的重要极限和洛必达法则, 有

$$原式 = \lim_{t\to0}\left(1+\frac{\sin t-t}{t}\right)^{\frac{t}{\sin t-t}\cdot\frac{\sin t-t}{t^3}} = \exp\left(\lim_{t\to0}\frac{\sin t-t}{t^3}\right)$$

$$\xlongequal{\frac{0}{0}} \exp\left(\lim_{t\to0}\frac{\cos t-1}{3t^2}\right) = \exp\left(\lim_{t\to0}\frac{-\dfrac{1}{2}t^2}{3t^2}\right) = e^{-\frac{1}{6}}$$

方法 2 恒等变形后直接应用洛必达法则, 有

$$原式 = \exp\left(\lim_{t\to0}\frac{\ln|\sin t|-\ln|t|}{t^2}\right)$$

$$\xlongequal{\frac{0}{0}} \exp\left(\lim_{t\to0}\frac{\dfrac{\cos t}{\sin t}-\dfrac{1}{t}}{2t}\right) = \exp\left(\lim_{t\to0}\frac{t\cos t-\sin t}{2t^2\sin t}\right)$$

$$= \exp\left(\lim_{t\to0}\frac{t\cos t-\sin t}{2t^3}\right) \xlongequal{\frac{0}{0}} \exp\left(\lim_{t\to0}\frac{-t\sin t}{6t^2}\right)$$

$$= e^{-\frac{1}{6}}$$

在此例中，我们除应用洛必达法则外，还用到极限的变量代换、等价无穷小替换、代数式的恒等变形等多种求极限的方法．各种求极限方法的综合运用，常常使演算过程大为简化．

例 8 求 $\lim\limits_{x \to +\infty}(x + \sqrt{1 + x^2})^{\frac{1}{\sqrt{x}}}$．

解 这是 ∞^0 型未定式，恒等变形后直接应用洛必达法则，有

$$原式 = \exp\left[\lim_{x \to +\infty} \frac{\ln(x + \sqrt{1 + x^2})}{\sqrt{x}}\right] \overset{\frac{\infty}{\infty}}{=\!=\!=} \exp\left[\lim_{x \to +\infty} \frac{\dfrac{1}{\sqrt{1 + x^2}}}{\dfrac{1}{2\sqrt{x}}}\right]$$

$$= \exp\left[\lim_{x \to +\infty} \frac{2\sqrt{x}}{\sqrt{1 + x^2}}\right] = e^0 = 1$$

习题 2.6

A 组

1. 求下列极限，并考察洛必达法则是否适用：

(1) $\lim\limits_{x \to \infty} \dfrac{x + \sin x}{2x - \cos x}$；

(2) $\lim\limits_{x \to \infty} \dfrac{x}{x - \sin x}$．

2. 设

$$f(x) = \begin{cases} x + a & (x \leqslant 1); \\ \ln(x^3 - b) & (x > 1) \end{cases}$$

在 $x = 1$ 处可导，求常数 a, b 的值．

3. 求下列极限：

(1) $\lim\limits_{x \to 0} \dfrac{x - \tan x}{x \ln(1 - x^2)}$；

(2) $\lim\limits_{x \to 0} \dfrac{a^x - b^x}{\sin x}$；

(3) $\lim\limits_{x \to a} \dfrac{x^m - a^m}{x^n - a^n}$ $(m, n \in \mathbf{N}^*)$；

(4) $\lim\limits_{x \to 0} \dfrac{x - \arcsin x}{x^3}$；

(5) $\lim\limits_{x \to 0} \dfrac{\sin x + \cos x - e^x}{\ln(1 - x^2)}$；

(6) $\lim\limits_{x \to 0} \dfrac{x^3}{\sin 4x - 4\sin x}$；

(7) $\lim\limits_{x \to +\infty} \dfrac{\ln\left(1 + \dfrac{1}{x}\right)}{\text{arccot} x}$；

(8) $\lim\limits_{x \to +\infty} x\left(\dfrac{\pi}{2} - \arctan x\right)$；

(9) $\lim\limits_{x \to 1^-} \ln x \cdot \ln(1 - x)$；

(10) $\lim\limits_{x \to 0} \dfrac{(1 + x)^{\frac{1}{x}} - e}{x}$．

4. 求下列极限：

(1) $\lim\limits_{x \to 0}\left(\dfrac{1}{x^2} - \dfrac{\cot x}{x}\right)$；

(2) $\lim\limits_{x \to 1}\left(\dfrac{1}{\ln x} - \dfrac{1}{x-1}\right)$；

(3) $\lim\limits_{x \to 0}\left(\dfrac{1}{x} - \dfrac{1}{e^x - 1}\right)$；

(4) $\lim\limits_{x \to +\infty}(x - \ln(1 + e^x))$；

(5) $\lim\limits_{x \to 0^+} x^x$；

(6) $\lim\limits_{x \to 0}(\cos x)^{\frac{1}{x^2}}$；

(7) $\lim\limits_{x \to \infty}\left(\cos \dfrac{1}{x}\right)^x$；

(8) $\lim\limits_{x \to 1} x^{\frac{1}{1-x}}$；

(9) $\lim\limits_{x \to +\infty}(\ln x)^{\frac{1}{x}}$；

(10) $\lim\limits_{x \to 0}(\cos x + x \sin x)^{\frac{1}{x^2}}$；

(11) $\lim\limits_{x \to 0}\left(\dfrac{a^x + b^x}{2}\right)^{\frac{1}{x}}$；

(12) $\lim\limits_{x \to +\infty}\left(\dfrac{2}{\pi}\arctan x\right)^x$.

5. 设

$$f(x) = \begin{cases} \dfrac{\sin x}{x} & (x > 0); \\[2mm] 1 + x^2 & (x \leqslant 0) \end{cases}$$

(1) 求 $f'_-(0), f'_+(0), f'(x)$，并讨论 $f'(x)$ 的连续性；

(2) 讨论 $f(x)$ 在 $x = 0$ 处的二阶可导性.

B 组

6. 求下列极限：

(1) $\lim\limits_{x \to 0} \dfrac{\cos x - e^{-\frac{x^2}{2}}}{x^4}$；

(2) $\lim\limits_{x \to 0} \dfrac{x^2 \cos x - \ln(1 + x^2)}{x^6}$.

7. 设 $f(x)$ 在 $x = a$ 处二阶可导，求 $\lim\limits_{x \to 0} \dfrac{f(a + 2x) - 2f(a + x) + f(a)}{x^2}$.

8. 设

$$f(x) = \begin{cases} \left[\dfrac{e}{(1+x)^{\frac{1}{x}}}\right]^{\frac{1}{x}} & (x > 0); \\[3mm] e^{\frac{1}{2}} & (x \leqslant 0) \end{cases}$$

讨论 $f(x)$ 在 $x = 0$ 处的连续性.

2.7 导数在几何上的应用

这一节我们应用微分中值定理研究函数的特性，这些特性包含单调性、极值、最值、凹凸性、拐点等.

2.7.1 单调性与极值

由定义 1.1.8，我们已经知道函数的单调性分为单调增加与单调减少，而函数的这一增减特性可用导数的符号来判断. 由于曲线上升时切线与 x 轴的夹角为锐角，曲线下降时切线与 x 轴的夹角为钝角，因此有下面的定理.

定理 2.7.1 设 X 为开区间，$f \in \mathscr{D}(X)$，则

(1) $f(x)$ 在 X 上单调增加，则 $f'(x) \geqslant 0, x \in X$；

(2) $f(x)$ 在 X 上单调减少，则 $f'(x) \leqslant 0, x \in X$.

证 我们仅就单调增加情况给出证明.

设 $f(x)$ 在 X 上为单调增加，$\forall x \in X$，当 $x + h \in X$ 时必有

$$\frac{f(x+h) - f(x)}{h} \geqslant 0$$

令 $h \to 0$，由极限的保号性与 f 在 X 上的可导性，即得 $f'(x) \geqslant 0$. $\qquad\square$

定理 2.7.2 设 X 为开区间，$f \in \mathscr{D}(X)$，若

(1) $\forall x \in X$，有 $f'(x) > 0 (< 0)$，则 $f(x)$ 在 X 上单调增加（减少）；

(2) $\forall x \in X$，有 $f'(x) \geqslant 0 (\leqslant 0)$，且 $f'(x)$ 在 X 上只有有限个零点，则 $f(x)$ 在 X 上单调增加（减少）.

证 我们仅就单调增加给出证明.

(1) 设 $\forall x \in X, f'(x) > 0$，则 $\forall x_1, x_2 \in X, x_1 < x_2$，应用拉格朗日中值定理，必 $\exists \xi \in (x_1, x_2)$，使得

$$f(x_2) - f(x_1) = f'(\xi)(x_2 - x_1) > 0$$

即 $f(x_1) < f(x_2)$，因此函数 $f(x)$ 在 X 上为单调增加.

(2) 用 $f'(x)$ 的零点将 X 分为有限个区间，则在每个区间内 $f'(x) > 0$，所以 $f(x)$ 在每个区间内单调增加，而 $f(x)$ 在 X 上连续，因此将这些单调增加的函数一个个连接起来仍然单调增加. $\qquad\square$

注 在上述两定理中将开区间 X 改为闭区间或无穷区间，结论仍成立.

下面讨论与单调性有着密切联系的函数极值问题.

定义 2.7.1(极值) 设函数 $f(x)$ 在开区间 X 上有定义，$x_0 \in X$，若 $\exists x_0$ 的去心邻域 $U_\delta^\circ(x_0) \subseteq X$，使得 $\forall x \in U_\delta^\circ(x_0)$，恒有

$$f(x) < f(x_0) \qquad (\text{或 } f(x) > f(x_0))$$

则称 $f(x_0)$ 为函数 $f(x)$ 的一个**极大值**(或**极小值**),并称 x_0 为 $f(x)$ 的一个**极大值点**(或**极小值点**). 极大值与极小值统称为**极值**,极大值点与极小值点统称为**极值点**.

函数 $f(x)$ 在其定义域上可能有多个极大值和多个极小值. 如图 2.9 所示,函数 $y = f(x)$ 在区间 $[a,b]$ 上有两个极大值 $f(x_1)$ 和 $f(x_3)$,两个极小值 $f(x_2)$ 和 $f(x_4)$. 这里 $f(x)$ 的极大值 $f(x_1)$ 小于极小值 $f(x_4)$,可见极大值与极小值只是函数在极值点邻近的局部性质. 而在区间 $[a,b]$ 的两个端点处则不考虑极值问题.

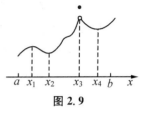

图 2.9

定理 2.7.3(极值的必要条件) 设 $x_0 \in \mathbf{R}, f \in \mathscr{D}(x_0)$,若 $f(x_0)$ 是 $f(x)$ 的极大(或极小)值,则 $f'(x_0) = 0$.

证 因 $f(x_0)$ 是极大(或极小)值,且 $f \in \mathscr{C}(x_0)$,故存在 x_0 的 δ 邻域 $U_\delta(x_0)$,使得 $\forall x \in U_\delta(x_0), f(x) \leqslant f(x_0)$(或 $f(x) \geqslant f(x_0)$). 因此在 $U_\delta(x_0)$ 上,$f(x_0)$ 是函数 $f(x)$ 的最大(或最小)值,由费马引理推知 $f'(x_0) = 0$. □

我们将 $f'(x)$ 的零点称为函数 $f(x)$ 的**驻点**. 定理 2.7.3 表明:可导函数只能在驻点处取得极值. 但是值得注意的是:其一,函数在其不连续点或不可导点处也可能取得极值. 例如图 2.9 中 $f(x_3)$ 为极大值,但 $f(x)$ 在 x_3 处不连续;又如 $y = |x|$ 在 $x = 0$ 处不可导,但 $y(0) = 0$ 是 $y = |x|$ 的极小值. 其二,函数在其驻点处也可能不取极值. 例如 $y = x^3, x = 0$ 是其驻点,但 $y = x^3$ 在 $x = 0$ 处显然不取极值. 我们把函数 $f(x)$ 的驻点、不连续点和不可导点统称为 $f(x)$ 的**可疑极值点**,函数 $f(x)$ 的极值只能在可疑极值点处取得. 下面研究函数取极值的充分条件.

定理 2.7.4(极值的充分条件 Ⅰ) 设 $x_0 \in \mathbf{R}, f \in \mathscr{C}(x_0)$,若存在 x_0 的去心邻域 $U_\delta^\circ(x_0)$,使得 $f \in \mathscr{D}(U_\delta^\circ(x_0))$.

(1) $\forall x \in U_\delta^\circ(x_0)$,若 $(x - x_0)f'(x) > 0$,则 $f(x_0)$ 为 $f(x)$ 的极小值;

(2) $\forall x \in U_\delta^\circ(x_0)$,若 $(x - x_0)f'(x) < 0$,则 $f(x_0)$ 为 $f(x)$ 的极大值.

证 $\forall x \in U_\delta^\circ(x_0)$,在区间 $[x_0, x]$ 或 $[x, x_0]$ 上应用拉格朗日中值定理,必有

$$\xi = x_0 + \theta(x - x_0) \quad (0 < \theta < 1)$$

使得

$$f(x) - f(x_0) = f'(\xi)(x - x_0) = f'(\xi)(\xi - x_0)\frac{1}{\theta}$$

在情况(1)下可得 $f(x) - f(x_0) > 0$,所以 $f(x_0)$ 为 $f(x)$ 的极小值;在情况(2)下可得 $f(x) - f(x_0) < 0$,所以 $f(x_0)$ 为 $f(x)$ 的极大值. □

定理 2.7.4 的几何意义是 $f'(x)$ 在 $x=x_0$ 的左右两侧异号,因此 $f(x)$ 在 x_0 左右两侧单调性改变,故 $f(x_0)$ 是极值.

定理 2.7.5(极值的充分条件 Ⅱ)　设 $x_0 \in \mathbf{R}, f \in \mathscr{D}^2(x_0)$.

(1) 若 $f'(x_0)=0, f''(x_0)>0$,则 $f(x_0)$ 是 $f(x)$ 的极小值;

(2) 若 $f'(x_0)=0, f''(x_0)<0$,则 $f(x_0)$ 是 $f(x)$ 的极大值.

证　这里仅证(1),而(2)的证法同(1)类似,这里从略.

由二阶导数的定义和 $f'(x_0)=0$ 得

$$f''(x_0) = \lim_{x \to x_0} \frac{f'(x)-f'(x_0)}{x-x_0} = \lim_{x \to x_0} \frac{f'(x)}{x-x_0} > 0$$

应用极限的局部保号性,存在 x_0 的去心邻域 $U_\delta^\circ(x_0)$,使得 $\forall x \in U_\delta^\circ(x_0)$,有

$$\frac{f'(x)}{x-x_0} > 0 \Leftrightarrow f'(x)(x-x_0) > 0$$

应用极值的充分条件 Ⅰ,即得 $f(x_0)$ 为 $f(x)$ 的极小值.　　□

例 1　求函数 $y=(x+1)\sqrt[3]{x^2}$ 的单调区间与极值.

解　这里函数 y 的定义域为 $(-\infty, +\infty)$,且 $y \in \mathscr{C}$. 由

$$y' = \frac{1}{3\sqrt[3]{x}}(5x+2)$$

得驻点为 $x=-\dfrac{2}{5}$,不可导点为 $x=0$. 用这两个点将函数 y 的定义域分为三个区间,y' 在这些区间上不为零,其符号如下表所示:

x	$-\infty$	$\to$	$-\dfrac{2}{5}$	$\to$	0	$\to$	$+\infty$
y'		$+$	0	$-$	∞	$+$	

于是函数 y 在 $\left(-\infty, -\dfrac{2}{5}\right)$ 上单调增加,在 $\left(-\dfrac{2}{5}, 0\right)$ 上单调减少,在 $(0, +\infty)$ 上单调增加,且 $y\left(-\dfrac{2}{5}\right)=\dfrac{3}{25}\sqrt[3]{20}$ 为极大值,$y(0)=0$ 为极小值.

例 2　求证不等式:

$$(1+x)\ln x < x-1 \quad (0<x<1)$$

证　令 $f(x)=x-1-(1+x)\ln x$,则

$$f'(x) = -\frac{1}{x}-\ln x$$

由于 $0 < x < 1$ 时 $f'(x)$ 的符号直接看不出来,我们再求 $f''(x)$ 得

$$f''(x) = \frac{1-x}{x^2} > 0 \quad (0 < x < 1)$$

所以 $f'(x)$ 在 $(0,1)$ 上单调增加,因此 $\forall x \in (0,1)$,有

$$f'(x) < f'(1) = -1 < 0$$

由此可得 $f(x)$ 在 $(0,1)$ 上单调减少,于是 $\forall x \in (0,1)$,有

$$f(x) > f(1) = 0$$

即原不等式成立.

例 3 讨论方程 $x^3 - 3ax^2 + 4 = 0 (a > 0)$ 实根的个数.

解 令 $f(x) = x^3 - 3ax^2 + 4$,显然 $f \in \mathscr{C}(-\infty, +\infty)$,求导得

$$f'(x) = 3x^2 - 6ax = 3x(x - 2a)$$

令 $f'(x) = 0$,解得驻点 $x_1 = 0, x_2 = 2a$. 且当 $x \in (-\infty, 0)$ 时,$f'(x) > 0$,则 $f(x)$ 单调增加;当 $x \in (0, 2a)$ 时,$f'(x) < 0$,则 $f(x)$ 单调减少;当 $x \in (2a, +\infty)$ 时,$f'(x) > 0$,则 $f(x)$ 单调增加. 于是 $f(0) = 4$ 为极大值,$f(2a) = 4(1 - a^3)$ 为极小值.

(1) $x \leqslant 0$ 时,因 $f(-\infty) = -\infty, f(0) > 0$,$f(x)$ 在 $(-\infty, 0)$ 上单调增加,所以 $f(x)$ 在 $(-\infty, 0)$ 内恰有一个零点.

(2) $x > 0$ 时

① 若 $a < 1$,则极小值 $f(2a) > 0$(见图 2.10),所以 $f(x)$ 在 $(0, +\infty)$ 上没有零点.

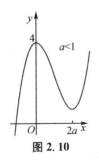 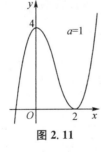 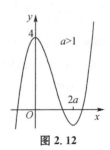

图 2.10   图 2.11   图 2.12

② 若 $a = 1$,因极小值 $f(2) = 0$(见图 2.11),所以 $f(x)$ 在 $(0, +\infty)$ 上恰有一个零点 $x = 2$.

③ 若 $a > 1$,则极小值 $f(2a) < 0$(见图 2.12),由于 $f(0) = 4$,$f(x)$ 在 $[0, 2a]$ 上单调减少,在 $[2a, +\infty)$ 上单调增加,$f(+\infty) = +\infty$,所以 $f(x)$ 在 $[0, 2a]$ 上恰有一个零点,在 $[2a, +\infty)$ 上恰有一个零点. 于是 $f(x)$ 在 $[0, +\infty)$ 上恰有两个零点.

综上讨论可得：$a < 1$ 时原方程恰有一个实根；$a = 1$ 时原方程恰有两个实根；$a > 1$ 时原方程恰有三个实根.

2.7.2 最值

在生产实际与科学研究中，常常要考虑投入最省、收益最大、效益最高等最优化问题. 将它们化为数学问题，就是求函数的最大值与最小值问题.

设函数 $f(x) \in \mathscr{C}[a, b]$，据最值定理，$f(x)$ 在 $[a, b]$ 上能取到最大值 M，也能取到最小值 m. 显然这个最值要么在可疑极值点（即不可导点或驻点）取得，要么在区间 $[a, b]$ 的两个端点取得. 因此有

$$\max_{x \in [a,b]} f(x) = \max\{f(a), f(b), f(x_1), \cdots, f(x_n)\}$$

$$\min_{x \in [a,b]} f(x) = \min\{f(a), f(b), f(x_1), \cdots, f(x_n)\}$$

这里 $x_1, x_2, \cdots, x_n$ 为函数 $f(x)$ 的全部可疑极值点.

上述求最值的方法回避了对可疑极值点逐一进行充分性判别，因为充分性判别与求这些点的函数值比较显然要复杂得多. 但是，当可疑极值点只有一个时，则该点函数的极大（小）值就是函数的最大（小）值.

例 4 求函数 $f(x) = 4\sqrt{1+x} - x$ 在区间 $[-1, 8]$ 上的最值.

解 显然 $f \in \mathscr{C}[-1, 8]$，所以 $f(x)$ 在闭区间 $[-1, 8]$ 内最值存在. 由 $y' = \dfrac{2}{\sqrt{1+x}} - 1 = 0$ 解得驻点为 $x = 3$，且在 $(-1, 8)$ 内没有不可导点，于是

$$\max_{x \in [-1,8]} f(x) = \max\{f(-1), f(8), f(3)\} = \max\{1, 4, 5\} = 5$$

$$\min_{x \in [-1,8]} f(x) = \min\{f(-1), f(8), f(3)\} = \min\{1, 4, 5\} = 1$$

* 例 5 从半径为 R 的圆形铁片中剪去圆心角为 θ 的扇形后，用余下的部分围成一个圆锥形漏斗，试问 θ 多大时圆锥形的容积最大？

解 设圆锥的底半径为 r，高为 h（见图 2.13），则

$$\sqrt{r^2 + h^2} = R, \quad \text{且} \quad 2\pi r = (2\pi - \theta)R$$

$$V = \frac{\pi}{3} r^2 \cdot h = \frac{\pi}{3} r^2 \sqrt{R^2 - r^2} \quad (0 < r < R)$$

$$\frac{dV}{dr} = \frac{\pi}{3}\left(2r \cdot \sqrt{R^2 - r^2} - \frac{r^3}{\sqrt{R^2 - r^2}}\right)$$

$$= \frac{\pi}{3\sqrt{R^2 - r^2}}\left[2r(R^2 - r^2) - r^3\right]$$

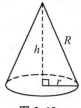

图 2.13

$$= \frac{\pi r}{3\sqrt{R^2 - r^2}}(2R^2 - 3r^2)$$

令 $\dfrac{\mathrm{d}V}{\mathrm{d}r} = 0$ 得唯一驻点 $r_0 = \dfrac{1}{3}\sqrt{6}R$,且在 r_0 的左邻域内 $\dfrac{\mathrm{d}V}{\mathrm{d}r} > 0$,在 r_0 的右邻域内 $\dfrac{\mathrm{d}V}{\mathrm{d}r} < 0$,所以 r_0 为极大值点,即为最大值点. 此时

$$\theta = 2\pi - \frac{2\pi r_0}{R} = \frac{2}{3}(3 - \sqrt{6})\pi$$

于是 $\theta = \dfrac{2}{3}(3 - \sqrt{6})\pi$ 时,圆锥形漏斗的容积最大.

2.7.3 曲线的凹凸性与拐点

函数在某区间上单调增加时,函数的图形是上升的,除沿直线上升外,上升还有凹凸之分(见图 2.14).同样,函数在某区间上单调减少时,该函数的图形是下降的,除沿直线下降外,下降也有凹凸之分(见图 2.15).下面给出凹凸性的严格定义.

图 2.14   图 2.15

定义 2.7.2(曲线的凹凸性) 设区间 $X \subseteq \mathbf{R}$,函数 $f \in \mathscr{D}(X)$.

(1) 若曲线 $y = f(x)(x \in X)$ 位于其上任一点的切线的上方(切点除外),则称曲线 $y = f(x)$ 在 X 上是凹的,或称函数 $f(x)$ 在 X 上的图形是凹的;

(2) 若曲线 $y = f(x)(x \in X)$ 位于其上任一点的切线的下方(切点除外),则称曲线 $y = f(x)$ 在 X 上是凸的,或称函数 $f(x)$ 在 X 上的图形是凸的.

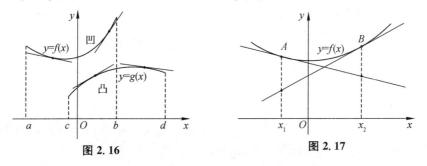

图 2.16   图 2.17

例如图 2.16 中,在区间 $[a,b]$ 上,曲线 $y = f(x)$ 是凹的;在区间 $[c,d]$ 上,曲线 $y = g(x)$ 是凸的. 对于直线,我们不考虑它的凹凸性.

下面研究曲线的凹凸性与导数的关系.

定理 2.7.6(凹凸的充要条件) 设区间 $X \subseteq \mathbf{R}$,函数 $f \in \mathcal{D}(X)$,则

(1) 曲线 $y = f(x)$ 在 X 上是凹的充要条件是 $f'(x)$ 在 X 上单调增加;

(2) 曲线 $y = f(x)$ 在 X 上是凸的充要条件是 $f'(x)$ 在 X 上单调减少.

证 这里仅证明(1),而(2)可类似证明.

(必要性) $\forall x_1, x_2 \in X(x_1 < x_2)$,曲线 $y = f(x)$ 在其上点 $A(x_1, f(x_1))$, $B(x_2, f(x_2))$ 处的切线方程分别为

$$y(x) = f(x_1) + f'(x_1)(x - x_1) \quad \text{与} \quad y(x) = f(x_2) + f'(x_2)(x - x_2)$$

因为曲线 $y = f(x)$ 是凹的(见图 2.17),所以有

$$f(x_2) > y(x_2) = f(x_1) + f'(x_1)(x_2 - x_1)$$

$$f(x_1) > y(x_1) = f(x_2) + f'(x_2)(x_1 - x_2)$$

上面两式相加得

$$(f'(x_1) - f'(x_2))(x_2 - x_1) < 0$$

于是 $f'(x_1) < f'(x_2)$,再由 $x_1, x_2(x_1 < x_2)$ 在 X 上的任意性可得 $f'(x)$ 在 X 上单调增加.

(充分性) $\forall x_1, x_2 \in X(x_1 < x_2)$,应用拉格朗日中值定理有

$$f(x_2) = f(x_1) + f'(\xi)(x_2 - x_1) \tag{2.7.1}$$

这里 $\xi \in (x_1, x_2)$.曲线 $y = f(x)$ 过点 $(x_1, f(x_1))$ 的切线方程为

$$y(x) = f(x_1) + f'(x_1)(x - x_1)$$

设此切线上与 $x = x_2$ 对应的点为 $(x_2, y(x_2))$,则

$$y(x_2) = f(x_1) + f'(x_1)(x_2 - x_1) \tag{2.7.2}$$

将式(2.7.1)减式(2.7.2)得

$$f(x_2) - y(x_2) = (f'(\xi) - f'(x_1))(x_2 - x_1)$$

因 $f'(x)$ 在 X 上单调增加,且 $x_1 < \xi < x_2$,所以 $f'(x_1) < f'(\xi)$,得

$$(f'(\xi) - f'(x_1))(x_2 - x_1) > 0$$

因而 $f(x_2) > y(x_2)$.又由 x_1, x_2 在 X 上的任意性可知曲线 $y = f(x)$ 位于其上任一点的切线的上方(切点除外),于是曲线 $y = f(x)$ 在 X 上是凹的. $\square$

定理 2.7.7 设区间 $X \subseteq \mathbf{R}, f \in \mathcal{D}^2(X)$.

(1) 若 $\forall x \in X, f''(x) > 0$,则曲线 $y = f(x)$ 是凹的;

(2) 若 $\forall x \in X, f''(x) < 0$,则曲线 $y = f(x)$ 是凸的.

证　(1) 因 $f''(x) > 0$,则 $f'(x)$ 在 X 上单调增加,应用定理 2.7.6 即得曲线 $y = f(x)$ 在区间 X 上是凹的;

(2) 因 $f''(x) < 0$,则 $f'(x)$ 在 X 上单调减少,应用定理 2.7.6 即得曲线 $y = f(x)$ 在区间 X 上是凸的.　　　　　□

例如函数 $y = x^2$,因 $y' = 2x$ 单调增加,或因 $y'' = 2 > 0$,所以 $y = x^2$ 的图形是凹的. 我们可将 $y = x^2$ 作为考察函数图形是凹的与该函数的一阶导数、二阶导数关系的数学模型,以便于记忆. 凹的情况搞清了,凸的情况相应可知.

对于函数 $y = x^3$,因 $y'' = 6x$,当 $x > 0$ 时,$y'' > 0$,该函数的图形是凹的;当 $x < 0$ 时,$y'' < 0$,该函数的图形是凸的. 即在点 $(0,0)$ 的左、右两侧,曲线 $y = x^3$ 的凹凸性相反.

定义 2.7.3(拐点)　设 $x_0 \in \mathbf{R}, f \in \mathscr{C}(x_0)$,若 $\exists \delta > 0$,使得曲线 $y = f(x)$ 在 $(x_0 - \delta, x_0)$ 与 $(x_0, x_0 + \delta)$ 上的凹凸性相反,则称点 $(x_0, f(x_0))$ 为曲线 $y = f(x)$ 的拐点,或称为函数 $f(x)$ 的图形的拐点.

由此定义可知点 $(0,0)$ 是曲线 $y = x^3$ 的拐点,且在拐点处 $y''(0) = 0$.

定理 2.7.8(拐点的必要条件)　设 $f \in \mathscr{D}^2(x_0)$,若 $(x_0, f(x_0))$ 是曲线 $y = f(x)$ 的拐点,则 $f''(x_0) = 0$.

证　不妨设曲线 $y = f(x)$ 在 $(x_0 - \delta, x_0)$ 上是凹的,在 $(x_0, x_0 + \delta)$ 上是凸的. 由定理 2.7.6 知,$f'(x)$ 在 $(x_0 - \delta, x_0)$ 上单调增加,在 $(x_0, x_0 + \delta)$ 上单调减少,因此 $f'(x_0)$ 为 $f'(x)$ 的极大值. 又 $f'(x)$ 在 x_0 可导,由极值的必要条件得

$$\left. (f'(x))' \right|_{x=x_0} = f''(x_0) = 0 \qquad\qquad \Box$$

定理 2.7.8 表明:二阶可导的函数 $f(x)$ 的图形只能在 $f''(x)$ 的零点处取得拐点. 但需要注意的是,其一,函数在其不可导点处也可能取得拐点. 例如如图 2.18 所示,曲线在 P 点的切线垂直于 x 轴,故函数在此点不可导,但 P 点是拐点. 其二,函数 $f(x)$ 在 $f''(x)$ 的零点处也可能不取拐点. 例如 $y = x^4$,$y''(0) = 0$,但 $(0,0)$ 显然不是曲线 $y = x^4$ 的拐点. 我们把函数 $f(x)$ 的不可导点和 $f''(x)$ 的零点统称为**可疑的拐点**(实为可疑拐点的横坐标). 下面研究函数取拐点的充分条件.

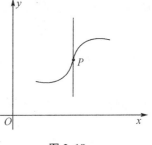

图 2.18

定理 2.7.9(拐点的充分条件 Ⅰ)　设 $x_0 \in \mathbf{R}, f \in \mathscr{C}(x_0)$,若存在 x_0 的去心邻域 $\overset{\circ}{U}_\delta(x_0)$,使得 $f \in \mathscr{D}^2(\overset{\circ}{U}_\delta(x_0))$,如果 $\forall x \in \overset{\circ}{U}_\delta(x_0)$ 有

$$(x - x_0) f''(x) > 0 \quad (\text{或} < 0)$$

则 $(x_0,f(x_0))$ 为曲线 $y=f(x)$ 的拐点

证 不妨设 $(x-x_0)f''(x)>0$. 当 $x\in U_\delta^-(x_0)$ 时，$f''(x)<0$，则 $f(x)$ 的图形在 $U_\delta^-(x_0)$ 上是凸的；当 $x\in U_\delta^+(x_0)$ 时，$f''(x)>0$，则 $f(x)$ 的图形在 $U_\delta^+(x_0)$ 上是凹的. 因此 $(x_0,f(x_0))$ 是曲线 $y=f(x)$ 的拐点. $\qquad\square$

定理 2.7.10（拐点的充分条件 Ⅱ） 设 $x_0\in\mathbf{R}$，若 $f''(x_0)=0$，$f'''(x_0)\neq0$，则 $(x_0,f(x_0))$ 为曲线 $y=f(x)$ 的拐点.

证 不妨设 $f'''(x_0)>0$. 由三阶导数的定义和 $f''(x_0)=0$ 得

$$f'''(x_0)=\lim_{x\to x_0}\frac{f''(x)-f''(x_0)}{x-x_0}=\lim_{x\to x_0}\frac{f''(x)}{x-x_0}>0$$

应用极限的局部保号性，存在 x_0 的去心邻域 $U_\delta^\circ(x_0)$，使得 $\forall x\in U_\delta^\circ(x_0)$，有

$$\frac{f''(x)}{x-x_0}>0\Leftrightarrow f''(x)(x-x_0)>0$$

再应用拐点的充分条件 Ⅰ，即得 $(x_0,f(x_0))$ 为曲线 $y=f(x)$ 的拐点. $\qquad\square$

例 6 求曲线 $y=(x+1)\sqrt[3]{x^2}$ 的凹凸区间与拐点.

解 在前面例 1 中，我们已计算出 $y'=\dfrac{1}{3\sqrt[3]{x}}(5x+2)$，不可导点为 $x=0$. 下面继续求导，得

$$y''=\frac{2}{9x\sqrt[3]{x}}(5x-1)$$

令 $y''=0$ 得 $x=\dfrac{1}{5}$，且函数 y 在 $x=0$ 处二阶不可导. 用这两个点将函数 y 的定义域分为三个区间，y'' 在这些区间上不为零，其符号如下表所示：

x	$-\infty$	$\to$	0	$\to$	$\dfrac{1}{5}$	$\to$	$+\infty$
y''		$-$	∞	$-$	0	$+$	

于是曲线在区间 $(-\infty,0)$ 上是凸的，在 $\left(0,\dfrac{1}{5}\right)$ 上是凸的，在 $\left(\dfrac{1}{5},+\infty\right)$ 上是凹的，且 $\left(\dfrac{1}{5},f\left(\dfrac{1}{5}\right)\right)=\left(\dfrac{1}{5},\dfrac{6}{25}\sqrt[3]{5}\right)$ 为曲线的拐点.

*2.7.4　曲线的凹凸性（续）

这一小节我们对曲线凹凸性的定义作进一步讨论.

定理 2.7.11（曲线是凹的等价定义） 设区间 $X\subseteq\mathbf{R}$，$f\in\mathscr{D}(X)$，则下列关于曲线 $y=f(x)$ 在 X 上是凹的四个定义相互等价：

(1) 曲线 $y = f(x)$ 位于其上任一点的切线的上方(切点除外);

(2) $\forall x_1, x_2 \in X(x_1 < x_2)$,若 $x \in (x_1, x_2)$,有

$$\frac{f(x) - f(x_1)}{x - x_1} < \frac{f(x_2) - f(x)}{x_2 - x} \tag{2.7.3}$$

(3) $\forall \alpha \in (0,1)$,若 $x_1, x_2 \in X(x_1 < x_2)$,有

$$f(\alpha x_1 + (1 - \alpha) x_2) < \alpha f(x_1) + (1 - \alpha) f(x_2) \tag{2.7.4}$$

(4) 曲线 $y = f(x)$ 上任意两点之间的弧段位于连接这两点的弦的下方.

证 下面证明顺序是 $(1) \Rightarrow (2) \Rightarrow (1), (2) \Rightarrow (3) \Rightarrow (2), (2) \Leftrightarrow (4)$.

$(1) \Rightarrow (2)$ 设曲线 $y = f(x)(x \in X)$ 位于其上任一点的切线的上方,则曲线 $y = f(x)$ 是凹的,应用定理 2.7.6 得 $f'(x)$ 在 X 上单调增加. 分别在区间 $[x_1, x]$ 与 $[x, x_2]$ 上应用拉格朗日中值定理,必 $\exists \xi \in (x_1, x), \eta \in (x, x_2)$,使得

$$\frac{f(x) - f(x_1)}{x - x_1} = f'(\xi), \quad \frac{f(x_2) - f(x)}{x_2 - x} = f'(\eta)$$

由于 $f'(\xi) < f'(\eta)$,所以

$$\frac{f(x) - f(x_1)}{x - x_1} < \frac{f(x_2) - f(x)}{x_2 - x}$$

$(2) \Rightarrow (1)$ $\forall c \in (x_1, x_2)$,曲线 $y = f(x)$ 过点 $(c, f(c))$ 的切线方程为

$$y(x) = f(c) + f'(c)(x - c)$$

设此切线上与 $x = x_2$ 以及 $x = x_1$ 对应的点分别为 $(x_2, y(x_2)), (x_1, y(x_1))$,则

$$y(x_2) = f(c) + f'(c)(x_2 - c), \quad y(x_1) = f(c) + f'(c)(x_1 - c) \tag{2.7.5}$$

① $\forall \beta \in (c, x_2)$,将式(2.7.3) 应用于区间 $[c, x_2]$ 得

$$\frac{f(\beta) - f(c)}{\beta - c} < \frac{f(x_2) - f(\beta)}{x_2 - \beta} \underset{\text{比例性质}}{\Rightarrow} \frac{f(\beta) - f(c)}{\beta - c} < \frac{f(x_2) - f(c)}{x_2 - c} \tag{2.7.6}$$

$\forall x \in (c, \beta)$,将式(2.7.3) 应用于区间 $[c, \beta]$ 得

$$\frac{f(x) - f(c)}{x - c} < \frac{f(\beta) - f(x)}{\beta - x} \tag{2.7.7}$$

应用导数的定义与极限的保号性,由式(2.7.7) 得

$$f'(c) = f'_+(c) = \lim_{x \to c^+} \frac{f(x) - f(c)}{x - c} \leqslant \lim_{x \to c^+} \frac{f(\beta) - f(x)}{\beta - x} = \frac{f(\beta) - f(c)}{\beta - c}$$

再由式(2.7.6) 得 $f'(c) < \dfrac{f(x_2) - f(c)}{x_2 - c}$，由此可得

$$f(x_2) > f(c) + f'(c)(x_2 - c)$$

比较式(2.7.5) 得 $f(x_2) > y(x_2)$，则由 $c, x_2 (c < x_2)$ 在 X 上的任意性可知：曲线 $y = f(x)(x \in X)$ 上任一点的右边曲线位于该点的切线的上方.

② $\forall \alpha \in (x_1, c)$，将式(2.7.3) 应用于区间 $[x_1, c]$ 得

$$\frac{f(\alpha) - f(x_1)}{\alpha - x_1} < \frac{f(c) - f(\alpha)}{c - \alpha} \underset{\text{比例性质}}{\Rightarrow} \frac{f(c) - f(x_1)}{c - x_1} < \frac{f(c) - f(\alpha)}{c - \alpha} \tag{2.7.8}$$

$\forall x \in (\alpha, c)$，将式(2.7.3) 应用于区间 $[\alpha, c]$ 得

$$\frac{f(x) - f(\alpha)}{x - \alpha} < \frac{f(c) - f(x)}{c - x} = \frac{f(x) - f(c)}{x - c} \tag{2.7.9}$$

应用导数的定义与极限的保号性，由式(2.7.9) 得

$$f'(c) = f'_-(c) = \lim_{x \to c^-} \frac{f(x) - f(c)}{x - c} \geqslant \lim_{x \to c^-} \frac{f(x) - f(\alpha)}{x - \alpha} = \frac{f(c) - f(\alpha)}{c - \alpha}$$

再由式(2.7.8) 得 $f'(c) > \dfrac{f(c) - f(x_1)}{c - x_1}$，由此可得

$$f(x_1) > f(c) + f'(c)(x_1 - c)$$

比较式(2.7.5) 得 $f(x_1) > y(x_1)$，则由 $x_1, c (x_1 < c)$ 在 X 上的任意性可知：曲线 $y = f(x)(x \in X)$ 上任一点的左边曲线位于该点的切线的上方.

综合 ① 和 ②，可得曲线 $y = f(x)(x \in X)$ 位于其上任一点的切线的上方(切点除外).

$(2) \Rightarrow (3)$　$\forall \alpha \in (0, 1)$，令 $x = \alpha x_1 + (1 - \alpha) x_2$，则 $\dfrac{x_2 - x}{x_2 - x_1} = \alpha$，$\dfrac{x - x_1}{x_2 - x_1} = 1 - \alpha$，且 $x_1 < x < x_2$，一起代入式(2.7.3) 得

$$\frac{f(\alpha x_1 + (1 - \alpha) x_2) - f(x_1)}{(1 - \alpha)(x_2 - x_1)} < \frac{f(x_2) - f(\alpha x_1 + (1 - \alpha) x_2)}{\alpha(x_2 - x_1)}$$

化简即得

$$f(\alpha x_1 + (1 - \alpha) x_2) < \alpha f(x_1) + (1 - \alpha) f(x_2)$$

$(3) \Rightarrow (2)$　$\forall x \in (x_1, x_2)$，令 $\alpha = \dfrac{x_2 - x}{x_2 - x_1}$，则 $\alpha \in (0, 1)$，$1 - \alpha = \dfrac{x - x_1}{x_2 - x_1}$，且 $\alpha x_1 + (1 - \alpha) x_2 = x$，一起代入式(2.7.4) 得

$$f(x) < \frac{x_2 - x}{x_2 - x_1} f(x_1) + \frac{x - x_1}{x_2 - x_1} f(x_2)$$

将上式化简即得

$$\frac{f(x) - f(x_1)}{x - x_1} < \frac{f(x_2) - f(x)}{x_2 - x}$$

(2)⇔(4)　曲线 $y = f(x)$ 上过两点 $A(x_1, f(x_1))$，$B(x_2, f(x_2))$ 的弦的方程为

$$y(x) = f(x_1) + \frac{f(x_2) - f(x_1)}{x_2 - x_1}(x - x_1)$$

$\forall c \in (x_1, x_2)$，设此弦上与 $x = c$ 对应的点为 $(c, y(c))$，则

$$y(c) = \frac{(x_2 - c)f(x_1) + (c - x_1)f(x_2)}{x_2 - x_1}$$

又在式(2.7.3)中取 $x = c(x_1 < c < x_2)$，可得

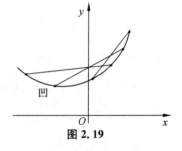

$$\frac{f(c) - f(x_1)}{c - x_1} < \frac{f(x_2) - f(c)}{x_2 - c}$$

$$\Leftrightarrow \quad f(c) < \frac{(x_2 - c)f(x_1) + (c - x_1)f(x_2)}{x_2 - x_1}$$

$$\Leftrightarrow \qquad f(c) < y(c)$$

凹

图 2.19

由 c 在区间 (x_1, x_2) 上的任意性可知：定义(2) 等价
于曲线 $y = f(x)$ 上任意两点之间的弧段位于连接这两点的弦的下方(见图 2.19)，
即(2)⇔(4) 成立.　　　　　　　　　　　　　　　　　　　□

例 7　证明不等式：

$$(x + y)e^{x+y} < xe^{2x} + ye^{2y} \quad (x > 0, y > 0, x \neq y)$$

证　令 $f(t) = te^t(t > 0)$，则 $f'(t) = (t+1)e^t$，$f''(t) = (t+2)e^t > 0$，所以
曲线 $y = f(t)$ 在 $(0, +\infty)$ 上是凹的. 不妨设 $0 < x < y$，在区间 $[2x, 2y]$ 上对其中
点 $x + y$ 应用凹的定义(2) 得

$$\frac{f(x+y) - f(2x)}{(x+y) - 2x} < \frac{f(2y) - f(x+y)}{2y - (x+y)}$$

$$\Leftrightarrow \qquad 2f(x+y) < f(2x) + f(2y)$$

$$\Leftrightarrow \qquad (x+y)e^{x+y} < xe^{2x} + ye^{2y}$$

定理 2.7.12(曲线是凸的等价定义)　设区间 $X \subseteq \mathbf{R}$，$f \in \mathcal{D}(X)$，则下列关于
曲线 $y = f(x)$ 在 X 上是凸的四个定义相互等价：

(1) 曲线 $y = f(x)$ 位于其上任一点的切线的下方（切点除外）；

(2) $\forall x_1, x_2 \in X(x_1 < x_2)$，若 $x \in (x_1, x_2)$，有

$$\frac{f(x) - f(x_1)}{x - x_1} > \frac{f(x_2) - f(x)}{x_2 - x}$$

(3) $\forall \alpha \in (0, 1)$，若 $x_1, x_2 \in X(x_1 < x_2)$，有

$$f(\alpha x_1 + (1 - \alpha)x_2) > \alpha f(x_1) + (1 - \alpha)f(x_2)$$

(4) 曲线 $y = f(x)$ 上任意两点之间的弧段位于连接这两点的弦的上方.

此定理的证明与定理 2.7.11 的证明完全类似，不赘述.

例 8 证明不等式：

$$\frac{2}{\pi}x < \sin x < x \quad \left(0 < x < \frac{\pi}{2}\right)$$

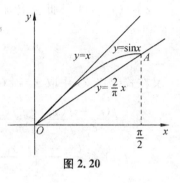

图 2.20

证 令 $y = \sin x$，由于 $y' = \cos x$，$y'' = -\sin x < 0\left(0 < x < \frac{\pi}{2}\right)$，所以曲线 $y = \sin x$ 在 $\left(0, \frac{\pi}{2}\right)$ 上是凸的，于是该曲线位于过点 $O(0, 0)$ 与 $A\left(\frac{\pi}{2}, 1\right)$ 的弦 OA 的上方，同时位于该曲线过点 $O(0, 0)$ 的切线的下方（见图 2.20）. 由于弦 OA 的方程为 $y = \frac{2}{\pi}x$，$y = \sin x$ 的过点 $O(0, 0)$ 的切线方程为 $y = x$，所以

$$\frac{2}{\pi}x < \sin x < x \quad \left(0 < x < \frac{\pi}{2}\right)$$

2.7.5 渐近线

前四小节应用导数知识研究函数的性态，对函数的图形有了基本了解. 但是当动点沿着曲线离开坐标原点无限远去时，曲线的走向尚不知道. 下面我们介绍渐近线的知识.

定义 2.7.4(渐近线) 动点沿着某已知曲线离开坐标原点无限远去时，若存在一直线，使得动点到该直线的距离趋于零，则称此直线为已知曲线的**渐近线**.

我们将渐近线分为铅直渐近线、水平渐近线和斜渐近线三类来讨论.

1) 铅直渐近线

取平面直角坐标系，x 轴沿水平方向，y 轴沿铅直方向. 若曲线的渐近线沿铅直方向与 x 轴垂直，则称之为**铅直渐近线**.

设曲线的方程为 $y = f(x)$，若 $f(a^+) = +\infty$（或 $-\infty$），或 $f(a^-) = +\infty$（或

$-\infty$),则动点沿曲线向上(或向下)无限远去时,动点与直线 $x = a$ 的距离趋向零(因 $\mid x - a \mid \to 0$),所以 $x = a$ 是曲线 $y = f(x)$ 的铅直渐近线.

例如,$y = \dfrac{1}{x}$ 有一条铅直渐近线 $x = 0$;$y = e^{\frac{1}{x}}$ 有一条铅直渐近线 $x = 0$

(因 $x \to 0^+$ 时,$e^{\frac{1}{x}} \to +\infty$);$y = \tan x$ 有无穷多条铅直渐近线 $x = k\pi + \dfrac{\pi}{2}(k \in \mathbf{Z})$;

$y = e^x$ 无铅直渐近线.

2) 水平渐近线

若曲线的渐近线沿水平方向与 x 轴平行,则称之为**水平渐近线**.

设曲线的方程为 $y = f(x)$,若 $\exists A, B \in \mathbf{R}$,使得

$$\lim_{x \to +\infty} f(x) = A, \quad \lim_{x \to -\infty} f(x) = B$$

则动点沿曲线向右无限远去时,动点与直线 $y = A$ 的距离趋向零($\mid f(x) - A \mid \to 0$),动点沿曲线向左无限远去时,动点与直线 $y = B$ 的距离趋向零($\mid f(x) - B \mid \to 0$),所以 $y = A$ 与 $y = B$ 都是曲线 $y = f(x)$ 的水平渐近线.

曲线的水平渐近线最多只有两条. 当 $x \to +\infty$ 与 $-\infty$ 时,若 $f(x)$ 的极限皆不存在,则 $y = f(x)$ 无水平渐近线.

例如,$y = \arctan x$ 有两条水平渐近线 $y = \dfrac{\pi}{2}$ 与 $y = -\dfrac{\pi}{2}$;$y = e^x$ 只有一条水平渐近线 $y = 0$;$y = \sin x$ 无水平渐近线.

3) 斜渐近线

我们将曲线的既非铅直又非水平的渐近线称为**斜渐近线**.

定理 2.7.13 (1) 设 $X = (k, +\infty), f \in \mathscr{C}(X)$,则 $y = ax + b(a \neq 0)$ 是 $y = f(x)$ 的斜渐近线的充要条件是

$$\lim_{x \to +\infty} (f(x) - ax - b) = 0 \qquad (2.7.10)$$

(2) 设 $X = (-\infty, k), f \in \mathscr{C}(X)$,则 $y = cx + d\ (c \neq 0)$ 是 $y = f(x)$ 的斜渐近线的充要条件是

$$\lim_{x \to -\infty} (f(x) - cx - d) = 0 \qquad (2.7.11)$$

证 这里仅证明(1),而(2)可类似证明,这里从略.

由渐近线的定义 2.7.4,$y = ax + b$ 为曲线 $y = f(x)$ 的渐近线的充要条件是曲线上动点 P 到该直线的距离 $\mid PQ \mid \to 0(x \to +\infty)$(见图 2.21).过 P 作 $PA \perp x$ 轴,交直线 $y = ax + b$ 于点 A,则 $\angle APQ$ 为

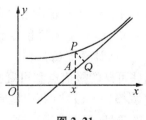

图 2.21

定角 $\theta\left(0<\theta<\dfrac{\pi}{2}\right)$. 因

$$|PA|=\dfrac{|PQ|}{\cos\theta}$$

所以 $y=ax+b$ 为 $y=f(x)$ 的渐近线的充要条件是

$$\lim_{x\to+\infty}|PA|=0,\quad\text{即}\quad\lim_{x\to+\infty}(f(x)-ax-b)=0\qquad\square$$

下面研究如何应用定理 2.7.13 求斜渐近线. 因式(2.7.10)成立时,必有

$$\lim_{x\to+\infty}\dfrac{f(x)-ax-b}{x}=0$$

由此可得

$$a=\lim_{x\to+\infty}\dfrac{f(x)}{x},\quad b=\lim_{x\to+\infty}[f(x)-ax]$$

这里的两个极限式,应先求左边极限式,然后将其极限值 $a(a\neq0)$ 代入右边极限式求极限 b. 当且仅当这两个极限皆存在时,斜渐近线 $y=ax+b$ 存在.

同法,由式(2.7.11)可得

$$c=\lim_{x\to-\infty}\dfrac{f(x)}{x},\quad d=\lim_{x\to-\infty}[f(x)-cx]$$

当且仅当这两个极限皆存在时,斜渐近线 $y=cx+d$ 存在.

曲线的斜渐近线最多有两条,且水平渐近线与斜渐近线合起来也最多有两条.

2.7.6　作函数的图形

有关作函数图形的准备工作前面几小节已全部完成. 下面将作函数图形的步骤归纳如下:

(1)确定函数 $f(x)$ 的定义域. 如果定义域是有限区间,则无须考虑水平渐近线与斜渐近线;如果定义域为 $(a,+\infty)$(或 $(-\infty,a)$),则只要考虑 $x\to+\infty$(或 $x\to-\infty$)一个方向的水平渐近线与斜渐近线.

(2)考察函数 $f(x)$ 的奇偶性、周期性. 如果 $f(x)$ 是奇(或偶)函数,则只要绘出 $f(x)$ 在 $x>0$ 时的图形,再应用奇(或偶)函数的对称性绘制 $x<0$ 时的图形. 如果 $f(x)$ 在 $[a,b]$ 上无第Ⅱ类无穷型间断点,则 $y=f(x)$ 在 $[a,b]$ 上无铅直渐近线.

(3)计算 $f'(x),f''(x)$,并求出 $f'(x),f''(x)$ 的零点及 $f(x)$ 的不可导点,再将这些可疑的极值点和可疑拐点的横坐标从小到大记为 $x_1,x_2,\cdots,x_n$,然后分别确定 $f'(x),f''(x)$ 在每个区间 $(x_i,x_{i+1})(i=1,2,\cdots,n-1)$ 与 $(-\infty,x_1),(x_n,+\infty)$ 上的符号(列表表示). 这一步骤是绘制函数图形中最重要的一步.

（4）利用（3）中的表格，讨论函数的单调性与极值、曲线的凹凸性与拐点.

（5）求曲线 $y = f(x)$ 的渐近线.

（6）找出曲线上一些特殊的点，如与两坐标轴的交点、间断点、端点等.

（7）绘制图形.

下面举例说明.

例 9　作函数 $y = (x+1) \cdot \sqrt[3]{x^2}$ 的简图.

解　利用前面例 1 与例 6 的计算结果列表如下：

x	$-\infty$	$\to$	$-\dfrac{2}{5}$	$\to$	0	$\to$	$\dfrac{1}{5}$	$\to$	$+\infty$
y'		$+$	0	$-$	∞	$+$	$+$	$+$	
y''		$-$		$-$	$\times$	$-$	0	$+$	
y		↗凸		↘凸		↗凸		↗凹	

极大值为 $y\left(-\dfrac{2}{5}\right) = \dfrac{3}{25}\sqrt[3]{20} \approx 0.33$，极小值为

$y(0) = 0$，拐点为 $\left(\dfrac{1}{5}, \dfrac{6}{25}\sqrt[3]{5}\right)\left(\dfrac{6}{25}\sqrt[3]{5} \approx 0.41\right)$，无

渐近线.绘制成简图，如图 2.22 所示.

例 10　作函数 $y = \dfrac{(x+1)^3}{(x-1)^2}$ 的简图.

解　定义域为 $(-\infty, 1) \bigcup (1, +\infty)$，且

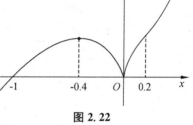

图 2.22

$$y' = \frac{(x+1)^2(x-5)}{(x-1)^3}, \quad y'' = \frac{24(x+1)}{(x-1)^4}$$

令 $y' = 0$，解得驻点为 $x = -1, 5$；令 $y'' = 0'$，解得 $x = -1$.用 $x = -1, 5$ 将定义域分成小区间，列表讨论如下：

x	$-\infty$	$\to$	-1	$\to$	$1)$	$(1$	$\to$	5	$\to$	$+\infty$
y'		$+$	0	$+$			$-$	0	$+$	
y''		$-$	0	$+$			$+$		$+$	
y		↗凸		↗凹			↘凹		↗凹	

可见 $f(5) = \dfrac{27}{2}$ 为极小值，无极大值，$(-1, 0)$ 为拐点.由于 $\lim\limits_{x \to 1} y = +\infty$，所以有铅

直渐近线 $x = 1$；由于 $\lim\limits_{x \to \pm\infty} y = \infty$，所以无水平渐近线；因为

$$\lim_{x \to \pm\infty} \frac{y}{x} = \lim_{x \to \pm\infty} \frac{(x+1)^3}{x(x-1)^2} = 1$$

$$\lim_{x \to \pm\infty} (y - x) = \lim_{x \to \pm\infty} \frac{(x+1)^3 - x(x-1)^2}{(x-1)^2}$$

$$= \lim_{x \to \pm\infty} \frac{5x^2 + 2x + 1}{(x-1)^2} = 5$$

所以在 $x \to +\infty$ 与 $x \to -\infty$ 两个方向，曲线有共同的斜渐近线 $y = x + 5$.

将上述结果绘制成图，如图 2.23 所示.

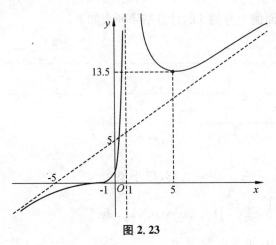

图 2.23

习题 2.7

A 组

1. 求下列函数的单调区间和极值：

(1) $y = \dfrac{2x}{1 + x^2}$； (2) $y = \dfrac{1}{x}e^x$；

(3) $y = \dfrac{x^2}{2} + x - \dfrac{3}{2}(x+1)^{\frac{2}{3}}$； (4) $y = \dfrac{x^2}{2} - \dfrac{5}{2}x + \ln x$.

2. 求下列函数在指定区间上的最值：

(1) $y = \sqrt{5 - 4x}$，$[-1, 1]$； (2) $y = xe^{-2x}$，$[-1, 1]$；

(3) $y = \dfrac{1}{x^2 - x + 1}$，$[-1, 1]$； (4) $y = x + \sqrt{1 - x}$，$[-8, 1]$.

3. 证明：$1 < (1+x)^{\frac{1}{x}} < e\ (x > 0)$.

4. 证明下列不等式：

(1) $x - 1 < (1+x)\ln x\ (x > 1)$；

(2) $x - \dfrac{x^2}{2} < \ln(1+x) < x \ (x > 0)$;

(3) $\sqrt{1+x^2} < 1 + x\ln(x + \sqrt{1+x^2}) \ (x > 0)$;

(4) $(1+x)\ln(1+x) > 2x - \dfrac{1}{6}x^3 \ (x > 2)$.

5. 设 $f \in \mathscr{D}^3[0,1]$，且 $f'''(x) > 0, f''(0) = 0$，试确定 $f'(1), f'(0), f(1) - f(0)$ 这三个数的大小关系.

6. 设 $k > 0$，求函数 $f(x) = \ln x - \dfrac{x}{e} + k$ 在 $(0, +\infty)$ 上零点的个数.

7. 半径为 R 的球面内接一个圆锥，问该圆锥的高和底面半径为多大时，圆锥体的体积最大？并求最大体积.

8. 半径为 R 的球面外切一个圆锥，问该圆锥的高和底面半径为多大时，圆锥体的体积最小？并求最小体积.

9. 要建造一个下部是圆柱面，上部是半球面，总容积为 $\dfrac{40}{3}\pi\,\text{m}^3$ 的粮库，若半球面部分单位面积的造价是圆柱面侧面单位面积造价的 1.5 倍，试问如何设计圆柱面的底面半径和它的高，总费用最省？

10. 一条东西走向的铁路上，两站点 A, B 间的距离是 $200\,\text{km}$，在站点 A 的正南方 $30\,\text{km}$ 处有一工厂 C. 现在站点 A, B 之间选定一点 D，在 C, D 之间修建一条公路，这样工厂 C 生产的产品，可先由汽车经公路运到 D，再由火车经铁路运到 B. 若运输这批产品的价格，公路是 10 元 $/\text{km}$，铁路是 6 元 $/\text{km}$，问点 D 选在离站 A 多远处运输总费用最少？

11. 求下列曲线的凹凸区间与拐点：

(1) $y = x^4 - 4x^3 - 18x^2 + 2x - 1$;

(2) $y = \dfrac{9}{10}x^{\frac{5}{3}} - \dfrac{1}{6}x^3$;

(3) $y = (x^2 - x)e^x$;

(4) $y = \dfrac{(x+1)^3}{6} + x - (1+x)\ln(1+x)$;

(5) $y = x^4(12\ln x - 7)$;

(6) $y = \dfrac{2x - 1}{(x+1)^2}$.

12. 设点 $(1, -4)$ 是函数 $y = 2x^3 + ax^2 + b$ 的拐点，求常数 a, b 的值.

13. 证明下列不等式：

(1) $2e^{x+y} < e^{2x} + e^{2y}$ $(x, y > 0, x \neq y)$；

(2) $(x+y)\ln\dfrac{x+y}{2} < x\ln x + y\ln y$ $(x, y > 0, x \neq y)$.

14. 求下列曲线的渐近线：

(1) $\dfrac{x^2}{a^2} - \dfrac{y^2}{b^2} = 1$；

(2) $y = e^{\frac{2}{x}} + 1$；

(3) $y = \dfrac{x^3}{(1+x)^2}$；

(4) $y = e^{\frac{1}{x}}\sqrt{1+x^2}$；

(5) $y = 2x + \arctan\dfrac{x}{2}$；

(6) $y = \dfrac{x^2}{\sqrt{x^2-1}}$.

15. 作下列函数的简图：

(1) $y = \dfrac{x}{1+x^2}$；

(2) $y = \dfrac{1}{x} + 4x^2$；

(3) $y = x - 2\arctan x$；

(4) $y = xe^{\frac{1}{x}}$；

(5) $y = \dfrac{1}{x}\ln x$；

(6) $y = x\ln\left(e + \dfrac{1}{x}\right)$.

B 组

16. 设 $f \in \mathscr{D}^2[0, +\infty)$，$f''(x) > 0$，求证：$F(x) = \dfrac{f(x) - f(a)}{x-a}$ 在 $(0, +\infty)$ 上单调增加.

17. 设 $x_0 \in \mathbf{R}$，若 $f \in \mathscr{C}^{(n)}(x_0)$，且 $f'(x_0) = f''(x_0) = \cdots = f^{(n-1)}(x_0) = 0$，$f^{(n)}(x_0) \neq 0$. 求证：

(1) 当 n 为偶数时，若 $f^{(n)}(x_0) > 0$，则 $f(x_0)$ 为函数 $f(x)$ 的极小值；

(2) 当 n 为偶数时，若 $f^{(n)}(x_0) < 0$，则 $f(x_0)$ 为函数 $f(x)$ 的极大值；

(3) 当 n 为奇数时，$f(x_0)$ 不是 $f(x)$ 的极值.

18. 设 α 为正常数，使得不等式 $\ln x \leqslant x^\alpha$ 对一切 $x > 0$ 成立，求 α 的最小值.

19. 如图 2.24 所示，AB 是足球门，宽度为 4 m，点 C 位于底线上，且 $|BC| = 4$ m，$CD \perp BC$，$|CD| = 6$ m. 现一足球运动员带球从 D 出发朝点 C 方向奔去，试问在距点 C 多远时射门最好？

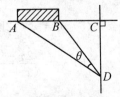

图 2.24

*2.8　方程的数值解

在数学的应用问题中常常需要求方程 $f(x) = 0$ 的解,也就是求函数 $f(x)$ 的零点.除一些极其简单的函数,如 $f(x) = ax+b$,$f(x) = ax^2+bx+c$,$f(x) = \sin x$ 等之外,大量方程的求解问题都很复杂,有些根本就求不出精确解.下面介绍的数值方法一般只能求函数的零点的近似值,并可根据实际问题的需要将近似值的近似程度提高,而这样的近似值对于实际问题的解决也是有用的.

求函数零点的数值方法是按下列步骤找出一个逐次逼近零点的"点列":

(1) 取零点的一个初始近似值 x_1;

(2) 给出一个迭代规则,利用此规则可由零点的第 n 次近似值求得零点的第 $n+1$ 次近似值 ($n \in \mathbf{N}$);

(3) 证明点列 $\{x_n\}$ 的极限是函数 $f(x)$ 的零点(这一点是我们寻求迭代规则的原则);

(4) 根据实际需求确定迭代的次数 n,这样得到的第 n 次迭代值 x_n 即为函数的零点的近似值.

下面,我们介绍两种求零点的数值方法.

2.8.1　二分法

此法是将零点定理的证明过程经延伸而得.为叙述方便起见,我们假设函数 $f(x)$ 满足下列两个条件:

(1) $f \in \mathscr{C}[a,b]$,且单调增加(或单调减少);

(2) $f(a) < 0, f(b) > 0$ (或 $f(a) > 0, f(b) < 0$),

则应用零点定理和单调性知 $f(x)$ 在 (a,b) 内恰有一个零点,记为 x_0.下面就单调增加情况叙述二分法的具体做法:

计算 $f\left(\dfrac{a+b}{2}\right)$(或判别 $f\left(\dfrac{a+b}{2}\right)$ 的符号,下同),若 $f\left(\dfrac{a+b}{2}\right) > 0$,取区间 $[a_1,b_1]$

$= \left[a, \dfrac{a+b}{2}\right]$;若 $f\left(\dfrac{a+b}{2}\right) < 0$,取区间 $[a_1,b_1] = \left[\dfrac{a+b}{2}, b\right]$.计算 $f\left(\dfrac{a_1+b_1}{2}\right)$,若

$f\left(\dfrac{a_1+b_1}{2}\right) > 0$,取区间 $[a_2,b_2] = \left[a_1, \dfrac{a_1+b_1}{2}\right]$;若 $f\left(\dfrac{a_1+b_1}{2}\right) < 0$,取区间 $[a_2,b_2] =$

$\left[\dfrac{a_1+b_1}{2}, b_1\right]$.依此继续,当取到区间 $[a_n,b_n]$,计算 $f\left(\dfrac{a_n+b_n}{2}\right)$,若 $f\left(\dfrac{a_n+b_n}{2}\right) > 0$,取区

间 $[a_{n+1},b_{n+1}] = \left[a_n, \dfrac{a_n+b_n}{2}\right]$;若 $f\left(\dfrac{a_n+b_n}{2}\right) < 0$,取区间 $[a_{n+1},b_{n+1}] = \left[\dfrac{a_n+b_n}{2}, b_n\right]$.

这里 $\forall n \in \mathbf{N}, f(a_n) < 0, f(b_n) > 0$.当然,如果 $f(a_n) = 0$ 或 $f(b_n) = 0$,则零点 $x_0 =$

a_n 或 b_n. 令 $x_n = \dfrac{a_n + b_n}{2}$.

在零点定理的证明中，我们已经证明数列 $\{a_n\}$ 单调递增，有上界，且 $a_n \to x_0$；数列 $\{b_n\}$ 单调递减，有下界，且 $b_n \to x_0$. 因此

$$\lim_{n \to \infty} x_n = \lim_{n \to \infty} \frac{a_n + b_n}{2} = x_0$$

由于 $x_n = \dfrac{a_n + b_n}{2} \in [a_n, b_n], b_n - a_n = \dfrac{b-a}{2^n}$，所以 $|x_n - x_0| < \dfrac{b-a}{2^{n+1}}$. 因此取 x_n 为零点的 n 次近似值的误差小于 $\dfrac{b-a}{2^{n+1}}$.

例 1 用二分法求 $\sqrt{2}$ 的近似值，要求误差小于 10^{-3}.

解 令 $f(x) = x^2 - 2 \ (x > 0)$，取区间 $[1,2]$，则 $f \in \mathscr{C}[1,2]$，由于 $f(1) = -1 < 0, f(2) = 2 > 0$，且 f 在 $[1,2]$ 上单调增加，故符合二分法的条件.

用二分法求解如下：首先，由于 $n = 8$ 时 $\dfrac{b-a}{2^{n+1}} = \dfrac{1}{2^{n+1}} \approx 0.0019, n = 9$ 时 $\dfrac{b-a}{2^{n+1}} \approx 0.00098$，所以取 $n = 9$ 可达到误差小于 10^{-3} 的要求. 计算得

$$f(1.5) = 0.25, \quad [a_1, b_1] = [1, 1.5], \quad x_1 = 1.25$$
$$f(1.25) \approx -0.44, \quad [a_2, b_2] = [1.25, 1.5], \quad x_2 = 1.375$$
$$f(1.375) \approx -0.11, \quad [a_3, b_3] = [1.375, 1.5], \quad x_3 = 1.4375$$
$$f(1.4375) \approx 0.07, \quad [a_4, b_4] = [1.375, 1.4375], \quad x_4 = 1.40625$$
$$f(1.40625) \approx -0.02, \quad [a_5, b_5] = [1.40625, 1.4375], \quad x_5 = 1.421875$$
$$f(1.421875) \approx 0.02, \quad [a_6, b_6] = [1.40625, 1.421875], \quad x_6 = 1.4140625$$
$$f(1.4140625) \approx -0.0004, \quad [a_7, b_7] = [1.4140625, 1.421875], \quad x_7 = 1.41796875$$
$$f(1.41796875) \approx 0.01, \quad [a_8, b_8] = [1.4140625, 1.41796875], \quad x_8 = 1.416015625$$
$$f(1.416015625) \approx 0.005, \quad [a_9, b_9] = [1.4140625, 1.416015625], \quad x_9 = 1.415039063$$

因此误差小于 10^{-3} 时的 $\sqrt{2}$ 的近似值为 1.415039063.

从例 1 的结果看，用二分法求出的 $x^2 - 2$ 的零点的迭代点列 $\{x_n\}$ 逼近 $\sqrt{2}$ 的速度较慢.

2.8.2 牛顿切线法

为叙述方便起见，我们假设 $f(x)$ 满足下列两个条件：

(1) $f \in \mathscr{D}^2[a,b], f'(x) > 0$（或 < 0），$f''(x) > 0$（或 < 0）；

(2) $f(a) > 0, f(b) < 0$（或 $f(a) < 0, f(b) > 0$），

则应用零点定理和单调性知 $f(x)$ 在 (a,b) 内恰有一个零点，记为 x_0.

牛顿切线法的初始近似值 x_1 的取法是当 $f'(x)f''(x) > 0$ 时，取 $x_1 = b$（图

2.25 中(a),(b)两种情况);当 $f'(x)f''(x) < 0$ 时,取 $x_1 = a$(图 2.25 中(c),(d)两种情况). 从图 2.25 中可以看出,这样选取的 x_1 与零点 x_0 近一点.

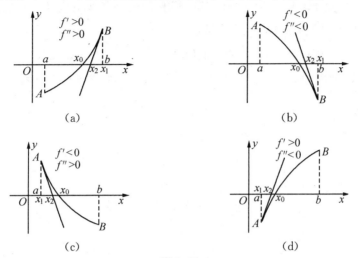

图 2.25

现选取 Δx,希望 $f(x_1 + \Delta x) = 0$. 为了取得 Δx 的近似值,应用近似公式

$$f(x_1 + \Delta x) \approx f(x_1) + f'(x_1)\Delta x$$

可得 $\Delta x \approx -\dfrac{f(x_1)}{f'(x_1)}$. 由此得到零点 x_0 的第二次迭代近似值 $x_2 = x_1 + \Delta x \approx x_1 - \dfrac{f(x_1)}{f'(x_1)}$. 依此类推,在取得第 n 次迭代近似值 x_n 后,由

$$x_{n+1} = x_n - \frac{f(x_n)}{f'(x_n)} \tag{2.8.1}$$

可求出第 $n+1$ 次迭代近似值. 在已知条件下,这样得到的点列 $\{x_n\}$ 总是单调有界的数列,故必收敛,记 $x_n \rightarrow A(n \rightarrow \infty)$. 在式(2.8.1)中令 $n \rightarrow \infty$ 得

$$A = A - \frac{f(A)}{f'(A)}$$

由于 $f'(A) \neq 0$,故 $f(A) = 0$. 由 $f(x)$ 的零点的唯一性知 $A = x_0$,故 $x_n \rightarrow x_0$.

下面从几何上来分析一下迭代公式(2.8.1):在图 2.25 的(a),(b)中,过点 B 的切线方程为

$$y - f(b) = f'(b)(x - b)$$

即

$$y - f(x_1) = f'(x_1)(x - x_1)$$

令 $y=0$ 得 $x=x_1-\dfrac{f(x_1)}{f'(x_1)}$，这正是式(2.8.1)中 x_2 的坐标.

图 2.25 的(c),(d)可类似分析得到上述结果. 关于第 n 次迭代近似值 x_n 的几何意义,有与上述类似的结论,不再赘述.

例 2 用牛顿切线法求 $\sqrt{2}$ 的近似值.

解 令 $f(x)=x^2-2$,在 $[1,2]$ 上 $f'(x)\cdot f''(x)=4x>0$,故 $x_1=2$. 由迭代公式

$$x_{n+1}=x_n-\frac{x_n^2-2}{2x_n}=\frac{x_n}{2}+\frac{1}{x_n}$$

取 $n=1,2,3,\cdots$ 代入得

$$x_2=\frac{2}{2}+\frac{1}{2}=1.5$$

$$x_3=\frac{1.5}{2}+\frac{1}{1.5}=\frac{17}{12}\approx1.416\ 666\ 667$$

$$x_4=\frac{17}{24}+\frac{12}{17}=\frac{577}{408}\approx1.414\ 215\ 685$$

$$x_5=\frac{577}{816}+\frac{408}{577}=\frac{665\ 857}{470\ 832}\approx1.414\ 213\ 562$$

$$x_6=\frac{665\ 857}{941\ 664}+\frac{470\ 832}{665\ 857}\approx1.414\ 213\ 562$$

这里 x_6 的近似误差已小于 10^{-8}.

复习题 2

1. 判断下列说法是否正确(正确的给出证明,错误的举一反例):

(1) 若 $\lim\limits_{x\to0}\dfrac{1}{x}(f(x_0+\alpha x)-f(x_0+\beta x))$ 存在$(\exists\alpha,\beta\in\mathbf{R})$,则 $f(x)\in\mathscr{D}(x_0)$;

(2) 若 $\lim\limits_{x\to0}\dfrac{1}{x}(f(x_0+\alpha x)-f(x_0+\beta x))$ 存在$(\forall\alpha,\beta\in\mathbf{R})$,则 $f(x)\in\mathscr{D}(x_0)$;

(3) 若 $\lim\limits_{n\to\infty}n\left(f\left(x_0+\dfrac{1}{n}\right)-f(x_0)\right)$ 存在, 则 $f(x)\in\mathscr{D}(x_0)$.

2. 求下列极限:

(1) 若 $f'(a)=b(a,b\in\mathbf{R})$, 求 $\lim\limits_{x\to a}\dfrac{af(x)-xf(a)}{x-a}$;

(2) 若 $f'(a)=b(a,b\in\mathbf{R})$,$f(a)>0$, 求 $\lim\limits_{x\to\infty}\left(\dfrac{1}{f(a)}f\left(a+\dfrac{1}{x}\right)\right)^x$;

(3) 若 $f(1) = 2, f'(1) = 3, f''(1) = 4, f'''(1) = 5$，求

$$\lim_{x \to 1} \frac{f(x) + f'(x) + f''(x) - 9}{x - 1}$$

(4) 设 $f(x)$ 在 $(-1,1)$ 上定义，$f(x) \in \mathscr{D}(0)$，数列 $\{a_n\}, \{b_n\}$ 满足：

$$-1 < a_n < 0 < b_n < 1, \quad \lim_{n \to \infty} a_n = 0, \quad \lim_{n \to \infty} b_n = 0$$

求 $\lim\limits_{n \to \infty} \dfrac{f(b_n) - f(a_n)}{b_n - a_n}$.

3. 设函数

$$f(x) = \begin{cases} x^2 + 2x & (x < 0); \\ ax^3 + bx^2 + cx + d & (0 \leqslant x \leqslant 1); \\ x^2 - 2x & (x \geqslant 1) \end{cases}$$

且 $f \in \mathscr{D}(-\infty, +\infty)$，求常数 a, b, c, d.

4. 判断下列说法是否正确（正确的给出证明，错误的举一反例）：

(1) 设 $f(x) \in \mathscr{D}[1, +\infty)$，$\lim\limits_{x \to +\infty} f(x) = a (a \in \mathbf{R})$，则 $\lim\limits_{x \to +\infty} f'(x) = 0$；

(2) 设 $f(x) \in \mathscr{D}[1, +\infty)$，$\lim\limits_{x \to +\infty} f(x) = a (a \in \mathbf{R})$，如果 $\lim\limits_{x \to +\infty} f'(x)$ 存在，则 $\lim\limits_{x \to +\infty} f'(x) = 0$；

(3) 设 $f(x) \in \mathscr{D}[1, +\infty)$，$\lim\limits_{x \to +\infty} f'(x) = 0$，则 $\lim\limits_{x \to +\infty} f(x)$ 存在；

(4) 设 $f(x) \in \mathscr{D}[1, +\infty)$，$\lim\limits_{x \to +\infty} f'(x) = 0$，则 $\lim\limits_{x \to +\infty} \dfrac{f(x)}{x} = 0$.

5. 判断下列说法是否正确（正确的给出证明，错误的举一反例）：

(1) 设 $f(x) \in \mathscr{D}(a,b)$，$x_0 \in (a,b)$ 是 $f'(x)$ 的间断点，则 x_0 一定是 $f'(x)$ 的第 II 类间断点；

(2) 设 $f(x) \in \mathscr{D}(a,b)$，$f'(x)$ 在 (a,b) 上单调，则 $f(x) \in \mathscr{C}^{(1)}(a,b)$.

6. 设 $f(x)$ 在 $x = 0$ 的某邻域 U 内三阶可导，且 $f'''(0) \neq 0$.

(1) 求证：对于 U 内任一非零 x，存在 $\theta(x) \in (0,1)$，使得

$$f(x) = f(0) + x f'(0) + \frac{1}{2} x^2 f''(\theta(x) x)$$

(2) 求 $\lim\limits_{x \to 0} \theta(x)$.

7. 设 $f, g \in \mathscr{C}[a,b], f, g \in \mathscr{D}(a,b)$，求证：$\exists \xi \in (a,b)$，使得

$$f(b)g(a) - f(a)g(b) = (f'(\xi)g(a) - g'(\xi)f(a))(b - a)$$

8. 设 $f \in \mathscr{C}^{(2)}[a,b]$，$f''(x) \geqslant 0$，求证：$\forall x \in (a,b)$，只要 $x-h, x+h \in [a,b]$，

必有

$$f(x) \leqslant \frac{1}{2}(f(x-h) + f(x+h))$$

9. 求 $x^3 + y^3 - 2xy = 0$ 的渐近线.

10. 一个长 $\sqrt{13}$ m 的梯子斜靠在墙壁上，若梯子下端以 0.1 m/s 的速率滑离墙壁，试求：

（1）当梯子下端离墙壁 2 m 时，梯子上端向下滑的速率；

（2）当梯子与墙壁的夹角 $\theta = \frac{\pi}{4}$ 时，此夹角 θ 增加的速率.

3 不定积分与定积分

上一章我们研究了函数的导数与微分,现在来讨论它们的逆运算.无论是数学理论本身发展的要求,还是实践的需求,都产生与求导数相反的问题,即求积分的问题.这一章先研究不定积分,再研究定积分和定积分的应用,最后介绍反常积分.

3.1 不定积分

3.1.1 不定积分基本概念

首先引进原函数概念.

定义 3.1.1(原函数) 设区间 $X \subseteq \mathbf{R}$,函数 $f(x)$ 在 X 上有定义,若 $\exists F(x)$,且 $F \in \mathscr{D}(X)$,使得

$$\forall x \in X, \quad F'(x) = f(x)$$

则称 $F(x)$ 为 $f(x)$ 在区间 X 上的一个**原函数**.

在第 3.2 节中将证明:若 $f \in \mathscr{C}(X)$,则 $\exists F \in \mathscr{D}(X)$,使得 $F'(x) = f(x)$.

若 $F(x)$ 是 $f(x)$ 在 X 上的一个原函数,C 为任意常数[①],则 $\forall x \in X$,有

$$(F(x) + C)' = F'(x) + C' = f(x)$$

所以 $F(x) + C$ 也是 $f(x)$ 在 X 上的原函数.若 $F(x)$ 与 $G(x)$ 都是 $f(x)$ 在 X 上的原函数,则 $\forall x \in X$,有

$$(G(x) - F(x))' = G'(x) - F'(x) = f(x) - f(x) = 0$$

因此 $\exists C_0 \in \mathbf{R}$,使得 $\forall x \in X$,有 $G(x) - F(x) = C_0$,即

$$G(x) = F(x) + C_0$$

故 $f(x)$ 在 X 上的任一原函数均可表示为 $F(x) + C$ 的形式.

定义 3.1.2(不定积分) 若 $F(x)$ 是 $f(x)$ 在区间 X 上的一个原函数,则称 $f(x)$ 在 X 上的全体原函数的集合 $\{F(x) + C\}$ 为 $f(x)$ 在 X 上的**不定积分**,记为

---

①在"不定积分"部分,C 总表示任意常数,以后不再一一说明.

$$\int f(x)\,\mathrm{d}x = F(x) + C$$

并称 $\int$ 为**积分号**, $f(x)$ 为**被积函数**, $f(x)\mathrm{d}x$ 为**被积表达式**, x 为**积分变量**, C 为**积分常数**.

下面研究不定积分的性质.

定理 3.1.1 设下列各式中的被积函数都有原函数,则有

(1) $\left(\int f(x)\mathrm{d}x\right)' = f(x)$ (或写为 $\mathrm{d}\left(\int f(x)\mathrm{d}x\right) = f(x)\mathrm{d}x$);

(2) $\int f'(x)\mathrm{d}x = f(x) + C$ (或写为 $\int \mathrm{d}f(x) = f(x) + C$);

(3) $\int kf(x)\mathrm{d}x = k\int f(x)\mathrm{d}x \ (k \in \mathbf{R}^*)$;

(4) $\int (af(x) + bg(x))\mathrm{d}x = a\int f(x)\mathrm{d}x + b\int g(x)\mathrm{d}x \ (a^2 + b^2 \neq 0)$.

证 以上(2)和(3)的证明由不定积分的定义直接可得,这里不赘述.下面我们证明(1)和(4).

(1) 设 $F'(x) = f(x)$,则

$$\int f(x)\mathrm{d}x = F(x) + C$$

两边求导即得

$$\left(\int f(x)\mathrm{d}x\right)' = (F(x) + C)' = F'(x) = f(x)$$

(4) 根据(1),可得

$$\left(a\int f(x)\mathrm{d}x + b\int g(x)\mathrm{d}x\right)' = \left(a\int f(x)\mathrm{d}x\right)' + \left(b\int g(x)\mathrm{d}x\right)'$$
$$= a\left(\int f(x)\mathrm{d}x\right)' + b\left(\int g(x)\mathrm{d}x\right)' = af(x) + bg(x)$$

应用不定积分的定义即可

$$\int (af(x) + bg(x))\mathrm{d}x = a\int f(x)\mathrm{d}x + b\int g(x)\mathrm{d}x$$

这里右端没有写积分常数 C,是因为右端的积分中已含有积分常数. □

例 1 质量为 m kg 的物体由高度 100m 自由下落,求落体的运动规律,并求该物体落至地面所需的时间.

解 建立坐标系, x 轴铅直向上,地面为坐标原点(见图3.1).物

图 3.1

体初始点 A 的坐标为 $100(\mathrm{m})$. 由牛顿运动定律,有

$$m\,\frac{\mathrm{d}^2 x}{\mathrm{d}t^2} = -mg$$

其中 g 为常数 $9.8(\mathrm{m/s^2})$.

令 $x'(t) = v(t)$,这里 $v(t)$ 为自由落体的速度,则运动方程化为 $\dfrac{\mathrm{d}v}{\mathrm{d}t} = -g$,故

$$v(t) = \int (-g)\mathrm{d}t = -g\int \mathrm{d}t = -gt + C_1$$

因 $t = 0$ 时 $v(0) = 0$,代入上式得 $C_1 = 0$,即 $x'(t) = -gt$. 于是

$$x(t) = \int (-gt)\mathrm{d}t = -g\int t\mathrm{d}t = -\frac{1}{2}gt^2 + C_2$$

因 $t = 0$ 时 $x(0) = 100$,代入上式得 $C_2 = 100$,于是所求运动规律为

$$x(t) = -\frac{1}{2}gt^2 + 100$$

在上式中令 $x(t) = 0$,解得 $t = \dfrac{10}{7}\sqrt{10} \approx 4.5(\mathrm{s})$,所以物体落至地面需时 $4.5\ \mathrm{s}$.

例 2　设 $f \in \mathscr{D}$,$f'(\mathrm{e}^x) = 2\mathrm{e}^x$,且 $f(1) = 2$,求 $f(x)$.

解　令 $\mathrm{e}^x = t$,则 $f'(t) = 2t$,于是

$$f(t) = \int 2t\mathrm{d}t = t^2 + C$$

令 $t = 1$ 得 $C = 1$,因此所求函数为

$$f(x) = x^2 + 1$$

例 3　一曲线通过点 $(1, -1)$,其上任一点 (x, y) 处的切线的斜率为 $2x+1$,求此曲线的方程.

解　设曲线方程为 $y = y(x)$,则 $y(1) = -1$,$y'(x) = 2x + 1$,于是

$$y(x) = \int (2x+1)\mathrm{d}x = 2\int x\mathrm{d}x + \int \mathrm{d}x$$
$$= x^2 + x + C$$

因 $y(1) = -1$,所以 $C = -3$,于是所求曲线方程为

$$y = x^2 + x - 3$$

3.1.2　积分基本公式

利用不定积分的定义和第 2.2.7 小节的导数基本公式,就可得到一些常用函

数的不定积分公式. 这里我们将它们汇集如下, 以便于读者查阅. 熟记这些公式是学好微积分的基础.

(1) $\int 0 \mathrm{d}x = C$;

(2) $\int x^{\lambda} \mathrm{d}x = \dfrac{x^{\lambda+1}}{\lambda+1} + C \ (\lambda \neq -1)$;

(3) $\int \dfrac{1}{\sqrt{x}} \mathrm{d}x = 2\sqrt{x} + C$;

(4) $\int \dfrac{1}{x^2} \mathrm{d}x = -\dfrac{1}{x} + C$;

(5) $\int a^x \mathrm{d}x = \dfrac{a^x}{\ln a} + C \ (a > 0, a \neq 1)$;

(6) $\int \mathrm{e}^x \mathrm{d}x = \mathrm{e}^x + C$;

(7) $\int \dfrac{1}{x} \mathrm{d}x = \ln|x| + C$;

(8) $\int \sin x \mathrm{d}x = -\cos x + C$;

(9) $\int \cos x \mathrm{d}x = \sin x + C$;

(10) $\int \sec^2 x \mathrm{d}x = \tan x + C$;

(11) $\int \csc^2 x \mathrm{d}x = -\cot x + C$;

(12) $\int \dfrac{1}{\sqrt{1-x^2}} \mathrm{d}x = \arcsin x + C$;

(13) $\int \dfrac{1}{\sqrt{1-x^2}} \mathrm{d}x = -\arccos x + C$;

(14) $\int \dfrac{1}{1+x^2} \mathrm{d}x = \arctan x + C$;

(15) $\int \dfrac{1}{1+x^2} \mathrm{d}x = -\operatorname{arccot} x + C$;

(16) $\int \dfrac{1}{\sqrt{x^2+a^2}} \mathrm{d}x = \ln(x + \sqrt{x^2+a^2}) + C$;

(17) $\int \dfrac{1}{\sqrt{x^2-a^2}} \mathrm{d}x = \ln|x + \sqrt{x^2-a^2}| + C$;

(18) $\int \operatorname{sh}x \mathrm{d}x = \operatorname{ch}x + C$;

(19) $\int \operatorname{ch}x \mathrm{d}x = \operatorname{sh}x + C$.

例4 求 $\int \left(1 + x + \dfrac{1}{x} + \dfrac{1}{x^2}\right) \mathrm{d}x$.

解 原式 $= x + \dfrac{x^2}{2} + \ln|x| - \dfrac{1}{x} + C$

例5 求 $\int \dfrac{1+x-x^2+x^3}{1+x^2} \mathrm{d}x$.

解 原式 $= \int \left(\dfrac{2-(1+x^2)+x(1+x^2)}{1+x^2}\right) \mathrm{d}x = \int \left(\dfrac{2}{1+x^2} - 1 + x\right) \mathrm{d}x$

$= 2\arctan x - x + \dfrac{1}{2}x^2 + C$

例6 求 $\int (\tan^2 x + \cot^2 x) \mathrm{d}x$.

解 原式 $= \int (\sec^2 x + \csc^2 x - 2) \mathrm{d}x = \tan x - \cot x - 2x + C$

3.1.3 换元积分法

直接利用不定积分的运算性质和积分基本公式能够求出不定积分的类型是十分有限的. 例如

$$\int \sin^2 x \mathrm{d}x, \quad \int \tan x \mathrm{d}x, \quad \int \sqrt{1-x^2}\,\mathrm{d}x, \quad \cdots$$

这样一些简单被积函数的不定积分就无法用上面的方法求得. 下面介绍换元积分法, 它是求不定积分的最基本的积分方法, 大量的不定积分问题都可以用这一方法解决.

定理 3.1.2 (第一换元积分法) 设区间 $X \subseteq \mathbf{R}, \varphi \in \mathscr{C}^{(1)}(X), f \in \mathscr{C}(\varphi(X))$, 若 $u = \varphi(x)$, 且 $F'(u) = f(u)$, 则

$$\int f(\varphi(x))\varphi'(x)\mathrm{d}x = \int f(u)\mathrm{d}u = F(\varphi(x)) + C \qquad (3.1.1)$$

证 应用一阶微分形式的不变性, 有

$$\mathrm{d}F(\varphi(x)) = F'(\varphi(x))\varphi'(x)\mathrm{d}x = f(\varphi(x))\varphi'(x)\mathrm{d}x = f(u)\mathrm{d}u$$

对此式积分即得

$$\int f(\varphi(x))\varphi'(x)\mathrm{d}x = \int f(u)\mathrm{d}u = F(\varphi(x)) + C$$

所以式 (3.1.1) 成立. $\qquad\qquad\qquad\qquad\qquad\qquad\qquad\qquad\qquad\qquad\square$

注 第一换元积分公式 (3.1.1) 是应用最广泛的求不定积分公式, 其要领如下:

(1) 在原被积表达式中找到因子 $g(x)$, 使得

$$g(x)\mathrm{d}x = \mathrm{d}\varphi(x), \quad \text{即} \quad g(x) = \varphi'(x)$$

并且被积函数去掉因子 $g(x)$ 后的部分能表示为 $\varphi(x)$ 的函数;

(2) 通过积分基本公式可求得 $f(u)$ 的原函数.

例如, 对于不定积分

$$\int x\mathrm{e}^{x^2}\mathrm{d}x = \int \frac{1}{2}\mathrm{e}^{x^2} \cdot 2x\mathrm{d}x$$

我们可取 $g(x) = 2x$. 因 $g(x)\mathrm{d}x = 2x\mathrm{d}x = \mathrm{d}x^2$, 得 $\varphi(x) = x^2$, 再令 $u = \varphi(x)$, 则 $\frac{1}{2}\mathrm{e}^{x^2} = \frac{1}{2}\mathrm{e}^u$, 于是

$$\int x\mathrm{e}^{x^2}\mathrm{d}x = \int \frac{1}{2}\mathrm{e}^u\mathrm{d}u = \frac{1}{2}\mathrm{e}^u + C = \frac{1}{2}\mathrm{e}^{x^2} + C$$

在第一换元积分公式(3.1.1)中,我们还注意到左边式中的 $\mathrm{d}x$ 表示 x 是积分变量,即对 x 积分,中间式中的 $\mathrm{d}u$ 表示 u 是积分变量,即对 u 积分,并且有 $\mathrm{d}u = \mathrm{d}\varphi(x) = \varphi'(x)\mathrm{d}x$,所以这里 $\mathrm{d}x$ 和 $\mathrm{d}u$ 的第二个含义是 x 的微分与 u 的微分.

现在我们将式(3.1.1)倒过来看,如果式(3.1.1)中 $f(u)$ 的不定积分无法计算,反倒 $f(\varphi(x))\varphi'(x)$ 的不定积分可通过积分基本公式计算.这就是第二换元积分法解决的问题.

定理 3.1.3(第二换元积分法) 设区间 $T \subseteq \mathbf{R}, \varphi \in \mathscr{C}^{(1)}(T)$,且 $\varphi(t)$ 单调增加(或减少),$f \in \mathscr{C}(\varphi(T))$,若 $x = \varphi(t)$,且 $G'(t) = f(\varphi(t))\varphi'(t)$,则

$$\int f(x)\mathrm{d}x = \int f(\varphi(t))\varphi'(t)\mathrm{d}t = G(\varphi^{-1}(x)) + C \qquad (3.1.2)$$

证 在第一换元积分公式(3.1.1)中,将左端的积分变量 x 换成 t,中间式中的积分变量 u 换成 x,得

$$\int f(\varphi(t))\varphi'(t)\mathrm{d}t = \int f(x)\mathrm{d}x \qquad (3.1.3)$$

由于 $\displaystyle\int f(\varphi(t))\varphi'(t)\mathrm{d}t = G(t) + C$,且 $t = \varphi^{-1}(x)$,代入式(3.1.3)即得式(3.1.2)成立. □

注 应用第二换元积分公式(3.1.2)的要领如下:

(1) 找到在某区间 T 上单调的函数 $x = \varphi(t)$ 对不定积分换元,将对 x 的积分化为对新的积分变量 t 的积分;

(2) 通过积分基本公式可求得 $f(\varphi(t))\varphi'(t)$ 的原函数.

例 7 求 $\displaystyle\int \tan x\mathrm{d}x$ 和 $\displaystyle\int \cot x\mathrm{d}x$.

解 应用第一换元积分法,有

$$\int \tan x\mathrm{d}x = \int \frac{\sin x}{\cos x}\mathrm{d}x = \int \frac{-1}{\cos x}\mathrm{d}\cos x = -\ln|\cos x| + C$$

$$\int \cot x\mathrm{d}x = \int \frac{\cos x}{\sin x}\mathrm{d}x = \int \frac{1}{\sin x}\mathrm{d}\sin x = \ln|\sin x| + C$$

例 8 求 $\displaystyle\int \frac{1}{\sqrt{a^2 - x^2}}\mathrm{d}x$, $\displaystyle\int \frac{1}{a^2 + x^2}\mathrm{d}x$, $\displaystyle\int \frac{1}{a^2 - x^2}\mathrm{d}x$,其中 $a > 0$.

解 应用第一换元积分法,有

$$\int \frac{1}{\sqrt{a^2 - x^2}}\mathrm{d}x = \int \frac{1}{\sqrt{1 - \left(\frac{x}{a}\right)^2}}\mathrm{d}\frac{x}{a} = \arcsin\frac{x}{a} + C$$

$$\int \frac{1}{a^2+x^2}\mathrm{d}x = \frac{1}{a}\int \frac{1}{1+\left(\frac{x}{a}\right)^2}\mathrm{d}\frac{x}{a} = \frac{1}{a}\arctan\frac{x}{a}+C$$

$$\int \frac{1}{a^2-x^2}\mathrm{d}x = \frac{1}{2a}\int \frac{1}{a+x}\mathrm{d}(a+x) + \frac{1}{2a}\int \frac{-1}{a-x}\mathrm{d}(a-x)$$

$$= \frac{1}{2a}\ln\mid a+x \mid - \frac{1}{2a}\ln\mid a-x \mid + C$$

$$= \frac{1}{2a}\ln\left|\frac{a+x}{a-x}\right| + C$$

注 例 8 中的 3 个不定积分可作为积分基本公式直接应用.

例 9 求 $\int (ax+b)^{\lambda}\mathrm{d}x$, $\int \frac{1}{(ax+b)^{\lambda}}\mathrm{d}x$, 其中 $a \neq 0$, 且 $\lambda \neq 1, -1$.

解 应用第一换元积分法, 则

$$\int (ax+b)^{\lambda}\mathrm{d}x = \frac{1}{a}\int (ax+b)^{\lambda}\mathrm{d}(ax+b) = \frac{1}{a(1+\lambda)}(ax+b)^{\lambda+1}+C$$

$$\int \frac{1}{(ax+b)^{\lambda}}\mathrm{d}x = \frac{1}{a}\int (ax+b)^{-\lambda}\mathrm{d}(ax+b) = \frac{1}{a(1-\lambda)(ax+b)^{\lambda-1}}+C$$

例 10 求 $\int \frac{\ln x}{x}\mathrm{d}x$ 和 $\int \frac{1}{x\ln x}\mathrm{d}x$.

解 应用第一换元积分法, 有

$$\int \frac{\ln x}{x}\mathrm{d}x = \int \ln x\mathrm{d}\ln x = \frac{1}{2}(\ln x)^2 + C$$

$$\int \frac{1}{x\ln x}\mathrm{d}x = \int \frac{1}{\ln x}\mathrm{d}\ln x = \ln\mid \ln x \mid + C$$

例 11 求 $\int \sin^3 x\mathrm{d}x$ 和 $\int \sin^4 x\mathrm{d}x$.

解 应用三角函数公式和第一换元积分法, 有

$$\int \sin^3 x\mathrm{d}x = \int (\cos^2 x - 1)\mathrm{d}\cos x = \frac{1}{3}\cos^3 x - \cos x + C$$

$$\int \sin^4 x\mathrm{d}x = \int \left(\frac{3}{8} - \frac{1}{2}\cos 2x + \frac{1}{8}\cos 4x\right)\mathrm{d}x$$

$$= \int \frac{3}{8}\mathrm{d}x - \frac{1}{4}\int \cos 2x\mathrm{d}(2x) + \frac{1}{32}\int \cos 4x\mathrm{d}(4x)$$

$$= \frac{3}{8}x - \frac{1}{4}\sin 2x + \frac{1}{32}\sin 4x + C$$

例 12 求 $\int \csc x \mathrm{d}x$ 和 $\int \sec x \mathrm{d}x$.

解 应用三角函数公式和第一换元积分法，有

$$\int \csc x \mathrm{d}x = \int \frac{1}{\sin x}\mathrm{d}x = \int \frac{1}{\sin \frac{x}{2}\cos \frac{x}{2}}\mathrm{d}\frac{x}{2} = \int \frac{\sec^2 \frac{x}{2}}{\tan \frac{x}{2}}\mathrm{d}\frac{x}{2}$$

$$= \int \frac{1}{\tan \frac{x}{2}}\mathrm{d}\tan \frac{x}{2} = \ln\left| \tan \frac{x}{2} \right| + C$$

$$= \ln|\csc x - \cot x| + C$$

$$\int \sec x \mathrm{d}x = -\int \csc\left(\frac{\pi}{2} - x\right)\mathrm{d}\left(\frac{\pi}{2} - x\right)$$

$$= -\ln\left| \csc\left(\frac{\pi}{2} - x\right) - \cot\left(\frac{\pi}{2} - x\right) \right| + C$$

$$= \ln|\sec x + \tan x| + C$$

注 例 12 中的两个不定积分可作为积分基本公式直接应用.

例 13 求 $\int \frac{\sin\sqrt{x}}{\sqrt{x}}\mathrm{d}x$.

解法1 应用第一换元积分法，有

$$\int \frac{\sin\sqrt{x}}{\sqrt{x}}\mathrm{d}x = 2\int \sin\sqrt{x}\,\mathrm{d}\sqrt{x} = -2\cos\sqrt{x} + C$$

解法 2 应用第二换元积分法，令 $x = t^2 (t > 0)$，则

$$\int \frac{\sin\sqrt{x}}{\sqrt{x}}\mathrm{d}x = \int \frac{\sin t}{t} \cdot 2t\mathrm{d}t = 2\int \sin t\mathrm{d}t$$

$$= -2\cos t + C = -2\cos\sqrt{x} + C$$

例 14 求 $\int \sqrt{a^2 - x^2}\,\mathrm{d}x \ (a > 0)$.

解 应用第二换元积分法，令 $x = a\sin t\left(|t| \leqslant \frac{\pi}{2}\right)$，则

$$\int \sqrt{a^2 - x^2}\,\mathrm{d}x = a^2\int \cos^2 t\mathrm{d}t = \frac{a^2}{2}\int(1 + \cos 2t)\mathrm{d}t = \frac{a^2}{2}\left(t + \frac{1}{2}\sin 2t\right) + C$$

$$= \frac{a^2}{2}\left(\arcsin \frac{x}{a} + \frac{x}{a} \cdot \sqrt{1 - \left(\frac{x}{a}\right)^2}\right) + C$$

$$= \frac{a^2}{2}\arcsin \frac{x}{a} + \frac{1}{2}x\sqrt{a^2 - x^2} + C$$

3.1.4 分部积分法

换元积分法可解决大量的不定积分问题,但是像

$$\int \ln x \mathrm{d}x, \quad \int \mathrm{e}^x \sin x \mathrm{d}x, \quad \int x \ln x \mathrm{d}x, \quad \cdots$$

这样一些不定积分仍不能用换元积分法解决. 下面介绍另一个重要的求不定积分的方法 —— 分部积分法.

定理 3.1.4(分部积分法) 设区间 $X \subseteq \mathbf{R}, u, v \in \mathscr{C}^{(1)}(X)$,则有

$$\int u(x)\mathrm{d}v(x) = u(x)v(x) - \int v(x)\mathrm{d}u(x) \tag{3.1.4}$$

证 由微分法则,有

$$\mathrm{d}(u(x)v(x)) = v(x)\mathrm{d}u(x) + u(x)\mathrm{d}v(x)$$

两边积分得

$$u(x)v(x) = \int \mathrm{d}(u(x)v(x)) = \int v(x)\mathrm{d}u(x) + \int u(x)\mathrm{d}v(x)$$

移项即得式(3.1.4)成立. □

分部积分公式是将求不定积分 $\int u\mathrm{d}v$ 化为求不定积分 $\int v\mathrm{d}u$,当后者容易计算时,式(3.1.4)才能显示它的优越性.

例 15 求 $\int \ln x \mathrm{d}x$.

解 记 $u = \ln x, v = x$,应用分部积分法,有

$$原式 = x\ln x - \int x\mathrm{d}\ln x = x\ln x - \int \mathrm{d}x = x(\ln x - 1) + C$$

例 16 求 $\int \mathrm{e}^x \sin x \mathrm{d}x$.

解 应用分部积分法,有

$$原式 = \int \sin x \mathrm{d}\mathrm{e}^x = \mathrm{e}^x \sin x - \int \mathrm{e}^x \mathrm{d}\sin x$$

$$= \mathrm{e}^x \sin x - \int \mathrm{e}^x \cos x \mathrm{d}x = \mathrm{e}^x \sin x - \int \cos x \mathrm{d}\mathrm{e}^x$$

$$= \mathrm{e}^x(\sin x - \cos x) + \int \mathrm{e}^x \mathrm{d}\cos x$$

$$= \mathrm{e}^x(\sin x - \cos x) - \int \mathrm{e}^x \sin x \mathrm{d}x$$

这里右端第二项即为原式的不定积分，移项即得

$$原式 = \frac{1}{2}e^x(\sin x - \cos x) + C$$

例 17 求 $\displaystyle\int \frac{\ln^2 x}{\sqrt{x}}\mathrm{d}x$.

解 应用分部积分法，有

$$\int \frac{\ln^2 x}{\sqrt{x}}\mathrm{d}x = 2\int \ln^2 x \,\mathrm{d}\sqrt{x} = 2\sqrt{x}\ln^2 x - 2\int \sqrt{x}\,\mathrm{d}\ln^2 x$$

$$= 2\sqrt{x}\ln^2 x - 4\int \frac{\ln x}{\sqrt{x}}\mathrm{d}x = 2\sqrt{x}\ln^2 x - 8\int \ln x \,\mathrm{d}\sqrt{x}$$

$$= 2\sqrt{x}\ln^2 x - 8\sqrt{x}\ln x + 8\int \sqrt{x}\,\mathrm{d}\ln x$$

$$= 2\sqrt{x}\ln^2 x - 8\sqrt{x}\ln x + 8\int \frac{1}{\sqrt{x}}\mathrm{d}x$$

$$= 2\sqrt{x}(\ln^2 x - 4\ln x + 8) + C$$

例 18 求 $\displaystyle\int \sqrt{a^2 + x^2}\,\mathrm{d}x \ (a > 0)$.

解法 1 记 $u = \sqrt{a^2 + x^2}$，$v = x$，应用分部积分法，有

$$原式 = x\sqrt{a^2 + x^2} - \int x\,\mathrm{d}\sqrt{a^2 + x^2} = x\sqrt{a^2 + x^2} - \int \frac{x^2}{\sqrt{a^2 + x^2}}\mathrm{d}x$$

$$= x\sqrt{a^2 + x^2} - \int \frac{a^2 + x^2 - a^2}{\sqrt{a^2 + x^2}}\mathrm{d}x$$

$$= x\sqrt{a^2 + x^2} - \int \sqrt{a^2 + x^2}\,\mathrm{d}x + a^2\int \frac{1}{\sqrt{a^2 + x^2}}\mathrm{d}x$$

$$= x\sqrt{a^2 + x^2} - \int \sqrt{a^2 + x^2}\,\mathrm{d}x + a^2\ln \mid x + \sqrt{a^2 + x^2}\mid$$

这里中间一项即为原式的不定积分，移项即得

$$原式 = \frac{1}{2}x\sqrt{a^2 + x^2} + \frac{a^2}{2}\ln \mid x + \sqrt{a^2 + x^2}\mid + C$$

解法 2 先应用第二换元积分法，令 $x = a\tan t \left(\mid t \mid < \dfrac{\pi}{2}\right)$，则

$$原式 = a^2\int \sec t\,\mathrm{d}\tan t = a^2\int \sec^3 t\,\mathrm{d}t$$

$$= a^2\int \frac{1}{(1 - \sin^2 t)^2}\mathrm{d}\sin t \quad (令 \sin t = u) \quad (第一换元积分法)$$

$$= a^2 \int \frac{1 - u^2 + u^2}{(1 - u^2)^2} \mathrm{d}u = a^2 \int \frac{1}{1 - u^2} \mathrm{d}u + \frac{a^2}{2} \int u \mathrm{d} \frac{1}{1 - u^2} \quad （分部积分法）$$

$$= a^2 \int \frac{1}{1 - u^2} \mathrm{d}u + \frac{a^2}{2} \cdot \frac{u}{1 - u^2} - \frac{a^2}{2} \int \frac{1}{1 - u^2} \mathrm{d}u$$

$$= \frac{a^2}{2} \frac{u}{1 - u^2} + \frac{a^2}{4} \ln \left| \frac{1 + u}{1 - u} \right| + C_1$$

借助于图 3.2，可得 $\tan t = \dfrac{x}{a}, u = \sin t = \dfrac{x}{\sqrt{a^2 + x^2}}$，于是

$$原式 = \frac{1}{2} x \sqrt{a^2 + x^2} + \frac{a^2}{2} \ln | x + \sqrt{a^2 + x^2} | + C$$

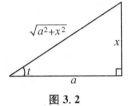

图 3.2

3.1.5　几类特殊函数的不定积分

上面介绍了求不定积分的基本方法，这一小节我们应用换元积分法与分部积分法求几类特殊函数的不定积分，并针对函数的不同类型，介绍一些有针对性的积分技巧.

1) 有理函数的积分

两个实系数 m 次和 n 次多项式 $P_m(x)$ 与 $Q_n(x)$ 的商

$$f(x) = \frac{P_m(x)}{Q_n(x)} = \frac{a_0 x^m + a_1 x^{m-1} + \cdots + a_{m-1} x + a_m}{b_0 x^n + b_1 x^{n-1} + \cdots + b_{n-1} x + b_n} \quad (a_0 b_0 \neq 0) \tag{3.1.5}$$

称为**有理函数**. 当 $m \geqslant n \geqslant 1$ 时，称式 (3.1.5) 所表示的函数为**有理假分式**；当 $m < n$ 时，称式 (3.1.5) 表示的函数为**有理真分式**. 当 $f(x)$ 为假分式时，利用多项式除法可将它化为一个多项式和一个真分式的和，即

$$f(x) = \frac{P_m(x)}{Q_n(x)} = G(x) + \frac{R(x)}{Q_n(x)} \tag{3.1.6}$$

这里 $G(x)$ 为 $m - n$ 次多项式，$R(x)$ 为低于 n 次的多项式. 由于多项式 $G(x)$ 的不定积分已经解决，下面来考虑真分式 $\dfrac{R(x)}{Q_n(x)}$ 的不定积分. 其积分步骤如下：

(1) 将多项式 $Q_n(x)$ 在实数范围内因式分解，其因子含两种形式，一是 $(x - a)^\lambda$，二是 $(x^2 + px + q)^\mu$，其中 $\lambda, \mu \in \mathbf{N}^*$，$p^2 - 4q < 0$. 例如某 9 次多项式 $Q_9(x)$ 经因式分解写为

$$Q_9(x) = 2(x + 1)(x - 1)^2 (x^2 + 2x + 2)(x^2 - 2x + 4)^2$$

此式表示 $Q_9(x) = 0$ 有 9 个根，其中 $x = -1$ 为单重实根，$x = 1$ 为二重实根，$x = -1 \pm i$ 为两个单重复根，$x = 1 \pm \sqrt{3} i$ 为两个二重复根.

(2) 将真分式 $\dfrac{R(x)}{Q_n(x)}$ 化为**最简分式**的和. 所谓最简分式,就是形如 $\dfrac{A}{(x-a)^k}$ 与

$\dfrac{Bx+D}{(x^2+px+q)^l}$ $(k,l \in \mathbf{N}^*, 1 \leqslant k \leqslant \lambda, 1 \leqslant l \leqslant \mu, p^2-4q<0)$ 的分式. 例如上述

$Q_9(x)$ 所对应的真分式化为最简分式的和是

$$\frac{R(x)}{Q_9(x)} = \frac{A_1}{x+1} + \frac{A_2}{x-1} + \frac{A_3}{(x-1)^2} + \frac{B_1x+D_1}{x^2+2x+2} + \frac{B_2x+D_2}{x^2-2x+4} + \frac{B_3x+D_3}{(x^2-2x+4)^2}$$

这里右端分子中的**待定常数**共有 9 个,其个数与多项式 $Q_9(x)$ 的次数相同. 这些待定常数的求法在下面的例子中作介绍.

(3) 求每一个最简分式的不定积分.

(4) 将全部最简分式的不定积分相加就是原真分式的不定积分.

例 19　求 $\displaystyle\int \frac{2x-1}{x^2-2x-3}\mathrm{d}x$.

解　因 $x^2-2x-3=(x+1)(x-3)$,故令

$$\frac{2x-1}{x^2-2x-3} = \frac{A}{x+1} + \frac{B}{x-3}$$

通分后得恒等式

$$2x-1 = A(x-3) + B(x+1) \tag{3.1.7}$$

在式(3.1.7)中,取 $x=-1$,解得 $A=\dfrac{3}{4}$;取 $x=3$,解得 $B=\dfrac{5}{4}$. 因此

$$\text{原式} = \frac{3}{4}\int \frac{1}{x+1}\mathrm{d}x + \frac{5}{4}\int \frac{1}{x-3}\mathrm{d}x = \frac{3}{4}\ln|x+1| + \frac{5}{4}\ln|x-3| + C$$

例 20　求 $\displaystyle\int \frac{x^2+1}{(x+1)(x-1)^2}\mathrm{d}x$

解　令

$$\frac{x^2+1}{(x+1)(x-1)^2} = \frac{A}{x+1} + \frac{B}{x-1} + \frac{D}{(x-1)^2}$$

通分后得恒等式

$$x^2+1 = A(x-1)^2 + B(x+1)(x-1) + D(x+1) \tag{3.1.8}$$

在式(3.1.8)中,取 $x=-1$,解得 $A=\dfrac{1}{2}$;取 $x=1$,解得 $D=1$;再取 $x=0$,由

$A=\dfrac{1}{2}, D=1$,解得 $B=\dfrac{1}{2}$. 因此

$$原式 = \frac{1}{2}\int \frac{1}{x+1}\mathrm{d}x + \frac{1}{2}\int \frac{1}{x-1}\mathrm{d}x + \int \frac{1}{(x-1)^2}\mathrm{d}x$$

$$= \frac{1}{2}\ln|x^2-1| - \frac{1}{x-1} + C$$

例 21 求 $\int \frac{1}{x(x^2-x+1)}\mathrm{d}x$.

解 因 x^2-x+1 在实数范围内不可分解,故令

$$\frac{1}{x(x^2-x+1)} = \frac{A}{x} + \frac{Bx+D}{x^2-x+1}$$

通分后得恒等式

$$1 = A(x^2-x+1) + (Bx+D)x \tag{3.1.9}$$

在式(3.1.9)中,取 $x=0$,解得 $A=1$;取 $x=\mathrm{i}$,由 $A=1$ 得 $1=-B+(D-1)\mathrm{i}$,比较两边的实部与虚部,解得 $B=-1, D=1$. 因此

$$原式 = \int \frac{1}{x}\mathrm{d}x + \int \frac{1-x}{x^2-x+1}\mathrm{d}x$$

$$= \ln|x| - \frac{1}{2}\int \frac{2x-1}{x^2-x+1}\mathrm{d}x + \frac{1}{2}\int \frac{1}{\frac{3}{4}+\left(x-\frac{1}{2}\right)^2}\mathrm{d}\left(x-\frac{1}{2}\right)$$

$$= \ln|x| - \frac{1}{2}\ln(x^2-x+1) + \frac{\sqrt{3}}{3}\arctan\frac{2x-1}{\sqrt{3}} + C$$

真分式通过化为若干最简分式的和,求不定积分的问题便能彻底解决,但计算待定常数一般比较繁复. 对于一些特殊的真分式,也可以通过运算技巧直接应用换元积分法求不定积分(见下面的例子).

例 22 求 $\int \frac{x^2+1}{(x-1)^3}\mathrm{d}x$.

解 令 $x=1+t$,应用换元积分法,有

$$原式 = \int \frac{(1+t)^2+1}{t^3}\mathrm{d}t = \int \frac{2}{t^3}\mathrm{d}t + \int \frac{2}{t^2}\mathrm{d}t + \int \frac{1}{t}\mathrm{d}t$$

$$= -\frac{1}{t^2} - \frac{2}{t} + \ln|t| + C$$

$$= -\frac{1}{(x-1)^2} - \frac{2}{x-1} + \ln|x-1| + C$$

例 23 求 $\int \frac{1+x^4}{1+x^6}\mathrm{d}x$.

解 因 $1+x^6 = (1+x^2)(1-x^2+x^4)$,所以

$$原式 = \int \frac{1 - x^2 + x^4 + x^2}{(1 + x^2)(1 - x^2 + x^4)} \mathrm{d}x = \int \frac{1}{1 + x^2} \mathrm{d}x + \int \frac{x^2}{1 + (x^3)^2} \mathrm{d}x$$

$$= \arctan x + \frac{1}{3} \arctan x^3 + C$$

2) 三角函数有理式的积分

我们把三角函数 $\sin x, \cos x$ 与常数经过有限次四则运算得到的一类函数称为

三角函数有理式. 由于三角函数都可表示为 $\tan \dfrac{x}{2}$ 的函数,如

$$\sin x = \frac{2\tan \dfrac{x}{2}}{1 + \left(\tan \dfrac{x}{2}\right)^2}, \quad \cos x = \frac{1 - \left(\tan \dfrac{x}{2}\right)^2}{1 + \left(\tan \dfrac{x}{2}\right)^2}, \quad \tan x = \frac{2\tan \dfrac{x}{2}}{1 - \left(\tan \dfrac{x}{2}\right)^2}$$

所以作换元变换 $t = \tan \dfrac{x}{2}$[①],则 $x = 2\arctan t, \mathrm{d}x = \dfrac{2}{1 + t^2} \mathrm{d}t$,且

$$\sin x = \frac{2t}{1 + t^2}, \quad \cos x = \frac{1 - t^2}{1 + t^2}, \quad \tan x = \frac{2t}{1 - t^2}$$

这些都是 t 的有理函数. 因而在变换 $t = \tan \dfrac{x}{2}$ 下,三角函数有理式的积分总可化为

有理函数的积分.

例 24 求 $\displaystyle\int \frac{1}{\sin x (1 - \cos x)} \mathrm{d}x$.

解 令 $t = \tan \dfrac{x}{2}$,则 $x = 2\arctan t, \mathrm{d}x = \dfrac{2}{1 + t^2} \mathrm{d}t$,有

$$原式 = \int \frac{1}{\dfrac{2t}{1 + t^2} \cdot \left(1 - \dfrac{1 - t^2}{1 + t^2}\right)} \cdot \frac{2}{1 + t^2} \mathrm{d}t = \frac{1}{2} \int \frac{1 + t^2}{t^3} \mathrm{d}t$$

$$= \frac{1}{2} \left(\frac{1}{-2t^2} + \ln |t|\right) + C = \frac{1}{2} \ln \left|\tan \frac{x}{2}\right| - \frac{1}{4} \cot^2 \frac{x}{2} + C$$

三角函数有理式通过万能变换总可化为有理函数,求不定积分的问题便可解决,但过程一般比较繁复. 对于一些特殊的三角函数的有理式,也可通过运算技巧直接应用换元积分法与分部积分法求不定积分. 例如上面的例 24,再解如下:

$$原式 = \int \frac{1}{2\sin \dfrac{x}{2} \cos \dfrac{x}{2} \cdot 2\sin^2 \dfrac{x}{2}} \mathrm{d}x = -\frac{1}{2} \int \frac{1}{\sin \dfrac{x}{2} \cos \dfrac{x}{2}} \mathrm{d}\cot \frac{x}{2}$$

---

①通常称此变换为**"万能变换"**.

$$=-\frac{1}{2}\int\frac{1+\cot^2\frac{x}{2}}{\cot\frac{x}{2}}\mathrm{d}\cot\frac{x}{2}=-\frac{1}{2}\ln\left|\cot\frac{x}{2}\right|-\frac{1}{4}\cot^2\frac{x}{2}+C$$

3）简单的无理函数的积分

在根号下含有积分变量的积分称为**无理函数的积分**. 一般无理函数的积分比较困难,这里只举例介绍两种简单的无理函数的积分. 其积分原理是选取适当的换元变换消去根号,化为有理函数的积分.

例 25　求 $\displaystyle\int\frac{1}{(1+\sqrt{x})^2}\mathrm{d}x$.

解　令 $\sqrt{x}=t$,则 $x=t^2,\mathrm{d}x=2t\mathrm{d}t$,于是

$$原式=2\int\frac{t}{(1+t)^2}\mathrm{d}t=2\int\frac{t+1-1}{(1+t)^2}\mathrm{d}t=2\int\frac{1}{1+t}\mathrm{d}t-2\int\frac{1}{(1+t)^2}\mathrm{d}t$$

$$=2\ln(1+t)+\frac{2}{1+t}+C=2\ln(1+\sqrt{x})+\frac{2}{1+\sqrt{x}}+C$$

例 26　求 $\displaystyle\int\frac{1}{\sqrt{x}(1+\sqrt[3]{x})^2}\mathrm{d}x$.

解　这里被积函数中两处带有根号,为了将它们都消去,可令 $\sqrt[6]{x}=t$,则

$$\sqrt{x}=t^3,\quad\sqrt[3]{x}=t^2,\quad x=t^6,\quad\mathrm{d}x=6t^5\mathrm{d}t$$

一并代入原式并应用分部积分法,得

$$原式=6\int\frac{t^2}{(1+t^2)^2}\mathrm{d}t=-3\int t\mathrm{d}\frac{1}{1+t^2}$$

$$=-\frac{3t}{1+t^2}+3\int\frac{1}{1+t^2}\mathrm{d}t=\frac{-3t}{1+t^2}+3\arctan t+C$$

$$=3\arctan\sqrt[6]{x}-\frac{3\sqrt[6]{x}}{1+\sqrt[3]{x}}+C$$

4）原函数非初等函数的积分

连续函数的原函数一定存在,这是一条微积分基本定理,我们将在第 3.2 节中给出证明. 由此定理可知连续函数的不定积分一定存在,但是原函数有时却"求不出来". 例如不定积分 $\displaystyle\int\mathrm{e}^{x^2}\mathrm{d}x$,用我们前面介绍的各种方法怎么也"积不出来". 从逻辑上讲,这似乎有些矛盾. 问题的焦点是,这里能积出来的意思是指用初等函数表示原函数,而积不出来是指原函数不能用初等函数表示. 像这样积不出来的不定积分还有

$$\int\frac{\mathrm{e}^x}{x}\mathrm{d}x,\quad\int\frac{1}{\ln x}\mathrm{d}x,\quad\int\frac{x}{\ln x}\mathrm{d}x,\quad\int\frac{\sin x}{x}\mathrm{d}x,\quad\int\frac{\cos x}{x}\mathrm{d}x,$$

$$\int \sin x^2 \, \mathrm{d}x, \quad \int \cos x^2 \, \mathrm{d}x, \quad \int \sqrt{1-k^2\sin^2 x} \, \mathrm{d}x \quad (0<|k|<1), \quad \cdots$$

这些积分的原函数要用**特殊函数**表示,这里从略.

习题 3.1

A 组

1. 求下列不定积分:

(1) $\int (2x+3\sqrt{x}-4\sqrt[3]{x}) \, \mathrm{d}x$;

(2) $\int \dfrac{(2+x)^2}{\sqrt{x}} \, \mathrm{d}x$;

(3) $\int \left(\dfrac{1}{\sqrt{1+x^2}} - \dfrac{1}{\sqrt{1-x^2}} + \dfrac{2}{1+x^2} \right) \mathrm{d}x$;

(4) $\int (2\tan^2 x - \cot^2 x) \, \mathrm{d}x$.

2. 设 $\int \sqrt{1+x} \, \mathrm{d}x = F(x)+C$,求 $\mathrm{d}F(\mathrm{e}^x)$.

3. 用求下列不定积分:

(1) $\int x\sqrt{1-x^2} \, \mathrm{d}x$;

(2) $\int \dfrac{x}{\sqrt{1+2x^2}} \, \mathrm{d}x$;

(3) $\int \dfrac{1}{\sqrt{x}(1-x)} \, \mathrm{d}x$;

(4) $\int \dfrac{1}{\sqrt{x}(1+x)} \, \mathrm{d}x$;

(5) $\int (2x-3)^8 \, \mathrm{d}x$;

(6) $\int \dfrac{1}{(2x+3)^8} \, \mathrm{d}x$;

(7) $\int \dfrac{1}{\mathrm{e}^x+\mathrm{e}^{-x}} \, \mathrm{d}x$;

(8) $\int \dfrac{1}{\mathrm{e}^x-\mathrm{e}^{-x}} \, \mathrm{d}x$;

(9) $\int \dfrac{(1+\ln x)^2}{x} \, \mathrm{d}x$;

(10) $\int \dfrac{1}{x\sqrt{1+\ln x}} \, \mathrm{d}x$;

(11) $\int \dfrac{1}{\sqrt{x}} \mathrm{e}^{\sqrt{x}} \, \mathrm{d}x$;

(12) $\int \dfrac{\operatorname{arccot} x}{1+x^2} \, \mathrm{d}x$;

(13) $\int \sin^2 x \, \mathrm{d}x$;

(14) $\int \cos^3 x \, \mathrm{d}x$;

(15) $\int \cos^4 x \, \mathrm{d}x$;

(16) $\int \dfrac{1}{1+\sin x} \, \mathrm{d}x$;

(17) $\int x\sqrt[3]{1-x} \, \mathrm{d}x$;

(18) $\int \dfrac{\cos x}{\sqrt{2\cos 2x-1}} \, \mathrm{d}x$;

(19) $\displaystyle\int \frac{x^3}{\sqrt{1-x^2}}\mathrm{d}x$;

(20) $\displaystyle\int \frac{1}{x\sqrt{x^2-1}}\mathrm{d}x\ (x>1)$.

4. 求下列不定积分：

(1) $\displaystyle\int x\sin x\mathrm{d}x$;

(2) $\displaystyle\int \ln(1+\sqrt{x})\mathrm{d}x$;

(3) $\displaystyle\int \frac{\ln x}{x^2}\mathrm{d}x$;

(4) $\displaystyle\int \mathrm{e}^{\sqrt{x}}\mathrm{d}x$;

(5) $\displaystyle\int \arcsin x\mathrm{d}x$;

(6) $\displaystyle\int x^2\arctan x\mathrm{d}x$;

(7) $\displaystyle\int x^3\mathrm{e}^{x^2}\mathrm{d}x$;

(8) $\displaystyle\int \sin\sqrt{x}\mathrm{d}x$;

(9) $\displaystyle\int x\sec^2 x\mathrm{d}x$;

(10) $\displaystyle\int \ln(x+\sqrt{1+x^2})\mathrm{d}x$;

(11) $\displaystyle\int \sin(\ln x)\mathrm{d}x$;

(12) $\displaystyle\int xf''(x)\mathrm{d}x\ (f\in\mathscr{C}^{(1)})$.

5. 已知 $\dfrac{\mathrm{e}^x}{x}$ 是 $f(x)$ 的一个原函数，求 $\displaystyle\int xf'(x)\mathrm{d}x$.

6. 已知 $F(x)$ 是 $f(x)$ 的一个原函数，且 $F(0)=\sqrt{3}$，$F(x)>0$，若 $f(x)F(x)=\dfrac{1}{2}\mathrm{e}^x$，求 $f(x)$.

7. 求下列不定积分：

(1) $\displaystyle\int \frac{1}{x(1+x^2)}\mathrm{d}x$;

(2) $\displaystyle\int \frac{1}{6x^2-11x+4}\mathrm{d}x$;

(3) $\displaystyle\int \frac{x^5+2}{x^2-1}\mathrm{d}x$;

(4) $\displaystyle\int \frac{x-2}{x(x+1)(x+2)}\mathrm{d}x$;

(5) $\displaystyle\int \frac{x}{1+2x^2+x^4}\mathrm{d}x$;

(6) $\displaystyle\int \frac{1}{(1+x^2)(1+x+x^2)}\mathrm{d}x$;

(7) $\displaystyle\int \frac{1}{\mathrm{e}^{2x}(1+\mathrm{e}^x)}\mathrm{d}x$.

8. 求下列不定积分：

(1) $\displaystyle\int \frac{1}{\sin x\cdot(1+\cos x)}\mathrm{d}x$;

(2) $\displaystyle\int \frac{1}{4+5\cos x}\mathrm{d}x$;

(3) $\displaystyle\int \frac{1}{2-\cos^2 x}\mathrm{d}x$;

(4) $\displaystyle\int \frac{\sin^4 x}{\cos^2 x}\mathrm{d}x$.

9. 求下列不定积分：

(1) $\displaystyle\int \frac{1}{\sqrt{x}+\sqrt[4]{x}}\mathrm{d}x$；

(2) $\displaystyle\int \frac{1}{x\sqrt{x-1}}\mathrm{d}x$；

(3) $\displaystyle\int \frac{x}{\sqrt{x-x^2}}\mathrm{d}x$.

B 组

10. 求下列不定积分：

(1) $\displaystyle\int \frac{\arcsin x}{x^2}\mathrm{d}x$；

(2) $\displaystyle\int \frac{\ln(1+x)-\ln x}{x(1+x)}\mathrm{d}x$；

(3) $\displaystyle\int \mathrm{e}^{2x}(1+\tan x)^2\,\mathrm{d}x$；

(4) $\displaystyle\int \frac{1-\ln x}{(x-\ln x)^2}\mathrm{d}x$；

(5) $\displaystyle\int \frac{\sin 2x}{\sqrt{1+\cos^4 x}}\mathrm{d}x$；

(6) $\displaystyle\int \frac{1}{1+\sqrt{x}+\sqrt{1+x}}\mathrm{d}x$；

(7) $\displaystyle\int \frac{x\mathrm{e}^x}{\sqrt{\mathrm{e}^x-1}}\mathrm{d}x$.

11. 设函数 $f(x)$ 满足 $f(0)=0$，且

$$f'(\ln x)=\begin{cases}1 & (0<x\leqslant 1); \\ x & (1<x)\end{cases}$$

试求 $f(x)$.

3.2 定积分

在第 1 章讲述数列极限时，我们曾介绍古代伟大的数学家阿基米德采用极限的方法求曲边三角形面积的问题. 这也是"定积分"的最原始雏形，定积分概念正是从大量的几何、物理实际问题中抽象出来的.

3.2.1 曲边梯形的面积

设函数 $f\in\mathscr{C}[a,b]$，且 $f(x)\geqslant 0$. 我们将曲线 $y=f(x)$ 与直线 $x=a, x=b$ 和 x 轴所围成的图形 D 称为**曲边梯形**（见图 3.3）. 现在来定义曲边梯形 D 的面积.

第一步：**分割**. 用分割 $P:a=x_0<x_1<x_2<\cdots<x_{n-1}<x_n=b$ 将区间 $[a,b]$

分为 n 个小区间 $[x_{i-1}, x_i]$ $(i = 1, 2, \cdots, n)$，记 $\Delta x_i = x_i - x_{i-1}$，并记

$$\lambda = \max\{\Delta x_i \mid i = 1, 2, \cdots, n\}$$

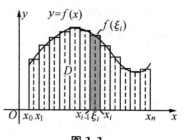

图 3.3

称 λ 为**分割 P 的模**. 过每一分点 x_i 作直线垂直于 x 轴，这些直线将曲边梯形 D 分割为 n 个小曲边梯形.

第二步：**取近似**. 当 n 很大，同时 Δx_i 很小时，每一个小曲边梯形是一个底边很窄的长条. 我们以图 3.3 中底边为区间 $[x_{i-1}, x_i]$ 的小曲边梯形为例，由于 $f(x) \in \mathscr{C}[x_{i-1}, x_i]$，$f(x)$ 的函数值在 $[x_{i-1}, x_i]$ 上的变化是不大的，$\forall \xi_i \in [x_{i-1}, x_i]$，作以 $[x_{i-1}, x_i]$ 为底，以 $f(\xi_i)$ 为高的小矩形，我们用这个灰底的小矩形的面积 $f(\xi_i)\Delta x_i$ 近似代替小曲边梯形的面积.

第三步：**求和**. 将 n 个小曲边梯形的面积像第二步那样全部用小矩形的面积代替，则它们的和

$$\sum_{i=1}^{n} f(\xi_i)\Delta x_i \tag{3.2.1}$$

是曲边梯形 D 的面积的近似值.

第四步：**取极限**. 当分割 P 越细，即 n 越大，同时 Δx_i 越小时，式(3.2.1)越来越接近 D 的面积. 我们用 $\lambda \to 0$ 时式(3.2.1)的极限来定义曲边梯形 D 的面积 σ，即

$$\sigma \xlongequal{\text{def}} \lim_{\lambda \to 0} \sum_{i=1}^{n} f(\xi_i)\Delta x_i$$

我们还可以举出力学、电学、光学等许多学科中的例子，尽管它们的背景和提法不同，但是都可用上述**"分割取近似，求和取极限"**来解决.

3.2.2　定积分的定义

定义 3.2.1(定积分)　设函数在 $[a, b]$ 上有定义，用分割 P：
$$a = x_0 < x_1 < x_2 < \cdots < x_{n-1} < x_n = b$$
将区间 $[a, b]$ 分为 n 个小区间，记 $\Delta x_i = x_i - x_{i-1}$，令 $\lambda = \max\{\Delta x_i \mid i = 1, 2, \cdots, n\}$. $\forall \xi_i \in [x_{i-1}, x_i]$，作和式

$$\sum_{i=1}^{n} f(\xi_i)\Delta x_i$$

若 $\lambda \to 0$ 时，此和式的极限存在，且此极限值与分割 P 的选取无关，与每个区间 $[x_{i-1}, x_i]$ 上点 ξ_i 的取法无关，则称函数 $f(x)$ 在区间 $[a, b]$ 上**黎曼**[①]**可积**，简称**可积**

---

①黎曼(Riemann)，1826—1866，德国数学家.

（Integrable），记为 $f \in \mathscr{I}[a,b]^{①}$；称此极限值为函数 $f(x)$ 在区间 $[a,b]$ 上的**黎曼积分**，简称**定积分**，记为

$$\int_a^b f(x)\mathrm{d}x \xlongequal{\text{def}} \lim_{\lambda \to 0} \sum_{i=1}^n f(\xi_i)\Delta x_i \tag{3.2.2}$$

并称 $f(x)$ 为**被积函数**，$f(x)\mathrm{d}x$ 为**被积表达式**，x 为积分变量，a 为**下限**，b 为**上限**.

关于定积分的上述定义，我们需作几点说明：

（1）定积分的值是一常数，它与函数 $f(x)$ 有关，也与区间 $[a,b]$ 有关，而与积分变量 x 无关. 若将积分变量改为 t，积分值是不变的，即

$$\int_a^b f(t)\mathrm{d}t = \int_a^b f(x)\mathrm{d}x$$

（2）定积分的定义式（3.2.2）中下限 a 小于上限 b，当 $a > b$ 时，我们规定

$$\int_a^b f(x)\mathrm{d}x = -\int_b^a f(x)\mathrm{d}x$$

于是有

$$\int_a^a f(x)\mathrm{d}x = 0$$

（3）当 $f(x) \geqslant 0$ 时，正值被积函数的定积分 $\int_a^b f(x)\mathrm{d}x$ 的几何意义是图 3.3 中曲边梯形 D 的面积. 当 $f(x) \leqslant 0$ 时，设曲线 $y = f(x)$，$x = a$，$x = b$ 与 x 轴所围图形为 D_1（见图 3.4），我们来考虑曲线 $y = -f(x)$（$-f(x) \geqslant 0$），$x = a$，$x = b$ 与 x 轴所围图形 D. 由于图形 D 与图形 D_1 关于 x 轴对称，所以它们的面积相等. 由正值被积函数的定积分的几何意义，图形 D 的面积（即图形 D_1 的面积）为

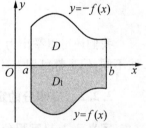

图 3.4

$$\sigma = \int_a^b (-f(x))\mathrm{d}x$$

$$= \lim_{\lambda \to 0} \sum_{i=1}^n (-f(\xi_i))\Delta x_i = -\lim_{\lambda \to 0} \sum_{i=1}^n f(\xi_i)\Delta x_i \tag{3.2.3}$$

另一方面，由定积分的定义，有

$$\int_a^b f(x)\mathrm{d}x = \lim_{\lambda \to 0} \sum_{i=1}^n f(\xi_i)\Delta x_i \tag{3.2.4}$$

---

①$\mathscr{I}[a,b]$ 表示区间 $[a,b]$ 上可积函数的全体构成的集合.

比较式(3.2.3)和式(3.2.4),即得

$$\int_a^b f(x)\mathrm{d}x = -\sigma \qquad\qquad (3.2.5)$$

式(3.2.5)表明:当 $f(x) \leqslant 0$ 时,定积分 $\int_a^b f(x)\mathrm{d}x$ 的几何意义是图 3.4 中图形 D_1 的面积 σ 的相反数.

根据上述分析,我们可得定积分的几何意义:若 $f(x)$ 在 $[a,b]$ 上有正有负,例如像图 3.5 中的曲线 $y = f(x)$ 与 $x = a, x = b, x$ 轴所围的图形有四块,两块在 x 轴上方,两块在 x 轴下方,设它们的面积从左到右分别是 $\sigma_1, \sigma_2, \sigma_3, \sigma_4$,则定积分 $\int_a^b f(x)\mathrm{d}x$ 的几何意义是这四块面积的代数和,即

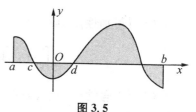

图 3.5

$$\int_a^b f(x)\mathrm{d}x = \sigma_1 - \sigma_2 + \sigma_3 - \sigma_4$$

(4) 定积分的定义式(3.2.2)右端的极限是很复杂的,它不同于我们在第 1 章中所说的极限. 它含有两条不确定性,一是分割是不确定的,二是点 ξ_i 也是不确定的. 有关这个极限存在的必要条件和充分条件的讨论是个比较理论的问题,这里不准备作深入研究,对此有兴趣的读者可参见有关书籍. 下面作结论性介绍:

定理 3.2.1 若 $f \in \mathscr{I}[a,b]$,则 $f \in \mathscr{B}[a,b]$.

定理 3.2.2 设函数 $f(x)$ 在区间 $[a,b]$ 上有定义.

(1) 若 $f \in \mathscr{C}[a,b]$,则 $f \in \mathscr{I}[a,b]$;

(2) 若 $f \in \mathscr{B}[a,b]$,且 $f(x)$ 在 $[a,b]$ 上有有限个间断点,则 $f \in \mathscr{I}[a,b]$.

例 1 证明:狄利克雷函数

$$f(x) = \begin{cases} 0 & (x \in \overline{\mathbf{Q}}); \\ 1 & (x \in \mathbf{Q}) \end{cases}$$

在任意区间 $[a,b]$ 上不可积.

证 这里 $f \in \mathscr{B}[a,b]$,对于 $[a,b]$ 的任一分割,在定积分的定义中

$$\sum_{i=1}^n f(\xi_i)\Delta x_i = \begin{cases} 0 & (\text{当 } \forall \xi_i \in \overline{\mathbf{Q}}); \\ b - a & (\text{当 } \forall \xi_i \in \mathbf{Q}) \end{cases}$$

因此 $\lambda \to 0$ 时,此和式的极限不存在,所以 $f \notin \mathscr{I}[a,b]$.

3.2.3 定积分的性质

定理 3.2.3 假设下面定积分的被积函数皆可积,则有下列性质:

(1) **(线性)** 设 $\alpha,\beta \in \mathbf{R}$,则

$$\int_a^b (\alpha f(x) \pm \beta g(x)) \mathrm{d}x = \alpha \int_a^b f(x) \mathrm{d}x \pm \beta \int_a^b g(x) \mathrm{d}x$$

(2) **(可加性)** 设 $a,b,c \in \mathbf{R}$,对于 a,b,c 的任意大小顺序,有

$$\int_a^b f(x) \mathrm{d}x = \int_a^c f(x) \mathrm{d}x + \int_c^b f(x) \mathrm{d}x$$

(3) **(保号性)** 设 $\forall x \in [a,b]$,恒有 $f(x) \leqslant g(x)$,则

$$\int_a^b f(x) \mathrm{d}x \leqslant \int_a^b g(x) \mathrm{d}x$$

(4) **(函数绝对值的可积性)** 设 $f \in \mathscr{I}[a,b]$,则 $|f| \in \mathscr{I}[a,b]$,且

$$\left| \int_a^b f(x) \mathrm{d}x \right| \leqslant \int_a^b |f(x)| \mathrm{d}x \qquad (3.2.6)$$

(5) **(估值定理)** 设 $\forall x \in [a,b]$,恒有 $m \leqslant f(x) \leqslant M$,则

$$m \leqslant \frac{1}{b-a} \int_a^b f(x) \mathrm{d}x \leqslant M \qquad (3.2.7)$$

证 (1) 应用定积分的定义,有

$$\int_a^b (\alpha f(x) \pm \beta g(x)) \mathrm{d}x = \lim_{\lambda \to 0} \sum_{i=1}^n (\alpha f(\xi_i) \pm \beta g(\xi_i)) \Delta x_i$$

$$= \alpha \lim_{\lambda \to 0} \sum_{i=1}^n f(\xi_i) \Delta x_i \pm \beta \lim_{\lambda \to 0} \sum_{i=1}^n g(\xi_i) \Delta x_i$$

$$= \alpha \int_a^b f(x) \mathrm{d}x \pm \beta \int_a^b g(x) \mathrm{d}x$$

(2) 下面仅就 $f(x) \geqslant 0$,用定积分的几何意义作一简单证明.

① 当 $a < c < b$ 时,用 $x = c$ 将曲边梯形 D 分为两块:区间 $[a,c]$ 上方的一块的面积为 $\int_a^c f(x) \mathrm{d}x$,区间 $[c,b]$ 上方的一块的面积为 $\int_c^b f(x) \mathrm{d}x$. 于是曲边梯形 D 的面积为

$$\int_a^b f(x) \mathrm{d}x = \int_a^c f(x) \mathrm{d}x + \int_c^b f(x) \mathrm{d}x$$

② 当 $a < b < c$ 时,由 ① 有

$$\int_a^c f(x)\mathrm{d}x = \int_a^b f(x)\mathrm{d}x + \int_b^c f(x)\mathrm{d}x$$

移项得

$$\int_a^b f(x)\mathrm{d}x = \int_a^c f(x)\mathrm{d}x - \int_b^c f(x)\mathrm{d}x = \int_a^c f(x)\mathrm{d}x + \int_c^b f(x)\mathrm{d}x$$

(3) 由于 $g(x) - f(x) \geqslant 0$,所以

$$\sum_{i=1}^n (g(\xi_i) - f(\xi_i))\Delta x_i \geqslant 0$$

应用定积分的定义和极限的保号性,有

$$\lim_{\lambda \to 0} \sum_{i=1}^n (g(\xi_i) - f(\xi_i))\Delta x_i = \int_a^b (g(x) - f(x))\mathrm{d}x \geqslant 0$$

再应用线性性质,即得

$$\int_a^b f(x)\mathrm{d}x \leqslant \int_a^b g(x)\mathrm{d}x$$

(4) 关于 $|f(x)|$ 的可积性的证明从略,仅证明不等式性质. 因 $\forall x \in [a,b]$,恒有

$$-|f(x)| \leqslant f(x) \leqslant |f(x)|$$

应用保号性得

$$\int_a^b (-|f(x)|)\mathrm{d}x \leqslant \int_a^b f(x)\mathrm{d}x \leqslant \int_a^b |f(x)|\mathrm{d}x$$

由于 $\int_a^b (-|f(x)|)\mathrm{d}x = -\int_a^b |f(x)|\mathrm{d}x$,代入上式即得式(3.2.6) 成立.

(5) 对于不等式 $m \leqslant f(x) \leqslant M$,应用保号性得

$$\int_a^b m\mathrm{d}x \leqslant \int_a^b f(x)\mathrm{d}x \leqslant \int_a^b M\mathrm{d}x$$

由 $\int_a^b 1\mathrm{d}x = b-a$ 得

$$m(b-a) \leqslant \int_a^b f(x)\mathrm{d}x \leqslant M(b-a)$$

将此式除以 $b-a$ 即得式(3.2.7) 成立. □

例 2 估计定积分 $\int_0^1 \dfrac{\arctan x}{x}\mathrm{d}x$ 的取值范围.

解 令

$$f(x) = \begin{cases} \dfrac{\arctan x}{x} & (0 < x \leqslant 1); \\ 1 & (x = 0) \end{cases}$$

则 $\displaystyle\int_0^1 \dfrac{\arctan x}{x}\mathrm{d}x = \int_0^1 f(x)\mathrm{d}x$，且 $f \in \mathscr{C}[0,1]$. 当 $0 < x \leqslant 1$ 时，有

$$f'(x) = \frac{x - (1 + x^2)\arctan x}{x^2(1 + x^2)}$$

上式右端分母符号非负，分子符号不能确定. 令 $g(x) = x - (1 + x^2)\arctan x$，则

$$g'(x) = -2x\arctan x$$

由于 $g'(0) = 0$，又当 $0 < x \leqslant 1$ 时，$g'(x) < 0$，故 $g(x)$ 单调减少，有 $g(x) < g(0) = 0$. 因而 $\forall x \in (0,1]$，$f'(x) < 0$，故 $f(x)$ 在 $[0,1]$ 上单调减少，$\forall x \in [0,1]$，有

$$\frac{\pi}{4} = f(1) \leqslant f(x) \leqslant f(0) = 1$$

应用估值定理有

$$\frac{\pi}{4} \leqslant \int_0^1 f(x)\mathrm{d}x \leqslant 1$$

因此

$$\frac{\pi}{4} \leqslant \int_0^1 \frac{\arctan x}{x}\mathrm{d}x \leqslant 1$$

下面继续研究定积分的性质.

定理 3.2.4 设函数 $f \in \mathscr{C}[a,b]$，且 $f(x) \geqslant 0$，则 $\displaystyle\int_b^a f(x)\mathrm{d}x > 0$ 的充要条件是 $\exists c \in (a,b)$，使得 $f(c) > 0$.

证 必要性显然成立，因若 c 不存在，则 $f(x) \equiv 0$，从而 $\displaystyle\int_b^a f(x)\mathrm{d}x = 0$，导出矛盾. 下面证明充分性.

设 $f(c) > 0$，因为 $f \in \mathscr{C}(c)$，应用极限的保号性，必 $\exists [c-\delta, c+\delta] \subset (a,b)$，使得 $\forall x \in [c-\delta, c+\delta]$ 时，有 $f(x) \geqslant \dfrac{1}{2}f(c) > 0$，应用定积分的可加性与保号性得

$$\int_a^b f(x)\mathrm{d}x = \int_a^{c-\delta} f(x)\mathrm{d}x + \int_{c-\delta}^{c+\delta} f(x)\mathrm{d}x + \int_{c+\delta}^b f(x)\mathrm{d}x$$

$$\geqslant 0 + \int_{c-\delta}^{c+\delta} \frac{1}{2}f(c)\mathrm{d}x + 0 \geqslant f(c)\delta > 0 \qquad \square$$

定理 3.2.5（积分中值定理） 设 $f \in \mathscr{C}[a,b]$，则 $\exists \xi \in (a,b)$，使得

$$\int_a^b f(x)\mathrm{d}x = f(\xi)(b-a) \tag{3.2.8}$$

证 不妨假设 $f(x)$ 非常值函数. 因为 $f \in \mathscr{C}[a,b]$，则应用最值定理，$f(x)$ 在 $[a,b]$ 上必有最大值 M 与最小值 m，即 $m \leqslant f(x) \leqslant M$. 由于 $f(x)-m \in \mathscr{C}[a,b]$，$f(x)-m \geqslant 0$，且 $f(x)-m \not\equiv 0$，应用定理 3.2.4 得

$$\int_a^b (f(x)-m)\mathrm{d}x = \int_a^b f(x)\mathrm{d}x - m(b-a) > 0 \tag{3.2.9}$$

同理，由于 $M-f(x) \in \mathscr{C}[a,b]$，且 $M-f(x) \geqslant 0$，且 $M-f(x) \not\equiv 0$，可得

$$\int_a^b (M-f(x))\mathrm{d}x = M(b-a) - \int_a^b f(x)\mathrm{d}x > 0 \tag{3.2.10}$$

由式(3.2.9) 和(3.2.10) 可得

$$m < \frac{1}{b-a}\int_a^b f(x)\mathrm{d}x < M$$

应用连续函数的介值定理，必 $\exists \xi \in (a,b)$，使得

$$f(\xi) = \frac{1}{b-a}\int_a^b f(x)\mathrm{d}x$$

两边乘以 $b-a$，即得式(3.2.8) 成立. □

积分中值定理有明显的几何意义：若 $f \in \mathscr{C}[a,b]$，且 $f(x) \geqslant 0$，则在曲线 $y = f(x)$ 上至少存在一点 $P(\xi, f(\xi))$，使得曲边梯形 D(见图 3.6) 的面积等于以区间 $[a,b]$ 为底，以 PQ 为高的矩形的面积. 点 P 在曲线 $y = f(x)$ 上的位置，显然处于不高不低的地方. 我们将 PQ 的长 $f(\xi)$ 称为函数 $f(x)$ 在 $[a,b]$ 上的**平均值**，记为 $\overline{f(x)}$，即

$$\overline{f(x)} = \frac{1}{b-a}\int_a^b f(x)\mathrm{d}x$$

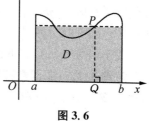

图 3.6

定理 3.2.6（推广积分中值定理） 设 $f, g \in \mathscr{C}[a,b]$，$\forall x \in [a,b]$，$g(x) \geqslant 0$（或 $\leqslant 0$），则 $\exists \xi \in (a,b)$，使得

$$\int_a^b f(x)g(x)\mathrm{d}x = f(\xi)\int_a^b g(x)\mathrm{d}x \tag{3.2.11}$$

此定理的证明从略[①]. 在推广积分中值定理中取 $g(x) = 1$，即为积分中值定理.

---

①此定理的证明参见由陈仲、范红军编著的《高等数学(上)》(南京大学出版社,2017).

例 3　设 $f \in \mathscr{D}[-1,1]$，且 $\int_{-1}^{0} x^2 f(x) \mathrm{d}x = 2, \int_{0}^{1} x f(x) \mathrm{d}x = 3$，求证：$\exists \xi \in (-1,1)$，使得 $f'(\xi) = 0$.

　　证　因为 $f \in \mathscr{C}[-1,1]$，应用推广积分中值定理，必 $\exists c_1 \in (-1,0), c_2 \in (0,1)$，使得

$$\int_{-1}^{0} x^2 f(x) \mathrm{d}x = \frac{1}{3} f(c_1), \quad \int_{0}^{1} x f(x) \mathrm{d}x = \frac{1}{2} f(c_2)$$

故 $f(c_1) = f(c_2) = 6$. 又 $f \in \mathscr{D}[c_1, c_2]$，应用罗尔定理，必 $\exists \xi \in (c_1, c_2) \subset (-1,1)$，使得 $f'(\xi) = 0$.

3.2.4　牛顿-莱布尼茨公式

　　在第 3.2.2 小节，我们用"分割取近似，求和取极限"将诸如求曲边梯形的面积一类的问题化为定积分，并介绍了可积的充分条件. 但是用这个定义求定积分是一件十分困难，甚至是不可能的事情. 下面从另一角度来考虑定积分的计算，首先我们来讨论连续函数的原函数问题.

　　1）原函数存在定理

　　设 $f \in \mathscr{I}[a,b], \forall x \in [a,b]$，则 $f \in \mathscr{I}[a,x]$. 记

$$\Phi(x) = \int_{a}^{x} f(x) \mathrm{d}x = \int_{a}^{x} f(t) \mathrm{d}t \tag{3.2.12}$$

称 $\Phi(x)$ 为**变上限的定积分**. 若 $f(x) \geqslant 0$，则 $\Phi(x)$ 的几何意义是区间 $[a,x]$ 上方曲边梯形的面积（图 3.7 中深灰色阴影部分）.

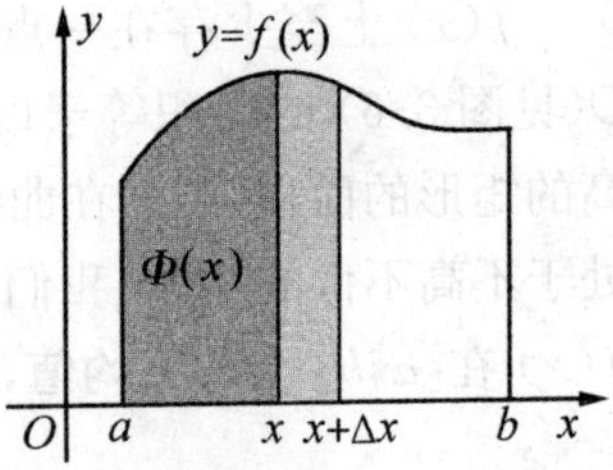

　　关于函数 $\Phi(x)$，有下述重要性质.

　　定理 3.2.7（原函数存在定理）　设 $f \in \mathscr{C}[a,b]$，则 $\Phi \in \mathscr{D}[a,b]$，且 $\Phi'(x) = f(x)$，即

$$\left(\int_{a}^{x} f(t) \mathrm{d}t \right)' = f(x)$$

图 3.7

　　证　$\forall x, x + \Delta x \in (a,b)$，有

$$\Phi(x + \Delta x) - \Phi(x) = \int_{a}^{x+\Delta x} f(t) \mathrm{d}t - \int_{a}^{x} f(t) \mathrm{d}t = \int_{x}^{x+\Delta x} f(t) \mathrm{d}t$$

对上式右端应用积分中值定理，因 $f \in \mathscr{C}[a,b]$，故必 $\exists \xi \in (x, x+\Delta x)$（或 $(x+\Delta x, x)$），使得

$$\int_{x}^{x+\Delta x} f(t) \mathrm{d}t = f(\xi) \Delta x$$

于是有 $\dfrac{\Phi(x+\Delta x)-\Phi(x)}{\Delta x}=f(\xi)$. 当 $\Delta x\to 0$ 时, $\xi\to x$, 由导数的定义和函数 f 的连续性即得

$$\Phi'(x)=\lim_{\Delta x\to 0}\frac{\Phi(x+\Delta x)-\Phi(x)}{\Delta x}=\lim_{\xi\to x}f(\xi)=f(x)$$

在区间 $[a,b]$ 的两个端点 $x=a$ 与 $x=b$ 处, 应用单侧导数的定义与积分中值定理有

$$\Phi'_+(a)=\lim_{x\to 0^+}\frac{\Phi(a+x)-\Phi(a)}{x}=\lim_{x\to 0^+}\frac{1}{x}\int_a^{a+x}f(x)\mathrm{d}x$$
$$=\lim_{\xi\to a^+}f(\xi)=f(a)\quad(a<\xi<a+x)$$
$$\Phi'_-(b)=\lim_{x\to 0^-}\frac{\Phi(b+x)-\Phi(b)}{x}=\lim_{x\to 0^-}\frac{-1}{x}\int_{b+x}^{b}f(x)\mathrm{d}x$$
$$=\lim_{\xi\to b^-}f(\xi)=f(b)\quad(b+x<\xi<b)$$

综上, $\forall x\in[a,b]$, 有 $\Phi'(x)=f(x)$. □

由定理 3.2.7 可知: 当 $f(x)$ 为连续函数时, 它的原函数必定存在, 由式 (3.2.12) 所定义的变上限的定积分 $\Phi(x)$ 就是它的一个原函数.

原函数存在定理在理论上很重要, 它是不定积分概念的重要理论基础, 在上一节中我们曾多次用到这一结论; 另一方面, 原函数存在定理还是下述非常重要的定理 3.2.8 与定理 3.2.9 的证明依据.

定理 3.2.8（变限定积分的导数）　设区间 $X\subseteq\mathbf{R},\varphi,\psi\in\mathscr{D}(X)$, 且 $\varphi(X)\subseteq[a,b],\psi(X)\subseteq[a,b],f\in\mathscr{C}[a,b]$, 则有

(1) $\left(\displaystyle\int_0^{\varphi(x)}f(t)\mathrm{d}t\right)'=\varphi'(x)f(\varphi(x))$; 　　　(3.2.13)

(2) $\left(\displaystyle\int_{\psi(x)}^{\varphi(x)}f(t)\mathrm{d}t\right)'=\varphi'(x)f(\varphi(x))-\psi'(x)f(\psi(x))$. 　(3.2.14)

证　(1) 令 $u=\varphi(x)$, 应用复合函数求导法则与原函数存在定理得

$$\frac{\mathrm{d}}{\mathrm{d}x}\left(\int_a^{\varphi(x)}f(t)\mathrm{d}t\right)=\frac{\mathrm{d}}{\mathrm{d}x}\left(\int_a^{u}f(t)\mathrm{d}t\right)=\frac{\mathrm{d}}{\mathrm{d}u}\left(\int_a^{u}f(t)\mathrm{d}t\right)\cdot\frac{\mathrm{d}u}{\mathrm{d}x}$$
$$=f(u)\varphi'(x)=\varphi'(x)f(\varphi(x))$$

(2) 应用定积分的可加性和 (1) 的结论得

$$\frac{\mathrm{d}}{\mathrm{d}x}\left(\int_{\psi(x)}^{\varphi(x)}f(t)\mathrm{d}t\right)=\frac{\mathrm{d}}{\mathrm{d}x}\left(\int_a^{\varphi(x)}f(t)\mathrm{d}t-\int_a^{\psi(x)}f(t)\mathrm{d}t\right)$$
$$=\frac{\mathrm{d}}{\mathrm{d}x}\left(\int_a^{\varphi(x)}f(t)\mathrm{d}t\right)-\frac{\mathrm{d}}{\mathrm{d}x}\left(\int_a^{\psi(x)}f(t)\mathrm{d}t\right)$$
$$=\varphi'(x)f(\varphi(x))-\psi'(x)f(\psi(x))$$ □

例 4 求 $\lim\limits_{x \to 0} \dfrac{\int_0^{x^2} \ln(1+t)\,\mathrm{d}t}{x^2 \ln(1-x^2)}$.

解 这是 $\dfrac{0}{0}$ 型的极限，应用等价无穷小替换法则、洛必达法则与变限定积分的导数公式，得

$$原式 = \lim_{x \to 0} \frac{\int_0^{x^2} \ln(1+t)\,\mathrm{d}t}{-x^4} \overset{\frac{0}{0}}{=\!=} \lim_{x \to 0} \frac{2x \ln(1+x^2)}{-4x^3} = \lim_{x \to 0} \frac{2x^3}{-4x^3} = -\frac{1}{2}$$

*注 原函数存在定理表明：函数连续是原函数存在的充分条件，但是函数连续不是原函数存在的必要条件. 例如

$$f(x) = \begin{cases} 2x\sin\dfrac{1}{x} - \cos\dfrac{1}{x} & (0 < x \leqslant 1); \\ 0 & (x = 0) \end{cases}$$

因为 $\lim\limits_{x \to 0^+} 2x\sin\dfrac{1}{x} = 0$，而 $x \to 0^+$ 时 $\cos\dfrac{1}{x}$ 在 -1 和 1 之间来回振荡不存在极限，所以 $\lim\limits_{x \to 0^+} f(x)$ 不存在，因此 $f(x)$ 在 $x = 0$ 不连续，故 $f(x)$ 在区间 $[0,1]$ 上不连续. 但是，容易验证

$$F(x) = \begin{cases} x^2\sin\dfrac{1}{x} & (0 < x \leqslant 1); \\ 0 & (x = 0) \end{cases}$$

是 $f(x)$ 的一个原函数. 此例表明不连续的函数也可能存在原函数.

2) 牛顿-莱布尼茨公式

定理 3.2.9(牛顿-莱布尼茨公式) 设 $f \in \mathscr{C}[a,b]$，$F(x)$ 是 $f(x)$ 的一个原函数，则

$$\int_a^b f(x)\,\mathrm{d}x = F(x)\Big|_a^b \overset{\text{def}}{=\!=} F(b) - F(a) \tag{3.2.15}$$

证 记

$$\Phi(x) = \int_a^x f(t)\,\mathrm{d}t \quad (a \leqslant x \leqslant b)$$

则 $\Phi'(x) = f(x)$. 又 $F'(x) = f(x)$，故

$$F(x) = \Phi(x) + C_0 = \int_a^x f(t)\,\mathrm{d}t + C_0$$

在上式中令 $x = a$，得 $F(a) = \Phi(a) + C_0 = C_0$；在上式中令 $x = b$，得

$$F(b) = \Phi(b) + C_0 = \int_a^b f(t)\,\mathrm{d}t + F(a)$$

于是

$$\int_a^b f(x)\,\mathrm{d}x = \int_a^b f(t)\,\mathrm{d}t = F(b) - F(a) \qquad\qquad \square$$

定理 3.2.10(推广牛顿-莱布尼茨公式)　设函数 $f \in \mathscr{I}[a,b]$，$F(x)$ 是 $f(x)$ 的任一原函数，则

$$\int_a^b f(x)\,\mathrm{d}x = F(x)\,\Big|_a^b \stackrel{\mathrm{def}}{=\!=\!=} F(b) - F(a)$$

此定理的证明从略[①].

不定积分与定积分原本是两个毫不相干的概念,问题的背景不相同,所用的数学方法也不同,而牛顿-莱布尼茨公式(简称为 N-L **公式**)与推广 N-L 公式巧妙地把它们联系起来,使得用定义求定积分这一十分困难的问题转化为求不定积分(即求原函数)问题. 这样在本章第一节不定积分概念的基础上,我们就可以方便地求出许多函数的定积分,使得定积分的计算问题获得突破性解决. 因此 N-L 公式在整个高等数学课程中有着极其重要的地位,被称为**微积分学基本定理**.

例 5　求 $\displaystyle\int_0^\pi \sin x\,\mathrm{d}x$ 和 $\displaystyle\int_{-\frac{\pi}{2}}^{\frac{\pi}{2}} \cos x\,\mathrm{d}x$.

解　直接应用牛顿-莱布尼茨公式,有

$$\int_0^\pi \sin x\,\mathrm{d}x = -\cos x\,\Big|_0^\pi = 2$$

$$\int_{-\frac{\pi}{2}}^{\frac{\pi}{2}} \cos x\,\mathrm{d}x = \sin x\,\Big|_{-\frac{\pi}{2}}^{\frac{\pi}{2}} = 2$$

此例告诉我们:正弦(或余弦)曲线一拱与 x 轴所围图形的面积等于2(见图3.8). 此图形的底边长 π 是一无理数,应用定积分的定义是无法求出面积为整数2来的. 牛顿-莱布尼茨公式使得定积分的计算如此方便,这启发我们可把问题倒过来应用 N-L 公式计算某种形式的极限. 例如

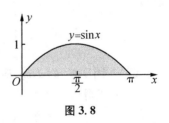

图 3.8

$$\lim_{n\to\infty}\left(\sin\frac{\pi}{n} + \sin\frac{2}{n}\pi + \cdots + \sin\frac{n}{n}\pi\right)\frac{\pi}{n} = \int_0^\pi \sin x\,\mathrm{d}x = 2$$

---

①此定理的证明参见陈仲、范红军编著的《高等数学(上)》(南京大学出版社,2017).

$$\lim_{n\to\infty}\frac{1^3+2^3+\cdots+n^3}{n^4}=\int_0^1 x^3\,\mathrm{d}x=\frac{x^4}{4}\Big|_0^1=\frac{1}{4}$$

$$\lim_{n\to\infty}\frac{1^4+2^4+\cdots+n^4}{n^5}=\int_0^1 x^4\,\mathrm{d}x=\frac{1}{5}x^5\Big|_0^1=\frac{1}{5}$$

例 6　求 $\displaystyle\int_0^2 f(x)\,\mathrm{d}x$，其中 $f(x)=\begin{cases}\mathrm{e}^x & (0\leqslant x\leqslant 1);\\ x^2-x & (1<x\leqslant 2).\end{cases}$

解　函数 $f(x)$ 在 $[0,2]$ 上有界，除 $x=1$ 外连续，且 $f(1^-)=\mathrm{e},f(1^+)=0$，故 $x=1$ 是第 Ⅰ 类跳跃型间断点，所以 $f(x)\in\mathscr{I}[0,2]$. 先应用定积分的可加性，再应用 N-L 公式得

$$\int_0^2 f(x)\,\mathrm{d}x=\int_0^1 \mathrm{e}^x\,\mathrm{d}x+\int_1^2(x^2-x)\,\mathrm{d}x$$
$$=\mathrm{e}^x\Big|_0^1+\left(\frac{1}{3}x^3-\frac{1}{2}x^2\right)\Big|_1^2=\mathrm{e}-1+\frac{7}{3}-\frac{3}{2}=\mathrm{e}-\frac{1}{6}$$

3.2.5　定积分的换元积分法与分部积分法

应用 N-L 公式，定积分的计算可分为两步进行，即先应用第 3.1 节中所学知识求不定积分，找一个原函数，再代入 N-L 公式求原函数在上下限的改变量. 由于大量的不定积分是采用换元积分法或分部积分法求得的，现在来探讨定积分的换元积分法和分部积分法，以进一步简化定积分的计算.

1) 换元积分法

定理 3.2.11(换元积分法)　设

(1) $f\in\mathscr{C}[a,b]$；

(2) $x=\varphi(t)$ 满足 $\varphi(\alpha)=a,\varphi(\beta)=b$，且 $\varphi\in\mathscr{C}^{(1)}[\alpha,\beta],\varphi([\alpha,\beta])=[a,b]$，

则

$$\int_a^b f(x)\,\mathrm{d}x=\int_\alpha^\beta f(\varphi(t))\varphi'(t)\,\mathrm{d}t \tag{3.2.16}$$

证　因 $f\in\mathscr{C}[a,b]$，应用原函数存在定理，必存在 $F(x)$，使得 $F'(x)=f(x)$，由 N-L 公式得

$$\int_a^b f(x)\,\mathrm{d}x=F(b)-F(a) \tag{3.2.17}$$

另一方面，应用复合函数求导法则得

$$\frac{\mathrm{d}}{\mathrm{d}t}F(\varphi(t))=F'(\varphi(t))\varphi'(t)=f(\varphi(t))\varphi'(t)$$

应用 N-L 公式得

$$\int_{\alpha}^{\beta} f(\varphi(t))\varphi'(t)dt = F(\varphi(t))\Big|_{\alpha}^{\beta} = F(\varphi(\beta)) - F(\varphi(\alpha))$$
$$= F(b) - F(a) \tag{3.2.18}$$

比较式(3.2.17)与(3.2.18),即得式(3.2.16)成立. □

在应用换元积分公式(3.2.16)求定积分时,与不定积分情况一样,我们既可选取适当的换元变换 $x = \varphi(t)$ 将式(3.2.16)的左端化为右端计算;也可用"凑"微分的方法将式(3.2.16)的右端化为左端计算. 但与不定积分换元积分法不同的是,这里在对新的积分变量求得原函数后不必变回到原来的积分变量,而是对新的积分变量的新的上下限直接应用 N-L 公式.

应用定积分的换元积分法,我们再给出定积分的两条重要性质.

定理 3.2.12(奇偶、对称性) 设 $f \in \mathscr{C}[-a,a]$,且 $f(x)$ 是奇函数或偶函数,则

$$\int_{-a}^{a} f(x)dx = \begin{cases} 0 & (f \text{ 为奇函数}); \\ 2\int_{0}^{a} f(x)dx & (f \text{ 为偶函数}) \end{cases} \tag{3.2.19}$$

证 作换元变换,令 $x = -t$,则

$$\int_{-a}^{0} f(x)dx = \int_{a}^{0} f(-t)(-1)dt = \int_{0}^{a} f(-t)dt$$
$$= \begin{cases} -\int_{0}^{a} f(t)dt = -\int_{0}^{a} f(x)dx & (f \text{ 为奇函数}); \\ \int_{0}^{a} f(t)dt = \int_{0}^{a} f(x)dx & (f \text{ 为偶函数}) \end{cases} \tag{3.2.20}$$

应用定积分的可加性得

$$\int_{-a}^{a} f(x)dx = \int_{-a}^{0} f(x)dx + \int_{0}^{a} f(x)dx \tag{3.2.21}$$

将式(3.2.20)代入式(3.2.21)即得式(3.2.19)成立. □

定理 3.2.13 设 $f(x)$ 是周期为 T 的连续函数,$\forall a \in \mathbf{R}$,则

$$\int_{a}^{a+T} f(x)dx = \int_{0}^{T} f(x)dx \tag{3.2.22}$$

证 用"常数变易法"构造辅助函数,令

$$F(x) = \int_{x}^{x+T} f(t)dt$$

则

$$F'(x) = (x+T)'f(x+T) - x'f(x) = f(x+T) - f(x) \equiv 0$$

所以 $F(x)$ 为常值函数,有 $F(a) = F(0) = \int_0^T f(t)\mathrm{d}t$,即式(3.2.22)成立. □

例7 求 $\int_0^\pi \sin^3 x \mathrm{d}x$.

解 采用换元积分公式(3.2.16)从右到左计算得

$$原式 = \int_0^\pi (\cos^2 x - 1)\mathrm{d}\cos x \quad (令 \cos x = t)$$

$$= \int_1^{-1} (t^2 - 1)\mathrm{d}t = \int_{-1}^1 (1 - t^2)\mathrm{d}t$$

$$= 2\int_0^1 (1 - t^2)\mathrm{d}t = 2\left(t - \frac{1}{3}t^3\right)\Big|_0^1 = \frac{4}{3}$$

在用"凑"微分的方法应用换元积分公式(3.2.16)从右到左计算时,常常不将新的积分变量写出来,而是直接对原来的积分变量进行计算,因此积分的上下限也不变. 如例7可计算如下:

$$原式 = \int_0^\pi (\cos^2 x - 1)\mathrm{d}\cos x = \left(\frac{1}{3}\cos^3 x - \cos x\right)\Big|_0^\pi$$

$$= \frac{2}{3} - \left(-\frac{2}{3}\right) = \frac{4}{3}$$

例8 求 $\int_0^a \sqrt{a^2 - x^2}\,\mathrm{d}x \ (a > 0)$.

解法1 应用定积分的几何意义,此定积分是求图3.9中圆在第一象限部分图形的面积,即为圆的面积 πa^2 的四分之一,于是

$$原式 = \frac{1}{4}\pi a^2$$

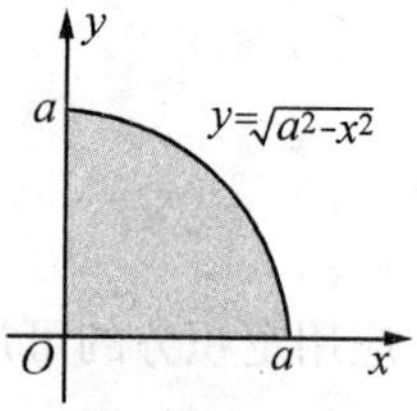

图3.9

解法2 采用换元积分公式(3.2.16)从左到右计算,令 $x = a\sin t$,则

$$原式 = \int_0^{\frac{\pi}{2}} a^2 \cos^2 t \mathrm{d}t = a^2 \int_0^{\frac{\pi}{2}} \frac{1 + \cos 2t}{2}\mathrm{d}t$$

$$= \frac{a^2}{2}\left(t + \frac{1}{2}\sin 2t\right)\Big|_0^{\frac{\pi}{2}} = \frac{\pi}{4}a^2$$

例9 求 $\lim_{x \to 0}\int_0^x \frac{\sin(xt)}{x^2 t}\mathrm{d}t$.

解 由于被积函数中除积分变量 t 外还有变量 x,因此不同于单纯的变限的定积分. 先作换元变换,令 $xt = u$,视 x 为参数,u 为新的积分变量,则

$$\int_0^x \frac{\sin(xt)}{x^2 t}\mathrm{d}t = \frac{1}{x^2}\int_0^{x^2} \frac{\sin u}{u}\mathrm{d}u$$

此式右端的变上限定积分的被积函数除积分变量 u 外已不含 x,应用洛必达法则和变限定积分的导数公式,有

$$原式 = \lim_{x \to 0} \frac{\int_0^{x^2} \frac{\sin u}{u} \mathrm{d}u}{x^2} \xlongequal{\frac{0}{0}} \lim_{x \to 0} \frac{2x \cdot \frac{\sin x^2}{x^2}}{2x} = 1$$

例 10　求 $\int_0^{\pi} \frac{x \sin x}{1 + \cos^2 x} \mathrm{d}x$.

解法 1　记原式 $= I$. 采用换元积分法,令 $x = \pi - t$,则

$$I = -\int_{\pi}^{0} \frac{(\pi - t)\sin t}{1 + \cos^2 t} \mathrm{d}t = \pi \int_0^{\pi} \frac{\sin t}{1 + \cos^2 t} \mathrm{d}t - \int_0^{\pi} \frac{x \sin x}{1 + \cos^2 x} \mathrm{d}x$$

$$= -\pi \int_0^{\pi} \frac{1}{1 + \cos^2 x} \mathrm{d}\cos x - I$$

$$= -\pi \arctan(\cos x) \Big|_0^{\pi} - I$$

$$= -\pi \left(-\frac{\pi}{4} - \frac{\pi}{4} \right) - I = \frac{1}{2}\pi^2 - I$$

故 $I = \frac{1}{4}\pi^2$.

解法 2　应用定积分的可加性,有

$$原式 = \int_0^{\frac{\pi}{2}} \frac{x \sin x}{1 + \cos^2 x} \mathrm{d}x + \int_{\frac{\pi}{2}}^{\pi} \frac{x \sin x}{1 + \cos^2 x} \mathrm{d}x \quad (在第二项中令 \; x = \pi - t)$$

$$= \int_0^{\frac{\pi}{2}} \frac{x \sin x}{1 + \cos^2 x} \mathrm{d}x - \int_{\frac{\pi}{2}}^{0} \frac{(\pi - t)\sin t}{1 + \cos^2 t} \mathrm{d}t$$

$$= \int_0^{\frac{\pi}{2}} \frac{x \sin x}{1 + \cos^2 x} \mathrm{d}x + \int_0^{\frac{\pi}{2}} \frac{(\pi - x)\sin x}{1 + \cos^2 x} \mathrm{d}x$$

$$= \pi \int_0^{\frac{\pi}{2}} \frac{\sin x}{1 + \cos^2 x} \mathrm{d}x = -\pi \arctan(\cos x) \Big|_0^{\frac{\pi}{2}} = \frac{\pi^2}{4}$$

在本例中,被积函数的原函数不能用初等函数表示,故先求原函数,再用 N-L 公式计算失效. 可见直接应用定积分的换元积分法是行之有效的方法.

2)分部积分法

定理 3.2.14(分部积分法)　设 $u(x), v(x) \in \mathscr{C}^{(1)}[a, b]$,则

$$\int_a^b u(x)\mathrm{d}v(x) = u(x)v(x) \Big|_a^b - \int_a^b v(x)\mathrm{d}u(x) \tag{3.2.23}$$

证　由微分公式有

$$\mathrm{d}(u(x)v(x)) = u(x)\mathrm{d}v(x) + v(x)\mathrm{d}u(x)$$

两边从 a 到 b 积分得

$$\int_a^b \mathrm{d}(u(x)v(x)) = \int_a^b u(x)\mathrm{d}v(x) + \int_a^b v(x)\mathrm{d}u(x) \qquad (3.2.24)$$

应用 N-L 公式，有

$$\int_a^b \mathrm{d}(u(x)v(x)) = u(x)v(x)\Big|_a^b$$

此式代入式(3.2.24)并移项即得式(3.2.23)成立. □

例 11　求 $\int_1^{\mathrm{e}} \ln x \mathrm{d}x$.

解　采用分部积分法，有

$$原式 = x\ln x\Big|_1^{\mathrm{e}} - \int_1^{\mathrm{e}} x\mathrm{d}\ln x = \mathrm{e} - \int_1^{\mathrm{e}} x \cdot \frac{1}{x}\mathrm{d}x = 1$$

例 12　设函数 $f(x)$ 满足 $f \in \mathscr{C}^{(2)}[0,1]$，$f(1)=1$，$f'(1)=2$，$\int_0^1 f(x)\mathrm{d}x = 3$，求 $\int_0^1 x^2 f''(x)\mathrm{d}x$.

解　采用分部积分法，有

$$原式 = \int_0^1 x^2 \mathrm{d}f'(x) = x^2 f'(x)\Big|_0^1 - 2\int_0^1 xf'(x)\mathrm{d}x$$

$$= 2 - 2\int_0^1 x\mathrm{d}f(x) = 2 - 2xf(x)\Big|_0^1 + 2\int_0^1 f(x)\mathrm{d}x$$

$$= 2 - 2 + 6 = 6$$

例 13　设 $f(x) = \int_0^x \frac{2\sin x}{\pi - 2x}\mathrm{d}x$，求 $\int_0^{\frac{\pi}{2}} f(x)\mathrm{d}x$.

解　由于 $\frac{\sin x}{\pi - 2x}$ 的原函数不能用初等函数表示，故 $f(x)$ 求不出来，但它的导数 $f'(x)$ 可求，故采用分部积分法，把对 $f(x)$ 的积分化为对 $f'(x)$ 的积分，有

$$\int_0^{\frac{\pi}{2}} f(x)\mathrm{d}x = xf(x)\Big|_0^{\frac{\pi}{2}} - \int_0^{\frac{\pi}{2}} xf'(x)\mathrm{d}x$$

$$= \frac{\pi}{2} f\left(\frac{\pi}{2}\right) - \int_0^{\frac{\pi}{2}} \frac{2x\sin x}{\pi - 2x}\mathrm{d}x = \int_0^{\frac{\pi}{2}} \frac{\pi\sin x}{\pi - 2x}\mathrm{d}x - \int_0^{\frac{\pi}{2}} \frac{2x\sin x}{\pi - 2x}\mathrm{d}x$$

$$= \int_0^{\frac{\pi}{2}} \frac{(\pi - 2x)\sin x}{\pi - 2x}\mathrm{d}x = \int_0^{\frac{\pi}{2}} \sin x\mathrm{d}x = 1$$

****例 14**(同例 10)　求 $\int_0^{\pi} \frac{x\sin x}{1 + \cos^2 x}\mathrm{d}x$.

解法 3　采用分部积分法，有

$$原式 = -\int_0^\pi \frac{x}{1+\cos^2 x}\mathrm{d}\cos x = -\int_0^\pi x\mathrm{d}\arctan(\cos x)$$

$$= -x\arctan(\cos x)\Big|_0^\pi + \int_0^\pi \arctan(\cos x)\mathrm{d}x \quad \left(令\ x = t + \frac{\pi}{2}\right)$$

$$= \frac{\pi^2}{4} - \int_{-\frac{\pi}{2}}^{\frac{\pi}{2}} \arctan(\sin t)\mathrm{d}t$$

$$= \frac{\pi^2}{4} \quad (因 \arctan(\sin t) 为奇函数,应用奇偶、对称性)$$

***例 15**　设 $n \in \mathbf{N}^*$,求 $\int_0^{\frac{\pi}{2}} \sin^n x\mathrm{d}x$ 和 $\int_0^{\frac{\pi}{2}} \cos^n x\mathrm{d}x$.

解　首先证明这两个定积分相等.采用换元积分法,令 $x = \frac{\pi}{2} - t$,则

$$\int_0^{\frac{\pi}{2}} \sin^n x\mathrm{d}x = -\int_{\frac{\pi}{2}}^0 \cos^n t\mathrm{d}t = \int_0^{\frac{\pi}{2}} \cos^n x\mathrm{d}x$$

当 $n \geqslant 3$ 时,应用分部积分法,有

$$I_n = \int_0^{\frac{\pi}{2}} \sin^n x\mathrm{d}x = -\int_0^{\frac{\pi}{2}} \sin^{n-1} x\mathrm{d}\cos x$$

$$= -\sin^{n-1} x \cdot \cos x\Big|_0^{\frac{\pi}{2}} + \int_0^{\frac{\pi}{2}} \cos x\mathrm{d}\sin^{n-1} x$$

$$= \int_0^{\frac{\pi}{2}} \cos x \cdot (n-1)\sin^{n-2} x \cdot \cos x\mathrm{d}x$$

$$= (n-1)\int_0^{\frac{\pi}{2}} \sin^{n-2} x\mathrm{d}x - (n-1)\int_0^{\frac{\pi}{2}} \sin^n x\mathrm{d}x$$

$$= (n-1)I_{n-2} - (n-1)I_n$$

由此得到关于 I_n 的递推公式 $I_n = \dfrac{n-1}{n}I_{n-2}(n \geqslant 3)$. 由于

$$I_1 = \int_0^{\frac{\pi}{2}} \sin x\mathrm{d}x = 1, \quad I_2 = \int_0^{\frac{\pi}{2}} \sin^2 x\mathrm{d}x = \int_0^{\frac{\pi}{2}} \frac{1-\cos 2x}{2}\mathrm{d}x = \frac{\pi}{4}$$

所以

$$I_{2n} = \frac{2n-1}{2n}I_{2n-2} = \frac{2n-1}{2n} \cdot \frac{2n-3}{2n-2}I_{2n-4} = \cdots$$

$$= \frac{(2n-1)(2n-3)\cdots 3}{2n(2n-2)\cdots 4}I_2 = \frac{(2n-1)!!}{(2n)!!} \cdot \frac{\pi}{2}$$

$$I_{2n+1} = \frac{2n}{2n+1}I_{2n-1} = \frac{2n}{2n+1} \cdot \frac{2n-2}{2n-1}I_{2n-3} = \cdots$$

$$= \frac{2n(2n-2)\cdots 2}{(2n+1)(2n-1)\cdots 3}I_1 = \frac{(2n)!!}{(2n+1)!!}$$

故

$$\int_0^{\frac{\pi}{2}} \sin^n x \, \mathrm{d}x = \int_0^{\frac{\pi}{2}} \cos^n x \, \mathrm{d}x = \begin{cases} \dfrac{(2k-1)!!}{(2k)!!} \cdot \dfrac{\pi}{2} & (n=2k); \\ \dfrac{(2k)!!}{(2k+1)!!} & (n=2k+1) \end{cases}$$

习题 3.2

A 组

1. 设 $f \in \mathscr{D}^2[a,b], f(x)>0, f'(x)>0, f''(x)>0,$ 令

$$S_1 = \int_a^b f(x)\mathrm{d}x, \quad S_2 = f(a)(b-a), \quad S_3 = \frac{1}{2}(f(a)+f(b))(b-a)$$

试比较 S_1, S_2, S_3 的大小.

2. 设 $f \in \mathscr{D}^2[a,b], f(x)<0, f''(x)<0,$ 令

$$S_1 = \int_a^b f(x)\mathrm{d}x, \quad S_2 = \frac{1}{2}(f(a)+f(b))(b-a)$$

试比较 S_1 与 S_2 的大小.

3. 判断下列函数的可积性:

(1) $f(x) = \begin{cases} \dfrac{\sin x}{x} & (0<x\leqslant 1), \\ 0 & (x=0); \end{cases}$ (2) $f(x) = \begin{cases} \dfrac{1}{\sqrt{x}} & (0<x\leqslant 1), \\ 1 & (x=0); \end{cases}$

(3) $f(x) = \begin{cases} \sin\dfrac{1}{x} & (0<x\leqslant 1), \\ 1 & (x=0). \end{cases}$

4. 比较下列定积分的大小:

(1) $\displaystyle\int_0^1 \frac{x}{\sqrt{1+x^4}}\mathrm{d}x$ 和 $\displaystyle\int_0^1 \frac{x^2}{\sqrt{1+x^4}}\mathrm{d}x$; (2) $\displaystyle\int_0^1 x\mathrm{e}^x\mathrm{d}x$ 和 $\displaystyle\int_0^1 \sin x \cdot \mathrm{e}^x\mathrm{d}x$;

(3) $\displaystyle\int_0^1 x\mathrm{e}^{-x}\mathrm{d}x$ 和 $\displaystyle\int_0^1 x\mathrm{e}^{-x^2}\mathrm{d}x$.

5. 对下列定积分进行估值:

(1) $\displaystyle\int_0^2 \mathrm{e}^{x^2-x}\mathrm{d}x$; (2) $\displaystyle\int_0^3 \frac{x}{16+x^3}\mathrm{d}x$.

6. 设 $f \in \mathscr{D}[0,1],$ 且 $f(1) = \displaystyle\int_0^1 xf(x)\mathrm{d}x,$ 试证: $\exists \xi \in (0,1),$ 使得

$$f(\xi) + \xi f'(\xi) = 0$$

7. 设 $f, g \in \mathscr{C}[a,b]$，且 $g(x) \geqslant 0$（或 $\leqslant 0$），求证：$\exists \xi \in [a,b]$，使得

$$\int_a^b f(x)g(x)\,dx = f(\xi)\int_a^b g(x)\,dx$$

8. 将积分区间 n 等分后将下列定积分用和式的极限表示（不要求值）：

(1) $\displaystyle\int_0^1 \frac{1}{1+x^2}\,dx$；

(2) $\displaystyle\int_1^2 \ln x\,dx$；

(3) $\displaystyle\int_0^\pi \sin^2 x\,dx$；

(4) $\displaystyle\int_0^1 \frac{1}{\sqrt{2-x^2}}\,dx$.

9. 利用洛必达法则求下列极限：

(1) $\displaystyle\lim_{x\to 0} \frac{\int_0^x \sin t^2\,dt}{x^3}$；

(2) $\displaystyle\lim_{x\to 0} \frac{\int_0^x (1-e^{t^2})\,dt}{x^2\sin x}$；

(3) $\displaystyle\lim_{x\to +\infty} \frac{1}{\sqrt{1+x^2}}\int_0^x \arctan x\,dx$；

(4) $\displaystyle\lim_{x\to 0}\int_{\frac{x}{2}}^x \frac{e^{xt}-1}{x^2 t}\,dt$.

10. 求下列定积分：

(1) $\displaystyle\int_1^4 \frac{x+1}{\sqrt{x}}\,dx$；

(2) $\displaystyle\int_1^2 \frac{1+x^4}{x^2}\,dx$；

(3) $\displaystyle\int_0^{\frac{\pi}{4}} \tan^2 x\,dx$；

(4) $\displaystyle\int_0^{\frac{\pi}{2}} \sin^4 x\,dx$；

(5) $\displaystyle\int_{-1}^1 (x+|x|)^2\,dx$；

(6) $\displaystyle\int_0^4 |x^2-3x+2|\,dx$；

(7) $\displaystyle\int_0^1 x(1-x^2)^{10}\,dx$；

(8) $\displaystyle\int_1^4 \frac{1}{\sqrt{x}\,(1+x)}\,dx$；

(9) $\displaystyle\int_1^4 \frac{1}{x(1+\sqrt{x})}\,dx$；

(10) $\displaystyle\int_0^a x^2\sqrt{a^2-x^2}\,dx$；

(11) $\displaystyle\int_0^{\ln 2} \sqrt{e^x-1}\,dx$；

(12) $\displaystyle\int_0^3 \frac{x}{1+\sqrt{1+x}}\,dx$；

(13) $\displaystyle\int_0^{\sqrt{\ln 2}} x^3 e^{-x^2}\,dx$；

(14) $\displaystyle\int_0^\pi x^2\cos x\,dx$；

(15) $\displaystyle\int_0^{\sqrt{3}} x\arctan x\,dx$；

(16) $\displaystyle\int_1^e (x\ln x)^2\,dx$；

(17) $\displaystyle\int_1^e \sin(\ln x)\,dx$;　　　　　　　(18) $\displaystyle\int_{\frac{1}{e}}^e \sqrt{(\ln x)^2}\,dx$.

11. 求下列函数的导数：

(1) $y = \displaystyle\int_0^{x^2} \sin\sqrt{x}\,dx$;　　　　　　(2) $y = \displaystyle\int_x^{\sqrt{x}} \sin x^2\,dx$;

(3) $y = \displaystyle\int_a^x f(x+t)\,dt\ (f \in \mathscr{C})$;　　　(4) $\displaystyle\int_0^y e^{x^2}\,dx + \int_0^x \cos x^2\,dx = x^2$.

12. 求函数 $y(x) = \displaystyle\int_0^x e^x \sin x\,dx$ 在 $[0,2\pi]$ 上的极值与最值.

13. 设 $f \in \mathscr{C}$.

(1) 若 f 为奇函数，求证：$\displaystyle\int_0^x f(t)\,dt$ 为偶函数，且 $f(x)$ 的任一原函数为偶函数；

(2) 若 f 为偶函数，求证：$\displaystyle\int_0^x f(t)\,dt$ 为奇函数，且 $f(x)$ 的其他的原函数都不是奇函数.

14. 设 $f \in \mathscr{C}$，求证：

$$\int_0^\pi x f(\sin x)\,dx = \frac{\pi}{2}\int_0^\pi f(\sin x)\,dx = \pi\int_0^{\frac{\pi}{2}} f(\sin x)\,dx$$

15. 设 $f \in \mathscr{D}^2[a,b]$, $f''(x) > 0$，求证：

$$\int_a^b f(x)\,dx \geqslant (b-a)f\left(\frac{a+b}{2}\right)$$

16. 设 $f \in \mathscr{C}[a,b]$, $f(x) > 0$，且

$$F(x) = \int_a^x f(x)\,dx - \int_x^b \frac{1}{f(x)}\,dx$$

求证：(1) $\forall x \in [a,b]$, $F'(x) \geqslant 2$；(2) $F(x)$ 在 (a,b) 内恰有一个零点.

B 组

17. 设

$$F(x) = \begin{cases} x^2 \sin\dfrac{1}{x^2} & (x \neq 0); \\ 0 & (x = 0) \end{cases}$$

试证明 $F(x)$ 可导. 记 $f(x) = F'(x)$，试判断 $f(x)$ 在 $[-1,1]$ 上的可积性. 此结论说明了什么？

18. 设 $a < b$，求 $\displaystyle\int_a^b x\,|\,x\,|\,dx$.

19. 设 $f \in \mathscr{C}$,试证明:$\int_a^x \left(\int_a^t f(x) \mathrm{d}x \right) \mathrm{d}t = \int_a^x (x-t) f(t) \mathrm{d}t.$

20. 设 $n \in \mathbf{N}^*$,求 $I_n = \int_0^\pi x \sin^n x \, \mathrm{d}x.$

21. 设 $f \in \mathscr{C}[a,b]$,$\int_a^b f(x) \mathrm{d}x = 0$,$\int_a^b x f(x) \mathrm{d}x = 0$,求证:$f(x)$ 在(a,b) 内至少有两个零点.

3.3　定积分在几何上的应用

据定积分的定义,凡是能用"分割取近似,求和取极限"方法处理的实际问题都可以化为定积分解决.为正确运用这一方法,并简化推导过程,我们首先介绍"微元法",然后再介绍定积分在几何上的应用.

3.3.1　微元法

我们还是从求曲边梯形面积的问题入手.设函数 $f \in \mathscr{C}[a,b]$,$f(x) > 0$.由$y = f(x)$,$x = a$,$x = b$ 与 x 轴所围曲边梯形的面积是需求的总量,记为 Q. $\forall X = [x, x+\mathrm{d}x] \subset [a,b]$,过 x 轴上两点 x,$x + \mathrm{d}x$ 分别作垂直于 x 轴的直线,曲边梯形介于这两条直线之间的小曲边梯形的面积为 $Q(X)$. $Q(X)$ 的值依赖于区间 X,因而既依赖于 x,又依赖于 $\mathrm{d}x$. 我们来研究用

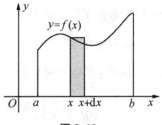

图 3.10

$f(x)\mathrm{d}x$(图3.10 中阴影部分的面积) 近似代替 $Q(X)$ 会产生多大的误差.

由于

$$| Q(X) - f(x)\mathrm{d}x | \leqslant (M(X) - m(X))\mathrm{d}x$$

这里 $M(X) = \max\limits_{x \in X} f(x)$,$m(X) = \min\limits_{x \in X} f(x)$,所以

$$0 \leqslant \frac{| Q(X) - f(x)\mathrm{d}x |}{\mathrm{d}x} \leqslant M(X) - m(X)$$

因 $f \in \mathscr{C}[a,b]$,故 $\mathrm{d}x \to 0$ 时 $M(X) \to f(x)$,$m(X) \to f(x)$,于是

$$\lim_{\mathrm{d}x \to 0} \frac{Q(X) - f(x)\mathrm{d}x}{\mathrm{d}x} = 0$$

此式表明

$$Q(X) = f(x)\mathrm{d}x + o(\mathrm{d}x) \tag{3.3.1}$$

曲边梯形的面积公式表明:当 $Q(X)$ 与 $f(x)\mathrm{d}x$ 是等价无穷小时,有

$$Q([a,b]) = \int_a^b f(x)\mathrm{d}x$$

抽去上述实例的几何含义，我们得到下面的定理.

定理 3.3.1（微元法） 设 $\forall X = [x, x+\mathrm{d}x] \subset [a,b]$，$Q(X)$ 是 X 的函数，若 $\exists f(x), f \in \mathscr{C}[a,b]$，使得 $\mathrm{d}x \to 0$ 时 $Q(X) \sim f(x)\mathrm{d}x$，则

$$Q = \int_a^b f(x)\mathrm{d}x$$

此定理的严格证明从略. 我们称 $Q(X)$ 为**区间函数**，称 $f(x)\mathrm{d}x$ 为总量 Q 的**微元**，记为 $\mathrm{d}Q = f(x)\mathrm{d}x$.

微元法表明：欲求某一与区间 $[a,b]$ 有关的总量 Q，我们只要找到总量 Q 的微元 $\mathrm{d}Q = f(x)\mathrm{d}x$，则总量等于总量微元的积分，即

$$Q = \int_a^b \mathrm{d}Q = \int_a^b f(x)\mathrm{d}x$$

在应用微元法解决实际问题时，我们常常根据经验找到总量的微元，它与区间函数为等价无穷小的严格证明常被省略.

我们先来看两个简单的例子：半径为 R 的球体的体积为 $V = \dfrac{4}{3}\pi R^3$，表面积为 $S = 4\pi R^2$；半径为 R 的圆的面积为 $\sigma = \pi R^2$，周长为 $l = 2\pi R$. 很显然，有

$$\frac{\mathrm{d}V}{\mathrm{d}R} = \left(\frac{4}{3}\pi R^3\right)' = 4\pi R^2 = S, \quad \frac{\mathrm{d}\sigma}{\mathrm{d}R} = (\pi R^2)' = 2\pi R = l$$

下面应用微元法对上述两个公式作一解释：

（1）在半径为 R 的球体内作半径分别为 x 与 $x+\mathrm{d}x$ 的两个球面，这两个球面之间的薄球壳的体积（球体体积微元）为 $\mathrm{d}V = 4\pi x^2\mathrm{d}x$，于是

$$V = \int_0^R 4\pi x^2\mathrm{d}x = \frac{4}{3}\pi R^3$$

（2）在半径为 R 的圆内作半径分别为 x 与 $x+\mathrm{d}x$ 的两个圆周，这两个圆周之间的圆环的面积（圆的面积微元）为 $\mathrm{d}\sigma = 2\pi x\mathrm{d}x$，于是

$$\sigma = \int_0^R 2\pi x\mathrm{d}x = \pi R^2$$

3.3.2　平面图形的面积

1）直角坐标下平面图形的面积

（1）设 $f, g \in \mathscr{C}[a,b]$，考虑平面图形

$$D_1 = \{(x,y) \mid a \leqslant x \leqslant b, g(x) \leqslant y \leqslant f(x)\}$$

$\forall\, X=[x,x+\mathrm{d}x]\subset[a,b]$,过 x 轴上两点 $x,x+\mathrm{d}x$ 分别作垂直于 x 轴的直线,图形 D_1 介于这两条直线之间的部分图形的面积 $\sigma(X)$ 是区间函数,其面积微元为

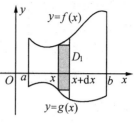

图 3.11

$$\mathrm{d}\sigma=(f(x)-g(x))\mathrm{d}x$$

(图 3.11 中阴影部分的面积),于是图形 D_1 的面积为

$$\sigma=\int_a^b(f(x)-g(x))\mathrm{d}x \qquad (3.3.2)$$

例 1　求椭圆 $\dfrac{x^2}{a^2}+\dfrac{y^2}{b^2}=1$ 所围图形的面积.

解　椭圆所围图形的面积等于其位于第一象限部分面积的 4 倍,故

$$\sigma=4\int_0^a b\sqrt{1-\frac{x^2}{a^2}}\,\mathrm{d}x \quad(\text{作换元变换,令 } x=a\sin t)$$

$$=4b\int_0^{\frac{\pi}{2}}\cos t\cdot a\cos t\,\mathrm{d}t=4ab\left(\frac{t}{2}+\frac{1}{4}\sin 2t\right)\bigg|_0^{\frac{\pi}{2}}=\pi ab$$

(2) 设 $\varphi,\psi\in\mathscr{C}[c,d]$,考虑平面图形

$$D_2=\{(x,y)\mid c\leqslant y\leqslant d,\psi(y)\leqslant x\leqslant\varphi(y)\}$$

$\forall\, Y=[y,y+\mathrm{d}y]\subset[c,d]$,过 y 轴上两点 $y,y+\mathrm{d}y$ 分别作垂直于 y 轴的直线,图形 D_2 介于这两条直线之间的部分图形的面积 $\sigma(Y)$ 是区间函数,其面积微元为

图 3.12

$$\mathrm{d}\sigma=(\varphi(y)-\psi(y))\mathrm{d}y$$

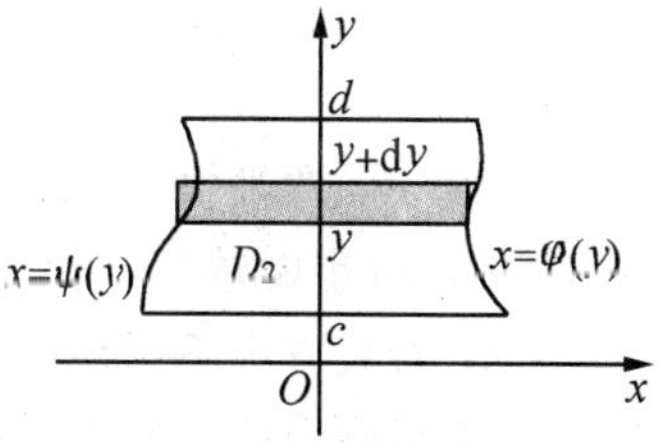

(图 3.12 中阴影部分的面积),于是图形 D_2 的面积为

$$\sigma=\int_c^d(\varphi(y)-\psi(y))\mathrm{d}y \qquad (3.3.3)$$

(3) 若平面图形不是 D_1 或 D_2 的形式,我们总可用平行于 x 轴的直线和平行于 y 轴的直线将它分为若干部分,使得每一部分均为上述 D_1 或 D_2 两种情况之一的图形,再分别用公式(3.3.2)或(3.3.3)计算其面积,它们的总和即为所求平面图形的面积.

例 2　求抛物线 $y^2=2x$ 与直线 $x+y=4$ 所围图形的面积.

解　图形 D 见图 3.13,由方程组

$$\begin{cases}y^2=2x,\\x+y=4\end{cases}$$

解得两曲线交点 A,B 的坐标为 $A(2,2),B(8,-4)$. 下面分别用公式 (3.3.2) 与 (3.3.3) 两种方法来计算.

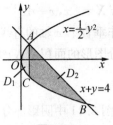

方法 1 以 y 为积分变量,图形 D 的右边曲线的方程为 $x=4-y$,图形 D 的左边曲线的方程为 $x=\dfrac{1}{2}y^2$,则图形 D 的面积为

$$\sigma=\int_{-4}^{2}\left(4-y-\frac{1}{2}y^2\right)\mathrm{d}y=\left(4y-\frac{1}{2}y^2-\frac{1}{6}y^3\right)\Big|_{-4}^{2}=18$$

图 3.13

方法 2 以 x 为积分变量,由于图形 D 的上边曲线由弧 $\overset{\frown}{OA}$ 与线段 $\overline{AB}$ 组成,它们的方程不同,所以用平行于 y 轴直线 AC 将 D 分为左、右两部分,分别记为 D_1 与 D_2. 图形 D_1 的上边曲线的方程为 $y=\sqrt{2x}$,下边曲线的方程为 $y=-\sqrt{2x}$;图形 D_2 的上边曲线的方程为 $y=4-x$,下边曲线的方程为 $y=-\sqrt{2x}$. 则图形 D 的面积为图形 D_1 的面积与 D_2 的面积之和,故

$$\begin{aligned}
\sigma &=\int_{0}^{2}(\sqrt{2x}-(-\sqrt{2x}))\mathrm{d}x+\int_{2}^{8}(4-x-(-\sqrt{2x}))\mathrm{d}x\\
&=\int_{0}^{2}2\sqrt{2}\sqrt{x}\,\mathrm{d}x+\int_{2}^{8}(4-x+\sqrt{2}\sqrt{x})\mathrm{d}x\\
&=2\sqrt{2}\cdot\frac{2}{3}x^{\frac{3}{2}}\Big|_{0}^{2}+\left(4x-\frac{x^2}{2}+\sqrt{2}\cdot\frac{2}{3}x^{\frac{3}{2}}\right)\Big|_{2}^{8}=\frac{16}{3}+\frac{38}{3}=18
\end{aligned}$$

比较一下两种解法,显见方法 1 比方法 2 好. 方法 2 要将图形 D 分为两部分计算,而且积分也麻烦些,所以选取合适的积分变量对于求图形的面积是重要的.

* 2) 参数方程下平面图形的面积

下面举例说明当图形的边界曲线用参数方程给出时图形面积的计算方法. 首先介绍一条重要的曲线——旋轮线.

设半径为 a 的圆上有一定点 P,当该圆在平面直角坐标系的 x 轴上滚动时,我们将 P 点的轨迹称为**旋轮线**(见图 3.14). 若开始时 P 点与原点重合,则 P 点的轨迹的参数方程为

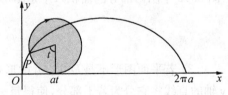

图 3.14

$$x=a(t-\sin t),\quad y=a(1-\cos t)$$

参数 t 的几何意义为图中所示的圆心角. 当 t 从 0 增至 2π 时,P 点描绘出旋轮线的第一拱.

例 3 求旋轮线 $x=a(t-\sin t),y=a(1-\cos t)$ 的第一拱($0\leqslant t\leqslant 2\pi$)与 x 轴所围图形的面积($a>0$).

解 设旋轮线的参数方程化为直角坐标方程为 $y = y(x)$，$x \in [0, 2\pi a]$，应用以 x 为积分变量的面积公式可得要求的面积为

$$\sigma = \int_0^{2\pi a} y(x)\mathrm{d}x$$

作换元变换，令 $x = a(t - \sin t)$，则 $x = 0$ 与 $x = 2\pi a$ 对应于 $t = 0$ 与 $t = 2\pi$，且 $y(x(t)) = a(1 - \cos t)$. 于是由换元积分法得

$$\sigma = \int_0^{2\pi} a(1 - \cos t) \cdot a(1 - \cos t)\mathrm{d}t = a^2 \int_0^{2\pi} \left(1 - 2\cos t + \frac{1 + \cos 2t}{2}\right)\mathrm{d}t$$

$$= a^2 \left(\frac{3}{2}t - 2\sin t + \frac{1}{4}\sin 2t\right)\bigg|_0^{2\pi} = 3\pi a^2$$

3) 极坐标下平面图形的面积

设 $\rho(\theta) \in \mathscr{C}[\alpha, \beta]$，考虑极坐标下的平面图形

$$D_3 = \{(\rho, \theta) \mid \alpha \leqslant \theta \leqslant \beta, 0 \leqslant \rho \leqslant \rho(\theta)\}$$

这里 $0 \leqslant \alpha < \beta \leqslant 2\pi$（或 $-\pi \leqslant \alpha < \beta \leqslant \pi$）.

$\forall X = [\theta, \theta + \mathrm{d}\theta] \subset [\alpha, \beta]$，过原点作极角分别为 θ 与 $\theta + \mathrm{d}\theta$ 的射线，图形 D_3 介于这两条射线之间的部分图形的面积 $\sigma(X)$ 是区间函数，其面积微元为

$$\mathrm{d}\sigma = \frac{1}{2}\rho^2(\theta)\mathrm{d}\theta$$

它是以 $\rho(\theta)$ 为半径，圆心角为 $\mathrm{d}\theta$ 的扇形的面积（图 3.15 中阴影部分的面积），于是图形 D_3 的面积为

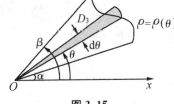

$$\sigma = \frac{1}{2}\int_\alpha^\beta \rho^2(\theta)\mathrm{d}\theta$$

图 3.15

这就是极坐标下平面图形 D_3 的面积公式.

例 4 求极坐标下曲线 $\rho^2 = \cos 2\theta$ 所围图形的面积.

解 首先画出曲线的图形. 由于 $\cos 2\theta$ 关于 θ 为偶函数，所以曲线的图形关于 x 轴对称；又由于 $\rho = \pm\sqrt{\cos 2\theta}$，所以曲线的图形关于原点中心对称. 因此只要画出第一象限中曲线的图形. 当 θ 从 0 增至 $\frac{\pi}{4}$ 时，ρ 从

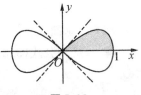

图 3.16

1 单调减至 0；当 θ 从 $\frac{\pi}{4}$ 增至 $\frac{\pi}{2}$ 时，因 $\cos 2\theta < 0$，所以当 $\theta \in \left(\frac{\pi}{4}, \frac{\pi}{2}\right]$ 时无曲线图形.

应用对称性便可画出曲线的全部图形，称为**双纽线**（见图 3.16）. 可见双纽线所围

图形的面积为第一象限中图形（图3.16中阴影部分）面积的 4 倍，于是

$$\sigma = 4 \cdot \frac{1}{2}\int_0^{\frac{\pi}{4}} \rho^2(\theta)\mathrm{d}\theta = 2\int_0^{\frac{\pi}{4}} \cos 2\theta\mathrm{d}\theta$$

$$= \sin 2\theta \Big|_0^{\frac{\pi}{4}} = 1$$

3.3.3 平面曲线的弧长

1）直角坐标下平面曲线的弧长

在 xOy 平面上有曲线 Γ（见图 3.17），其方程为 $y = f(x)$，且 $f \in \mathscr{C}^{(1)}[a,b]$. $\forall X = [x, x+\mathrm{d}x] \subset [a,b]$，过 x 轴上两点 $x, x+\mathrm{d}x$ 分别作直线垂直于 x 轴，曲线 Γ 介于这两条直线之间的部分曲线 $\overset{\frown}{MN}$ 的弧长 $s(X)$ 是区间函数. 当 $\mathrm{d}x$ 充分小时，$s(X)$ 与线段 MN 的长度 $|MN|$ 近似相等. 记 $\Delta y = f(x+\mathrm{d}x) - f(x)$，则 $|MN| = \sqrt{(\mathrm{d}x)^2 + (\Delta y)^2}$. 由于

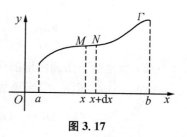

图 3.17

$$\lim_{\mathrm{d}x \to 0} \frac{|MN|}{|\mathrm{d}x|} = \sqrt{1 + [f'(x)]^2}$$

故

$$|MN| = \sqrt{1 + [f'(x)]^2}\,|\mathrm{d}x| + o(\mathrm{d}x)$$

我们取弧长微元

$$\mathrm{d}s = \sqrt{1 + [f'(x)]^2}\,\mathrm{d}x \quad (\mathrm{d}x > 0)$$

则曲线 Γ 的弧长为

$$s = \int_a^b \sqrt{1 + [f'(x)]^2}\,\mathrm{d}x \tag{3.3.4}$$

例 5 求曲线 $y = x^2 (0 \leqslant x \leqslant 1)$ 的弧长.

解 应用公式（3.3.4）得曲线的弧长为

$$s = \int_0^1 \sqrt{1 + (y')^2}\,\mathrm{d}x = \int_0^1 \sqrt{1 + 4x^2}$$

$$\xupint{\stackrel{令 2x = x}{=\!=\!=\!=\!=}} \frac{1}{2}\int_0^2 \sqrt{1 + t^2}\,\mathrm{d}t$$

应用第 3.1 节例 18 的公式

$$\int \sqrt{1+x^2}\,\mathrm{d}x = \frac{x}{2}\sqrt{1+x^2} + \frac{1}{2}\ln(x+\sqrt{1+x^2}) + C$$

得

$$s = \frac{1}{2}\left(\frac{t}{2}\sqrt{1+t^2} + \frac{1}{2}\ln(t+\sqrt{1+t^2})\right)\Big|_0^2 = \frac{\sqrt{5}}{2} + \frac{\ln(2+\sqrt{5})}{4}$$

2) 参数方程下平面曲线的弧长

设曲线 Γ 的参数方程为

$$x = \varphi(t), \quad y = \psi(t) \quad (\alpha \leqslant t \leqslant \beta)$$

这里 $\varphi(t), \psi(t) \in \mathscr{C}^{(1)}[\alpha,\beta]$. 我们在公式(3.3.4)中作换元变换, 令 $x=\varphi(t)$, 若 $a=\varphi(\alpha), b=\varphi(\beta)$, 由于

$$f'(x) = \frac{\mathrm{d}y}{\mathrm{d}x} = \frac{\psi'(t)}{\varphi'(t)}, \quad \mathrm{d}x = \mathrm{d}\varphi(t) = \varphi'(t)\mathrm{d}t$$

一并代入式(3.3.4), 得到曲线 Γ 的弧长为

$$s = \int_\alpha^\beta \sqrt{(\varphi'(t))^2 + (\psi'(t))^2}\,\mathrm{d}t \tag{3.3.5}$$

例 6 求旋轮线 $x=a(t-\sin t), y=a(1-\cos t)(0\leqslant t\leqslant 2\pi)$ 的弧长 $(a>0)$.

解 直接应用公式(3.3.5) 得

$$s = \int_0^{2\pi} \sqrt{(x'(t))^2 + (y'(t))^2}\,\mathrm{d}t = \int_0^{2\pi} \sqrt{2}a\sqrt{1-\cos t}\,\mathrm{d}t$$

$$= 2a\int_0^{2\pi} \sin\frac{t}{2}\,\mathrm{d}t = -4a\cos\frac{t}{2}\Big|_0^{2\pi} = 8a$$

* 3) 极坐标下平面曲线的弧长

若曲线 Γ 的极坐标方程为 $\rho = \rho(\theta)(\alpha\leqslant\theta\leqslant\beta)$, 这里 $\rho(\theta) \in \mathscr{C}^{(1)}[\alpha,\beta]$. 我们视 θ 为参数, 得到曲线 Γ 的参数方程为

$$x = \rho(\theta)\cos\theta, \quad y = \rho(\theta)\sin\theta \quad (\alpha\leqslant\theta\leqslant\beta)$$

由于

$$x'(\theta) = \rho'(\theta)\cos\theta - \rho(\theta)\sin\theta$$

$$y'(\theta) = \rho'(\theta)\sin\theta + \rho(\theta)\cos\theta$$

$$\sqrt{(x'(\theta))^2 + (y'(\theta))^2} = \sqrt{(\rho(\theta))^2 + (\rho'(\theta))^2}$$

一并代入公式(3.3.5), 得到曲线 Γ 的弧长为

$$s = \int_\alpha^\beta \sqrt{(\rho(\theta))^2 + (\rho'(\theta))^2}\,\mathrm{d}\theta \tag{3.3.6}$$

例 7 求心形线 $\rho = a(1 + \cos\theta)$ 的弧长 $(a > 0)$.

解 心形线的图形如图 3.18 所示. 当 θ 从 0 增至 π 时,曲线的图形为心形线的上半支;当 θ 从 π 增至 2π 时,曲线的图形为心形线的下半支. 由于 ρ 是 θ 的偶函数,所以曲线的图形关于 x 轴对称,直接应用公式(3.3.6)得

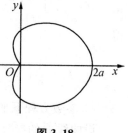

$$s = 2\int_0^\pi \sqrt{\rho^2(\theta) + (\rho'(\theta))^2}\, d\theta = 2\sqrt{2}\,a\int_0^\pi \sqrt{1 + \cos\theta}\, d\theta$$

$$= 4a\int_0^\pi \cos\frac{\theta}{2}\, d\theta = 8a\sin\frac{\theta}{2}\bigg|_0^\pi = 8a$$

图 3.18

3.3.4　平面曲线的曲率

这一小节研究一个与弧长微元有关的曲率概念.

在实际问题中常常要研究曲线弯曲的程度,在数学上我们用曲率来刻画曲线的这一几何性质.

设函数 $f \in \mathscr{C}^{(1)}$,在 $y = f(x)$ 所表示的曲线上取一点 M(见图 3.19),设该曲线在点 M 处切线的倾斜角为 $\alpha\left(|\alpha| \leqslant \dfrac{\pi}{2}\right)$,再在曲线上点 M 的邻近处取一动点 P,若曲线在点 P 处切线的倾斜角为 $\alpha + \Delta\alpha$(即切线从点 M 到点 P 转动了角度 $\Delta\alpha$),则曲线弯曲的程度与 $\Delta\alpha$ 有关,$\Delta\alpha$ 越大,曲线的弯曲越大. 自然,曲线的弯曲程度还与弧段 $\overset{\frown}{MP}$ 的弧长 Δs 有关,Δs 越大,曲线的弯曲越小. 我们用 $\left|\dfrac{\Delta\alpha}{\Delta s}\right|$ 来刻画弧段 $\overset{\frown}{MP}$ 的平均弯曲程度,称为**平均曲率**. 当 $\Delta s \to 0$ 时,平均曲率的极限称为曲线在点 M 的**曲率**,记为 K,即

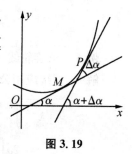

图 3.19

$$K = \left|\lim_{\Delta s \to 0}\frac{\Delta\alpha}{\Delta s}\right| = \left|\frac{d\alpha}{ds}\right|$$

当 $K \neq 0$ 时,称 $R = \dfrac{1}{K}$ 为**曲率半径**.

在半径为 R 的圆上,由于 $\Delta s = R\Delta\alpha$,所以 $\dfrac{\Delta\alpha}{\Delta s} = \dfrac{1}{R}$,于是圆上任一点的曲率为 $\dfrac{1}{R}$,而圆的半径 R 就是曲率半径.

下面来推导曲率的计算公式.

设函数 $f \in \mathscr{D}^2$,因 $\alpha = \arctan f'(x)$,所以

$$\mathrm{d}\alpha = \frac{1}{1 + (f'(x))^2} \cdot f''(x)\mathrm{d}x$$

由弧长公式,得弧长微元 $\mathrm{d}s = \sqrt{1 + (f'(x))^2}\,\mathrm{d}x$,于是

$$K = \left| \frac{\mathrm{d}\alpha}{\mathrm{d}s} \right| = \frac{|f''(x)|}{[1 + (f'(x))^2]^{\frac{3}{2}}} \qquad (3.3.7)$$

这便是在**直角坐标下曲率的计算公式**.

有时候曲线方程写为 $x = g(y), g \in \mathcal{D}^2$,与公式(3.3.7)相对应,我们有直角坐标下曲率的第二个计算公式

$$K = \frac{|g''(y)|}{[1 + (g'(y))^2]^{\frac{3}{2}}} \qquad (3.3.8)$$

若曲线由参数方程

$$x = \varphi(t), \quad y = \psi(t)$$

给出,且 $\varphi, \psi \in \mathcal{D}^2$,则由参数式函数的一、二阶导数公式和公式(3.3.7)可得

$$K = \frac{|\varphi'(t)\psi''(t) - \varphi''(t)\psi'(t)|}{[(\varphi'(t))^2 + (\psi'(t))^2]^{\frac{3}{2}}} \qquad (3.3.9)$$

例8 在椭圆 $\dfrac{x^2}{a^2} + \dfrac{y^2}{b^2} = 1(a > b > 0)$ 上求曲率最大与曲率最小的点.

解法1 用直角坐标计算. 因为椭圆关于直线 $y = 0$ 对称,所以不妨设 $y \geqslant 0$. 因 $y = \dfrac{b}{a}\sqrt{a^2 - x^2}$,则

$$y' = \frac{-bx}{a\sqrt{a^2 - x^2}}, \qquad y'' = \frac{-ab}{(a^2 - x^2)^{\frac{3}{2}}}$$

代入公式(3.3.7)得

$$K = \frac{|y''|}{[1 + (y')^2]^{\frac{3}{2}}} = \frac{a^4 b}{[a^4 - (a^2 - b^2)x^2]^{\frac{3}{2}}} \qquad (3.3.10)$$

当 $x = 0$ 时曲率 K 取最小值 $K_{\min} = \dfrac{b}{a^2}$,即椭圆上点 $(0, b)$ 与 $(0, -b)$ 处曲率最小.

由式(3.3.10)不能求最大曲率,因为此式中 x 越接近 $\pm a$,K 越大,但在 $x = \pm a$ 时函数 y 不可导,公式(3.3.7)不能使用. 为求最大曲率,我们以 y 为自变量(不妨设 $x \geqslant 0$),曲线方程写为 $x = \dfrac{a}{b}\sqrt{b^2 - y^2}$. 由于

$$\frac{\mathrm{d}x}{\mathrm{d}y} = \frac{-ay}{b\sqrt{b^2 - y^2}}, \qquad \frac{\mathrm{d}^2 x}{\mathrm{d}y^2} = \frac{-ab}{(b^2 - y^2)^{\frac{3}{2}}}$$

代入公式(3.3.8)得

$$K = \frac{ab^4}{[b^4 + (a^2 - b^2)y^2]^{\frac{3}{2}}}$$

当 $y = 0$ 时曲率 K 取最大值 $K_{\max} = \frac{a}{b^2}$，即椭圆上点 $(a,0)$ 与 $(-a,0)$ 处曲率最大.

解法 2　用参数方程计算. 椭圆的参数方程为

$$x = a\cos t, \quad y = b\sin t \quad (0 \leqslant t \leqslant 2\pi)$$

因为 $\frac{\mathrm{d}x}{\mathrm{d}t} = -a\sin t, \frac{\mathrm{d}y}{\mathrm{d}t} = b\cos t, \frac{\mathrm{d}^2 x}{\mathrm{d}t^2} = -a\cos t, \frac{\mathrm{d}^2 y}{\mathrm{d}t^2} = -b\sin t$，一起代入公式(3.3.9)便得

$$K = \frac{\left| \dfrac{\mathrm{d}x}{\mathrm{d}t} \cdot \dfrac{\mathrm{d}^2 y}{\mathrm{d}t^2} - \dfrac{\mathrm{d}^2 x}{\mathrm{d}t^2} \cdot \dfrac{\mathrm{d}y}{\mathrm{d}t} \right|}{\left[\left(\dfrac{\mathrm{d}x}{\mathrm{d}t} \right)^2 + \left(\dfrac{\mathrm{d}y}{\mathrm{d}t} \right)^2 \right]^{\frac{3}{2}}} = \frac{ab}{[a^2 \sin^2 t + b^2 \cos^2 t]^{\frac{3}{2}}}$$

$$= \frac{ab}{[a^2 - (a^2 - b^2)\cos^2 t]^{\frac{3}{2}}}$$

当 $t = 0$ 与 $t = \pi$ 时，曲率 K 取最大值 $K_{\max} = \dfrac{a}{b^2}$；当 $t = \dfrac{\pi}{2}$ 与 $t = \dfrac{3}{2}\pi$ 时，曲率 K 取最小值 $K_{\min} = \dfrac{b}{a^2}$. 即椭圆上点 $(a,0)$ 与 $(-a,0)$ 处曲率最大，点 $(0,b)$ 与 $(0,-b)$ 处曲率最小. 这表明椭圆上长轴两端点处曲率最大，短轴的两端点处曲率最小.

3.3.5　由截面面积求体积

一立体如图 3.20 所示，它介于 u 轴[①]上的 $u = a$ 与 $u = b$ 之间. $\forall u \in [a,b]$，过点 u 作平面垂直于 u 轴，若该平面与已知立体的交集(简称**截面**)的面积可求，记为 $\sigma(u)$，则我们可用微元法来计算该立体的体积.

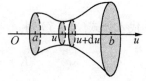

图 3.20

$\forall U = [u, u + \mathrm{d}u] \subset [a,b]$，过 u 轴上两点 $u, u + \mathrm{d}u$ 分别作平面垂直于 u 轴，立体介于这两个平面之间的部分立体的体积 $V(U)$ 是区间函数，其体积微元为

$$\mathrm{d}V = \sigma(u)\mathrm{d}u$$

它表示底面面积为 $\sigma(u)$，高为 $\mathrm{d}u$ 的薄柱体的体积. 于是所求立体的体积为

①在后面应用时，这里 u 轴可以是 x 轴或 y 轴，也可以是 z 轴.

$$V = \int_a^b \sigma(u)\,\mathrm{d}u \qquad (3.3.11)$$

这一公式在后面第 6.1.5 节中推导二重积分的计算公式时有重要应用.

*例 9 已知一椭圆柱体的底面为椭圆 $\dfrac{x^2}{a^2} + \dfrac{y^2}{b^2} = 1 (a > b)$,过底面的长轴作

平面 $\varPi$,且 $\varPi$ 与柱体底面的夹角为 $\alpha \left(0 < \alpha < \dfrac{\pi}{2}\right)$,求平面 $\varPi$ 截椭圆柱体所得立体的体积.

解　该立体在 x 轴上 $x = a$ 与 $x = -a$ 之间, $\forall x \in (-a, a)$,过点 x 作平面垂直于 x 轴,该平面与立体的截面为直角三角形(见图 3.21),它的两条直角边的长度分别为 $\dfrac{b}{a}\sqrt{a^2 - x^2}$ 与 $\dfrac{b}{a}\sqrt{a^2 - x^2}\tan\alpha$,因而截面面积为

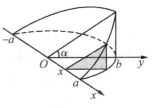

图 3.21

$$\sigma(x) = \frac{1}{2}\left(\frac{b}{a}\right)^2 (a^2 - x^2)\tan\alpha$$

从而所求立体的体积为

$$V = \int_{-a}^a \sigma(x)\,\mathrm{d}x = \frac{1}{2}\left(\frac{b}{a}\right)^2 \tan\alpha \int_{-a}^a (a^2 - x^2)\,\mathrm{d}x$$

$$= \left(\frac{b}{a}\right)^2 \tan\alpha \cdot \left(a^2 x - \frac{1}{3}x^3\right)\Big|_0^a = \frac{2}{3}ab^2\tan\alpha$$

3.3.6　旋转体的体积

1) 曲边梯形绕 x 轴旋转一周的旋转体体积

若立体是由曲边梯形(见图 3.22)

$$D_1 = \{(x, y) \mid a \leqslant x \leqslant b, 0 \leqslant y \leqslant f(x)\} \qquad (3.3.12)$$

绕 x 轴旋转一周生成的旋转体,显见截面是半径为 $f(x)$ 的圆,其面积为 $\sigma(x) = \pi f^2(x)$. 由公式(3.3.11) 可得此旋转体的体积为

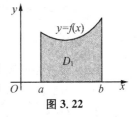

图 3.22

$$V_x(D_1) = \pi \int_a^b f^2(x)\,\mathrm{d}x \qquad (3.3.13)$$

例 10　求 $y = \sin x (0 \leqslant x \leqslant \pi)$ 与 x 轴所围的图形绕 x 轴旋转一周的旋转体的体积.

解　应用公式(3.3.13),绕 x 轴旋转一周的立体的体积为

$$V_x = \pi \int_0^\pi \sin^2 x \mathrm{d}x = \pi \int_0^\pi \frac{1-\cos 2x}{2} \mathrm{d}x$$

$$= \frac{\pi}{2}\left(x - \frac{1}{2}\sin 2x\right)\Big|_0^\pi = \frac{\pi^2}{2}$$

2) 曲腰梯形绕 y 轴旋转的旋转体体积

设

$$D_2 = \{(x,y) \mid c \leqslant y \leqslant d, 0 \leqslant x \leqslant \varphi(y)\} \tag{3.3.14}$$

我们将式(3.3.14) 所示的图形 D_2 称为**曲腰梯形**(见图 3.23).
若立体是由曲腰梯形 D_2 绕 y 轴旋转一周生成的旋转体,显见
截面是半径为 $\varphi(y)$ 的圆,其面积为 $\sigma(y) = \pi\varphi^2(y)$. 由公式
(3.3.11) 可得该旋转体的体积为

$$V_y(D_2) = \pi \int_c^d \varphi^2(y) \mathrm{d}y \tag{3.3.15}$$

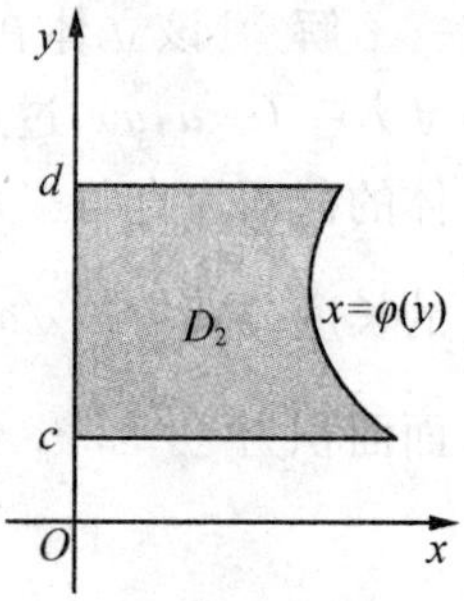

图 3.23

例 11 求 $y = \cos x \left(0 \leqslant x \leqslant \dfrac{\pi}{2}\right)$ 与 x 轴以及 y 轴所围
的图形绕 y 轴旋转一周的旋转体的体积.

解 应用公式(3.3.15),绕 y 轴旋转一周的立体的体积为

$$V_y = \pi \int_0^1 (\arccos y)^2 \mathrm{d}y$$

两次应用分部积分得

$$V_y = \pi\left(y\,(\arccos y)^2 \Big|_0^1 + 2\int_0^1 y\,\frac{\arccos y}{\sqrt{1-y^2}}\mathrm{d}y\right) = -2\pi \int_0^1 \arccos y\,\mathrm{d}\sqrt{1-y^2}$$

$$= -2\pi\left[\arccos y \cdot \sqrt{1-y^2}\,\Big|_0^1 + \int_0^1 \frac{\sqrt{1-y^2}}{\sqrt{1-y^2}}\mathrm{d}y\right] = -2\pi\left(-\frac{\pi}{2}+1\right)$$

$$= \pi(\pi - 2)$$

*3) 曲边梯形绕 y 轴旋转或曲腰梯形绕 x 轴旋转的旋转体体积

下面考虑图 3.22 所示的曲边梯形 D_1 绕 y 轴旋转一周生成的旋转体的体积
(这里假设 $0 \leqslant a < b$). 我们用微元法来解决. $\forall X = [x, x+\mathrm{d}x] \subset [a,b]$,以 y 轴
为中心轴,作半径分别为 x 与 $x+\mathrm{d}x$ 的圆柱面,旋转体介于这两个圆柱面之间的部
分立体的体积 $V(X)$ 是区间函数,其体积微元为

$$\mathrm{d}V = 2\pi x \mid f(x) \mid \mathrm{d}x$$

它相当于长为 $2\pi x$,宽为 $\mid f(x) \mid$,厚为 $\mathrm{d}x$ 的薄柱体的体积. 于是上述旋转体的体
积为

$$V_y(D_1) = 2\pi \int_a^b x \mid f(x) \mid \mathrm{d}x \qquad (3.3.16)$$

若将图 3.23 所示的曲腰梯形 D_2（这里假设 $0 \leqslant c < d$）绕 x 轴旋转一周生成旋转体，与式(3.3.16)对应的该旋转体的体积为

$$V_x(D_2) = 2\pi \int_c^d y \mid \varphi(y) \mid \mathrm{d}y \qquad (3.3.17)$$

例 12　求 $y = \sin x(0 \leqslant x \leqslant \pi)$ 与 x 轴所围图形绕 y 轴旋转一周的旋转体体积.

解　应用公式(3.3.16)，绕 y 轴旋转一周的旋转体体积为

$$V_y = 2\pi \int_0^\pi x \cdot \sin x \mathrm{d}x = 2\pi \int_0^\pi (-x) \mathrm{d}\cos x$$

$$= -2\pi \left(x\cos x \Big|_0^\pi - \sin x \Big|_0^\pi \right) = 2\pi^2$$

*3.3.7　旋转体的侧面积

关于空间曲面面积的数学定义将在第 6.3 节中给出，这里仅从几何直观上利用微元法推导出旋转体的侧面积的计算公式.

首先考虑图 3.22 所示的曲边梯形绕 x 轴旋转一周所得旋转体的侧面积. 假设 $f \in \mathscr{C}^{(1)}[a,b]$. $\forall X = [x, x+\mathrm{d}x] \subset [a,b]$，过 x 轴上两点 $x, x+\mathrm{d}x$ 分别作垂直于 x 轴的平面，旋转体的侧面介于这两个平面之间部分曲面的面积 $S(X)$ 是区间函数. 设曲线 $y = f(x)$ 与上述两个平面的交点为 M, N，线段 MN 绕 x 轴旋转一周的旋转曲面的面积记为 $\overline{S}(X)$，当 $\mathrm{d}x$ 充分小时 $S(X)$ 与 $\overline{S}(X)$ 近似相等. 由中学立体几何中圆台侧面积的计算公式得

$$\overline{S}(X) = \pi(f(x) + f(x+\mathrm{d}x)) \sqrt{(\mathrm{d}x)^2 + (\Delta y)^2}$$

这里 $\Delta y = f(x+\mathrm{d}x) - f(x)$. 因为

$$\lim_{\mathrm{d}x \to 0} \frac{\overline{S}(X)}{\mathrm{d}x} = 2\pi f(x) \sqrt{1 + (f'(x))^2}$$

所以

$$\overline{S}(X) = 2\pi f(x) \sqrt{1 + (f'(x))^2} \mathrm{d}x + o(\mathrm{d}x)$$

故曲面面积微元为

$$\mathrm{d}S(X) = 2\pi f(x) \sqrt{1 + (f'(x))^2} \mathrm{d}x$$

因而旋转体的侧面积为

$$S = 2\pi \int_a^b f(x) \sqrt{1 + (f'(x))^2} \, dx \qquad (3.3.18)$$

若将图 3.23 所示曲腰梯形绕 y 轴旋转一周,所得旋转体的侧面积的计算公式与式(3.3.18) 类似,读者不妨自己推导一下,这里不赘述.

例 13 求 $y = \sin x (0 \leqslant x \leqslant \pi)$ 与 x 轴所围的图形绕 x 轴旋转一周的旋转体的侧面积.

解 应用公式(3.3.18),旋转体的侧面积为

$$S = 2\pi \int_0^\pi y\sqrt{1 + (y')^2} \, dx = 2\pi \int_0^\pi \sin x \cdot \sqrt{1 + \cos^2 x} \, dx$$

$$= -2\pi \int_0^\pi \sqrt{1 + \cos^2 x} \, d\cos x \quad (\diamondsuit \cos x = t)$$

$$= 2\pi \int_{-1}^1 \sqrt{1 + t^2} \, dt = 4\pi \int_0^1 \sqrt{1 + t^2} \, dt$$

再应用第 3.1 节例 18 的公式

$$\int \sqrt{1 + x^2} \, dx = \frac{x}{2}\sqrt{1 + x^2} + \frac{1}{2}\ln(x + \sqrt{1 + x^2}) + C$$

则

$$S = 4\pi \left(\frac{t}{2}\sqrt{1 + t^2} + \frac{1}{2}\ln(t + \sqrt{1 + t^2}) \right) \Big|_0^1$$

$$= 4\pi \left(\frac{\sqrt{2}}{2} + \frac{1}{2}\ln(1 + \sqrt{2}) \right) = 2\pi(\sqrt{2} + \ln(1 + \sqrt{2}))$$

习题 3.3

A 组

1. 求下列曲线或直线所围平面图形的面积:

(1) $x^2 = 4y$, $y^2 = 4x$; (2) $y = e^x$, $y = e^{-x}$, $x = 1$;

(3) $y = \ln x$, $y = 0$, $x = 2$; (4) $y = x(x-1)(2-x)$, $y = 0$;

(5) $x = \sqrt{4 - y}$, $x = 0$, $y = 0$, $x = 4$;

(6) $y = x + \frac{1}{x}$, $x = 2$, $y = 2$.

2. 求曲线 $y = x^2 - 4x + 3$ 与其上点 $(0,3)$ 与 $(3,0)$ 处的切线所围图形的面积.

3. 求下列极坐标下曲线所围图形的面积:

(1) $\rho = a\cos 3\theta$;   (2) $\rho = \dfrac{1}{2} + \cos 2\theta$;

(3) $\rho = a(1 + \cos\theta)$.

4. 求下列曲线的弧长：

(1) $\sqrt{x} + \sqrt{y} = 1$;   (2) $y = \ln(1 - x^2)$ $\left(0 \leqslant x \leqslant \dfrac{1}{2}\right)$;

(3) $y = e^{\frac{x}{2}} + e^{-\frac{x}{2}}$ $(\,|\,x\,| \leqslant 1)$;   (4) $y = \displaystyle\int_0^x \sqrt{\sin x}\,\mathrm{d}x$ $(0 \leqslant x \leqslant \pi)$;

(5) $\rho = e^{2\theta}$ $(0 \leqslant \theta \leqslant 2\pi)$;   (6) $\rho = 2\sin^3\dfrac{\theta}{3}$;

(7) $x = \cos^3 t$, $y = \sin^3 t$.

5. 求下列曲线在指定点的曲率与曲率半径：

(1) $y^2 = 2x$, $(1, \sqrt{2}\,)$;   (2) $xy = x^2 + 2$, $(2, 3)$.

6. 求曲线 $y = \sqrt{1 + x^2}$ 的曲率的最大值.

7. 设 D 为 $y = \dfrac{1}{2}x^2$ 与 $y = 2$ 所围的平面图形.

(1) 某立体以 D 为底，垂直于 y 轴的截面为等边三角形，求立体的体积；

(2) 某立体以 D 为底，垂直于 x 轴的截面为等边三角形，求立体的体积.

8. 求下列曲线所围平面图形绕指定轴旋转一周所得旋转体的体积：

(1) $\sqrt{x} + \sqrt{y} = 1$, $x = 0$, $y = 0$, 绕 x 轴；

(2) $x^2 + 2y^2 = 1$, 绕 x 轴；

(3) $x^2 + y^2 = 1$, 绕 $x = 2$；

(4) $y = (x-1)(x-2)$, $y = 0$, 绕 y 轴.

9. 求证：圆 $x^2 + (y-3)^2 = 1$ 绕 x 轴旋转一周的旋转体的体积等于底面半径为 1、高为 6π 的圆柱体的体积. 并用微元法作解释.

10. 在曲线 $y = x^2 (x \geqslant 0)$ 上某点处作切线，若该曲线、切线与 x 轴所围图形的面积为 $\dfrac{1}{12}$，求切线方程，并求此图形绕 x 轴旋转一周所得旋转体的体积.

11. 过坐标原点作曲线 $y = \ln x$ 的切线，求该切线与曲线 $y = \ln x$ 及 x 轴所围图形的面积，并求该图形绕 x 轴旋转一周的旋转体的体积.

B 组

12. 设 $f(x) \in \mathscr{D}^{(3)}[-1,1], y = f(x)$ 的图形如图 3.24 所示，试判断下列定积分的符号：

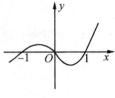

(1) $\displaystyle\int_{-1}^{1} f(x)\mathrm{d}x$；

(2) $\displaystyle\int_{-1}^{1} f'(x)\mathrm{d}x$；

(3) $\displaystyle\int_{-1}^{1} f''(x)\mathrm{d}x$；

(4) $\displaystyle\int_{-1}^{1} f'''(x)\mathrm{d}x$.

图 3.24

13. 求 $y = \cos x\left(|x| \leqslant \dfrac{\pi}{2}\right)$ 与 x 轴所围平面图形分别绕 x 轴与 y 轴旋转一周的旋转体的体积.

14. 一立体的底面为椭圆 $\dfrac{x^2}{a^2} + \dfrac{y^2}{b^2} = 1 (a > b > 0)$，若垂直于长轴的截面为等边三角形，求该立体的体积.

15. 若一平面图形由 $x^2 + y^2 \leqslant 2x$ 与 $y \geqslant x$ 确定，求此图形绕直线 $x = 2$ 旋转一周的旋转体的体积.

16. 求由 $0 \leqslant \theta \leqslant \alpha\left(0 < \alpha < \dfrac{\pi}{2}\right), 0 \leqslant \rho \leqslant R(R > 0)$ 所确定的平面图形绕极轴旋转一周的旋转体的体积.

17. 求曲线 $y^2 = 2px(0 \leqslant x \leqslant a)$ 绕 x 轴旋转一周的旋转体的侧面积.

*3.4　定积分在物理上的应用

定积分在物理学中有着重要的应用，力学、热学、电学、核物理学等分支都离不开定积分. 下面介绍几个有代表性的问题.

3.4.1　平面曲线段的质心与形心

设平面上有 n 个质点，它们的质量分别为 $m_1, m_2, \cdots, m_n$，质点的坐标分别为 $(x_1, y_1), (x_2, y_2), \cdots, (x_n, y_n)$. 由物理学知识我们知道，这个质点组的质量中心（简称**质心**）的坐标为 $(\overline{x}, \overline{y})$，其中

$$\overline{x} = \frac{1}{M} \sum_{i=1}^{n} x_i m_i, \quad \overline{y} = \frac{1}{M} \sum_{i=1}^{n} y_i m_i$$

这里 $M = \displaystyle\sum_{i=1}^{n} m_i$ 为质点组的总质量.

下面将质心的概念推广到质量连续分布的情况. 我们首先讨论平面曲线段的

质心,而对于空间立体区域的质心留待第 6 章讨论.

(1) 设平面曲线段 $\Gamma = \overset{\frown}{AB}$ 的方程为 $y = f(x)(a \leqslant x \leqslant b), f \in \mathscr{C}^{(1)}[a,b]$. 该曲线上有质量分布,其线密度函数为 $\mu(x)(a \leqslant x \leqslant b), \mu \in \mathscr{C}[a,b]$. 现将区间 $[a,b]$ 用分点 $a = x_0 < x_1 < \cdots < x_{n-1} < x_n = b$ 分割为 n 个小区间,记 $\Delta x_i = x_i - x_{i-1}\ (i = 1,2,\cdots,n)$. 过点 x_i 作直线垂直于 x 轴,这些直线将曲线段 Γ 分割为 n 个小弧段$\Gamma_i(i = 1,2,\cdots,n)$. Γ_i 的弧长为 Δs_i,将小弧段 Γ_i 视为质量为

$$m_i = \mu(x_i)\Delta s_i = \mu(x_i)\sqrt{1+(f'(x_i))^2}\,\Delta x_i$$

坐标为$(x_i, f(x_i))$ 的质点. 这个质点组的质心坐标为$(\bar{x}_n, \bar{y}_n)$,其中

$$\bar{x}_n = \frac{\sum_{i=1}^{n} x_i m_i}{\sum_{i=1}^{n} m_i} = \frac{\sum_{i=1}^{n} \mu(x_i) x_i \sqrt{1+(f'(x_i))^2}\,\Delta x_i}{\sum_{i=1}^{n} \mu(x_i)\sqrt{1+(f'(x_i))^2}\,\Delta x_i} \tag{3.4.1}$$

$$\bar{y}_n = \frac{\sum_{i=1}^{n} f(x_i) m_i}{\sum_{i=1}^{n} m_i} = \frac{\sum_{i=1}^{n} \mu(x_i) f(x_i) \sqrt{1+(f'(x_i))^2}\,\Delta x_i}{\sum_{i=1}^{n} \mu(x_i)\sqrt{1+(f'(x_i))^2}\,\Delta x_i} \tag{3.4.2}$$

在式(3.4.1) 和(3.4.2) 中,令 $\lambda = \max\limits_{1 \leqslant i \leqslant n}\{\Delta x_i\} \to 0$,据定积分的定义,即得曲线段 Γ 的**质心坐标**为$(\bar{x}, \bar{y})$,其中

$$\bar{x} = \frac{\int_a^b \mu(x) x \sqrt{1+(f'(x))^2}\,\mathrm{d}x}{\int_a^b \mu(x)\sqrt{1+(f'(x))^2}\,\mathrm{d}x} \tag{3.4.3}$$

$$\bar{y} = \frac{\int_a^b \mu(x) f(x) \sqrt{1+(f'(x))^2}\,\mathrm{d}x}{\int_a^b \mu(x)\sqrt{1+(f'(x))^2}\,\mathrm{d}x} \tag{3.4.4}$$

这里分母中的定积分为曲线段 Γ 的总质量.

特别当曲线段的质量分布均匀时,线密度为常数 μ,此时曲线段 Γ 的质心称为 Γ 的**形心**,其形心坐标为$(\bar{x}, \bar{y})$,其中

$$\bar{x} = \frac{\int_a^b x \sqrt{1+(f'(x))^2}\,\mathrm{d}x}{s} \tag{3.4.5}$$

$$\bar{y} = \frac{\int_a^b f(x) \sqrt{1+(f'(x))^2}\,\mathrm{d}x}{s} \tag{3.4.6}$$

这里 $s = \int_a^b \sqrt{1 + (f'(x))^2}\, \mathrm{d}x$ 为曲线段 Γ 的弧长.

(2) 若曲线段 Γ 的方程为参数方程

$$x = \varphi(t), \quad y = \psi(t) \quad (\alpha \leqslant t \leqslant \beta)$$

我们在公式(3.4.5)和(3.4.6)中将定积分采用换元变换,令 $x = \varphi(t)$. 如果 $a = \varphi(\alpha), b = \varphi(\beta)$,则 $y = f(x) = \psi(t)$,公式(3.4.5)和(3.4.6)分别化为

$$\bar{x} = \frac{\int_\alpha^\beta \varphi(t)\sqrt{(\varphi'(t))^2 + (\psi'(t))^2}\, \mathrm{d}t}{s} \tag{3.4.7}$$

$$\bar{y} = \frac{\int_\alpha^\beta \psi(t)\sqrt{(\varphi'(t))^2 + (\psi'(t))^2}\, \mathrm{d}t}{s} \tag{3.4.8}$$

其中 $s = \int_\alpha^\beta \sqrt{(\varphi'(t))^2 + (\psi'(t))^2}\, \mathrm{d}t$ 为曲线段 Γ 的弧长.

式(3.4.7)和(3.4.8)便是曲线方程为参数方程时求形心坐标的公式.

(3) 若曲线段 Γ 的方程为极坐标方程 $\rho = \rho(\theta)(\alpha \leqslant \theta \leqslant \beta)$,在公式(3.4.5)和(3.4.6)中将定积分采用换元变换,令 $x = \rho(\theta)\cos\theta$,如果 $a = \rho(\alpha)\cos\alpha, b = \rho(\beta)\cos\beta$,则 $y = f(x) = \rho(\theta)\sin\theta$,公式(3.4.5)和(3.4.6)分别化为

$$\bar{x} = \frac{\int_\alpha^\beta \rho(\theta)\cos\theta\sqrt{\rho^2(\theta) + (\rho'(\theta))^2}\, \mathrm{d}\theta}{s} \tag{3.4.9}$$

$$\bar{y} = \frac{\int_\alpha^\beta \rho(\theta)\sin\theta\sqrt{\rho^2(\theta) + (\rho'(\theta))^2}\, \mathrm{d}\theta}{s} \tag{3.4.10}$$

其中 $s = \int_\alpha^\beta \sqrt{\rho^2(\theta) + (\rho'(\theta))^2}\, \mathrm{d}\theta$ 为曲线段 Γ 的弧长.

式(3.4.9)和(3.4.10)便是曲线方程为极坐标方程时求形心坐标的公式.

例 1 求旋轮线 $x = a(t - \sin t), y = a(1 - \cos t)(0 \leqslant t \leqslant 2\pi)$ 的形心 $(a > 0)$.

解 设形心坐标为 $(\bar{x}, \bar{y})$,由几何图形的对称性可得 $\bar{x} = \pi a$. 旋轮线的弧长由第 3.3 节的例 6 可知 $s = 8a$. 应用公式(3.4.8)得

$$\bar{y} = \frac{1}{s}\int_0^{2\pi} y(t)\sqrt{(x'(t))^2 + (y'(t))^2}\, \mathrm{d}t = \frac{1}{8a}\int_0^{2\pi} a(1 - \cos t)2a\sin\frac{t}{2}\, \mathrm{d}t$$

$$= -a\left(\cos\frac{t}{2} - \frac{1}{3}\cos^3\frac{t}{2}\right)\Big|_0^{2\pi} = \frac{4}{3}a$$

于是旋轮线一拱的形心为 $\left(\pi a, \frac{4}{3}a\right)$.

例 2 求心形线 $\rho = a(1+\cos\theta)$ 的形心 $(a > 0)$.

解 设形心坐标为 $(\bar{x}, \bar{y})$,由几何图形的对称性可得 $\bar{y} = 0$. 心形线的弧长由第 3.3 节例 7 可知 $s = 8a$. 应用公式 (3.4.9) 得

$$
\begin{aligned}
\bar{x} &= \frac{1}{s}\int_{-\pi}^{\pi}\rho(\theta)\cos\theta\,\sqrt{\rho^2(\theta)+(\rho'(\theta))^2}\,\mathrm{d}\theta \\
&= \frac{1}{8a}\int_{-\pi}^{\pi}a(1+\cos\theta)\cos\theta\,a\sqrt{4\cos^2\frac{\theta}{2}}\,\mathrm{d}\theta \\
&= 2a\int_{0}^{\pi}\left(1-\sin^2\frac{\theta}{2}\right)\left(1-2\sin^2\frac{\theta}{2}\right)\mathrm{d}\sin\frac{\theta}{2}\quad\left(\text{令 }\sin\frac{\theta}{2}=t\right) \\
&= 2a\int_{0}^{1}(1-3t^2+2t^4)\,\mathrm{d}t = \frac{4}{5}a
\end{aligned}
$$

(这里自变量 θ 的取值范围从 $[0,2\pi]$ 改为 $[-\pi,\pi]$,是为了应用定积分的奇偶、对称性简化计算) 于是心形线的形心为 $\left(\frac{4}{5}a, 0\right)$.

3.4.2 引力

两个质量分别为 m_1, m_2 的质点,相距为 a 时它们之间的引力为 $F = k\dfrac{m_1 m_2}{a^2}$,这里 k 为引力常量,引力的方向是两质点连线的方向. 现在考虑一根直杆对一质点的引力,由于直杆上各点与质点的距离不同,引力的方向也是变化的,因此上述引力公式就不能直接应用. 下面用微元法来处理.

例 3 设有一根质量为 M kg,长为 l m 的均匀直杆,另有一质量为 m kg 的质点,对于质点的下述两个位置,求直杆对质点的引力:

(1) 质点位于直杆的延长线上,与直杆中点的距离为 a m $\left(a > \dfrac{l}{2}\right)$;

(2) 质点位于直杆的中垂线上,与直杆中点的距离为 a m $(a > 0)$.

解 (1) 取 x 轴,质点位于坐标原点,直杆位于 x 轴上点 $x = a - \dfrac{l}{2}$ 与 $x = a + \dfrac{l}{2}$ 之间(见

图 3.25

图 3.25). $\forall X = [x, x+\mathrm{d}x] \subset \left[a-\dfrac{l}{2}, a+\dfrac{l}{2}\right]$,直杆位于区间 X 的一小段对质点 O 的引力 $F(X)$ 是区间函数,引力微元为

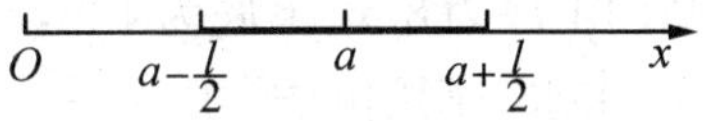

$$
\mathrm{d}F = k\frac{1}{x^2}m\frac{M}{l}\mathrm{d}x
$$

这里 k 为引力常量,$\dfrac{M}{l}$ 为直杆的线密度. 于是直杆对质点 O 的引力为

$$F = \int_{a-\frac{l}{2}}^{a+\frac{l}{2}} k \frac{mM}{l} \frac{1}{x^2} \mathrm{d}x = \frac{kmM}{l} \left(-\frac{1}{x} \right) \Big|_{a-\frac{l}{2}}^{a+\frac{l}{2}} = \frac{4kmM}{4a^2 - l^2} \ (\mathrm{N})$$

（2）建立平面直角坐标系，质点位点 $P(-a,0)$ 处，直杆位于 y 轴上点 $\left(0,-\dfrac{l}{2}\right)$ 与点 $\left(0,\dfrac{l}{2}\right)$ 之间（见图 3.26）. $\forall Y = [y, y+\mathrm{d}y] \subset \left[-\dfrac{l}{2}, \dfrac{l}{2}\right]$，直杆位于区间 Y 的一小段对质点 P 的引力的水平分力 F_x 的微元为

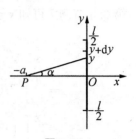

$$\mathrm{d}F_x = k \frac{1}{a^2 + y^2} m \cdot \frac{M}{l} \mathrm{d}y \cdot \cos\alpha = \frac{kamM}{l(a^2 + y^2)^{3/2}} \mathrm{d}y$$

图 3.26

这里 k 为引力常量，$\dfrac{M}{l}$ 为直杆的线密度. 于是直杆对质点 P 的引力的水平分力为

$$F_x = \int_{-\frac{l}{2}}^{\frac{l}{2}} k \frac{amM}{l} \frac{1}{(a^2 + y^2)^{3/2}} \mathrm{d}y = 2k \frac{amM}{l} \int_0^{\frac{l}{2}} \frac{1}{(a^2 + y^2)^{3/2}} \mathrm{d}y$$

$$= 2k \frac{amM}{l} \int_0^{\arctan\frac{l}{2a}} \frac{1}{a^2} \cos t \, \mathrm{d}t \quad (\text{令 } y = a\tan t)$$

$$= \frac{2kmM}{a} \cdot \frac{1}{\sqrt{4a^2 + l^2}} \ (\mathrm{N})$$

又由对称性，直杆对质点 P 的引力的铅直分力为 $F_y = 0$ （N）.

3.4.3 压力

已知水深 $a\mathrm{m}$ 处的压强为 $p = \rho g a$ （N/m²），这里 ρ 为水的密度（$\rho = 10^3$ kg/m³），g 为重力加速度（$g = 9.8$ m/s²）. 下面用微元法求铅直立于水中的闸门所受的水压力.

例 4 设有一等腰梯形闸门铅直立于水中，已知闸门上底为 8 m，下底为 4 m，高为 6 m，且上底边齐水面，求水对闸门的压力.

解 建立直角坐标系，x 轴齐水面，y 轴过闸门上、下底中点（见图 3.27），则图中 A, B 的坐标分别为 $A(4,0), B(2,-6)$，于是直线 AB 的方程为 $y = 3(x-4)$.

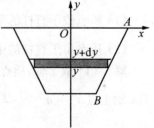

图 3.27

$\forall Y = [y, y+\mathrm{d}y] \subset [-6, 0]$，过 y 轴上点 y 与 $y+\mathrm{d}y$ 分别作直线平行于 x 轴，闸门介于这两条直线之间的部分闸门受到的水压力 $P(Y)$ 是区间函数，其压力微元为

$$\mathrm{d}P = p \cdot 2x \mathrm{d}y = \rho g(-y) 2\left(\frac{y}{3} + 4\right) \mathrm{d}y$$

$$=-2\times9.8\times10^{3}\left(\frac{y}{3}+4\right)y\mathrm{d}y$$

于是水对闸门的总压力为

$$P=-2\times9.8\times10^{3}\int_{-6}^{0}\left(\frac{y}{3}+4\right)y\mathrm{d}y$$

$$=-2\times9.8\times10^{3}\left(\frac{y^{3}}{9}+2y^{2}\right)\bigg|_{-6}^{0}=9.4\times10^{5}(\mathrm{N})$$

即闸门受到 9.4×10^{5} N 的水压力.

3.4.4 变力做功

一物体受变力作用沿直线运动,变力所做的功如何计算呢?我们仍用微元法来处理.

例 5 为清除井底的污泥,用缆绳将抓斗放入井底,抓起污泥后提出井口. 已知井深 30 m,抓斗自重 400 N,缆绳每米重 50 N,抓斗抓起的污泥重 2 000 N,提升速度为 3 m/s,在提升过程中,污泥以 20 N/s 的速率从抓斗缝隙中漏掉. 现将抓起污泥的抓斗提升至井口,问克服重力需做多少焦耳的功?(抓斗的高度及位于井口上方缆绳的重力忽略不计)

解 以井底为坐标原点,铅直向上作 x 轴,将抓起污泥的抓斗提升至井口需做的功记为 W. $\forall X=[x,x+\mathrm{d}x]\subset[0,30]$,则抓起污泥的抓斗从 x 处提升至 $x+\mathrm{d}x$ 处所做的功 $W(X)$ 是区间函数,总功的微元为

$$\mathrm{d}W=\left[400+50(30-x)+\left(2\,000-20\cdot\frac{x}{3}\right)\right]\mathrm{d}x=\left(3\,900-\frac{170}{3}x\right)\mathrm{d}x$$

其中方括号内的函数为作用力,包括抓斗自重 400N,缆绳重力 $50(30-x)$N,污泥的重力 $\left(2\,000-\frac{x}{3}\cdot20\right)$N. 于是所求的总功为

$$W=\int_{0}^{30}\left(3\,900-\frac{170}{3}x\right)\mathrm{d}x=\left(3\,900x-\frac{85}{3}x^{2}\right)\bigg|_{0}^{30}=91\,500(\mathrm{J})$$

例 6 一半径为 R 的半球形贮水器装满了水,欲将水全部吸出需做多少功?

解 取水面中心为坐标原点,y 轴为铅直向上,x 轴取水平方向,则半球形贮水器被 xOy 平面所截的截面的方程为 $x^{2}+y^{2}=R^{2}(y\leqslant0)$(见图 3.28). $\forall Y=[y,y+\mathrm{d}y]\subset[-R,0]$,过 y 轴上的点 y 与 $y+\mathrm{d}y$ 分别作垂直于 y 轴的平面,则贮水器介于这两个平面之间的水的体积的近似值为 $\pi(R^{2}-y^{2})\mathrm{d}y$,将其提升到水面需做的功(即总功的微

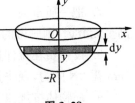

图 3.28

元）为

$$dW = -\pi\rho g(R^2 - y^2)y\mathrm{d}y$$

其中 $\rho = 10^3\,\mathrm{kg/m^3}$ 是水密度，$g = 9.8\mathrm{m/s^2}$ 为重力加速度，$-y$ 为提升的高度. 于是将水全部吸出需做的总功为

$$W = \int_{-R}^{0}[-\pi\rho g(R^2 - y^2)y]\mathrm{d}y = \pi\rho g\left(\frac{y^4}{4} - \frac{R^2}{2}y^2\right)\Big|_{-R}^{0}$$

$$= 2.45 \times 10^3\pi R^4\,(\mathrm{J})$$

习题 3.4

A 组

1. 求下列曲线段的形心：

(1) $x = a(t - \sin t), y = a(1 - \cos t)\ (0 \leqslant t \leqslant \pi)$；

(2) $y = a\mathrm{ch}\dfrac{x}{a}\ (\mid x \mid \leqslant a)$；

(3) $x = a\cos\theta, y = a\sin\theta\ (\mid \theta \mid \leqslant \alpha \leqslant \pi)$.

2. 设有一长度为 l m，质量为 M kg 的均匀细直杆，另有一质量为 m kg 的质点位于与直杆一端垂直距离为 a m 处，求直杆对质点的引力.

3. 设有一半径为 r m，质量为 M kg 的均匀圆形薄板，另有一质量为 m kg 的质点位于与薄板中心垂直距离为 a m 处，求薄板对质点的引力.

4. 设有一宽为 8 m，深为 6 m 的矩形闸门直立水中，若上游水面与闸门上缘平，下游无水，求水对闸门的压力.

5. 一洒水车水箱是横放着的椭圆柱体，前后侧面为椭圆面 $\dfrac{x^2}{a^2} + \dfrac{y^2}{b^2} \leqslant 1$（$y$ 轴垂直于水平面），当水箱装满水时，求侧面所受的水压力；又当水箱注有一半的水时，求侧面所受的水压力.

6. 某盛水器为圆柱形，底面半径为 0.5m，高为 1m，且盛满水，现欲从其顶部将水全部抽出，求所做的功.

7. 把一质量为 m kg 的物体从地球表面升高 hm，需做功多少？欲使该物体升高至无穷远，则所做的功最小等于多少？（设地球的半径为 Rm）

8. 设弹簧在拉伸过程中所受的拉力和弹簧的伸长量成正比，若已知弹簧拉伸 1cm 需 2N 的力，现将弹簧拉伸 4cm，求所做的功.

9. 一物体按规律 $x = 2t^2$（t 为时间）沿直线运动，已知风的阻力与速度的平方成正比，试求该物体由 $x = a$ m 运动到 $x = b$ m $(b > a)$ 处克服风的阻力所做的功.

B 组

10. 设曲线 $x^{\frac{2}{3}} + y^{\frac{2}{3}} = 1(x \geqslant 0, y \geqslant 0)$ 上每一点的线密度为该点到原点距离的立方,现将一质量为 m kg 的质点放在坐标原点,求曲线段对质点的引力.

11. 某一河道的河床为抛物线形,两岸相距为 30 m,河床最深处为 3 m. 现将河床改造为梯形状(见图 3.29),设河道长为 100 m,1 m³ 的淤泥重为 $\rho(\mathrm{N})$,求将淤泥运至河岸至少要做多少功.

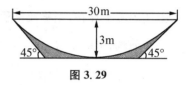

图 3.29

3.5 反常积分

前面我们讨论的定积分有两个基本要求,一是积分区间为有限区间,二是被积函数在积分区间上有界. 这一节,我们在上述两个要求至少有一个不满足时,将定积分概念推广,考虑无穷区间上的积分和无界函数的积分,统称为**反常积分**(又称**广义积分**).

3.5.1 无穷区间上的积分

首先考虑一个几何问题:求 $y = \mathrm{e}^{-x} \ (x \geqslant 0)$ 与 x 轴、y 轴所围的无界区域 D 的面积(见图 3.30). 如果仍用"分割取近似"的思想方法来处理是不行的. 因为将无穷区间分割为 n 个小区间时,是无法让分割的模 $\lambda \ (= \max\{\Delta x_i\}) \to 0$ 的. 下面采用的方法是取很大的正数 x,先求变上限的定积分

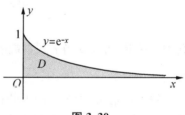

图 3.30

$$\int_0^x \mathrm{e}^{-x}\mathrm{d}x = -\left. \mathrm{e}^{-x} \right|_0^x = 1 - \mathrm{e}^{-x}$$

然后令 $x \to +\infty$,则得无界区域 D 的面积为

$$\sigma = \lim_{x \to +\infty}(1 - \mathrm{e}^{-x}) = 1$$

定义 3.5.1(无穷区间上的积分) 设 $\forall x > a, f \in \mathscr{I}[a, x]$,称 $\int_a^{+\infty} f(x)\mathrm{d}x$ 为无穷区间上的积分,统称反常积分,并称 $x = +\infty$ 为**奇点**. 若

$$\lim_{x \to +\infty}\int_a^x f(x)\mathrm{d}x = A \quad (A \in \mathbf{R})$$

则称**反常积分** $\int_a^{+\infty} f(x)\mathrm{d}x$ **收敛**，记为

$$\int_a^{+\infty} f(x)\mathrm{d}x = \lim_{x\to+\infty}\int_a^x f(x)\mathrm{d}x = A$$

若上述极限不存在，则称**反常积分** $\int_a^{+\infty} f(x)\mathrm{d}x$ **发散**.

类似的，可以定义：

(1) 无穷区间上的积分 $\int_{-\infty}^a f(x)\mathrm{d}x, x=-\infty$ 为奇点，则

$$\int_{-\infty}^a f(x)\mathrm{d}x \xlongequal{\mathrm{def}} \lim_{x\to-\infty}\int_x^a f(x)\mathrm{d}x$$

当上式右端极限存在时，称**反常积分** $\int_{-\infty}^a f(x)\mathrm{d}x$ **收敛**；当该极限不存在时，称**反常积分** $\int_{-\infty}^a f(x)\mathrm{d}x$ **发散**.

(2) 无穷区间上的积分 $\int_{-\infty}^{+\infty} f(x)\mathrm{d}x, x=-\infty$ 与 $+\infty$ 为奇点，我们规定

$$\int_{-\infty}^{+\infty} f(x)\mathrm{d}x \xlongequal{\mathrm{def}} \int_{-\infty}^a f(x)\mathrm{d}x + \int_a^{+\infty} f(x)\mathrm{d}x$$

其中 $a\in\mathbf{R}$. 当且仅当上式右端的两个反常积分皆收敛时，反常积分 $\int_{-\infty}^{+\infty} f(x)\mathrm{d}x$ 收敛.

按上述定义，无穷区间上的积分实际上是变限定积分的极限. 应用定积分的计算方法，我们有下列反常积分的计算公式.

定理 3.5.1(广义 N-L 公式 Ⅰ)

(1) 设 $x=+\infty$ 是反常积分 $\int_a^{+\infty} f(x)\mathrm{d}x$ 的唯一奇点，$f\in\mathscr{C}[a,+\infty)$，且 $F(x)$ 是 $f(x)$ 在 $[a,+\infty)$ 上的一个原函数，则

$$\int_a^{+\infty} f(x)\mathrm{d}x = F(x)\Big|_a^{+\infty} = F(+\infty) - F(a)$$

当且仅当 $F(+\infty)\in\mathbf{R}$ 时，上式左端的反常积分收敛.

(2) 设 $x=-\infty$ 是反常积分 $\int_{-\infty}^a f(x)\mathrm{d}x$ 的唯一奇点，$f\in\mathscr{C}(-\infty,a]$，且 $F(x)$ 是 $f(x)$ 在 $(-\infty,a]$ 上的一个原函数，则

$$\int_{-\infty}^a f(x)\mathrm{d}x = F(x)\Big|_{-\infty}^a = F(a) - F(-\infty)$$

当且仅当 $F(-\infty) \in \mathbf{R}$ 时,上式左端的反常积分收敛.

(3) 设 $x = -\infty$ 与 $x = +\infty$ 是反常积分 $\displaystyle\int_{-\infty}^{+\infty} f(x)\mathrm{d}x$ 仅有的两个奇点,$f \in$ $\mathscr{C}(-\infty, +\infty)$,且 $F(x)$ 是 $f(x)$ 在 $(-\infty, +\infty)$ 上的一个原函数,则

$$\int_{-\infty}^{+\infty} f(x)\mathrm{d}x = F(x)\Big|_{-\infty}^{+\infty} = F(+\infty) - F(-\infty)$$

当且仅当 $F(-\infty) \in \mathbf{R}, F(+\infty) \in \mathbf{R}$ 时,上式左端的反常积分收敛.

证　这里仅证明(1),而(2)和(3)可类似证明.

$\forall x \in (a, +\infty)$,在区间 $[a, x]$ 上应用 N-L 公式得

$$\int_a^x f(x)\mathrm{d}x = F(x)\Big|_a^x = F(x) - F(a)$$

在此式两端令 $x \rightarrow +\infty$ 即得

$$\int_a^{+\infty} f(x)\mathrm{d}x = \lim_{x \to +\infty} \int_a^x f(x)\mathrm{d}x = \lim_{x \to +\infty}(F(x) - F(a))$$
$$= F(+\infty) - F(a) \qquad\qquad \square$$

定理 3.5.2(广义换元积分公式 Ⅰ)　设 $x = +\infty$ 是反常积分 $\displaystyle\int_a^{+\infty} f(x)\mathrm{d}x$ 的唯一奇点,$f \in \mathscr{C}[a, +\infty)$. 设 $\varphi(t) \in \mathscr{C}^{(1)}[\beta, +\infty)$,且 $\varphi(\beta) = a, \varphi(+\infty) = +\infty$,则

$$\int_a^{+\infty} f(x)\mathrm{d}x = \int_\beta^{+\infty} f(\varphi(t))\varphi'(t)\mathrm{d}t \qquad (3.5.1)$$

证　$\forall x \in (a, +\infty)$,在 $[a, x]$ 上应用定积分的换元积分公式得

$$\int_a^x f(x)\mathrm{d}x = \int_\beta^t f(\varphi(t))\varphi'(t)\mathrm{d}t$$

这里 $\varphi(\beta) = a$,右端的积分上限 $t = \varphi^{-1}(x)$. 令 $x \rightarrow +\infty$,因 $\varphi(+\infty) = +\infty$,即得式(3.5.1)成立. $\qquad\qquad \square$

对于 $x = -\infty$ 是奇点的反常积分,有与式(3.5.1)对应的广义换元积分公式Ⅰ,这里不赘述.

定理 3.5.3(广义分部积分公式 Ⅰ)　设 $x = +\infty$ 是反常积分 $\displaystyle\int_a^{+\infty} u(x)\mathrm{d}v(x)$ 的唯一奇点,$u(x), v(x) \in \mathscr{C}^{(1)}[a, +\infty)$,则

$$\int_a^{+\infty} u(x)\mathrm{d}v(x) = u(x)v(x)\Big|_a^{+\infty} - \int_a^{+\infty} v(x)\mathrm{d}u(x) \qquad (3.5.2)$$

证　$\forall x \in [a, +\infty)$,在 $[a, x]$ 上应用分部积分公式得

$$\int_a^x u(x)\mathrm{d}v(x) = u(x)v(x)\Big|_a^x - \int_a^x v(x)\mathrm{d}u(x) \qquad (3.5.3)$$

在式(3.5.3)两端令 $x \to +\infty$，即得式(3.5.2)成立. $\qquad\square$

对于 $x = -\infty$ 是奇点的反常积分，有与式(3.5.2)对应的广义分部积分公式Ⅰ，这里不赘述.

例1 讨论反常积分 $\int_1^{+\infty} \dfrac{1}{x^p}\mathrm{d}x$ 的敛散性.

解 $x = +\infty$ 是唯一奇点. 应用广义 N-L 公式 Ⅰ，当 $p \neq 1$ 时，有

$$\int_1^{+\infty} \frac{1}{x^p}\mathrm{d}x = \frac{1}{(1-p)x^{p-1}}\Big|_1^{+\infty} = \begin{cases} \dfrac{1}{p-1} & (p>1); \\ +\infty & (p<1) \end{cases}$$

所以 $p > 1$ 时原式收敛，$p < 1$ 时原式发散. 当 $p = 1$ 时，有

$$\int_1^{+\infty} \frac{1}{x}\mathrm{d}x = \ln x\Big|_1^{+\infty} = +\infty$$

所以 $p = 1$ 时原式发散. 于是，当且仅当 $p > 1$ 时反常积分 $\int_1^{+\infty} \dfrac{1}{x^p}\mathrm{d}x$ 收敛.

例2 求反常积分 $\int_0^{+\infty} x\mathrm{e}^{-x}\mathrm{d}x$.

解 $x = +\infty$ 是唯一奇点，应用广义分部积分公式 Ⅰ 得

$$原式 = -\int_0^{+\infty} x\mathrm{d}\mathrm{e}^{-x} = -x\mathrm{e}^{-x}\Big|_0^{+\infty} + \int_0^{+\infty} \mathrm{e}^{-x}\mathrm{d}x$$

$$= 0 - \mathrm{e}^{-x}\Big|_0^{+\infty} = -(0-1) = 1$$

*例3 求反常积分 $\int_0^{+\infty} \dfrac{1}{1+x^4}\mathrm{d}x$.

解 $x = +\infty$ 是唯一奇点，应用广义换元积分公式 Ⅰ，令 $x = \dfrac{1}{t}$，则

$$原式 = \int_{+\infty}^0 \frac{t^4}{1+t^4}\left(-\frac{1}{t^2}\right)\mathrm{d}t = \int_0^{+\infty} \frac{t^2}{1+t^4}\mathrm{d}t = \int_0^{+\infty} \frac{x^2}{1+x^4}\mathrm{d}x$$

因此

$$原式 = \frac{1}{2}\left(\int_0^{+\infty} \frac{1}{1+x^4}\mathrm{d}x + \int_0^{+\infty} \frac{x^2}{1+x^4}\mathrm{d}x\right) = \frac{1}{2}\int_0^{+\infty} \frac{1+x^2}{1+x^4}\mathrm{d}x$$

$$= \frac{1}{2}\int_0^{+\infty} \frac{1}{2+\left(x-\dfrac{1}{x}\right)^2}\mathrm{d}\left(x-\frac{1}{x}\right)$$

再令 $x - \dfrac{1}{x} = t$,则 $x \to +\infty$ 时 $t \to +\infty, x \to 0^+$ 时 $t \to -\infty$,于是由广义换元积分公式 I 得

$$\text{原式} = \frac{1}{2} \int_{-\infty}^{+\infty} \frac{1}{2 + t^2} \mathrm{d}t = \frac{1}{2\sqrt{2}} \arctan \frac{t}{\sqrt{2}} \Big|_{-\infty}^{+\infty}$$

$$= \frac{1}{2\sqrt{2}} \Big(\frac{\pi}{2} - \Big(-\frac{\pi}{2} \Big) \Big) = \frac{\sqrt{2}}{4} \pi$$

3.5.2 无界函数的积分

再来考虑一个几何问题:求 $y = \dfrac{1}{\sqrt{x}}, x = 1$ 与 x 轴,y 轴所围的无界区域 D 的面积(见图 3.31). 我们采用的方法是在 $x = 0$ 的右邻域中取 $x \in (0,1)$,先求变下限的定积分

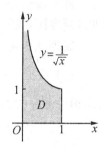

图 3.31

$$\int_x^1 \frac{1}{\sqrt{x}} \mathrm{d}x = 2\sqrt{x} \Big|_x^1 = 2 - 2\sqrt{x}$$

然后令 $x \to 0^+$,则得无界区域 D 的面积为

$$\sigma = \lim_{x \to 0^+} (2 - 2\sqrt{x}) = 2$$

定义 3.5.2(无界函数的积分) 设 $\forall x \in [a,b), f \in \mathscr{I}[a,x], f$ 在 b 的左邻域内无界,称 $\int_a^b f(x)\mathrm{d}x$ 为**无界函数的积分**,统称反常积分,并称 $x = b$ 为**瑕点**. 若

$$\lim_{x \to b^-} \int_a^x f(x)\mathrm{d}x = A \quad (A \in \mathbf{R})$$

则称反常积分 $\int_a^b f(x)\mathrm{d}x$ **收敛**,记为

$$\int_a^b f(x)\mathrm{d}x = \lim_{x \to b^-} \int_a^x f(x)\mathrm{d}x = A$$

若上述极限不存在,则称**反常积分** $\int_a^b f(x)\mathrm{d}x$ **发散**.

类似的,可以定义:

(1) 无界函数的积分 $\int_a^b f(x)\mathrm{d}x, x = a$ 为瑕点(f 在 a 的右邻域内无界),则

$$\int_a^b f(x)\mathrm{d}x \xlongequal{\text{def}} \lim_{x \to a^+} \int_x^b f(x)\mathrm{d}x$$

当且仅当上式右端的极限存在时，称**反常积分** $\int_a^b f(x)\mathrm{d}x$ **收敛**.

(2) 无界函数的积分 $\int_a^b f(x)\mathrm{d}x$，$x=c$ 为瑕点（f 在 $x=c$ 的左、右侧皆无界），$c \in (a,b)$，我们规定

$$\int_a^b f(x)\mathrm{d}x \xlongequal{\text{def}} \int_a^c f(x)\mathrm{d}x + \int_c^b f(x)\mathrm{d}x$$

当且仅当上式右端的两个无界函数的积分皆收敛时，称**反常积分** $\int_a^b f(x)\mathrm{d}x$ **收敛**.

按上述定义，无界函数的积分也是某种形式的变限定积分的极限. 应用定积分的计算方法，我们有下列反常积分的计算公式.

定理 3.5.4(广义 N-L 公式 Ⅱ)

(1) 设 $x=b$ 是反常积分 $\int_a^b f(x)\mathrm{d}x$ 的唯一瑕点，$f \in \mathscr{C}[a,b)$，$F(x)$ 是 $f(x)$ 在 $[a,b)$ 上的一个原函数，则

$$\int_a^b f(x)\mathrm{d}x = F(x)\bigg|_a^{b^-} = F(b^-) - F(a)$$

当且仅当 $F(b^-) \in \mathbf{R}$ 时，上式左端的反常积分收敛.

(2) 设 $x=a$ 是反常积分 $\int_a^b f(x)\mathrm{d}x$ 的唯一瑕点，$f \in \mathscr{C}(a,b]$，$F(x)$ 是 $f(x)$ 在 $(a,b]$ 上的一个原函数，则

$$\int_a^b f(x)\mathrm{d}x = F(x)\bigg|_{a^+}^b = F(b) - F(a^+)$$

当且仅当 $F(a^+) \in \mathbf{R}$ 时，上式左端的反常积分收敛.

(3) 设 $x=a$ 与 $x=b$ 是反常积分 $\int_a^b f(x)\mathrm{d}x$ 仅有的两个瑕点，$f \in \mathscr{C}(a,b)$，$F(x)$ 是 $f(x)$ 在 (a,b) 上的原函数，则

$$\int_a^b f(x)\mathrm{d}x = F(x)\bigg|_{a^+}^{b^-} = F(b^-) - F(a^+) \tag{3.5.4}$$

当且仅当 $F(b^-) \in \mathbf{R}$，$F(a^+) \in \mathbf{R}$ 时，上式左端的反常积分收敛.

应用无界函数的积分的定义和定积分的 N-L 公式易于证明定理 3.5.4，这里从略.

定理 3.5.5(广义换元积分公式 Ⅱ) 设 $x=b$ 是反常积分 $\int_a^b f(x)\mathrm{d}x$ 的唯一瑕点，$f \in \mathscr{C}[a,b)$，设 $\varphi(t) \in \mathscr{C}^{(1)}(\alpha,\beta)$，且 $\varphi(\alpha)=a$，$\varphi(\beta^-)=b$，则

$$\int_a^b f(x)\mathrm{d}x = \int_a^\beta f(\varphi(t))\varphi'(t)\mathrm{d}t \tag{3.5.5}$$

应用定积分的换元积分公式和广义 N-L 公式易于证明定理 3.5.5,这里从略.

对 $x=a$ 是瑕点的广义积分,有与式(3.5.5)对应的广义换元积分公式 II,这里不赘述.

定理 3.5.6(广义分部积分公式 II) 设 $x=b$(或 $x=a$)是反常积分 $\int_a^b u(x)\mathrm{d}v(x)$ 的唯一瑕点,$u(x),v(x)\in \mathscr{C}^{(1)}[a,b)$(或 $(a,b]$),则

$$\int_a^b u(x)\mathrm{d}v(x) = u(x)v(x)\Big|_a^{b^-} - \int_a^b v(x)\mathrm{d}u(x)$$

$$\left(或\int_a^b u(x)\mathrm{d}v(x) = u(x)v(x)\Big|_{a^+}^{b} - \int_a^b v(x)\mathrm{d}u(x)\right) \tag{3.5.6}$$

应用定积分的分部积分公式和反常积分的定义易于证明定理 3.5.6,这里从略.

例 4 讨论反常积分 $\int_0^1 \dfrac{1}{x^p}\mathrm{d}x$ 的敛散性$(p>0)$.

解 $x=0$ 是唯一瑕点,应用广义 N-L 公式 II,$p\neq 1$ 时,有

$$\int_0^1 \frac{1}{x^p}\mathrm{d}x = \frac{1}{1-p}x^{1-p}\Big|_{0^+}^1 = \begin{cases} \dfrac{1}{1-p} & (p<1); \\ +\infty & (p>1) \end{cases}$$

所以 $0<p<1$ 时原式收敛,$p>1$ 时原式发散. 当 $p=1$ 时,有

$$\int_0^1 \frac{1}{x}\mathrm{d}x = \ln x\Big|_{0^+}^1 = +\infty$$

所以 $p=1$ 时原式发散. 于是,当且仅当 $0<p<1$ 时反常积分 $\int_0^1 \dfrac{1}{x^p}\mathrm{d}x$ 收敛.

例 5 讨论反常积分 $\int_a^b \dfrac{1}{(b-x)^p}\mathrm{d}x$ 和 $\int_a^b \dfrac{1}{(x-a)^p}\mathrm{d}x$ 的敛散性$(p>0)$.

解 它们分别以 $x=b$ 与 $x=a$ 为唯一瑕点,应用广义换元积分公式 II,分别令 $b-x=t$ 与 $x-a=t$ 得

$$\int_a^b \frac{1}{(b-x)^p}\mathrm{d}x = \int_0^{b-a} \frac{1}{t^p}\mathrm{d}t, \quad \int_a^b \frac{1}{(x-a)^p}\mathrm{d}x = \int_0^{b-a} \frac{1}{t^p}\mathrm{d}t$$

可见两式右端的反常积分相同,并以 $t=0$ 为唯一瑕点. 由类似于例 4 的讨论可知:当且仅当 $0<p<1$ 时题中两个反常积分收敛.

例 6 求反常积分 $\int_0^1 \ln x\mathrm{d}x$.

解 $x = 0$ 是唯一瑕点,应用广义分部积分公式 Ⅱ 得

$$\int_0^1 \ln x \,\mathrm{d}x = x \ln x \Big|_{0^+}^1 - \int_0^1 \mathrm{d}x = -1$$

注 上式中 $\lim\limits_{x \to 0^+} x \ln x = \lim\limits_{x \to 0^+} \dfrac{\ln x}{\dfrac{1}{x}} = \lim\limits_{x \to 0^+} \dfrac{\dfrac{1}{x}}{-\dfrac{1}{x^2}} = 0.$

例 7 求反常积分 $\displaystyle\int_3^{+\infty} \dfrac{1}{(x-1)\sqrt{x-3}} \,\mathrm{d}x.$

解 原式有奇点 $x = +\infty$ 与瑕点 $x = 3$. 应用广义换元积分公式 Ⅱ,令 $x - 3 = t^2 (t \geqslant 0)$,则

$$原式 = \int_0^{+\infty} \dfrac{2}{2+t^2} \,\mathrm{d}t$$

则 $t = +\infty$ 是上式右端反常积分的唯一奇点,应用广义 N-L 公式 Ⅰ 得

$$原式 = \dfrac{2}{\sqrt{2}} \arctan \dfrac{t}{\sqrt{2}} \Big|_0^{+\infty} = \dfrac{\pi}{\sqrt{2}}$$

*3.5.3 反常积分与定积分的关系

反常积分与定积分是两种含义完全不同的积分,不可混淆. 例如下式

$$\int_0^1 \dfrac{1}{\sqrt{1-x^2}} \,\mathrm{d}x = \arcsin x \Big|_0^1 = \dfrac{\pi}{2} \tag{3.5.7}$$

是错误的. 因为式(3.5.7)左端是以 $x = 1$ 为瑕点的反常积分,而式(3.5.7)应用了计算定积分的 N-L 公式,这是不对的. 正确的解法是

$$\int_0^1 \dfrac{1}{\sqrt{1-x^2}} \,\mathrm{d}x = \arcsin x \Big|_0^{1^-} = \dfrac{\pi}{2} \tag{3.5.8}$$

读者要注意式(3.5.7)与式(3.5.8)的微小差别,式(3.5.8)应用的是广义 N-L 公式 Ⅱ.

反常积分与定积分之间又有着密切联系,它们之间还可以相互转化. 例如应用换元变换 $x - 3 = t^2 (t \geqslant 0)$,则

$$\int_3^7 \dfrac{1}{(x-1)\sqrt{x-3}} \,\mathrm{d}x = \int_0^2 \dfrac{2}{2+t^2} \,\mathrm{d}t$$

于是左端的反常积分($x = 3$ 为瑕点)通过广义换元变换化成了右端的无瑕点的定积分.

再看一个例子.

例 8 求定积分 $\int_0^\pi \dfrac{1}{1+\sin^2 x}\mathrm{d}x$.

解 因为

$$\int_0^\pi \frac{1}{1+\sin^2 x}\mathrm{d}x = \int_0^{\frac{\pi}{2}} \frac{1}{1+\sin^2 x}\mathrm{d}x + \int_{\frac{\pi}{2}}^\pi \frac{1}{1+\sin^2 x}\mathrm{d}x$$

在上式右端第二个积分中令 $x = \pi - t$,得

$$\int_{\frac{\pi}{2}}^\pi \frac{1}{1+\sin^2 x}\mathrm{d}x = \int_0^{\frac{\pi}{2}} \frac{1}{1+\sin^2 t}\mathrm{d}t = \int_0^{\frac{\pi}{2}} \frac{1}{1+\sin^2 x}\mathrm{d}x$$

于是

$$\begin{aligned}
\int_0^\pi \frac{1}{1+\sin^2 x}\mathrm{d}x &= 2\int_0^{\frac{\pi}{2}} \frac{1}{1+\sin^2 x}\mathrm{d}x \\
&= 2\int_0^{\frac{\pi}{2}} \frac{1}{1+2\tan^2 x}\mathrm{d}\tan x \quad (\text{令 } \tan x = t) \\
&= 2\int_0^{+\infty} \frac{1}{1+2t^2}\mathrm{d}t
\end{aligned}$$

即定积分化成了以 $t = +\infty$ 为奇点的反常积分.应用广义 N-L 公式 I 得

$$\int_0^\pi \frac{1}{1+\sin^2 x}\mathrm{d}x = \sqrt{2}\arctan(\sqrt{2}t)\,\Big|_0^{+\infty} = \frac{\pi}{\sqrt{2}}$$

*3.5.4 Γ 函数

首先考察一个例子.

例 9 求证:$x > 0$ 时,反常积分 $\int_0^{+\infty} \mathrm{e}^{-t}t^{x-1}\mathrm{d}t$ 收敛.

证 这里的反常积分,t 为积分变量,x 为参数,且 $t = 0$ 为瑕点(当 $0 < x < 1$ 时),$t = +\infty$ 为奇点. 由于

$$\lim_{t\to+\infty} \frac{\mathrm{e}^{-t}t^{x-1}}{\dfrac{1}{t^2}} = \lim_{t\to+\infty} \frac{t^{x+1}}{\mathrm{e}^t} = 0$$

所以存在常数 $N > 0$,当 $t \geqslant N$ 时,$\forall x > 0$,有 $0 < \mathrm{e}^{-t}t^{x-1} < \dfrac{1}{t^2}$,且

$$原式 = \int_0^N \mathrm{e}^{-t}t^{x-1}\mathrm{d}t + \int_N^{+\infty} \mathrm{e}^{-t}t^{x-1}\mathrm{d}t \tag{3.5.9}$$

(1) 先考察式(3.5.9)右端的第一项 $I_1 = \int_0^N e^{-t} t^{x-1} dt$, 当 $0 < x < 1$ 时, $t = 0$ 是唯一瑕点, 应用广义分部积分公式 Ⅱ, 有

$$I_1 = \frac{1}{x} \int_0^N e^{-t} dt^x = \frac{1}{x} \left(e^{-t} t^x \Big|_{0^+}^N + \int_0^N e^{-t} t^x dt \right) = \frac{N^x}{x e^N} + \frac{1}{x} \int_0^N e^{-t} t^x dt$$

此式右端是定积分, 所以 $x > 0$ 时, 反常积分 I_1 收敛.

(2) 再考察式(3.5.9)右端的第二项 $I_2 = \int_N^{+\infty} e^{-t} t^{x-1} dt$, $t = +\infty$ 是唯一奇点, 令

$$\Phi(t) = \int_N^t e^{-t} t^{x-1} dt \quad (x > 0)$$

则 $\Phi(t)$ 在 $[N, +\infty)$ 上显然单调增加. 又由于 $t \geqslant N$ 时, $0 < e^{-t} t^{x-1} < \dfrac{1}{t^2}$, 所以

$$0 \leqslant \Phi(t) \leqslant \int_N^t \frac{1}{t^2} dt < \int_N^{+\infty} \frac{1}{t^2} dt = -\frac{1}{t} \Big|_N^{+\infty} = \frac{1}{N}$$

即 $\Phi(t)$ 上有界, 因此 $\int_N^{+\infty} e^{-t} t^{x-1} dt = \lim_{t \to +\infty} \Phi(t) = A (A \in \mathbf{R})$. 所以 $x > 0$ 时, 反常积分 I_2 收敛.

综上, 式(3.5.9)中两个反常积分皆收敛, 因此 $x > 0$ 时原式收敛.

定义 3.5.3(Γ 函数)

$$\Gamma(x) \xlongequal{\text{def}} \int_0^{+\infty} e^{-t} t^{x-1} dt \quad (x > 0)$$

Γ 函数不是初等函数, 我们称之为**特殊函数**. Γ 函数在理论上和工程技术等应用性学科中有着重要应用. Γ 函数有下列主要性质:

(1) $\Gamma(x) \in \mathscr{C}(0, +\infty)$;

(2) $\Gamma(x+1) = x\Gamma(x) \ (x > 0)$.

证 性质(1)的证明超出本课程的要求, 故从略, 下面证性质(2).

应用广义分部积分公式 Ⅰ, 有

$$\Gamma(x+1) = \int_0^{+\infty} e^{-t} t^x dt = -\int_0^{+\infty} t^x de^{-t}$$

$$= -\frac{t^x}{e^t} \Big|_0^{+\infty} + \int_0^{+\infty} e^{-t} x t^{x-1} dt$$

$$= x \int_0^{+\infty} e^{-t} t^{x-1} dt = x\Gamma(x) \quad (x > 0) \qquad \square$$

特别当 x 取正整数 n 时, 应用性质(2)可得

$$\Gamma(n+1) = n\Gamma(n) = n(n-1)\Gamma(n-1) = \cdots = n!\Gamma(1)$$

由于

$$\Gamma(1) = \int_0^{+\infty} e^{-t}t^0 dt = -e^{-t}\Big|_0^{+\infty} = 1$$

所以

$$\Gamma(n+1) = n!$$

例 10 将反常积分 $\displaystyle\int_0^{+\infty} e^{-x^2} dx$ 化为 Γ 函数表示.

解 令 $x = \sqrt{t}$,应用广义换元积分公式 I 得

$$\int_0^{+\infty} e^{-x^2} dx = \frac{1}{2}\int_0^{+\infty} e^{-t}t^{\frac{1}{2}-1} dt = \frac{1}{2}\Gamma\left(\frac{1}{2}\right)$$

注 在本书第 6.4.2 节中我们将证明 $\displaystyle\int_0^{+\infty} e^{-x^2} dx = \frac{1}{2}\sqrt{\pi}$,将该结果代入上式可得 $\Gamma\left(\dfrac{1}{2}\right) = \sqrt{\pi}$.

习题 3.5

A 组

1. 求下列无穷区间上的积分:

(1) $\displaystyle\int_1^{+\infty} \frac{1}{\sqrt{x}(1+x)} dx$;

(2) $\displaystyle\int_1^{+\infty} \frac{1}{x^2(1+x^2)} dx$;

(3) $\displaystyle\int_1^{+\infty} \frac{1}{x^2}\sin\frac{1}{x} dx$;

(4) $\displaystyle\int_1^{+\infty} xe^{-x^2} dx$;

(5) $\displaystyle\int_1^{+\infty} \frac{\arctan x}{x^3} dx$;

(6) $\displaystyle\int_0^{+\infty} e^{-x}\cos x dx$;

(7) $\displaystyle\int_0^{+\infty} \frac{1}{(a^2+x^2)^{\frac{3}{2}}} dx$;

(8) $\displaystyle\int_0^{+\infty} \frac{1}{1+x+x^2} dx$.

2. 求下列无界函数的积分:

(1) $\displaystyle\int_{-1}^1 \frac{1}{\sqrt{1-x^2}} dx$;

(2) $\displaystyle\int_0^2 \frac{1}{\sqrt{x(2-x)}} dx$;

(3) $\displaystyle\int_0^2 \frac{1}{\sqrt{|x-1|}} dx$;

(4) $\displaystyle\int_1^2 \frac{x}{\sqrt{x-1}} dx$;

(5) $\int_1^2 \dfrac{1}{x^2\sqrt{4-x^2}}\mathrm{d}x$; (6) $\int_0^1 \sqrt{\dfrac{x}{1-x}}\mathrm{d}x$.

3. 求下列反常积分：

(1) $\int_0^{+\infty} \dfrac{1}{\sqrt{x}(1+x)}\mathrm{d}x$; (2) $\int_0^{+\infty} \dfrac{1}{x^2(1+x^2)}\mathrm{d}x$;

(3) $\int_{-\infty}^{+\infty} \dfrac{1}{x^2+4x+9}\mathrm{d}x$.

B 组

4. 求 $\int_a^b \dfrac{1}{\sqrt{(b-x)(x-a)}}\mathrm{d}x\ (a<b)$.

5. 设 $f(x)=\dfrac{A}{\mathrm{e}^x+\mathrm{e}^{-x}}$，$\int_{-\infty}^{+\infty} f(x)\mathrm{d}x=1$，试求：(1) A 值；(2) $\int_{-\infty}^1 f(x)\mathrm{d}x$.

6. 求 $\int_0^{+\infty} \dfrac{x\mathrm{e}^x}{(1+\mathrm{e}^x)^2}\mathrm{d}x$.

* 3.6　数值积分方法

在自然科学和工程技术的实际问题中提出的定积分问题，经常不能使用第 3.2 节介绍的计算方法来解决. 这里主要有两方面的困难，一是被积函数的一般表示式没有，只能提供被积函数的一系列观测数据；二是求原函数麻烦，甚至不能用初等函数来表示. 因此有必要研究计算定积分近似值的数值方法（称为**数值积分方法**）. 在 20 世纪中叶计算机发明之前，早有数值积分计算的矩形法、梯形法和抛物线法. 当今计算机普遍使用后，又系统地发展了数值积分方法. 这里，我们仅介绍古典的梯形法和抛物线法（辛普森（Simpson）法）.

设函数 $f\in\mathscr{C}[a,b]$，记 $I=\int_a^b f(x)\mathrm{d}x$.

3.6.1　梯形法

取分割 P：

$$a=x_0<x_1<x_2<\cdots<x_n=b$$

将 $[a,b]$ 等分为 n 个区间，$h=\Delta x_i=\dfrac{b-a}{n}$，称 h 为**步长**. 为直观起见，不妨设 $f(x)\geqslant 0$，则 I 可视为曲边梯形的面积. 用直线 $x=x_i(i=1,2,\cdots,n-1)$ 将曲边梯形分为 n

个小曲边梯形,令 $y_i = f(x_i)$. 将每个小曲边梯形的顶端曲线用过两端点 $P_{i-1}(x_{i-1}, y_{i-1}), P_i(x_i, y_i)$ 的直线段代替(见图 3.32),并用梯形的面积代替小曲边梯形的面积,然后累加起来即得 I 的近似值,即有

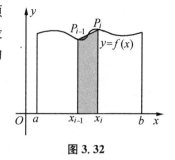

图 3.32

$$\int_a^b f(x) \mathrm{d}x \approx \sum_{i=1}^n \frac{y_{i-1} + y_i}{2} h$$

$$= \frac{b-a}{n} \left(\frac{y_0}{2} + y_1 + y_2 + \cdots + y_{n-1} + \frac{y_n}{2} \right)$$

此式称为**梯形公式**.

因函数 $f \in \mathscr{C}[a, b]$,故 $f(x)$ 在 $[a, b]$ 上可积. 由定义得

$$\lim_{n \to \infty} \sum_{i=1}^n \frac{y_{i-1} + y_i}{2} h = \frac{1}{2} \lim_{n \to \infty} \sum_{i=1}^n f(x_{i-1}) \Delta x_i + \frac{1}{2} \lim_{n \to \infty} \sum_{i=1}^n f(x_i) \Delta x_i$$

$$= \frac{1}{2}(I + I) = I$$

所以在应用梯形公式作近似计算时,n 越大,近似程度越高.

3.6.2　辛普森(Simpson)法

我们仍将 I 视为某曲边梯形的面积,取分割 P:

$$a = x_0 < x_1 < x_2 < \cdots < x_{2n-1} < x_{2n} = b$$

将 $[a, b]$ 等分为 $2n$ 个区间,步长 $h = \Delta x_i = \dfrac{b-a}{2n}$. 用直线 $x = x_i (i = 1, 2, \cdots, 2n-1)$ 将曲边梯形分为 $2n$ 个小曲边梯形,令 $y_i = f(x_i)$. 对于区间 $[x_{2j-2}, x_{2j}]$ $(j = 1, 2, \cdots, n)$ 上的小曲边梯形,我们将其顶端曲线用通过三点

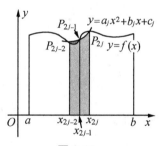

图 3.33

$$P_{2j-2}(x_{2j-2}, y_{2j-2}), \quad P_{2j-1}(x_{2j-1}, y_{2j-1}), \quad P_{2j}(x_{2j}, y_{2j})$$

的抛物线 $y = a_j x^2 + b_j x + c_j$ 代替[1](见图 3.33),并用其对应的曲边梯形的面积代替原来的小曲边梯形的面积,然后累加起来即得 I 的近似值.

因抛物线下方曲边梯形的面积为(令 $\alpha = x_{2j-1}$)

$$\int_{\alpha-h}^{\alpha+h} (a_j x^2 + b_j x + c_j) \mathrm{d}x = \left. \left(\frac{1}{3} a_j x^3 + \frac{1}{2} b_j x^2 + c_j x \right) \right|_{\alpha-h}^{\alpha+h}$$

---

[1]抛物线方程由三点坐标唯一确定,证明从略.

$$= \frac{1}{3}a_j\big[(\alpha+h)^3-(\alpha-h)^3\big]+\frac{1}{2}b_j\big[(\alpha+h)^2$$

$$-(\alpha-h)^2\big]+c_j\big[(\alpha+h)-(\alpha-h)\big]$$

$$= \frac{h}{3}\cdot\big[a_j(\alpha-h)^2+b_j(\alpha-h)+c_j+4(a_j\alpha^2+b_j\alpha$$

$$+c_j)+a_j(\alpha+h)^2+b_j(\alpha+h)+c_j\big]$$

$$= \frac{b-a}{6n}(y_{2j-2}+4y_{2j-1}+y_{2j})$$

于是

$$\int_a^b f(x)\mathrm{d}x \approx \sum_{j=1}^n \frac{b-a}{6n}(y_{2j-2}+4y_{2j-1}+y_{2j})$$

$$= \frac{b-a}{6n}\big[y_0+y_{2n}+2(y_2+y_4+\cdots+y_{2n-2})$$

$$+4(y_1+y_3+\cdots+y_{2n-1})\big]$$

此式称为**辛普森公式**.

因函数 $f\in\mathscr{C}[a,b]$，故 $f(x)$ 在 $[a,b]$ 上可积，由定义得

$$\lim_{n\to\infty}\sum_{j=1}^n \frac{b-a}{6n}(y_{2j-2}+4y_{2j-1}+y_{2j})$$

$$= \frac{1}{6}\Big[\lim_{n\to\infty}\sum_{j=1}^n f(x_{2j-2})(2h)+4\lim_{n\to\infty}\sum_{j=1}^n f(x_{2j-1})(2h)+\lim_{n\to\infty}\sum_{j=1}^n f(x_{2j})(2h)\Big]$$

$$= \frac{1}{6}(I+4I+I)=I$$

所以在应用辛普森公式作近似计算时，n 越大，近似程度越高.

例 分别用梯形公式与辛普森公式求 $\int_0^1 \frac{1}{1+x^2}\mathrm{d}x$（取 $n=4$，计算到小数点后四位），并求 π 的近似值.

解 依梯形公式，有

$x_0=0.00$	$y_0=1.0000$	$x_1=0.25$	$y_1=0.9412$
$x_4=1.00$	$y_4=0.5000$	$x_2=0.50$	$y_2=0.8000$
	和数 1.5000	$x_3=0.75$	$y_3=0.6400$
			和数 2.3812

于是

$$\int_0^1 \frac{1}{1+x^2}\mathrm{d}x \approx \frac{1}{4}\Big(\frac{1.5000}{2}+2.3812\Big)=0.7828$$

依辛普森公式,有

$$x_0 = 0.00 \qquad y_0 = 1.000 \qquad x_1 = 0.25 \qquad y_1 = 0.941\,2$$

$$x_4 = 1.00 \qquad y_4 = 0.500\,0 \qquad x_3 = 0.75 \qquad y_3 = 0.640\,0$$

和数 $1.500\,0$ 和数 $1.581\,2$

$$x_2 = 0.50 \qquad y_2 = 0.800\,0$$

于是

$$\int_0^1 \frac{1}{1+x^2} \mathrm{d}x \approx \frac{1}{12}(1.500\,0 + 2 \times 0.800\,0 + 4 \times 1.581\,2) = 0.785\,4$$

由于

$$\int_0^1 \frac{1}{1+x^2} \mathrm{d}x = \arctan x \Big|_0^1 = \frac{\pi}{4}$$

故依梯形公式有

$$\pi \approx 4 \times 0.782\,8 = 3.131\,2$$

依辛普森公式有

$$\pi \approx 4 \times 0.785\,4 = 3.141\,6$$

复习题 3

1. 设 $F(x) = \sin^3 x + \cos x$ 是 $f(x)$ 的一个原函数,求 $\int x^2 f(1-x^3)\mathrm{d}x$.

2. 求解下列各题:

(1) 设 $F(x)$ 是 $f(x)$ 的一个原函数,$F(0) = 1$,$f(x)F(x) = \sin^2 2x(x \geqslant 0)$,求 $f(x)$.

(2) 设 $f(x) \in \mathscr{D}$,$f'(-x) = x(1-f(x))$,求 $f(x)$.

3. 求下列不定积分:

(1) $\displaystyle\int \frac{f(x)f'(x)}{1+[f(x)]^4}\mathrm{d}x$;

(2) $\displaystyle\int \frac{f(x)f'(x)}{1-[f(x)]^4}\mathrm{d}x$;

(3) $\displaystyle\int \frac{1+x^2}{x\sqrt{1+x^4}}\mathrm{d}x$;

(4) $\displaystyle\int \frac{1-x^2}{x\sqrt{1+x^4}}\mathrm{d}x$.

4. 求多项式 $P(x)$,$Q(x)$,使得

$$\int ((x^2+5x+1)\cos x - 2(x^2-x+1)\sin x)\mathrm{d}x$$

$$= P(x)\cos x + Q(x)\sin x + C$$

5. 求极限 $\lim\limits_{n\to\infty}\dfrac{(n!)^{\frac{1}{n}}}{n}$.

6. 求下列定积分：

(1) $\displaystyle\int_0^{\frac{\pi}{4}}\ln(1+\tan x)\,\mathrm{d}x$；

(2) $\displaystyle\int_0^1\dfrac{\ln(1+x)}{1+x^2}\,\mathrm{d}x$；

(3) $\displaystyle\int_0^\pi\dfrac{x\sin x}{5-\sin^2 x}\,\mathrm{d}x$；

(4) $\displaystyle\int_0^{\frac{\pi}{2}}\dfrac{1}{1+\tan^\lambda x}\,\mathrm{d}x\ (\lambda>0)$.

7. 设 $f(x)\in\mathscr{C}^{(2)}[0,\pi]$，$f(\pi)=2$，且 $\displaystyle\int_0^\pi(f(x)+f''(x))\sin x\,\mathrm{d}x=1$，求 $f(0)$.

8. 设 $f(x)\in\mathscr{C}[0,+\infty)$，且 $f(x)$ 是周期函数（周期为 T），证明：

$$\lim_{x\to+\infty}\frac{1}{x}\int_0^x f(x)\,\mathrm{d}x=\frac{1}{T}\int_0^T f(x)\,\mathrm{d}x$$

9. 设 $f(x)\in\mathscr{C}(0,+\infty)$，$f(1)=1$，$\forall x,y\in(0,+\infty)$，有

$$\int_1^{xy}f(t)\,\mathrm{d}t=y\int_1^x f(t)\,\mathrm{d}t+x\int_1^y f(t)\,\mathrm{d}t$$

求 $f(x)$.

10. 设 $f(x)\in\mathscr{C}^{(2)}[a,b]$，且 $f''(x)>0$，求证：

$$f\left(\frac{a+b}{2}\right)<\frac{1}{b-a}\int_a^b f(x)\,\mathrm{d}x<\frac{1}{2}(f(a)+f(b))$$

4 空间解析几何

空间解析几何与平面解析几何一样,都是运用代数方法研究几何问题. 这一章,我们在空间直角坐标系中以行列式与向量为基本工具,研究空间的平面和直线,以及空间的曲面与空间的曲线.

4.1 行列式与向量代数

这一节介绍二阶与三阶行列式、$\mathbf{R}^3$ 空间的向量与向量的代数运算,它们有着重要的几何应用.

4.1.1 二阶与三阶行列式

这里我们仅介绍二阶与三阶行列式,关于 n 阶行列式的一般定义、性质与计算,留待线性代数课程中研究.

1) 二阶行列式

设 $a_{ij} \in \mathbf{R}(i = 1, 2; j = 1, 2)$,我们称

$$D_2 = \begin{vmatrix} a_{11} & a_{12} \\ a_{21} & a_{22} \end{vmatrix}$$

为**二阶行列式**,并用数 $a_{11}a_{22} - a_{12}a_{21}$ 表示**二阶行列式 D_2 的值**,记为

$$\begin{vmatrix} a_{11} & a_{12} \\ a_{21} & a_{22} \end{vmatrix} \xlongequal{\text{def}} a_{11}a_{22} - a_{12}a_{21}$$

它是行列式主对角线上的两个数 a_{11} 与 a_{22} 的乘积和副对角线上的两个数 a_{12} 与 a_{21} 的乘积的差,所以行列式 D_2 是一个实数.

二阶行列式 D_2 的绝对值在几何上表示平面上一平行四边形的面积(见下面的例6).

例 1 设 $a_{11}a_{22} - a_{12}a_{21} \neq 0$,求二元一次方程组

$$\begin{cases} a_{11}x + a_{12}y = b_1, \\ a_{21}x + a_{22}y = b_2 \end{cases} \tag{4.1.1}$$

的解(其中 $b_1, b_2 \in \mathbf{R}$).

解 用消去法，容易求得方程组(4.1.1)有唯一解：

$$x = \frac{b_1 a_{22} - b_2 a_{12}}{a_{11} a_{22} - a_{12} a_{21}} = \frac{\begin{vmatrix} b_1 & a_{12} \\ b_2 & a_{22} \end{vmatrix}}{\begin{vmatrix} a_{11} & a_{12} \\ a_{21} & a_{22} \end{vmatrix}}$$

$$y = -\frac{b_1 a_{21} - b_2 a_{11}}{a_{11} a_{22} - a_{12} a_{21}} = \frac{\begin{vmatrix} a_{11} & b_1 \\ a_{21} & b_2 \end{vmatrix}}{\begin{vmatrix} a_{11} & a_{12} \\ a_{21} & a_{22} \end{vmatrix}}$$

上面分子与分母皆用行列式表示的原方程组的解的公式称为**克莱姆法则**，并称分母的行列式 $\begin{vmatrix} a_{11} & a_{12} \\ a_{21} & a_{22} \end{vmatrix}$ 为**方程组的系数行列式**. 当 $b_1 = b_2 = 0$ 时，若系数行列式不为零，则方程组显见只有零解 $x = 0, y = 0$.

2）三阶行列式

设 $a_{ij} \in \mathbf{R}(i = 1,2,3; j = 1,2,3)$，我们称

$$D_3 = \begin{vmatrix} a_{11} & a_{12} & a_{13} \\ a_{21} & a_{22} & a_{23} \\ a_{31} & a_{32} & a_{33} \end{vmatrix}$$

为**三阶行列式**，并定义**三阶行列式的值**等于图 4.1 中三个实线段所连接的三数乘积之和与三个虚线段所连接的三数乘积之和的差. 即

$$\begin{vmatrix} a_{11} & a_{12} & a_{13} \\ a_{21} & a_{22} & a_{23} \\ a_{31} & a_{32} & a_{33} \end{vmatrix} \xlongequal{\text{def}} (a_{11} a_{22} a_{33} + a_{12} a_{23} a_{31} + a_{13} a_{21} a_{32})$$

$$- (a_{13} a_{22} a_{31} + a_{12} a_{21} a_{33} + a_{11} a_{23} a_{32})$$

所以三阶行列式 D_3 也是一个实数. 这一计算三阶行列式的方法称为**对角线法则**.

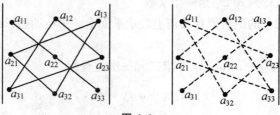

图 4.1

三阶行列式 D_3 的绝对值在几何上表示空间上一平行六面体的体积（见下面的

定理 4.1.18).

例 2 求三阶行列式 $\begin{vmatrix} 1 & 2 & 3 \\ 4 & 5 & 6 \\ 7 & 8 & 9 \end{vmatrix}$.

解 应用对角线法则,有

$$原式 = 1 \cdot 5 \cdot 9 + 2 \cdot 6 \cdot 7 + 3 \cdot 4 \cdot 8 - 3 \cdot 5 \cdot 7 - 2 \cdot 4 \cdot 9 - 1 \cdot 6 \cdot 8$$
$$= 45 + 84 + 96 - 105 - 72 - 48 = 0$$

三阶行列式可用于表示三元一次方程组的解. 当三元一次方程组

$$\begin{cases} a_{11}x + a_{12}y + a_{13}z = b_1, \\ a_{21}x + a_{22}y + a_{23}z = b_2, \quad (b_1, b_2, b_3 \in \mathbf{R}) \\ a_{31}x + a_{32}y + a_{33}z = b_3 \end{cases} \quad (4.1.2)$$

的系数行列式 $D_3 \neq 0$ 时,用消去法可得方程组(4.1.2)的解为

$$x = \frac{\begin{vmatrix} b_1 & a_{12} & a_{13} \\ b_2 & a_{22} & a_{23} \\ b_3 & a_{32} & a_{33} \end{vmatrix}}{D_3}, \quad y = \frac{\begin{vmatrix} a_{11} & b_1 & a_{13} \\ a_{21} & b_2 & a_{23} \\ a_{31} & b_3 & a_{33} \end{vmatrix}}{D_3}, \quad z = \frac{\begin{vmatrix} a_{11} & a_{12} & b_1 \\ a_{21} & a_{22} & b_2 \\ a_{31} & a_{32} & b_3 \end{vmatrix}}{D_3}$$

上面用行列式表示的三元一次方程组的解的公式也称为**克莱姆法则**. 且当 $b_1 = b_2 = b_3 = 0$ 时,方程组(4.1.2)只有零解 $x = 0, y = 0, z = 0$.

4.1.2 空间直角坐标系

过一定点 O 作三条相互垂直的数轴,分别记为 x 轴, y 轴, z 轴,它们都以 O 点为原点,单位长度相同(如果作特殊说明,也可以不同),且 x 轴, y 轴, z 轴的正向组成右手系. 所谓**右手系**就是 x 轴正向沿右手握拳方向旋转到 y 轴正向时,大拇指的指向为 z 轴正向(见图 4.2). 这就是笛卡儿①**空间直角坐标系**,记为 O-xyz. 点 O 称为**坐标原点**, x 轴, y 轴, z 轴称为**坐标轴**,每两条坐标轴决定的平面称为**坐标平面**. 坐标平面有三个,分别记为 xOy 平面, yOz 平面, zOx 平面. 三个坐标平面将 $\mathbf{R}^3$ 空间分为八个部分,图 4.2 中 xOy 平面上的第一,二,三,四象限上方的四个部分空间分别称为第 Ⅰ,Ⅱ,Ⅲ,Ⅳ **卦限**;下方的四个部分空间分别称为第 Ⅴ,Ⅵ,Ⅶ,Ⅷ **卦限**.

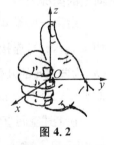

图 4.2

①笛卡儿(Rene Descartes),1596—1650,法国著名的物理学家和数学家.

给定空间一点 P,过点 P 作三个平面分别垂直于三个坐标轴,三个平面与 x 轴,y 轴,z 轴的交点分别记为 A,B,C(见图4.3).若点 A,B,C 在三个坐标轴上的坐标分别为 a,b,c,则定义点 P 的坐标为 (a,b,c);反过来,给定三个有序的实数 a,b,c,在空间直角坐标系中可唯一地找到一点 P,使该点的坐标为 (a,b,c).因此空间任一点与其坐

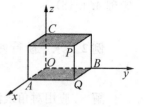

图 4.3

标一一对应,记为 $P(a,b,c)$,其中三数 a,b,c 分别称为**横坐标**、**纵坐标**、**竖坐标**.图 4.3 中点 A,B,C 的坐标分别为 $A(a,0,0)$,$B(0,b,0)$,$C(0,0,c)$,坐标原点的坐标为 $O(0,0,0)$.当 $abc \neq 0$ 时点 $P(a,b,c)$ 位于某个卦限内.依 a,b,c 的符号就可确定其所在的卦限,见下表:

卦限	Ⅰ	Ⅱ	Ⅲ	Ⅳ	Ⅴ	Ⅵ	Ⅶ	Ⅷ
a 的符号	+	−	−	+	+	−	−	+
b 的符号	+	+	−	−	+	+	−	−
c 的符号	+	+	+	+	−	−	−	−

4.1.3　向量的基本概念

1) 向量的坐标表示与几何表示

三维空间

$$\mathbf{R}^3 = \{(x,y,z) \mid x \in \mathbf{R}, y \in \mathbf{R}, z \in \mathbf{R}\}$$

中的元素 (a_1,a_2,a_3) 称为**三维向量**,简称**向量**,记为 $\boldsymbol{a} = (a_1,a_2,a_3)$,并称此式为**向量的坐标表示**.

给定一向量 $\boldsymbol{a} = (a_1,a_2,a_3) \in \mathbf{R}^3$,再在空间取一直角坐标系 $O\text{-}xyz$,作点 $P(a_1,a_2,a_3)$,连接 O,P 得有向线段 $\overrightarrow{OP}$,它的起点为 O,终点为 P,我们称有向线段 $\overrightarrow{OP}$ 为**向量 $\boldsymbol{a}$ 的几何表示**,记为 $\boldsymbol{a} = \overrightarrow{OP}$.因此有向线段 $\overrightarrow{OP}$ 也称向量 $\overrightarrow{OP}$,且向量 $\overrightarrow{OP}$ 的坐标就是点 P 的坐标.

在上述空间直角坐标系中取有向线段 $\overrightarrow{MN}$(起点为 M,终点为 N),若 $\overrightarrow{MN} \parallel \overrightarrow{OP}$,指向相同,且 $|MN| = |OP|$,则称 $\overrightarrow{MN} = \overrightarrow{OP}$,故向量 $\overrightarrow{MN}$ 也是向量 $\boldsymbol{a}$ 的几何表示.

2) 向量的模与方向余弦

$\mathbf{R}^3$ 空间的向量在几何上是用有向线段表示的,这表明向量是既有数值大小,又有方向的量.例如在物理学中,力、速度、电场强度等都是向量.我们用有向线段 $\overrightarrow{OP}$ 的长度表示向量 $\boldsymbol{a}$ 的数值大小,称为**向量 $\boldsymbol{a}$ 的模**,并记为 $|\boldsymbol{a}|$,于是有

$$|\boldsymbol{a}| = |\overrightarrow{OP}| = |OP| = \sqrt{a_1^2 + a_2^2 + a_3^2}$$

我们用从点 O 到点 P 的指向表示向量 a 的方向. 设 $\overrightarrow{OP}$ 与 x 轴, y 轴, z 轴正向的夹角分别为 α,β,γ(见图 4.4),则

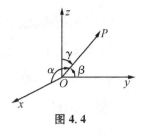

图 4.4

$$\cos\alpha = \frac{a_1}{\sqrt{a_1^2 + a_2^2 + a_3^2}}, \quad \cos\beta = \frac{a_2}{\sqrt{a_1^2 + a_2^2 + a_3^2}},$$

$$\cos\gamma = \frac{a_3}{\sqrt{a_1^2 + a_2^2 + a_3^2}}.$$

这里 $0 \leqslant \alpha,\beta,\gamma \leqslant \pi$. 我们称 α,β,γ 为**向量 a 的方向角**,并称 $\cos\alpha,\cos\beta,\cos\gamma$ 为**向量 a 的方向余弦**. 向量 a 的方向由其方向角或方向余弦唯一确定.

模等于 0 的向量称为**零向量**,记为 $\mathbf{0} = (0,0,0)$. 零向量是一个特殊的向量,它的方向是任意的指向.

模等于 1 的向量称为**单位向量**. 单位向量

$$\boldsymbol{i} = (1,0,0), \quad \boldsymbol{j} = (0,1,0), \quad \boldsymbol{k} = (0,0,1)$$

是沿三个坐标轴正向的单位向量,称为**基向量**. 设向量 a 的方向余弦为 $\cos\alpha,\cos\beta,$ $\cos\gamma$,由于 $\cos^2\alpha + \cos^2\beta + \cos^2\gamma = 1$,所以

$$\boldsymbol{a}^0 = (\cos\alpha, \cos\beta, \cos\gamma)$$

是与向量 a 方向相同的单位向量.

3) 射影概念

已知向量 $a,b \in \mathbf{R}^3$,现将向量 a 平行移动,使其起点与向量 b 的起点 M 重合,其终点记为 N(见图 4.5). 我们将向量 $\overrightarrow{MN}$ 与向量 b 的夹角 θ($0 \leqslant \theta \leqslant \pi$)称为**向量 a 与向量 b 的夹角**,记为 $\langle a,b\rangle = \theta$,并将实数 $|a|\cos\theta$ 称为**向量 a 在向量 b 上的射影**,记为

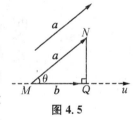

图 4.5

$$\mathrm{Prj}_b\boldsymbol{a} = |\boldsymbol{a}|\cos\langle \boldsymbol{a},\boldsymbol{b}\rangle$$

同样可定义向量 b 在向量 a 上的射影

$$\mathrm{Prj}_a\boldsymbol{b} = |\boldsymbol{b}|\cos\langle \boldsymbol{a},\boldsymbol{b}\rangle$$

为弄清射影的几何意义,我们过点 M,以向量 b 的方向为正向作数轴 u(见图 4.5),并过点 N 作数轴 u 的垂线,垂足为 Q,称 Q 为点 N **在数轴 u 上的投影**,则 MQ 在数轴 u 上的有向长度为向量 a 在向量 b 上的射影. 所谓有向长度,是指 $\overrightarrow{MQ}$ 的方向与 u 轴正向相同时取 $+|MQ|$,$\overrightarrow{MQ}$ 的方向与 u 轴正方相反时取 $-|MQ|$. 即

$$\mathrm{Prj}_b\boldsymbol{a} = \pm|MQ|$$

这里"±"号的选取是当 $0 \leqslant \theta < \dfrac{\pi}{2}$ 时，取"+"号；当 $\dfrac{\pi}{2} < \theta \leqslant \pi$ 时，取"—"号.

定理 4.1.1　已知向量 $\boldsymbol{a} \in \mathbf{R}^3$，其坐标为 (a_1, a_2, a_3) 的充要条件是

$$\mathrm{Prj}_x\boldsymbol{a} = a_1, \quad \mathrm{Prj}_y\boldsymbol{a} = a_2, \quad \mathrm{Prj}_z\boldsymbol{a} = a_3$$

证　不妨设 $\boldsymbol{a}$ 为非零向量. $\boldsymbol{a}$ 的坐标为 $(a_1, a_2, a_3) \Leftrightarrow \boldsymbol{a}$ 的方向余弦 $\cos\alpha, \cos\beta$, $\cos\gamma$ 满足

$$\cos\alpha = \frac{a_1}{|\boldsymbol{a}|}, \quad \cos\beta = \frac{a_2}{|\boldsymbol{a}|}, \quad \cos\gamma = \frac{a_3}{|\boldsymbol{a}|}$$

$\Leftrightarrow \quad \mathrm{Prj}_x\boldsymbol{a} = |\boldsymbol{a}|\cos\alpha = a_1, \quad \mathrm{Prj}_y\boldsymbol{a} = |\boldsymbol{a}|\cos\beta = a_2, \quad \mathrm{Prj}_z\boldsymbol{a} = |\boldsymbol{a}|\cos\gamma = a_3$　□

对于两个首尾相连的向量，我们有下面的定理.

定理 4.1.2（射影定理）　设 $\overrightarrow{A_1A_2}$ 与 $\overrightarrow{A_2A_3}$ 是两个首尾相连的向量，则有

$$\mathrm{Prj}_u \overrightarrow{A_1A_3} = \mathrm{Prj}_u \overrightarrow{A_1A_2} + \mathrm{Prj}_u \overrightarrow{A_2A_3} \tag{4.1.3}$$

证　设点 A_1, A_2, A_3 在 u 轴上的投影分别为 B_1, B_2, B_3. B_1, B_2, B_3 在 u 轴上排列顺序有多种情况，可逐一给出证明. 下面仅就如图 4.6 所示的一种排序作出证明. 因为

$$\mathrm{Prj}_u \overrightarrow{A_1A_3} = |B_1B_3|$$

$$\mathrm{Prj}_u \overrightarrow{A_1A_2} = |B_1B_2|$$

$$\mathrm{Prj}_u \overrightarrow{A_2A_3} = -|B_2B_3|$$

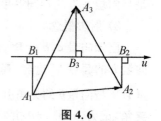

图 4.6

且

$$|B_1B_3| = |B_1B_2| - |B_2B_3|$$

所以式 (4.1.3) 得证.　□

此定理可推广到多个首尾相连的向量，从而得到下面的定理（证明从略）.

定理 4.1.3（射影定理）　设 $\overrightarrow{A_kA_{k+1}}\ (k = 1, 2, \cdots, n-1)$ 是 $n-1$ 个首尾相连的向量，则有

$$\mathrm{Prj}_u \overrightarrow{A_1A_n} = \sum_{k=1}^{n-1} \mathrm{Prj}_u \overrightarrow{A_kA_{k+1}}$$

4.1.4　向量的运算

向量的运算包括加法、减法、数乘、数量积、向量积和混合积等.

1) 向量的加法、减法与数乘

已知向量 $\boldsymbol{a}, \boldsymbol{b}$，向量 $\boldsymbol{a}$ 的起点记为 A_1，终点记为 A_2. 现将向量 $\boldsymbol{b}$ 平移，使其起点与 $\boldsymbol{a}$ 的终点 A_2 重合，终点记为 A_3（见图 4.7），我们定义**向量 $\boldsymbol{a}$ 加向量 $\boldsymbol{b}$ 的和**为向量 $\overrightarrow{A_1A_3}$，即

$$\boldsymbol{a} + \boldsymbol{b} \xlongequal{\text{def}} \overrightarrow{A_1A_3}$$

向量的加法在力学中表示两力的合成，它服从**三角形法则**（或称**平行四边形法则**）.

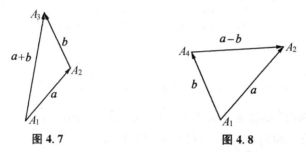

图 4.7   图 4.8

若将向量 $\boldsymbol{b}$ 的起点移至向量 $\boldsymbol{a}$ 的起点 A_1 处，终点记为 A_4（见图 4.8），我们定义**向量 $\boldsymbol{a}$ 减向量 $\boldsymbol{b}$ 的差**为向量 $\overrightarrow{A_4A_2}$，即

$$\boldsymbol{a} - \boldsymbol{b} \xlongequal{\text{def}} \overrightarrow{A_4A_2}$$

若已知向量 $\boldsymbol{a}$ 与 $\boldsymbol{b}$ 的坐标，我们有 $\boldsymbol{a} \pm \boldsymbol{b}$ 的坐标计算公式.

定理 4.1.4   设向量 $\boldsymbol{a}, \boldsymbol{b}$ 的坐标分别为

$$\boldsymbol{a} = (a_1, a_2, a_3), \quad \boldsymbol{b} = (b_1, b_2, b_3)$$

则

$$\boldsymbol{a} + \boldsymbol{b} = (a_1 + b_1, a_2 + b_2, a_3 + b_3)$$

$$\boldsymbol{a} - \boldsymbol{b} = (a_1 - b_1, a_2 - b_2, a_3 - b_3)$$

证   记号如图 4.7 或图 4.8，据定理 4.1.2 有

$$\text{Prj}_x \overrightarrow{A_1A_3} = \text{Prj}_x \overrightarrow{A_1A_2} + \text{Prj}_x \overrightarrow{A_2A_3} = \text{Prj}_x\boldsymbol{a} + \text{Prj}_x\boldsymbol{b} = a_1 + b_1$$

同理有

$$\text{Prj}_y \overrightarrow{A_1A_3} = a_2 + b_2, \quad \text{Prj}_z \overrightarrow{A_1A_3} = a_3 + b_3$$

再应用定理 4.1.1，即得

$$\boldsymbol{a} + \boldsymbol{b} = \overrightarrow{A_1A_3} = (a_1 + b_1, a_2 + b_2, a_3 + b_3)$$

下面求 $\boldsymbol{a}-\boldsymbol{b}$ 的坐标. 设 $\overrightarrow{A_4A_2}=(x,y,z)$，由于

$$\boldsymbol{b}+\overrightarrow{A_4A_2}=\boldsymbol{a}$$

应用上述的加法的计算公式得

$$(b_1+x,b_2+y,b_3+z)=(a_1,a_2,a_3)$$

所以

$$b_1+x=a_1,\quad b_2+y=a_2,\quad b_3+z=a_3$$

$$\Rightarrow \qquad x=a_1-b_1,\quad y=a_2-b_2,\quad z=a_3-b_3$$

于是

$$\boldsymbol{a}-\boldsymbol{b}=\overrightarrow{A_4A_2}=(a_1-b_1,a_2-b_2,a_3-b_3) \qquad \square$$

向量 $\boldsymbol{a}$ 与常数 λ 的数乘定义为一向量，记为 $\lambda\boldsymbol{a}$，它的模为 $|\lambda||\boldsymbol{a}|$，其方向是当 $\lambda>0$ 时与 $\boldsymbol{a}$ 方向相同，当 $\lambda<0$ 时与 $\boldsymbol{a}$ 方向相反.

若已知向量 $\boldsymbol{a}$ 的坐标，我们有向量 $\lambda\boldsymbol{a}$ 的坐标计算公式.

定理 4.1.5 设向量 $\boldsymbol{a}$ 的坐标为 (a_1,a_2,a_3)，$\lambda\in\mathbf{R}$，则 $\lambda\boldsymbol{a}=(\lambda a_1,\lambda a_2,\lambda a_3)$.

证 当 $\lambda=0$ 或 $\boldsymbol{a}=\boldsymbol{0}$ 时，结论显见成立. 下面设 $\lambda\neq0$，且 $\boldsymbol{a}\neq\boldsymbol{0}$. 设向量 $\boldsymbol{a}$ 的方向角为 α,β,γ，据定义知：当 $\lambda>0$ 时，$\lambda\boldsymbol{a}$ 的方向角仍为 α,β,γ；当 $\lambda<0$ 时，$\lambda\boldsymbol{a}$ 的方向角为 $\pi-\alpha,\pi-\beta,\pi-\gamma$. 于是

$$\mathrm{Prj}_x(\lambda\boldsymbol{a})=\begin{cases}|\lambda\boldsymbol{a}|\cos\alpha=\lambda|\boldsymbol{a}|\cos\alpha=\lambda a_1 & (\lambda>0);\\ |\lambda\boldsymbol{a}|\cos(\pi-\alpha)=-\lambda|\boldsymbol{a}|(-\cos\alpha)=\lambda a_1 & (\lambda<0)\end{cases}$$

同理可得

$$\mathrm{Prj}_y(\lambda\boldsymbol{a})=\lambda a_2,\quad \mathrm{Prj}_z(\lambda\boldsymbol{a})=\lambda a_3$$

据定理 4.1.1，即得 $\lambda\boldsymbol{a}=(\lambda a_1,\lambda a_2,\lambda a_3)$. $\qquad \square$

由向量数乘的定义与定理 4.1.5 可得下面的定理.

定理 4.1.6 两个非零向量平行（或称共线）的充要条件是它们的坐标成比例，即

$$\boldsymbol{a}\mathbin{/\!/}\boldsymbol{b}\Leftrightarrow\frac{a_1}{b_1}=\frac{a_2}{b_2}=\frac{a_3}{b_3}$$

这里 $\boldsymbol{a}=(a_1,a_2,a_3)$，$\boldsymbol{b}=(b_1,b_2,b_3)$.

特别的，若向量 $\boldsymbol{a}$ 或 $\boldsymbol{b}$ 的某分量为零时，例如 $b_3=0$，我们规定 $a_3=0$，使得上述比例关系式有意义.

当 $a \neq 0$ 时,运用向量的数乘,取 $\lambda = \dfrac{1}{|a|}$,可得与向量 a 同方向的单位向量为

$$a^0 = \frac{1}{|a|}a = \left(\frac{a_1}{|a|}, \frac{a_2}{|a|}, \frac{a_3}{|a|} \right)$$

此式常被用于求向量 a 的方向余弦.

运用向量的加法与数乘,我们有

$$a = (a_1, a_2, a_3) = a_1(1,0,0) + a_2(0,1,0) + a_3(0,0,1)$$
$$= a_1 i + a_2 j + a_3 k$$

此式称为**向量 a 的代数表示式**.

向量的坐标表示式写法简单,便于运算,但在很多教材中写法各异,例如有人将向量 a 写为 $a = \{a_1, a_2, a_3\}$. 而代数表示式是统一的,因此在一些标准考题中常用向量的代数表示式表示向量.

关于向量的加法与数乘,有下列性质.

定理 4.1.7　设 $a, b \in \mathbf{R}^3, \lambda, \mu \in \mathbf{R}$,则有

(1) $a + b = b + a$.　　　　　　　　　　　　　　（交换律）

(2) $a + b + c = (a + b) + c = a + (b + c)$.　　（结合律）

(3) $\lambda(a + b) = \lambda a + \lambda b$.　　　　　　　　　（数乘分配律）

(4) $(\lambda + \mu)a = \lambda a + \mu a$.　　　　　　　　（数乘分配律）

(5) $\lambda(\mu a) = (\lambda \mu)a$.　　　　　　　　　　（数乘结合律）

(6) $|a + b| \leqslant |a| + |b|$.　　　　　　　　　（三角不等式）

证　　性质(1)～(5)利用向量加减与数乘的坐标计算公式易于证明,这里从略.下面证明性质(6).

当向量 a 与 b 不平行时,在三角形 ABC 中,取 $\overrightarrow{AB} = a, \overrightarrow{BC} = b$(见图4.9(a)),则 $\overrightarrow{AC} = a + b$. 由三角形中两边之和大于第三边的结论得 $|AB| + |BC| > |AC|$,于是有

$$|a| + |b| > |a + b|$$

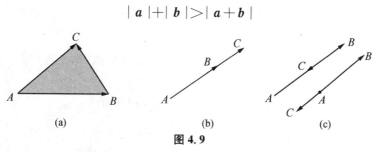

图 4.9

当向量 a 与 b 方向相同时,上述三角形 ABC 退化为 A, B, C 三点共线(见

图 4.9(b))，则 $|AC|=|AB|+|BC|$，即

$$|\boldsymbol{a}+\boldsymbol{b}|=|\boldsymbol{a}|+|\boldsymbol{b}|$$

当向量 $\boldsymbol{a}$ 与 $\boldsymbol{b}$ 方向相反时，上述三角形 ABC 退化为 A,C,B 三点共线（见图 4.9(c))，此时显见有 $|AC|<|AB|+|BC|$，即

$$|\boldsymbol{a}+\boldsymbol{b}|<|\boldsymbol{a}|+|\boldsymbol{b}|$$

综合上述三种情况，得 $|\boldsymbol{a}+\boldsymbol{b}|\leqslant|\boldsymbol{a}|+|\boldsymbol{b}|$.　　　　□

例 3　已知空间两点 $P(x_1,y_1,z_1),Q(x_2,y_2,z_2)$，求向量 $\overrightarrow{PQ}$ 的坐标及点 P,Q 之间的距离 $|PQ|$.

解　由向量的减法得向量 $\overrightarrow{PQ}$ 的坐标为

$$\overrightarrow{PQ}=\overrightarrow{OQ}-\overrightarrow{OP}=(x_2,y_2,z_2)-(x_1,y_1,z_1)$$
$$=(x_2-x_1,y_2-y_1,z_2-z_1)$$

于是点 P 与 Q 之间的距离为

$$|PQ|=|\overrightarrow{PQ}|=\sqrt{(x_2-x_1)^2+(y_2-y_1)^2+(z_2-z_1)^2}$$

上面的公式便是**空间两点的距离公式**.

例 4　求与两点 $P(1,2,-1),Q(2,-1,0)$ 等距离的点的轨迹.

解　设与 P,Q 等距离的点为 $M(x,y,z)$，则

$$|PM|=|QM|$$

即

$$\sqrt{(x-1)^2+(y-2)^2+(z+1)^2}=\sqrt{(x-2)^2+(y+1)^2+z^2}$$

化简即得点 M 的轨迹为

$$2x-6y+2z+1=0$$

在第 4.2 节我们将会证明这个方程表示空间的一个平面，该平面称为**线段 PQ 的垂直平分面**.

例 5　已知两点 $P(1,2,3),Q(2,1,-1)$，求定比分点 M，使得 $\overrightarrow{PM}=\lambda\overrightarrow{MQ}$，这里 $\lambda\neq-1$ 为给定的常数.

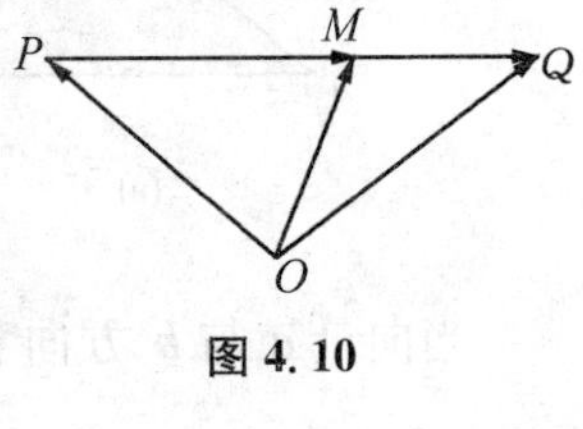

解　设点 M 的坐标为 (x,y,z)，连接 OP,OM 和 OQ(见图 4.10)，则

$$\overrightarrow{OP}=(1,2,3),\quad\overrightarrow{OQ}=(2,1,-1),\quad\overrightarrow{OM}=(x,y,z)$$

图 4.10

应用向量减法的坐标计算公式得

$$\overrightarrow{PM} = \overrightarrow{OM} - \overrightarrow{OP} = (x,y,z) - (1,2,3) = (x-1,y-2,z-3)$$

$$\overrightarrow{MQ} = \overrightarrow{OQ} - \overrightarrow{OM} = (2,1,-1) - (x,y,z) = (2-x,1-y,-1-z)$$

代入 $\overrightarrow{PM} = \lambda \overrightarrow{MQ}$ 得

$$x-1 = \lambda(2-x), \quad y-2 = \lambda(1-y), \quad z-3 = \lambda(-1-z)$$

解得

$$x = \frac{1+2\lambda}{1+\lambda}, \quad y = \frac{2+\lambda}{1+\lambda}, \quad z = \frac{3-\lambda}{1+\lambda}$$

于是定比分点 M 的坐标为 $\left(\dfrac{1+2\lambda}{1+\lambda}, \dfrac{2+\lambda}{1+\lambda}, \dfrac{3-\lambda}{1+\lambda}\right)$.

特别,当定比 $\lambda = 1$ 时,定比分点 M 为 P,Q 的中点,其坐标为 $\left(\dfrac{3}{2}, \dfrac{3}{2}, 1\right)$.

2) 向量的数量积(内积)

定义 4.1.1(数量积) 设向量 $a,b \in \mathbf{R}^3$,则向量 a 与 b 的数量积定义为

$$a \cdot b \xlongequal{\text{def}} |a||b|\cos\langle a,b\rangle \tag{4.1.4}$$

显见 $a \cdot b$ 为一实数. 关于数量积,有下列性质.

定理 4.1.8 设向量 $a,b,c \in \mathbf{R}^3, \lambda,\mu \in \mathbf{R}$,则有

(1) $a \cdot b = b \cdot a$.　　　　　　　　　　　　　　　　（交换律）

(2) $a \cdot (b+c) = a \cdot b + a \cdot c$.　　　　　　　　　（分配律）

(3) $(\lambda a) \cdot (\mu b) = (\lambda\mu)a \cdot b$.　　　　　　　（数乘结合律）

(4) $a \cdot a = |a|^2 > 0 \ (a \neq \mathbf{0})$.　　　　　　　　（正定性）

证 下面只证(2). 其他性质可由定义 4.1.1 直接得到,这里从略.

据数量积与射影的定义,记 $\theta = \langle a, b+c\rangle$,则

$$a \cdot (b+c) = |a||b+c|\cos\theta = |a|\operatorname{Prj}_a(b+c)$$

再应用射影定理和数量积的定义,有

$$a \cdot (b+c) = |a|(\operatorname{Prj}_a b + \operatorname{Prj}_a c)$$
$$= |a|\operatorname{Prj}_a b + |a|\operatorname{Prj}_a c = a \cdot b + a \cdot c \qquad \square$$

应用数量积的定义,对于基向量 i,j,k,有下列明显的性质:

$$i \cdot i = j \cdot j = k \cdot k = 1$$

$$i \cdot j = j \cdot k = k \cdot i = 0$$

运用上述性质,我们来证明下面的定理.

定理 4.1.9(数量积的坐标计算公式) 设向量 $a = (a_1, a_2, a_3)$,$b = (b_1, b_2, b_3)$,则

$$a \cdot b = a_1b_1 + a_2b_2 + a_3b_3 \tag{4.1.5}$$

证 运用向量的代数表示式和数量积的性质得

$$
\begin{aligned}
a \cdot b &= (a_1 i + a_2 j + a_3 k) \cdot (b_1 i + b_2 j + b_3 k) \\
&= a_1b_1 i \cdot i + a_1b_2 i \cdot j + a_1b_3 i \cdot k + a_2b_1 j \cdot i + a_2b_2 j \cdot j \\
&\quad + a_2b_3 j \cdot k + a_3b_1 k \cdot i + a_3b_2 k \cdot j + a_3b_3 k \cdot k \\
&= a_1b_1 + a_2b_2 + a_3b_3 \qquad\qquad\qquad\qquad\qquad\quad \square
\end{aligned}
$$

注 数量积的坐标计算公式(4.1.5)也适用于 $\mathbf{R}^2$ 平面的向量和 $\mathbf{R}^n (n > 3)$ 空间的向量. 例如,$(a_1, a_2) \cdot (b_1, b_2) = a_1b_1 + a_2b_2$.

据射影的定义、数量积的定义与数量积的坐标计算公式,可得下列推论.

推论 4.1.10 已知向量 $a = (a_1, a_2, a_3)$,$b = (b_1, b_2, b_3)$,$b \neq 0$,则向量 a 在 b 上的射影为

$$\mathrm{Prj}_b a = \frac{a_1b_1 + a_2b_2 + a_3b_3}{\sqrt{b_1^2 + b_2^2 + b_3^2}}$$

证 由于 $a \cdot b = |b| \mathrm{Prj}_b a$,所以

$$\mathrm{Prj}_b a = \frac{a \cdot b}{|b|} = \frac{a_1b_1 + a_2b_2 + a_3b_3}{\sqrt{b_1^2 + b_2^2 + b_3^2}} \qquad\qquad \square$$

推论 4.1.11 已知向量 $a = (a_1, a_2, a_3)$,$b = (b_1, b_2, b_3)$,$a \neq 0, b \neq 0$,则向量 a 与 b 的夹角为

$$\langle a, b \rangle = \arccos \frac{a_1b_1 + a_2b_2 + a_3b_3}{\sqrt{a_1^2 + a_2^2 + a_3^2}\sqrt{b_1^2 + b_2^2 + b_3^2}}$$

证 由于 $a \cdot b = |a||b|\cos\langle a, b \rangle$,所以

$$\langle a, b \rangle = \arccos \frac{a \cdot b}{|a||b|} = \arccos \frac{a_1b_1 + a_2b_2 + a_3b_3}{\sqrt{a_1^2 + a_2^2 + a_3^2}\sqrt{b_1^2 + b_2^2 + b_3^2}} \qquad \square$$

推论 4.1.12 向量 $a = (a_1, a_2, a_3)$,$b = (b_1, b_2, b_3)(a \neq 0, b \neq 0)$ 垂直的充要条件是它们的数量积为零,即

$$a \perp b \Leftrightarrow a_1b_1 + a_2b_2 + a_3b_3 = 0$$

证 由于 $a \perp b$,所以 $\cos\langle a, b \rangle = 0$,于是

$$a \cdot b = |a||b|\cos\langle a, b \rangle = 0 \Leftrightarrow a_1b_1 + a_2b_2 + a_3b_3 = 0 \qquad \square$$

推论 4.1.13(柯西-施瓦兹不等式) 设 $a_i, b_i \in \mathbf{R}(i = 1, 2, 3)$,则有

$$\left(\sum_{i=1}^{3} a_i b_i \right)^2 \leqslant \left(\sum_{i=1}^{3} a_i^2 \right) \cdot \left(\sum_{i=1}^{3} b_i^2 \right)$$

证 令 $\boldsymbol{a} = (a_1, a_2, a_3), \boldsymbol{b} = (b_1, b_2, b_3)$,由于

$$(\boldsymbol{a} \cdot \boldsymbol{b})^2 = |\boldsymbol{a}|^2 |\boldsymbol{b}|^2 \cos^2\langle \boldsymbol{a}, \boldsymbol{b} \rangle \leqslant |\boldsymbol{a}|^2 \cdot |\boldsymbol{b}|^2$$

由数量积的坐标计算公式与向量模的定义即得

$$\left(\sum_{i=1}^{3} a_i b_i \right)^2 \leqslant \left(\sum_{i=1}^{3} a_i^2 \right) \cdot \left(\sum_{i=1}^{3} b_i^2 \right) \qquad \square$$

向量的数量积在物理学中有着重要的应用. 例如,在力 $\boldsymbol{F}$ 的作用下物体的位移为 $\boldsymbol{s}$,则该力所做的功为

$$W = \boldsymbol{F} \cdot \boldsymbol{s} = |\boldsymbol{F}| |\boldsymbol{s}| \cos\langle \boldsymbol{F}, \boldsymbol{s} \rangle$$

例6 (1) 已知 xOy 平面上两点 $A(a_1, a_2), B(b_1, b_2)$,求证:三角形 OAB 的面积为

$$\sigma_{\triangle OAB} = \left| \frac{1}{2} \begin{vmatrix} a_1 & a_2 \\ b_1 & b_2 \end{vmatrix} \right| \qquad (4.1.6)$$

*(2) 已知 xOy 平面上三点 $A(a_1, a_2), B(b_1, b_2), C(c_1, c_2)$,求证:三角形 ABC 的面积为

$$\sigma_{\triangle ABC} = \left| \frac{1}{2} \begin{vmatrix} a_1 & a_2 & 1 \\ b_1 & b_2 & 1 \\ c_1 & c_2 & 1 \end{vmatrix} \right| \qquad (4.1.7)$$

证 (1) 记向量 $\overrightarrow{OA}, \overrightarrow{OB}$ 的夹角为 α. 当点 O, A, B 逆时针排列时,将向量 $\overrightarrow{OB}$ 绕 O 点顺时针旋转 $\frac{\pi}{2}$ 得向量 $\overrightarrow{OB_1}$(见图 4.11(a),(b)),因向量 $\overrightarrow{OB} = (b_1, b_2)$,所以向量 $\overrightarrow{OB_1} = (b_2, -b_1)$. 向量 $\overrightarrow{OA}, \overrightarrow{OB_1}$ 的夹角为

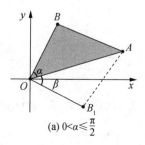

(a) $0 < \alpha \leqslant \frac{\pi}{2}$

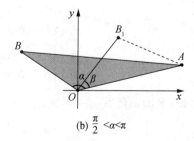

(b) $\frac{\pi}{2} < \alpha < \pi$

图 4.11

$$\beta = \begin{cases} \dfrac{\pi}{2} - \alpha & \left(0 < \alpha \leqslant \dfrac{\pi}{2}\right), \\[3mm] \alpha - \dfrac{\pi}{2} & \left(\dfrac{\pi}{2} < \alpha < \pi\right) \end{cases}$$

因向量 $\overrightarrow{OA} = (a_1, a_2)$，则

$$\sigma_{\triangle OAB} = \frac{1}{2} \mid \overrightarrow{OA} \mid \mid \overrightarrow{OB} \mid \sin\alpha = \frac{1}{2} \mid \overrightarrow{OA} \mid \mid \overrightarrow{OB_1} \mid \sin\left(\frac{\pi}{2} \pm \beta\right)$$

$$= \frac{1}{2} \mid \overrightarrow{OA} \mid \mid \overrightarrow{OB_1} \mid \cos\beta = \frac{1}{2} \overrightarrow{OA} \cdot \overrightarrow{OB_1} = \frac{1}{2} (a_1, a_2) \cdot (b_2, -b_1)$$

$$= \frac{1}{2} (a_1 b_2 - a_2 b_1) = \frac{1}{2} \begin{vmatrix} a_1 & a_2 \\ b_1 & b_2 \end{vmatrix} \quad (> 0)$$

又当点 O, A, B 顺时针排列时，则点 O, B, A 逆时针排列，应用上述结论可得

$$\sigma_{\triangle OAB} = \sigma_{\triangle OBA} = \frac{1}{2} \begin{vmatrix} b_1 & b_2 \\ a_1 & a_2 \end{vmatrix} = -\frac{1}{2} \begin{vmatrix} a_1 & a_2 \\ b_1 & b_2 \end{vmatrix} \quad (> 0)$$

因此，公式(4.1.6)成立.

(2) 下面分 3 种情况证明.

① 若点 A, B, C 逆时针排列，且原点 O 在三角形 ABC 的外部，此时 A, B, C 有两种不同排列(如图 4.12(a),(b) 所示). 对于图 4.12(a)，有 $S_{\triangle ABC} = S_{\triangle OAB} + S_{\triangle OBC} - S_{\triangle OAC}$，应用公式(4.1.6)得

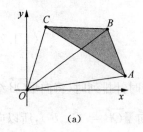 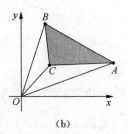 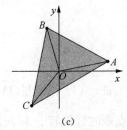

(a)   (b)   (c)

图 4.12

$$\sigma_{\triangle ABC} = \frac{1}{2} \left(\begin{vmatrix} a_1 & a_2 \\ b_1 & b_2 \end{vmatrix} + \begin{vmatrix} b_1 & b_2 \\ c_1 & c_2 \end{vmatrix} - \begin{vmatrix} a_1 & a_2 \\ c_1 & c_2 \end{vmatrix} \right)$$

$$= \frac{1}{2} \left(\begin{vmatrix} a_1 & a_2 \\ b_1 & b_2 \end{vmatrix} + \begin{vmatrix} b_1 & b_2 \\ c_1 & c_2 \end{vmatrix} + \begin{vmatrix} c_1 & c_2 \\ a_1 & a_2 \end{vmatrix} \right) \quad (> 0)$$

对于图 4.12(b)，有 $S_{\triangle ABC} = S_{\triangle OAB} - S_{\triangle OCB} - S_{\triangle OAC}$，应用公式(4.1.6)得

$$\sigma_{\triangle ABC} = \frac{1}{2} \left(\begin{vmatrix} a_1 & a_2 \\ b_1 & b_2 \end{vmatrix} - \begin{vmatrix} c_1 & c_2 \\ b_1 & b_2 \end{vmatrix} - \begin{vmatrix} a_1 & a_2 \\ c_1 & c_2 \end{vmatrix} \right)$$

$$= \frac{1}{2}\left(\begin{vmatrix} a_1 & a_2 \\ b_1 & b_2 \end{vmatrix} + \begin{vmatrix} b_1 & b_2 \\ c_1 & c_2 \end{vmatrix} + \begin{vmatrix} c_1 & c_2 \\ a_1 & a_2 \end{vmatrix}\right) \quad (>0)$$

② 若点 A,B,C 逆时针排列，且原点 O 在三角形 ABC 的内部（见图 4.12(c)），有 $S_{\triangle ABC} = S_{\triangle OAB} + S_{\triangle OBC} + S_{\triangle OCA}$，应用公式 (4.1.6) 得

$$\sigma_{\triangle ABC} = \frac{1}{2}\left(\begin{vmatrix} a_1 & a_2 \\ b_1 & b_2 \end{vmatrix} + \begin{vmatrix} b_1 & b_2 \\ c_1 & c_2 \end{vmatrix} + \begin{vmatrix} c_1 & c_2 \\ a_1 & a_2 \end{vmatrix}\right) \quad (>0)$$

③ 若点 A,B,C 顺时针排列，则点 A,C,B 逆时针排列，应用上述 ① 和 ② 的结论得

$$\sigma_{\triangle ABC} = \sigma_{\triangle ACB} = \frac{1}{2}\left(\begin{vmatrix} a_1 & a_2 \\ c_1 & c_2 \end{vmatrix} + \begin{vmatrix} c_1 & c_2 \\ b_1 & b_2 \end{vmatrix} + \begin{vmatrix} b_1 & b_2 \\ a_1 & a_2 \end{vmatrix}\right)$$

$$= -\frac{1}{2}\left(\begin{vmatrix} c_1 & c_2 \\ a_1 & a_2 \end{vmatrix} + \begin{vmatrix} b_1 & b_2 \\ c_1 & c_2 \end{vmatrix} + \begin{vmatrix} a_1 & a_2 \\ b_1 & b_2 \end{vmatrix}\right)$$

$$= -\frac{1}{2}\left(\begin{vmatrix} a_1 & a_2 \\ b_1 & b_2 \end{vmatrix} + \begin{vmatrix} b_1 & b_2 \\ c_1 & c_2 \end{vmatrix} + \begin{vmatrix} c_1 & c_2 \\ a_1 & a_2 \end{vmatrix}\right) \quad (>0)$$

由于

$$\begin{vmatrix} a_1 & a_2 \\ b_1 & b_2 \end{vmatrix} + \begin{vmatrix} b_1 & b_2 \\ c_1 & c_2 \end{vmatrix} + \begin{vmatrix} c_1 & c_2 \\ a_1 & a_2 \end{vmatrix} = a_1 b_2 - a_2 b_1 + b_1 c_2 - b_2 c_1 + a_2 c_1 - a_1 c_2$$

又应用对角线法则得

$$\begin{vmatrix} a_1 & a_2 & 1 \\ b_1 & b_2 & 1 \\ c_1 & c_2 & 1 \end{vmatrix} = a_1 b_2 + a_2 c_1 + b_1 c_2 - b_2 c_1 - a_2 b_1 - a_1 c_2$$

上面两式右端相同，所以在上述 3 种情况下，公式 (4.1.7) 成立.

例 7　已知 $|\boldsymbol{a}| = 2$，$|\boldsymbol{b}| = 1$，$\langle \boldsymbol{a}, \boldsymbol{b} \rangle = \dfrac{\pi}{3}$，求向量 $\boldsymbol{A} = \boldsymbol{a} - \boldsymbol{b}$ 与向量 $\boldsymbol{B} = -\boldsymbol{a} + 2\boldsymbol{b}$ 的夹角.

解　因为

$$|\boldsymbol{A}|^2 = \boldsymbol{A} \cdot \boldsymbol{A} = (\boldsymbol{a} - \boldsymbol{b}) \cdot (\boldsymbol{a} - \boldsymbol{b}) = |\boldsymbol{a}|^2 + |\boldsymbol{b}|^2 - 2\boldsymbol{a} \cdot \boldsymbol{b}$$

$$= 4 + 1 - 2 \cdot 2 \cdot 1 \cdot \frac{1}{2} = 3$$

$$|\boldsymbol{B}|^2 = \boldsymbol{B} \cdot \boldsymbol{B} = (-\boldsymbol{a} + 2\boldsymbol{b}) \cdot (-\boldsymbol{a} + 2\boldsymbol{b}) = |\boldsymbol{a}|^2 + 4|\boldsymbol{b}|^2 - 4\boldsymbol{a} \cdot \boldsymbol{b}$$

$$= 4 + 4 - 4 \cdot 2 \cdot 1 \cdot \frac{1}{2} = 4$$

$$\boldsymbol{A} \cdot \boldsymbol{B} = (\boldsymbol{a} - \boldsymbol{b}) \cdot (-\boldsymbol{a} + 2\boldsymbol{b}) = -|\boldsymbol{a}|^2 - 2|\boldsymbol{b}|^2 + 3\boldsymbol{a} \cdot \boldsymbol{b}$$

$$= -4 - 2 + 3 \cdot 2 \cdot 1 \cdot \frac{1}{2} = -3$$

于是

$$\langle \boldsymbol{A},\boldsymbol{B}\rangle = \arccos \frac{\boldsymbol{A}\cdot\boldsymbol{B}}{|\boldsymbol{A}||\boldsymbol{B}|} = \arccos \frac{-3}{2\sqrt{3}} = \frac{5}{6}\pi$$

3) 向量的向量积

向量的向量积在物理、气象等学科中有很多重要应用,下面先给出它的定义.

定义 4.1.2(向量积) 设 $a,b \in \mathbf{R}^3$,则向量 a 与 b 的向量积定义为

$$a \times b \xlongequal{\text{def}} (|a||b|\sin\langle a,b\rangle)c^0 \tag{4.1.8}$$

这里 c^0 是同时与 a,b 垂直的单位向量,且 a,b,c^0 为右手系.

显见 $a\times b$ 是一向量,它同时垂直于 a 与 b,其模等于以 a,b 为邻边的平行四边形的面积. 关于向量积,有下列性质.

定理 4.1.14 设 $a,b,c \in \mathbf{R}^3,\lambda,\mu \in \mathbf{R}$,则有

(1) $a \times b = -b \times a$; (反交换律)

(2) $(\lambda a)\times(\mu b) = (\lambda\mu)a\times b$; (数乘结合律)

(3) $a\times(b+c) = a\times b + a\times c$; (分配律)

(4) $a\times a = 0$.

证 以上性质(1)和(4)由定义4.1.2直接可得,性质(3)的证明这里从略,下面只证(2).

当 $\lambda\mu = 0$ 或 a,b 中至少有一个为零向量时,结论显然成立,下面设 $\lambda\mu \neq 0$ 且 a,b 皆非零向量.

当 $\lambda\mu > 0$ 时,由于 $\langle\lambda a,\lambda b\rangle = \langle a,b\rangle$,且

$$|(\lambda a)\times(\mu b)| = |\lambda a||\mu b|\sin\langle\lambda a,\lambda b\rangle$$
$$= |\lambda\mu||a||b|\sin\langle a,b\rangle = (\lambda\mu)|a\times b|$$
$$|(\lambda\mu)a\times b| = |\lambda\mu||a\times b| = (\lambda\mu)|a\times b|$$

又 $(\lambda a)\times(\mu b)$ 的方向与 $(\lambda\mu)a\times b$ 的方向显然都与 $a\times b$ 的方向相同,所以 $\lambda\mu > 0$ 时结论成立.

当 $\lambda\mu < 0$ 时,由于 $\langle\lambda a,\mu b\rangle = \pi - \langle a,b\rangle$,且

$$|(\lambda a)\times(\mu b)| = |\lambda a||\mu b|\sin\langle\lambda a,\mu b\rangle$$
$$= |\lambda\mu||a||b|\sin(\pi - \langle a,b\rangle)$$
$$= -(\lambda\mu)|a||b|\sin\langle a,b\rangle = -(\lambda\mu)|a\times b|$$
$$|(\lambda\mu)a\times b| = |\lambda\mu||a\times b| = -(\lambda\mu)|a\times b|$$

且 $(\lambda a)\times(\mu b)$ 的方向与 $(\lambda\mu)a\times b$ 的方向显然都与 $a\times b$ 的方向相反,所以 $\lambda\mu < 0$ 时结论仍成立. □

由上述性质(1),(2),(3)可得

$$(a+b) \times c = -c \times (a+b) = (-c) \times (a+b)$$
$$= (-c) \times a + (-c) \times b = -c \times a - c \times b$$
$$= a \times c + b \times c \qquad \text{(分配律)}$$

应用向量积的定义,对于基向量 i,j,k,有下列明显的性质:

$$i \times i = j \times j = k \times k = 0$$

$$i \times j = k, \quad j \times k = i, \quad k \times i = j$$

运用上述性质,我们来证明下面的定理.

定理 4. 1. 15(向量积的坐标计算公式) 设向量 $a = (a_1, a_2, a_3)$,$b = (b_1, b_2, b_3)$,则有

$$a \times b = \left(\begin{vmatrix} a_2 & a_3 \\ b_2 & b_3 \end{vmatrix}, \begin{vmatrix} a_3 & a_1 \\ b_3 & b_1 \end{vmatrix}, \begin{vmatrix} a_1 & a_2 \\ b_1 & b_2 \end{vmatrix} \right) \qquad (4.1.9)$$

证 运用向量的代数表示式和向量积的性质,有

$$a \times b = (a_1 i + a_2 j + a_3 k) \times (b_1 i + b_2 j + b_3 k)$$
$$= a_1 b_1 i \times i + a_1 b_2 i \times j + a_1 b_3 i \times k + a_2 b_1 j \times i + a_2 b_2 j \times j$$
$$+ a_2 b_3 j \times k + a_3 b_1 k \times i + a_3 b_2 k \times j + a_3 b_3 k \times k$$
$$= a_1 b_2 k - a_1 b_3 j - a_2 b_1 k + a_2 b_3 i + a_3 b_1 j - a_3 b_2 i$$
$$= (a_2 b_3 - a_3 b_2) i + (a_3 b_1 - a_1 b_3) j + (a_1 b_2 - a_2 b_1) k$$
$$= \begin{vmatrix} a_2 & a_3 \\ b_2 & b_3 \end{vmatrix} i + \begin{vmatrix} a_3 & a_1 \\ b_3 & b_1 \end{vmatrix} j + \begin{vmatrix} a_1 & a_2 \\ b_1 & b_2 \end{vmatrix} k$$

此式为 $a \times b$ 的代数表示式,化为坐标表示式即得式(4.1.9)成立. □

向量积的坐标计算公式中有三个行列式,记忆时容易发生混淆.下面介绍编者使用的"**向量积的简便计算法**",此法分三步:

第一步:**写两遍**,即将向量 a,b 的坐标按下面的样子写两遍,得到

$$\begin{matrix} a_1 & a_2 & a_3 & a_1 & a_2 & a_3 \\ b_1 & b_2 & b_3 & b_1 & b_2 & b_3 \end{matrix}$$

第二步:**去头尾**,即将上面数表左端的两个数与右端的两个数去掉,得到

$$\begin{matrix} a_2 & a_3 & a_1 & a_2 \\ b_2 & b_3 & b_1 & b_2 \end{matrix}$$

第三步:**求左、中、右三个行列式**,即求左边的 4 个数、中间的 4 个数、右边的 4 个数构成的 3 个行列式,得到所求向量

$$(a_2 b_3 - a_3 b_2, \ a_3 b_1 - a_1 b_3, \ a_1 b_2 - a_2 b_1)$$

例如,求(2,1,3)×(4,6,5),依“写两遍,去头尾,求左、中、右三个行列式”的方法(见图 4.13),可直接得到

2	1	3	2	1	3
4	6	5	4	6	5

图 4.13

$$(2,1,3)\times(4,6,5)=(1\times5-3\times6,3\times4-2\times5,2\times6-1\times4)$$
$$=(-13,2,8)$$

例 8 已知空间三点 $A(1,1,-1)$,$B(3,2,1)$,$C(2,1,0)$,求三角形 ABC 的面积.

解 以$\overrightarrow{AB}$ 与$\overrightarrow{AC}$ 为邻边的平行四边形的面积为

$$|\overrightarrow{AB}\times\overrightarrow{AC}|=|(2,1,2)\times(1,0,1)| \quad (见图 4.14)$$
$$=|(1-0,2-2,0-1)|$$
$$=|(1,0,-1)|=\sqrt{2}$$

2	1	2	2	1	2
1	0	1	1	0	1

图 4.14

所以所求三角形 ABC 的面积为

$$\sigma=\frac{1}{2}|\overrightarrow{AB}\times\overrightarrow{AC}|=\frac{1}{2}\sqrt{2}$$

例 9 已知点 $P(1,1,1)$,向量 $\boldsymbol{b}=(2,1,-1)$,$\boldsymbol{c}=(1,0,2)$,自点 P 作向量 $\boldsymbol{a}$,使得 $\boldsymbol{a}$ 同时垂直于 $\boldsymbol{b}$ 和 $\boldsymbol{c}$,且 $|\boldsymbol{a}|=\sqrt{30}$,求向量 $\boldsymbol{a}$ 的终点 Q 的坐标.

解 因向量 $\boldsymbol{a}$ 同时垂直于 $\boldsymbol{b}$ 和 $\boldsymbol{c}$,所以向量 $\boldsymbol{a}$ 平行于$\boldsymbol{b}\times\boldsymbol{c}$. 因为

2	1	−1	2	1	−1
1	0	2	1	0	2

图 4.15

$$\boldsymbol{b}\times\boldsymbol{c}=(2,1,-1)\times(1,0,2) \quad (见图 4.15)$$
$$=(2-0,-1-4,0-1)=(2,-5,-1)$$

再设点 Q 的坐标为(x,y,z),则

$$\boldsymbol{a}=\overrightarrow{PQ}=(x-1,y-1,z-1)$$

于是

$$\frac{x-1}{2}=\frac{y-1}{-5}=\frac{z-1}{-1}=t \tag{4.1.10}$$

由于

$$|\boldsymbol{a}|=\sqrt{(x-1)^2+(y-1)^2+(z-1)^2}=\sqrt{30t^2}=\sqrt{30}$$

由此解得 $t=\pm1$,代入式(4.1.10)得所求点 Q 的坐标为$(3,-4,0)$或$(-1,6,2)$.

*4) 向量的混合积

定义 4.1.3(混合积) 设 $\boldsymbol{a},\boldsymbol{b},\boldsymbol{c}\in\mathbf{R}^3$,则向量$\boldsymbol{a},\boldsymbol{b},\boldsymbol{c}$ 的混合积定义为

$$[\boldsymbol{a},\boldsymbol{b},\boldsymbol{c}]\overset{\text{def}}{=\!=}\boldsymbol{a}\cdot(\boldsymbol{b}\times\boldsymbol{c})$$

三向量的混合积$[\boldsymbol{a},\boldsymbol{b},\boldsymbol{c}]$显见是一实数. 运用数量积与向量积的坐标计算公

式，我们有下面的定理.

定理 4.1.16（混合积的计算公式） 设 $\boldsymbol{a}=(a_1,a_2,a_3)$，$\boldsymbol{b}=(b_1,b_2,b_3)$，$\boldsymbol{c}=(c_1,c_2,c_3)$，则有

$$[\boldsymbol{a},\boldsymbol{b},\boldsymbol{c}]=\begin{vmatrix} a_1 & a_2 & a_3 \\ b_1 & b_2 & b_3 \\ c_1 & c_2 & c_3 \end{vmatrix} \tag{4.1.11}$$

证 运用向量积的坐标计算公式得

$$\begin{aligned}\boldsymbol{b}\times\boldsymbol{c}&=(b_1,b_2,b_3)\times(c_1,c_2,c_3)\quad(\text{见图 4.16})\\&=(b_2c_3-b_3c_2,b_3c_1-b_1c_3,b_1c_2-b_2c_1)\end{aligned}$$

$\boxed{b_1}$	b_2	b_3	b_1	b_2	$\boxed{b_3}$
$\boxed{c_1}$	c_2	c_3	c_1	c_2	$\boxed{c_3}$

图 4.16

再运用数量积的坐标计算公式得

$$\begin{aligned}\boldsymbol{a}\cdot(\boldsymbol{b}\times\boldsymbol{c})&=(a_1,a_2,a_3)\cdot(b_2c_3-b_3c_2,b_3c_1-b_1c_3,b_1c_2-b_2c_1)\\&=a_1(b_2c_3-b_3c_2)+a_2(b_3c_1-b_1c_3)+a_3(b_1c_2-b_2c_1)\\&=(a_1b_2c_3+a_2b_3c_1+a_3b_1c_2)-(a_1b_3c_2+a_2b_1c_3+a_3b_2c_1)\end{aligned} \tag{4.1.12}$$

另一方面，由三阶行列式的求值法得

$$\begin{vmatrix} a_1 & a_2 & a_3 \\ b_1 & b_2 & b_3 \\ c_1 & c_2 & c_3 \end{vmatrix}=(a_1b_2c_3+a_2b_3c_1+a_3b_1c_2)-(a_3b_2c_1+a_2b_1c_3+a_1b_3c_2) \tag{4.1.13}$$

比较式(4.1.12)与(4.1.13)即得式(4.1.11)成立. □

关于混合积，有下列性质.

定理 4.1.17 设 $\boldsymbol{a},\boldsymbol{b},\boldsymbol{c},\boldsymbol{d}\in\mathbf{R}^3$，$\lambda,\mu,\upsilon\in\mathbf{R}$，则有

(1) $[\boldsymbol{a},\boldsymbol{b},\boldsymbol{c}]=(\boldsymbol{a}\times\boldsymbol{b})\cdot\boldsymbol{c}$；

(2) $[\lambda\boldsymbol{a},\mu\boldsymbol{b},\upsilon\boldsymbol{c}]=(\lambda\mu\upsilon)[\boldsymbol{a},\boldsymbol{b},\boldsymbol{c}]$；

(3) $[\boldsymbol{a}+\boldsymbol{b},\boldsymbol{c},\boldsymbol{d}]=[\boldsymbol{a},\boldsymbol{c},\boldsymbol{d}]+[\boldsymbol{b},\boldsymbol{c},\boldsymbol{d}]$.

证 (1) 设 $\boldsymbol{a}=(a_1,a_2,a_3)$，$\boldsymbol{b}=(b_1,b_2,b_3)$，$\boldsymbol{c}=(c_1,c_2,c_3)$，由数量积的交换律和混合积的计算公式得

$$(\boldsymbol{a}\times\boldsymbol{b})\cdot\boldsymbol{c}=\boldsymbol{c}\cdot(\boldsymbol{a}\times\boldsymbol{b})=\begin{vmatrix} c_1 & c_2 & c_3 \\ a_1 & a_2 & a_3 \\ b_1 & b_2 & b_3 \end{vmatrix}$$

再由三阶行列式的求值法将上式右端求值后与式(4.1.13)右端比较，它们是相等的，详细过程从略.

（2）运用数量积和向量积的数乘结合律得

$$[\lambda a,\mu b,\upsilon c] = (\lambda a)\cdot((\mu b)\times(\upsilon c))$$
$$= (\lambda a)\cdot((\mu\upsilon)(b\times c)) = (\lambda\mu\upsilon)(a\cdot(b\times c))$$
$$= \lambda\mu\upsilon[a,b,c]$$

（3）运用数量积的分配律得

$$[a+b,c,d] = (a+b)\cdot(c\times d)$$
$$= a\cdot(c\times d) + b\cdot(c\times d)$$
$$= [a,c,d] + [b,c,d]$$

下面来研究混合积的几何意义. 首先介绍一下三向量共面的定义：当 $\mathbf{R}^3$ 的三个向量经平移后能位于同一平面上时，称此**三向量共面**.

定理 4.1.18 设 $a,b,c\in\mathbf{R}^3$，且 a,b,c 不共面，则以 a,b,c 为棱的平行六面体的体积等于它们的混合积的绝对值.

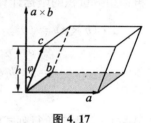

图 4.17

证 如图 4.17 所示，平行六面体的底是以 a,b 为边的平行四边形，其面积为

$$\sigma = |a\times b|$$

令 $e = a\times b$，则平行六面体的高为

$$h = |\mathrm{Prj}_e c| = |c||\cos\langle e,c\rangle| = |c||\cos\varphi|$$

于是平行六面体的体积为

$$V = \sigma h = |a\times b||c||\cos\varphi| = ||a\times b||c|\cos\varphi|$$
$$= |(a\times b)\cdot c| = |[a,b,c]|$$

三向量共面的判别方法如下所述.

定理 4.1.19 $\mathbf{R}^3$ 的三个向量共面的充要条件是它们的混合积等于零.

证 三向量共面有三种情况：（1）三向量中至少有一个为零向量；（2）三向量中至少有两个向量平行；（3）三向量皆非零向量，其中任何两个向量都不平行，但共面. 第（1）种情况，因三阶行列式中有一行元素全为零时行列式值为零，故三向量的混合积为零；第（2）种情况，不妨设 $a\parallel b$，则 $a\times b=\mathbf{0}$，故 $[a,b,c]=0$；第（3）种情况，因 a,b,c 共面，则 $a\times b$ 垂直于该平面，因而 $a\times b$ 与该平面上的向量 c 垂直，故它们的数量积 $(a\times b)\cdot c=0$，即 $[a,b,c]=0$.

反过来，设 $[a,b,c]=0$. 若 a,b,c 不共面，则由定理 4.1.18 可知以 a,b,c 为棱的平行六面体的体积不等于0，因而 $[a,b,c]\neq0$，此与条件 $[a,b,c]=0$ 矛盾，故向量 a,b,c 共面.

例 10 求常数 λ 的值，使四个点 $(1,2,3),(2,1,-1),(3,2,1),(0,1,\lambda)$ 共面.

解 按顺序记题中四点为 A,B,C,D，则

$$\vec{AB} = (1,-1,-4), \quad \vec{AC} = (2,0,-2), \quad \vec{AD} = (-1,-1,\lambda-3)$$

因四点共面等价于三向量 $\vec{AB},\vec{AC},\vec{AD}$ 共面，因而 $[\vec{AB},\vec{AC},\vec{AD}] = 0$，即

$$[\vec{AB},\vec{AC},\vec{AD}] = \begin{vmatrix} 1 & -1 & -4 \\ 2 & 0 & -2 \\ -1 & -1 & \lambda-3 \end{vmatrix}$$

$$= -2+8-2+2(\lambda-3) = 2\lambda-2 = 0$$

故 $\lambda = 1$.

例 11 在上题中取 $\lambda = 2$，求以该四个点为顶点的四面体的体积.

解 记号同上题，则

$$[\vec{AB},\vec{AC},\vec{AD}] = 2\lambda-2 = 2$$

应用定理 4.1.18 可知以 $\vec{AB},\vec{AC},\vec{AD}$ 为三棱的平行六面体的体积等于 2，因而以 A,B,C,D 为顶点的四面体的体积为

$$V = \frac{1}{6}\,|\,[\vec{AB},\vec{AC},\vec{AD}]\,| = \frac{1}{3}$$

习题 4.1

A 组

1. 求点 $(1,2,-1)$ 关于坐标轴、坐标平面和坐标原点的对称点的坐标.

2. 已知点 $A(1,2,-1)$，$\vec{AB} = (0,2,-1)$，求点 B 的坐标.

3. 在 yOz 平面上求点，使该点与 $A(3,1,2),B(4,-2,-2),C(0,5,1)$ 等距离.

4. 已知点 $A(1,-2,5),B(3,1,11)$，求向量 $\vec{AB}$ 的坐标、模及方向余弦.

5. 已知向量 a 与 x 轴，y 轴的夹角分别为 $\alpha = \dfrac{\pi}{3}$，$\beta = \dfrac{2}{3}\pi$，且 $|a| = 2$，求向量 a 的坐标.

6. 自点 $A(2,1,-7)$ 沿向量 $a = (8,9,-12)$ 的方向取一线段 AB，使 $|AB| = 34$，求点 B 的坐标.

7. 已知向量 a 与 b 的夹角为 $\dfrac{\pi}{3}$，$|a| = 5$，$|b| = 8$，求 $|a+b|$，$|a-b|$.

8. 已知 $A(2,5,-3),B(3,-2,5)$，求定比分点 M，使得 $\vec{AM} = 3\vec{MB}$.

9. 两个力 $a = (1,1,3)$，$b = (2,3,-1)$ 作用于一质点，求一个作用该质点的

力 c,使得这三个力平衡.

10. 已知向量 $a=(1,2,3),b=(2,3,3),c=(1,3,6)$,求 $a \cdot b, a \times b, [a,b,c]$,
$a \times (b \times c)$.

11. 已知三角形 ABC 中 $\overrightarrow{AB}=(2,1,-2),\overrightarrow{BC}=(3,2,6)$,求三角形 ABC 的
三个内角.

12. 已知 $A(3,2,1),B(2,1,3),C(1,2,3)$,求三角形 ABC 的面积.

13. 若 $a+b+c=0$,$|a|=3$,$|b|=5$,$|c|=7$,求$\langle a,b \rangle$.

14. 已知 $|a|=5$,$|b|=2$,$\langle a,b \rangle = \dfrac{\pi}{3}$,求 $|2a-3b|$.

15. 已知 $|a|=13$,$|b|=19$,$|a+b|=24$,求 $|a-b|$.

16. 已知 $|a|=1$,$|b|=2$,$\langle a,b \rangle = \dfrac{\pi}{3}$,求$(a \times b) \cdot (a \times b)$.

17. 已知 $|a|=3$,$|b|=4$,$\langle a,b \rangle = \dfrac{\pi}{3}$,求 $|(a+b) \times (a-b)|$.

B 组

18. 已知向量 $\overrightarrow{OA}=(1,2,-3),\overrightarrow{OB}=(2,-1,6)$,求常数 λ,使得 $\lambda\overrightarrow{OA}+\overrightarrow{OB}$
平分 $\angle AOB$.

19. 若 $(a+3b) \perp (7a-5b)$,$(a-4b) \perp (7a-2b)$,求$\langle a,b \rangle$.

20. 设 A,B,C,D 为空间四定点,AB 与 CD 的中点分别为 E,F,且 $|EF|=$
a,若 P 为空间一动点,试求$(\overrightarrow{PA}+\overrightarrow{PB}) \cdot (\overrightarrow{PC}+\overrightarrow{PD})$ 的最小值,并求此时 P 点
的位置.

21. 设 $a \neq 0$,$|b|=2$,$\langle a,b \rangle = \dfrac{\pi}{3}$,求 $\lim\limits_{x \to 0} \dfrac{|a+xb|-|a|}{x}$.

4.2 空间的平面

4.2.1 平面的方程

与一已知平面垂直的任一非零向量称为该**平面的法向量**. 一平面可由其上任
一点和平面的法向量唯一确定.

定理 4.2.1 通过点 $P_0(x_0,y_0,z_0)$,法向量为 $n=(A,B,C)$ 的平面方程为

$$Ax+By+Cz=Ax_0+By_0+Cz_0 \tag{4.2.1}$$

此式称为**平面的点法式方程**.

证 设 $P(x,y,z)$ 是空间的任一点,点 P 位于所求平面上的充要条件是向量

$\overrightarrow{P_0P}$ 位于该平面内(见图 4.18),这等价于

$$\overrightarrow{P_0P} \perp \boldsymbol{n} \Leftrightarrow \overrightarrow{P_0P} \cdot \boldsymbol{n} = 0$$

即

$$A(x - x_0) + B(y - y_0) + C(z - z_0) = 0$$

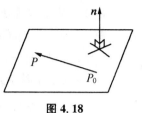

图 4.18

移项即得式(4.2.1),这就是所求平面的方程. □

定理 4.2.2　满足方程

$$Ax + By + Cz = D \quad (A,B,C \text{ 不全为 } 0) \tag{4.2.2}$$

的点(x,y,z)组成空间的一个平面,此式称为**平面的一般式方程**.

证　因 A,B,C 不全为 0,总可找到 x_0,y_0,z_0 使得

$$Ax_0 + By_0 + Cz_0 = D$$

将 $D = Ax_0 + By_0 + Cz_0$ 代入式(4.2.2)得

$$Ax + By + Cz = Ax_0 + By_0 + Cz_0$$

这正是通过点 $P_0(x_0,y_0,z_0)$,法向量为 $\boldsymbol{n} = (A,B,C)$ 的平面点法式方程. □

注　在平面的一般式方程 $Ax + By + Cz = D$ 中,若 $D = 0$,则平面通过坐标原点;若 $C = 0$,因其法向量 $\boldsymbol{n} = (A,B,0)$ 与基向量 $\boldsymbol{k}$ 垂直,故平面与 z 轴平行;若 $B = C = 0$,因其法向量 $\boldsymbol{n} = (A,0,0)$ 与基向量 $\boldsymbol{i}$ 平行,故平面垂直于 x 轴.

定理 4.2.3　通过三点

$$P_1(a,0,0), \quad P_2(0,b,0), \quad P_3(0,0,c) \quad (abc \neq 0)$$

的平面方程为

$$\frac{x}{a} + \frac{y}{b} + \frac{z}{c} = 1 \tag{4.2.3}$$

此式称为**平面的截距式方程**.

证　因 $\overrightarrow{P_1P_2} = (-a,b,0)$,$\overrightarrow{P_1P_3} = (-a,0,c)$,应用"向量积的简便计算法"得

$$\overrightarrow{P_1P_2} \times \overrightarrow{P_1P_3} = (-a,b,0) \times (-a,0,c) = (bc,ac,ab)$$

为所求平面的法向量,于是由点法式方程得

$$bc(x - a) + ac(y - 0) + ab(z - 0) = 0$$

因 $abc \neq 0$,上式化简即得式(4.2.3)成立. □

例1 求通过点 $P(1,2,3)$ 和 x 轴的平面方程.

解 因所求平面通过 x 轴,所以该平面通过原点 O,且平行于向量 $\boldsymbol{i} = (1,0,0)$ (见图 4.19). 应用"向量积的简便计算法"可得平面的法向量为

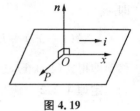

$$\boldsymbol{n} = \overrightarrow{OP} \times \boldsymbol{i} = (1,2,3) \times (1,0,0)$$
$$= (0-0,3-0,0-2) = (0,3,-2)$$

于是所求平面的方程为

$$0x + 3y - 2z = 0 \times 1 + 3 \times 2 - 2 \times 3 = 0$$

即 $3y - 2z = 0$.

图 4.19

例2 求过点 $P_1(1,2,3)$,$P_2(2,-1,0)$,且垂直于 xOz 平面的平面方程.

解 因所求平面垂直于 xOz 平面,所以该平面平行于 xOz 平面的法向量 $\boldsymbol{j}$. 又所求平面通过向量 $\overrightarrow{P_1P_2} = (1,-3,-3)$(见图 4.20).应用"向量积的简便计算法"可得该平面的法向量为

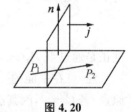

$$\boldsymbol{n} = \overrightarrow{P_1P_2} \times \boldsymbol{j} = (1,-3,-3) \times (0,1,0)$$
$$= (0+3,0-0,1-0) = (3,0,1)$$

于是所求平面的方程为

$$3x + 0y + z = 3 \times 1 + 0 \times 2 + 1 \times 3 = 6$$

即 $3x + z = 6$.

图 4.20

4.2.2 点到平面的距离

由空间一点 P 向平面 Π 作垂线,垂足为 Q,称点 Q 为点 P **在平面 Π 上的投影**,称 $|PQ|$ 为**点 P 到平面 Π 的距离**.

定理 4.2.4 点 $P(x_0,y_0,z_0)$ 到平面 $\Pi : Ax + By + Cz = D$ 的距离为

$$d = \frac{|Ax_0 + By_0 + Cz_0 - D|}{\sqrt{A^2 + B^2 + C^2}} \tag{4.2.4}$$

证 在平面 Π 上任取一点 $Q(x_1,y_1,z_1)$,则

$$Ax_1 + By_1 + Cz_1 = D$$

平面 Π 的法向量为 $\boldsymbol{n} = (A,B,C)$,则点 P 到平面 Π 的距离为

$$d = |\operatorname{Prj}_n \overrightarrow{QP}| = \frac{|\boldsymbol{n} \cdot \overrightarrow{QP}|}{|\boldsymbol{n}|} = \frac{|A(x_0 - x_1) + B(y_0 - y_1) + C(z_0 - z_1)|}{\sqrt{A^2 + B^2 + C^2}}$$

$$= \frac{|Ax_0 + By_0 + Cz_0 - D|}{\sqrt{A^2 + B^2 + C^2}}$$

4.2.3 两平面的位置关系

两个平面的位置关系显见有平行与相交两种情况,而两个平面相交时又分垂直相交与斜交.

定理 4.2.5 已知空间两个平面 Π_1,Π_2,它们的方程分别为

$$A_1 x + B_1 y + C_1 z = D_1, \quad A_2 x + B_2 y + C_2 z = D_2$$

则平面 Π_1,Π_2 平行与垂直的充要条件分别是

$$\Pi_1 /\!/ \Pi_2 \Leftrightarrow \frac{A_1}{A_2} = \frac{B_1}{B_2} = \frac{C_1}{C_2} \neq \frac{D_1}{D_2}$$

$$\Pi_1 \perp \Pi_2 \Leftrightarrow A_1 A_2 + B_1 B_2 + C_1 C_2 = 0$$

证 当 $\Pi_1 /\!/ \Pi_2$ 时,它们的法向量平行,因 $\boldsymbol{n}_1 = (A_1,B_1,C_1), \boldsymbol{n}_2 = (A_2,B_2,C_2)$,应用两向量平行的充要条件即得 $\dfrac{A_1}{A_2} = \dfrac{B_1}{B_2} = \dfrac{C_1}{C_2} \neq \dfrac{D_1}{D_2}$.

当 $\Pi_1 \perp \Pi_2$ 时,它们的法向量垂直,因 $\boldsymbol{n}_1 = (A_1,B_1,C_1), \boldsymbol{n}_2 = (A_2,B_2,C_2)$,应用两向量垂直的充要条件即得 $A_1 A_2 + B_1 B_2 + C_1 C_2 = 0$. $\square$

下面来定义两个平面的夹角.

定义4.2.1 设两个平面 Π_1 与 Π_2 的法向量分别为 $\boldsymbol{n}_1,\boldsymbol{n}_2$,记 $\theta = \langle \boldsymbol{n}_1, \boldsymbol{n}_2 \rangle$,我们定义

$$\text{平面 } \Pi_1 \text{ 与 } \Pi_2 \text{ 的夹角 } \varphi \xlongequal{\text{def}} \begin{cases} \theta & \left(0 \leqslant \theta \leqslant \dfrac{\pi}{2}\right); \\[2mm] \pi - \theta & \left(\dfrac{\pi}{2} < \theta \leqslant \pi\right) \end{cases}$$

定理 4.2.6 设空间两平面 Π_1,Π_2 的法向量分别为

$$\boldsymbol{n}_1 = (A_1,B_1,C_1), \quad \boldsymbol{n}_2 = (A_2,B_2,C_2)$$

则平面 Π_1,Π_2 的夹角为

$$\varphi = \arccos \frac{|A_1 A_2 + B_1 B_2 + C_1 C_2|}{\sqrt{A_1^2 + B_1^2 + C_1^2} \cdot \sqrt{A_2^2 + B_2^2 + C_2^2}}$$

证 记 $\theta = \langle \boldsymbol{n}_1, \boldsymbol{n}_2 \rangle$,并设平面 Π_1 与 Π_2 的夹角为 φ,由定义 4.2.1 得

$$\varphi = \begin{cases} \theta = \arccos \dfrac{\boldsymbol{n}_1 \cdot \boldsymbol{n}_2}{|\boldsymbol{n}_1||\boldsymbol{n}_2|} = \arccos \dfrac{|\boldsymbol{n}_1 \cdot \boldsymbol{n}_2|}{|\boldsymbol{n}_1||\boldsymbol{n}_2|} & (\boldsymbol{n}_1 \cdot \boldsymbol{n}_2 \geqslant 0); \\[3mm] \pi - \theta = \pi - \arccos \dfrac{\boldsymbol{n}_1 \cdot \boldsymbol{n}_2}{|\boldsymbol{n}_1||\boldsymbol{n}_2|} = \arccos \dfrac{|\boldsymbol{n}_1 \cdot \boldsymbol{n}_2|}{|\boldsymbol{n}_1||\boldsymbol{n}_2|} & (\boldsymbol{n}_1 \cdot \boldsymbol{n}_2 < 0) \end{cases}$$

再应用数量积的坐标计算公式与向量模的计算公式即得

$$\varphi = \arccos \frac{\mid A_1 A_2 + B_1 B_2 + C_1 C_2 \mid}{\sqrt{A_1^2 + B_1^2 + C_1^2} \sqrt{A_2^2 + B_2^2 + C_2^2}}$$

例3　已知两平面 Π_1 与 Π_2，它们的方程分别为

$$x + 3y + z + 1 = 0, \quad x - y - 3z - 3 = 0$$

判定这两个平面的位置关系.

解　两平面的法向量分别为 $\boldsymbol{n}_1 = (1,3,1)$，$\boldsymbol{n}_2 = (1,-1,-3)$. 因为 $\boldsymbol{n}_1$ 与 $\boldsymbol{n}_2$ 的坐标分量不成比例，所以 $\boldsymbol{n}_1$ 与 $\boldsymbol{n}_2$ 不平行；因为 $\boldsymbol{n}_1 \cdot \boldsymbol{n}_2 = 1 - 3 - 3 = -5 \neq 0$，所以 $\boldsymbol{n}_1$ 与 $\boldsymbol{n}_2$ 不垂直. 于是平面 Π_1 与 Π_2 不平行、不垂直，故 Π_1 与 Π_1 的位置关系为斜交，且平面 Π_1 与 Π_2 的夹角为

$$\varphi = \arccos \frac{\mid \boldsymbol{n}_1 \cdot \boldsymbol{n}_2 \mid}{\mid \boldsymbol{n}_1 \mid \mid \boldsymbol{n}_2 \mid} = \arccos \frac{\mid -5 \mid}{\sqrt{1+9+1} \cdot \sqrt{1+1+9}} = \arccos \frac{5}{11}$$

习题 4.2

A 组

1. 指出下列平面的特性：

(1) $x + y - z = 0$；　　(2) $x - 2y = 0$；　　(3) $3x = 4$.

2. 求过点 $(1, 2, -1)$，且与两平面 $x - 2y + 4z = 2$ 和 $3x + y - z = 1$ 皆垂直的平面方程.

3. 求过两点 $(1, 2, -1)$，$(2, 1, -2)$，且垂直于平面 $x - 2y + 4z = 2$ 的平面方程.

4. 求过三点 $(1, 2, -1)$，$(2, 1, -2)$，$(3, -1, 0)$ 的平面方程.

5. 求过点 $(1, 2, -1)$，且在三坐标轴上截距相等的平面方程.

6. 确定常数 λ，使平面 $x + \lambda y - 2z = 9$ 分别满足：

(1) 经过点 $(5, -4, 6)$；

(2) 平行于平面 $3x + y - 6z = 0$；

(3) 垂直于平面 $2x + 4y + 3z = 0$；

(4) 与原点距离等于 3.

7. 判定两平面 $2x + y - z = 2$ 与 $x - y + 2z = 1$ 的位置关系.

B 组

8. 求与平面 $x - 2y + 4z = 2$ 平行，且距离等于 3 的平面方程.

4.3 空间的直线

4.3.1 直线的方程

与已知直线平行的任一非零向量称为该**直线的方向向量**. 若 $l = (m,n,p)$ 是某直线的方向向量,简称该**直线的方向**为 $l = (m,n,p)$,并称 m,n,p 为该**直线的一组方向数**.

一直线可由其上任一点和该直线的方向向量唯一确定.

定理 4.3.1   通过点 $P_0(x_0,y_0,z_0)$,方向为 $l = (m,n,p)$ 的直线方程为

$$\frac{x-x_0}{m} = \frac{y-y_0}{n} = \frac{z-z_0}{p} \qquad (4.3.1)$$

此式称为**直线的点向式方程**(又称**标准方程**).

证   设 $P(x,y,z)$ 是空间任一点,点 P 位于所求直线上的充要条件是 $\overrightarrow{P_0P} \parallel l$(见图 4.21),这等价于向量 $\overrightarrow{P_0P}$ 与 l 的坐标成比例,即

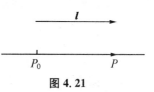

图 4.21

$$\frac{x-x_0}{m} = \frac{y-y_0}{n} = \frac{z-z_0}{p}$$

这就是所求直线的方程.   □

在直线的点向式方程(4.3.1)中,三个实数 m,n,p 不全为 0. 当其中有一个为 0 时,例如 $mn \neq 0, p = 0$,则直线方程可写为

$$\begin{cases} \dfrac{x-x_0}{m} = \dfrac{y-y_0}{n}, \\ z = z_0 \end{cases}$$

这表示直线(4.3.1)是两个平面 $\dfrac{x-x_0}{m} = \dfrac{y-y_0}{n}$ 与 $z = z_0$ 的交线;当方程(4.3.1)中 m,n,p 中有两个为 0 时,例如 $m \neq 0, n = 0, p = 0$,则直线方程可写为

$$\begin{cases} y = y_0, \\ z = z_0 \end{cases}$$

这表示直线(4.3.1)是两个平面 $y = y_0$ 与 $z = z_0$ 的交线.

推论 4.3.2   通过点 $P_0(x_0,y_0,z_0)$,方向为 $l = (m,n,p)$ 的直线方程为

$$x = x_0 + mt, \quad y = y_0 + nt, \quad z = z_0 + pt \qquad (4.3.2)$$

这里 t 为参数,此式称为**直线的参数式方程**.

证 在直线的点向式方程(4.3.1)中，令其比例参数为 t，即

$$\frac{x - x_0}{m} = \frac{y - y_0}{n} = \frac{z - z_0}{p} = t$$

此式等价于式(4.3.2). □

推论 4.3.3 通过两点 $P_1(x_1, y_1, z_1)$，$P_2(x_2, y_2, z_2)$ 的直线方程为

$$\frac{x - x_1}{x_2 - x_1} = \frac{y - y_1}{y_2 - y_1} = \frac{z - z_1}{z_2 - z_1} \tag{4.3.3}$$

此式称为**直线的两点式方程.**

证 连接 P_1，P_2 的向量 $\overrightarrow{P_1 P_2} = (x_2 - x_1, y_2 - y_1, z_2 - z_1)$ 为直线的方向，又直线通过点 $P_1(x_1, y_1, z_1)$，应用点向式方程，即得式(4.3.3)成立. □

由于空间直线总可表示为两个平面的交线，于是有下面的定理.

定理 4.3.4 空间**直线的一般式方程**为

$$\begin{cases} A_1 x + B_1 y + C_1 z = D_1, \\ A_2 x + B_2 y + C_2 z = D_2 \end{cases} \tag{4.3.4}$$

这里要求式(4.3.4)中的两个平面不平行(见图4.22).

证 直线的点向式方程中含有两个独立的等式，这两个等式都是平面的方程，将这两个等式联立起来就是直线的一般式方程(4.3.4)的形式.

反过来，式(4.3.4)中两个平面不平行，故它们的法向量

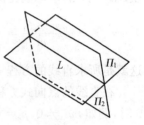

图 4.22

$$\boldsymbol{n}_1 = (A_1, B_1, C_1) \quad \text{与} \quad \boldsymbol{n}_2 = (A_2, B_2, C_2)$$

不共线，令 $\boldsymbol{l} = \boldsymbol{n}_1 \times \boldsymbol{n}_2 \neq \boldsymbol{0}$ 即为直线的方向，且由线性方程组(4.3.4)总可求得一解 (x_0, y_0, z_0)，此即为直线上的一点，因此式(4.3.4)总可化为直线的点向式方程. □

例 1 将直线的一般式方程

$$\begin{cases} 2x - y + 7z = 5, \\ 3x + 6y - 2z = 0 \end{cases}$$

化为点向式方程.

解 先在直线上找一点. 可令 $z = 0$，代入直线的一般式方程得

$$\begin{cases} 2x - y = 5, \\ 3x + 6y = 0 \end{cases}$$

应用克莱姆法则得

$$x = \frac{\begin{vmatrix} 5 & -1 \\ 0 & 6 \end{vmatrix}}{\begin{vmatrix} 2 & -1 \\ 3 & 6 \end{vmatrix}} = \frac{30}{15} = 2, \quad y = \frac{\begin{vmatrix} 2 & 5 \\ 3 & 0 \end{vmatrix}}{\begin{vmatrix} 2 & -1 \\ 3 & 6 \end{vmatrix}} = \frac{-15}{15} = -1$$

故点 $(2, -1, 0)$ 位于直线上. 令 $\boldsymbol{n}_1 = (2, -1, 7), \boldsymbol{n}_2 = (3, 6, -2)$,由"向量积的简便计算法"可得直线的方向为

$$\begin{aligned} \boldsymbol{l} = \boldsymbol{n}_1 \times \boldsymbol{n}_2 &= (2, -1, 7) \times (3, 6, -2) \\ &= (2 - 42, 21 + 4, 12 + 3) = (-40, 25, 15) \\ &= -5(8, -5, -3) \end{aligned}$$

显见 $\dfrac{1}{-5}\boldsymbol{l}$ 仍是方向向量,于是所求直线的点向式方程为

$$\frac{x-2}{8} = \frac{y+1}{-5} = \frac{z}{-3}$$

注　在例 1 中令 $z = 0$ 代入直线方程后,若所得方程组的系数行列式为 0,则对 x, y 有可能无解,这说明直线与 xOy 平面无交点. 此时可改令 $y = 0$ 或 $x = 0$,总可以在直线上找到一点.

例 2　求点 $P(1, 2, -1)$ 关于平面 $2x - y + 3z = 11$ 的对称点的坐标.

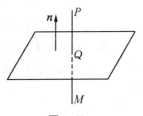

图 4.23

解　设 P 关于已知平面的对称点为 M, P 在平面内的投影为 Q,则 Q 为 PM 的中点(见图 4.23). 因 $\overrightarrow{PQ} \parallel \boldsymbol{n}$,且 $\boldsymbol{n} = (2, -1, 3)$,所以直线 PQ 的参数方程为

$$x = 1 + 2t, \quad y = 2 - t, \quad z = -1 + 3t$$

代入平面方程解得 $t = 1$,即点 Q 对应于参数 $t = 1$,故点 Q 的坐标为 $(3, 1, 2)$. 设 M 的坐标为 (x, y, z),由中点坐标公式得

$$\frac{x+1}{2} = 3, \quad \frac{y+2}{2} = 1, \quad \frac{z-1}{2} = 2$$

由此解得 $(x, y, z) = (5, 0, 5)$,此即所求对称点 M 的坐标.

4.3.2　点到直线的距离

如图 4.24 所示,自空间一点 P 作 PQ 与直线 L 垂直且相交,交点为 Q,称点 Q 为**点 P 在直线 L 上的投影**,称 $|PQ|$ 为**点 P 到直线 L 的距离**.

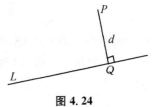

图 4.24

定理 4.3.5　点 $P(x_1,y_1,z_1)$ 到直线

$$\frac{x-x_0}{m}=\frac{y-y_0}{n}=\frac{z-z_0}{p}$$

的距离为

$$d=\frac{|\overrightarrow{P_0P}\times \boldsymbol{l}|}{|\boldsymbol{l}|}\tag{4.3.5}$$

这里 P_0 为点 (x_0,y_0,z_0)，$\boldsymbol{l}=(m,n,p)$。

证　点 $P_0(x_0,y_0,z_0)$ 在直线 L 上，过 P_0 作向量 $\overrightarrow{P_0A}=\boldsymbol{l}$，连接 P_0，P 得向量 $\overrightarrow{P_0P}$（见图 4.25），则以 $\overrightarrow{P_0A}$ 与 $\overrightarrow{P_0P}$ 为邻边的平行四边形的面积为

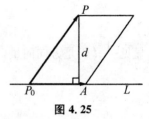

图 4.25

$$\sigma=|\overrightarrow{P_0P}\times \overrightarrow{P_0A}|=|\overrightarrow{P_0P}\times \boldsymbol{l}|$$

又因为 $\sigma=|\overrightarrow{P_0A}|\cdot d=|\boldsymbol{l}|d$，于是点 P 到直线 L 的距离 d 为式(4.3.5)所示.　　□

例3　(1) 求点 $P(2,6,5)$ 关于直线 $L:\dfrac{x-2}{3}=\dfrac{y-1}{4}=\dfrac{z+1}{1}$ 的对称点；

(2) 求点 P 到该直线的距离.

解　(1) 设 P 关于已知直线 L 的对称点为 M，P 在直线 L 上的投影为 Q，则 Q 为 PM 的中点. 直线 L 的方向为 $\boldsymbol{l}=(3,4,1)$，过点 P，以 $\boldsymbol{l}$ 为法向量作平面 Π，则 Π 的方程为

$$3x+4y+z=3\times2+4\times6+1\times5=35$$

且点 Q 为直线 L 与平面 Π 的交点. 因直线 L 的参数方程为

$$x=2+3t,\quad y=1+4t,\quad z=-1+t$$

代入 Π 的方程，解得 $t=1$，于是 Q 的坐标为 $(5,5,0)$. 设点 M 的坐标为 (x,y,z)，由中点坐标公式得

$$\frac{x+2}{2}=5,\quad \frac{y+6}{2}=5,\quad \frac{z+5}{2}=0$$

由此解得 $(x,y,z)=(8,4,-5)$，此即为所求对称点 M 的坐标.

(2) **方法1**　由(1)可知点 P 到点 Q 的距离即为点 P 到直线 L 的距离，于是所求距离为

$$d=|\overrightarrow{PQ}|=\sqrt{3^2+(-1)^2+(-5)^2}=\sqrt{35}$$

方法 2   直线 L 上有点 $P_0(2,1,-1)$,直线 L 的方向为 $\boldsymbol{l}=(3,4,1)$,应用点到直线的距离公式得所求距离为

$$d=\frac{|\overrightarrow{P_0P}\times\boldsymbol{l}|}{|\boldsymbol{l}|}=\frac{|(0,5,6)\times(3,4,1)|}{\sqrt{9+16+1}}$$

$$=\frac{|(-19,18,-15)|}{\sqrt{26}}=\sqrt{\frac{910}{26}}=\sqrt{35}$$

4.3.3   两直线的位置关系

两条空间直线的位置关系有平行、相交与不在同一平面上三种情况.当两条直线平行或相交时,它们必在同一平面内,故称**两直线共面**;第三种情况时称两直线为**异面直线**.

定理 4.3.6   已知空间两条直线 L_1,L_2,它们的方程分别为

$$L_1:\frac{x-x_1}{m_1}=\frac{y-y_1}{n_1}=\frac{z-z_1}{p_1} \tag{4.3.6}$$

$$L_2:\frac{x-x_2}{m_2}=\frac{y-y_2}{n_2}=\frac{z-z_2}{p_2} \tag{4.3.7}$$

则直线 L_1,L_2 平行与垂直的充要条件分别是

$$L_1 \,/\!/\, L_2 \Leftrightarrow \frac{m_1}{m_2}=\frac{n_1}{n_2}=\frac{p_1}{p_2}$$

$$L_1 \perp L_2 \Leftrightarrow m_1m_2+n_1n_2+p_1p_2=0$$

证   当 $L_1 \,/\!/\, L_2$ 时,它们的方向平行,因 $\boldsymbol{l}_1=(m_1,n_1,p_1)$,$\boldsymbol{l}_2=(m_2,n_2,p_2)$,应用两向量平行的充要条件即得 $\frac{m_1}{m_2}=\frac{n_1}{n_2}=\frac{p_1}{p_2}$.

当 $L_1 \perp L_2$ 时,它们的方向垂直,因 $\boldsymbol{l}_1=(m_1,n_1,p_1)$,$\boldsymbol{l}_2=(m_2,n_2,p_2)$,应用两向量垂直的充要条件即得 $m_1m_2+n_1n_2+p_1p_2=0$.   □

定理 4.3.7   两条直线 L_1 与 L_2(方程如式(4.3.6)和(4.3.7)所示)共面的充要条件是

$$\begin{vmatrix} x_2-x_1 & y_2-y_1 & z_2-z_1 \\ m_1 & n_1 & p_1 \\ m_2 & n_2 & p_2 \end{vmatrix}=0 \tag{4.3.8}$$

证   直线 L_1 过点 $P_1(x_1,y_1,z_1)$,方向为 $\boldsymbol{l}_1=(m_1,n_1,p_1)$;直线 L_2 过点 $P_2(x_2,y_2,z_2)$,方向为 $\boldsymbol{l}_2=(m_2,n_2,p_2)$.由于

两直线 L_1 与 L_2 共面 $\Leftrightarrow$ 三向量 $\overrightarrow{P_1P_2}$，l_1，l_2 共面　（见图 4.26）

$$\Leftrightarrow [\overrightarrow{P_1P_2}, l_1, l_2] = 0$$

应用混合积的坐标计算公式即得式（4.3.8）成立.　　　　　　　　□

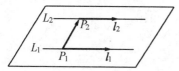 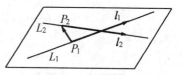

图 4.26

下面来定义两个直线的夹角.

定义 4.3.1　设两条直线 L_1 与 L_2 的方向分别为 l_1，l_2，记 $\theta = \langle l_1, l_2 \rangle$，我们定义

$$\textbf{直线 } L_1 \textbf{ 与 } L_2 \textbf{ 的夹角 } \varphi \xlongequal{\text{def}} \begin{cases} \theta & \left(0 \leqslant \theta \leqslant \dfrac{\pi}{2}\right); \\ \pi - \theta & \left(\dfrac{\pi}{2} < \theta \leqslant \pi\right) \end{cases}$$

定理 4.3.8　设两条空间直线 L_1 与 L_2 的方向分别为

$$l_1 = (m_1, n_1, p_1), \quad l_2 = (m_2, n_2, p_2).$$

则直线 L_1 与 L_2 的夹角为

$$\varphi = \arccos \frac{|m_1m_2 + n_1n_2 + p_1p_2|}{\sqrt{m_1^2 + n_1^2 + p_1^2} \cdot \sqrt{m_2^2 + n_2^2 + p_2^2}}$$

证　记 $\theta = \langle l_1, l_2 \rangle$，并设直线 L_1 与 L_2 的夹角为 φ，由定义 4.3.1 得

$$\varphi = \begin{cases} \theta = \arccos \dfrac{l_1 \cdot l_2}{|l_1||l_2|} = \arccos \dfrac{|l_1 \cdot l_2|}{|l_1||l_2|} & (l_1 \cdot l_2 \geqslant 0); \\ \pi - \theta = \pi - \arccos \dfrac{l_1 \cdot l_2}{|l_1||l_2|} = \arccos \dfrac{|l_1 \cdot l_2|}{|l_1||l_2|} & (l_1 \cdot l_2 < 0) \end{cases}$$

再应用数量积的坐标计算公式与向量模的计算公式即得

$$\varphi = \arccos \frac{|m_1m_2 + n_1n_2 + p_1p_2|}{\sqrt{m_1^2 + n_1^2 + p_1^2} \cdot \sqrt{m_2^2 + n_2^2 + p_2^2}}$$

□

例 4　已知两直线

$$L_1: \frac{x-1}{1} = \frac{y+1}{2} = \frac{z}{-1}, \quad L_2: \frac{x}{2} = \frac{y-1}{1} = \frac{z+1}{1}$$

判定两直线的位置关系，并求 L_1 与 L_2 的夹角.

解　两直线的方向分别为 $\boldsymbol{l}_1=(1,2,-1)$，$\boldsymbol{l}_2=(2,1,1)$，可见 $\boldsymbol{l}_1$ 与 $\boldsymbol{l}_2$ 的坐标不成比例，所以 $\boldsymbol{l}_1$ 与 $\boldsymbol{l}_2$ 不平行；又 $\boldsymbol{l}_1\cdot\boldsymbol{l}_2=3\neq0$，所以 $\boldsymbol{l}_1$ 与 $\boldsymbol{l}_2$ 不垂直. 于是直线 L_1 与 L_2 不平行、不垂直.

L_1 与 L_2 上分别有点 $P_1(1,-1,0)$，$P_2(0,1,-1)$，则 $\overrightarrow{P_1P_2}=(-1,2,-1)$. 因

$$[\boldsymbol{l}_1,\boldsymbol{l}_2,\overrightarrow{P_1P_2}]=\begin{vmatrix}1&2&-1\\2&1&1\\-1&2&-1\end{vmatrix}=-6\neq0$$

所以直线 L_1 与 L_2 为异面直线. 直线 L_1 与 L_2 的夹角为

$$\varphi=\arccos\frac{|\boldsymbol{l}_1\cdot\boldsymbol{l}_2|}{|\boldsymbol{l}_1||\boldsymbol{l}_2|}=\arccos\frac{3}{\sqrt{6}\cdot\sqrt{6}}=\arccos\frac{1}{2}=\frac{\pi}{3}$$

*4.3.4　异面直线的距离

两条异面直线给定后，一定存在线段 PQ，使得 PQ 与两条异面直线都垂直且相交(交点分别是 P 与 Q). 称线段 PQ 为两条**异面直线的公垂线**，并称公垂线的长 $|PQ|$ 为**异面直线的距离**.

公垂线方程的求法下面用例子来说明，我们先给出求异面直线距离的公式.

定理 4.3.9　两条异面直线

$$L_1:\frac{x-x_1}{m_1}=\frac{y-y_1}{n_1}=\frac{z-z_1}{p_1},\quad L_2:\frac{x-x_2}{m_2}=\frac{y-y_2}{n_2}=\frac{z-z_2}{p_2}$$

的距离为

$$d=\frac{|[\overrightarrow{P_1P_2},\boldsymbol{l}_1,\boldsymbol{l}_2]|}{|\boldsymbol{l}_1\times\boldsymbol{l}_2|}\tag{4.3.9}$$

这里 P_1，P_2 分别为点 (x_1,y_1,z_1) 与 (x_2,y_2,z_2)，$\boldsymbol{l}_1=(m_1,n_1,p_1)$，$\boldsymbol{l}_2=(m_2,n_2,p_2)$.

证　点 P_1，P_2 分别在直线 L_1 与 L_2 上，公垂线 PQ 的方向为 $\boldsymbol{l}=\boldsymbol{l}_1\times\boldsymbol{l}_2$ (见图 4.27)，则异面直线 L_1 与 L_2 的距离为

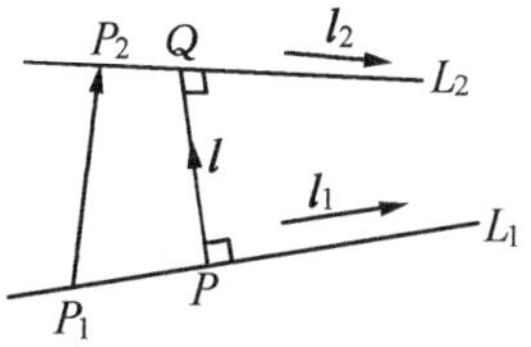

图 4.27

$$d=|PQ|=|\text{Prj}_l\overrightarrow{P_1P_2}|$$

$$=\left|\frac{|\boldsymbol{l}|\,\text{Prj}_l\,\overrightarrow{P_1P_2}}{|\boldsymbol{l}|}\right|=\frac{|\overrightarrow{P_1P_2}\cdot\boldsymbol{l}|}{|\boldsymbol{l}|}$$

$$=\frac{|\overrightarrow{P_1P_2}\cdot(\boldsymbol{l}_1\times\boldsymbol{l}_2)|}{|\boldsymbol{l}_1\times\boldsymbol{l}_2|}=\frac{|[\overrightarrow{P_1P_2},\boldsymbol{l}_1,\boldsymbol{l}_2]|}{|\boldsymbol{l}_1\times\boldsymbol{l}_2|}\qquad\square$$

例 5　求异面直线

$$L_1: \frac{x-5}{1} = \frac{y+1}{0} = \frac{z-3}{2}, \quad L_2: \frac{x-8}{2} = \frac{y-1}{-1} = \frac{z-1}{1}$$

的距离，并求公垂线的方程.

解 设 PQ 是异面直线 L_1 与 L_2 的公垂线，且点 P 在 L_1 上，点 Q 在 L_2 上. 又已知 L_1 通过点 $P_1(5,-1,3)$，方向为 $\boldsymbol{l}_1 = (1,0,2)$，$L_2$ 通过点 $P_2(8,1,1)$，方向为 $\boldsymbol{l}_2 = (2,-1,1)$，由"向量积的简便计算法"可得公垂线 PQ 的方向为

$$\boldsymbol{l} = \boldsymbol{l}_1 \times \boldsymbol{l}_2 = (1,0,2) \times (2,-1,1) = (0+2, 4-1, -1-0) = (2, 3, -1)$$

设点 P 的坐标为 $(5+t, -1, 3+2t)$，点 Q 的坐标为 $(8+2s, 1-s, 1+s)$，于是 $\overrightarrow{PQ}$ 的坐标为

$$\overrightarrow{PQ} = (3+2s-t, 2-s, -2+s-2t)$$

由于 $\overrightarrow{PQ} \parallel \boldsymbol{l}$，所以

$$\frac{3+2s-t}{2} = \frac{2-s}{3} = \frac{-2+s-2t}{-1} \Leftrightarrow \begin{cases} 8s-3t = -5, \\ s-3t = 2 \end{cases}$$

由此解得 $s=-1, t=-1$，故点 P 和点 Q 的坐标分别为 $P(4,-1,1)$，$Q(6,2,0)$. 于是异面直线 L_1, L_2 的距离为

$$d = |PQ| = \sqrt{(6-4)^2 + (2+1)^2 + (0-1)^2} = \sqrt{14}$$

公垂线的方程为

$$\frac{x-4}{2} = \frac{y+1}{3} = \frac{z-1}{-1} \quad \text{或} \quad \frac{x-6}{2} = \frac{y-2}{3} = \frac{z}{-1}$$

注 上述解法的核心是求公垂线 PQ 中 P, Q 两点的坐标，再运用两点距离公式求异面直线的距离. 但如果问题只是求异面直线的距离，则还是应用公式(4.3.9)计算较简单. 例如，对于例 5 有

$$[\overrightarrow{P_1P_2}, \boldsymbol{l}_1, \boldsymbol{l}_2] = \begin{vmatrix} 3 & 2 & -2 \\ 1 & 0 & 2 \\ 2 & -1 & 1 \end{vmatrix} = 14$$

$$|\boldsymbol{l}| = |\boldsymbol{l}_1 \times \boldsymbol{l}_2| = \sqrt{2^2 + 3^2 + (-1)^2} = \sqrt{14}$$

于是异面直线 L_1, L_2 的距离为

$$d = \frac{|[\overrightarrow{P_1P_2}, \boldsymbol{l}_1, \boldsymbol{l}_2]|}{|\boldsymbol{l}_1 \times \boldsymbol{l}_2|} = \frac{14}{\sqrt{14}} = \sqrt{14}$$

习题 4.3

A 组

1. 指出下列直线的特性与方向：

(1) $2x = 3y = z$;   (2) $\dfrac{x}{2} = \dfrac{z+1}{0} = y - 1$;   (3) $2x = \dfrac{y-1}{0} = \dfrac{z+1}{0}$.

2. 求过点 $(0, 2, 4)$，且与两平面 $x + 2z = 1, y - 3z = 2$ 皆平行的直线方程.

3. 求点 $(1, 2, -1)$ 在平面 $x - 2y + 4z = 2$ 上的投影，并求此点关于该平面的对称点的坐标.

4. 求点 $(2, 0, 1)$ 到直线 $3(x + 3) = 2(y + 2) = -6(z + 1)$ 的距离.

5. 求点 $P(5, 4, 2)$ 在直线 $L: \dfrac{x+1}{2} = \dfrac{y-3}{3} = \dfrac{z-1}{-1}$ 上的投影，并求点 P 到直线 L 的距离.

B 组

6. 求 y_0, z_0, n, p，将直线 $\begin{cases} x - 2y + 4z = 2, \\ 3x + y - z = 1 \end{cases}$ 改写成 $\dfrac{x-1}{1} = \dfrac{y - y_0}{n} = \dfrac{z - z_0}{p}$ 的形式.

7. 求与直线 $\dfrac{x-1}{1} = \dfrac{y+1}{0} = \dfrac{z}{-1}$ 的距离等于 3 的点的轨迹.

8. 求异面直线 $x - 3 = y - 4 = -z - 1$ 与 $\dfrac{x+4}{2} = \dfrac{y+1}{4} = -z$ 的距离，并求公垂线的方程(要求写为点向式).

4.4 空间平面与直线的位置关系

4.4.1 三种位置关系的判定

一条直线与一个平面之间的位置关系有三种情况：
(1) 直线与平面平行，它们没有公共点；
(2) 直线与平面相交，它们有一个公共点；
(3) 直线在平面内，它们有无穷多个公共点.

定理 4.4.1 给定一条直线和一个平面

$$L: \dfrac{x - x_0}{m} = \dfrac{y - y_0}{n} = \dfrac{z - z_0}{p}, \quad \varPi: Ax + By + Cz = D$$

(1) 直线与平面平行($L \parallel \mathit{\Pi}$) 的充要条件是

$$\begin{cases} Am + Bn + Cp = 0, \\ Ax_0 + By_0 + Cz_0 \neq D \end{cases}$$

(2) 直线与平面相交的充要条件是

$$Am + Bn + Cp \neq 0$$

(3) 直线在平面内的充要条件是

$$\begin{cases} Am + Bn + Cp = 0, \\ Ax_0 + By_0 + Cz_0 = D \end{cases}$$

证　直线 L 的方向为 $\boldsymbol{l} = (m, n, p)$，且 L 通过点 $P_0(x_0, y_0, z_0)$；平面 $\mathit{\Pi}$ 的法向量为 $\boldsymbol{n} = (A, B, C)$.

当 L 与 $\mathit{\Pi}$ 平行，或 L 在 $\mathit{\Pi}$ 内时，$\boldsymbol{l} \perp \boldsymbol{n}$，所以 $\boldsymbol{l} \cdot \boldsymbol{n} = Am + Bn + Cp = 0$；反过来，若 $\boldsymbol{l} \cdot \boldsymbol{n} = Am + Bn + Cp \neq 0$，则 L 与 $\mathit{\Pi}$ 相交.

当 L 与 $\mathit{\Pi}$ 平行时，因为点 P_0 不在平面 $\mathit{\Pi}$ 内，所以 $Ax_0 + By_0 + Cz_0 \neq D$；当 L 在 $\mathit{\Pi}$ 内时，因为 P_0 也在 $\mathit{\Pi}$ 内，所以 $Ax_0 + By_0 + Cz_0 = D$.　□

4.4.2　直线与平面的夹角

下面我们来定义直线与平面的夹角.

定义 4.4.1　已知直线 L 与平面 $\mathit{\Pi}$，设直线 L 的方向为 $\boldsymbol{l}$，平面 $\mathit{\Pi}$ 的法向量为 $\boldsymbol{n}$，令 $\theta = \langle \boldsymbol{l}, \boldsymbol{n} \rangle$（见图 4.28），我们定义

$$\text{直线 } L \text{ 与平面 } \mathit{\Pi} \text{ 的夹角 } \varphi \xlongequal{\text{def}} \begin{cases} \dfrac{\pi}{2} - \theta & \left(0 \leqslant \theta \leqslant \dfrac{\pi}{2}\right); \\ \theta - \dfrac{\pi}{2} & \left(\dfrac{\pi}{2} < \theta \leqslant \pi\right) \end{cases}$$

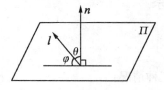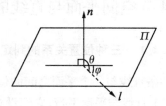

图 4.28

定理 4.4.2　设直线 L 的方向为 $\boldsymbol{l} = (m, n, p)$，平面 $\mathit{\Pi}$ 的法向量为 $\boldsymbol{n} = (A, B, C)$，则直线 L 与平面 $\mathit{\Pi}$ 的夹角为

$$\varphi = \arcsin \frac{|mA + nB + pC|}{\sqrt{m^2 + n^2 + p^2} \cdot \sqrt{A^2 + B^2 + C^2}}$$

证　记 $\theta=\langle\boldsymbol{l},\boldsymbol{n}\rangle$，则

$$\boldsymbol{l}\cdot\boldsymbol{n}=\begin{cases}|\boldsymbol{l}||\boldsymbol{n}|\cos\theta\geqslant0 & \left(0\leqslant\theta\leqslant\dfrac{\pi}{2}\right); \\ |\boldsymbol{l}||\boldsymbol{n}|\cos\theta<0 & \left(\dfrac{\pi}{2}<\theta\leqslant\pi\right)\end{cases}$$

设直线 L 与平面 $\varPi$ 的夹角为 φ，由定义 4.4.1 得

$$\sin\varphi=\begin{cases}\sin\left(\dfrac{\pi}{2}-\theta\right)=\cos\theta=\dfrac{\boldsymbol{l}\cdot\boldsymbol{n}}{|\boldsymbol{l}||\boldsymbol{n}|}=\dfrac{|\boldsymbol{l}\cdot\boldsymbol{n}|}{|\boldsymbol{l}||\boldsymbol{n}|} & (\boldsymbol{l}\cdot\boldsymbol{n}\geqslant0); \\ \sin\left(\theta-\dfrac{\pi}{2}\right)=-\cos\theta=-\dfrac{\boldsymbol{l}\cdot\boldsymbol{n}}{|\boldsymbol{l}||\boldsymbol{n}|}=\dfrac{|\boldsymbol{l}\cdot\boldsymbol{n}|}{|\boldsymbol{l}||\boldsymbol{n}|} & (\boldsymbol{l}\cdot\boldsymbol{n}<0)\end{cases}$$

再应用数量积的坐标计算公式与向量模的计算公式即得

$$\varphi=\arcsin\dfrac{|mA+nB+pC|}{\sqrt{m^2+n^2+p^2}\cdot\sqrt{A^2+B^2+C^2}}$$

4.4.3　直线在平面内的投影

当直线 L 与平面 $\varPi$ 不垂直时，过直线 L 有且只有一个平面 $\varPi_1$ 与平面 $\varPi$ 垂直（见图 4.29）.设平面 $\varPi_1$ 与 $\varPi$ 的交线为 L_1，称直线 L_1 为**直线 L 在平面 $\varPi$ 内的投影**，称平面 $\varPi_1$ 为**投影平面**.

例 1　求直线

$$\dfrac{x-1}{2}=\dfrac{y-2}{1}=\dfrac{z-3}{-4}$$

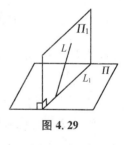

图 4.29

在平面 $2x+4y-z=6$ 上的投影和投影平面的方程.

解　已知直线的方向为 $\boldsymbol{l}=(2,1,-4)$，且通过点 $(1,2,3)$，平面的法向量为 $\boldsymbol{n}=(2,4,-1)$，由"向量积的简便计算法"可得投影平面的法向量为

$$\begin{aligned}\boldsymbol{n}_1=\boldsymbol{l}\times\boldsymbol{n}&=(2,1,-4)\times(2,4,-1)\\&=(-1+16,-8+2,8-2)\\&=(15,-6,6)=3(5,-2,2)\end{aligned}$$

去掉数乘因子,得投影平面的法向量为 $(5,-2,2)$.于是投影平面为

$$5x-2y+2z=5\times1-2\times2+2\times3$$

即 $5x-2y+2z=7$，且直线在平面内的投影为 $\begin{cases}5x-2y+2z=7, \\ 2x+4y-z=6.\end{cases}$

例 2　已知点 $P(1,2,3)$，直线 $L:\begin{cases} x+y+z=1, \\ 2x-y+z=2 \end{cases}$ 和平面 $\varPi:2x+y-z=6$，

求通过点 P，与直线 L 相交，且与平面 $\varPi$ 平行的直线方程（要求写为点向式）.

　　解法1　过点 P 作平面 $\varPi_1$ ∥ 平面 $\varPi$，设 $\varPi_1$ 的方程为

$$2x+y-z=k$$

将点 P 的坐标 $(1,2,3)$ 代入上式得 $k=1$，所以 $\varPi_1$ 的方程为

$$2x+y-z=1$$

由"向量积的简便计算法"可得直线 L 的方向为

$$l=(1,1,1)\times(2,-1,1)=(1+1,2-1,-1-2)$$
$$=(2,1,-3)$$

L 显见过点 $P_1(1,0,0)$，于是直线 L 的参数方程为

$$x=1+2t,\quad y=t,\quad z=-3t$$

代入平面 $\varPi_1$ 的方程得 $t=-\dfrac{1}{8}$，故直线 L 与平面 $\varPi_1$ 的交点为 $Q\left(\dfrac{3}{4},-\dfrac{1}{8},\dfrac{3}{8}\right)$. 由于

$$\overrightarrow{PQ}=\left(-\frac{1}{4},-\frac{17}{8},-\frac{21}{8}\right)=-\frac{1}{8}(2,17,21)$$

去掉数乘因子，得所求直线的方向为 $(2,17,21)$，故所求直线的点向式方程为

$$\frac{x-1}{2}=\frac{y-2}{17}=\frac{z-3}{21}$$

　　解法 2　直线 L 的方向 $l=(2,1,-3)$ 及过点 $P_1(1,0,0)$ 的求法同解法 1. 设所求直线的方向为 l_1，则 l_1 垂直于平面 $\varPi$ 的法向量 $n=(2,1,-1)$，且垂直于 $\overrightarrow{P_1P}\times l$. 由"向量积的简便计算法"可得

$$\overrightarrow{P_1P}\times l=(0,2,3)\times(2,1,-3)$$
$$=(-6-3,6-0,0-4)$$
$$=(-9,6,-4)$$
$$(\overrightarrow{P_1P}\times l)\times n=(-9,6,-4)\times(2,1,-1)$$
$$=(-6+4,-8-9,-9-12)$$
$$=(-2,-17,-21)$$
$$=-(2,17,21)$$

去掉数乘因子，即得所求直线的方向为 $(2,17,21)$，故所求直线的点向式方程为

$$\frac{x-1}{2}=\frac{y-2}{17}=\frac{z-3}{21}$$

习题 4.4

A 组

1. 试判定下列直线与平面的关系：

(1) $\dfrac{x+3}{-2}=\dfrac{y+4}{-7}=\dfrac{z}{3}$ 和 $4x-2y-2z=3$；

(2) $\dfrac{x}{3}=\dfrac{y}{-2}=\dfrac{z}{7}$ 和 $3x-2y+7z=8$；

(3) $\dfrac{x-2}{3}=\dfrac{y+2}{1}=\dfrac{z-3}{-4}$ 和 $x+y+z=3$.

2. 求直线 $\begin{cases} 3x-2y=24, \\ 3x-z=-4 \end{cases}$ 与平面 $6x+15y-10z=31$ 的夹角.

3. 求直线 $\dfrac{x-5}{-4}=\dfrac{y-1}{1}=\dfrac{z+2}{2}$ 在平面 $x+2y+4z=2$ 内的投影和投影平面的方程.

4. 求过点 $(-1,0,4)$，平行于平面 $3x-4y+z=10$，又与直线 $\dfrac{x+1}{3}=\dfrac{y-3}{1}=\dfrac{z}{2}$ 相交的直线方程（要求写为点向式）.

B 组

5. 求通过直线 $\dfrac{x-2}{6}=\dfrac{y+3}{1}=\dfrac{z+1}{3}$，且与直线 $\begin{cases} x-y-4=0, \\ z-y+6=0 \end{cases}$ 平行的平面方程.

4.5　空间的曲面

在第 4.2 节我们已经知道，关于 x,y,z 的一次方程是空间的平面，现在来研究关于 x,y,z 的一般方程 $F(x,y,z)=0$ 所表示的空间图形. 若曲面 Σ 上任意一点的坐标 (x,y,z) 都满足方程 $F(x,y,z)=0$，而不在曲面 Σ 上的任一点的坐标 (x,y,z) 不满足方程 $F(x,y,z)=0$，我们便称 $F(x,y,z)=0$ 为**曲面 Σ 的方程**，称曲面 Σ 为**方程 $F(x,y,z)=0$ 的图形**. 这一节主要研究关于 x,y,z 的二次方程的图形，我们称它为**二次曲面**. 下面先研究几类特殊的曲面 —— 球面、柱面、旋转曲面等，再研究一般的二次曲面.

4.5.1　球面

在空间与一定点的距离等于定长的点的集合称为**球面**，定点称为**球心**，定长称为**球面的半径**.

定理 4.5.1　球心为点 $A(a,b,c)$，半径为 R 的球面方程为

$$(x-a)^2+(y-b)^2+(z-c)^2=R^2 \tag{4.5.1}$$

证　任取点 $P(x,y,z)$，点 P 位于球面上的充要条件是 $|AP|=R$，由于

$$|AP|=\sqrt{(x-a)^2+(y-b)^2+(z-c)^2}$$

所以

$$(x-a)^2+(y-b)^2+(z-c)^2=R^2$$

这便是所求球面的方程.　$\square$

特别，球心在原点，半径为 R 的球面标准方程为

$$x^2+y^2+z^2=R^2 \tag{4.5.2}$$

将球面的一般方程(4.5.1)展开后，我们可看出球面方程的两个特征，即平方项 x^2,y^2,z^2 的系数相同，没有乘积项 xy,yz,zx.反过来，满足这两个条件的方程，一般也表示球面.例如方程

$$2x^2+2y^2+2z^2-4x+12y+19=0 \tag{4.5.3}$$

就满足上述两个条件，易于化为

$$(x-1)^2+(y+3)^2+z^2=\left(\frac{\sqrt{2}}{2}\right)^2$$

即式(4.5.3)表示球心为 $(1,-3,0)$，半径为 $\frac{\sqrt{2}}{2}$ 的球面.

例 1　求圆 $\begin{cases} x^2+y^2+z^2=36, \\ 2x+y-2z=9 \end{cases}$ 的圆心与半径.

解　球面 $x^2+y^2+z^2=36$ 的球心为 $O(0,0,0)$，半径为 $R=6$.平面 $\varPi:2x+y-2z=9$ 的法向量为 $\boldsymbol{n}=(2,1,-2)$，过球心且以 $\boldsymbol{n}$ 为方向的直线 L 的方程为

$$x=2t,\quad y=t,\quad z=-2t$$

代入 $2x+y-2z=9$ 得 $t=1$，于是 L 与平面 $\varPi$ 的交点即圆心为 $Q(2,1,-2)$. 点 $O(0,0,0)$ 到平面 $\varPi$ 的距离为

$$d=|OQ|=\sqrt{2^2+1^2+(-2)^2}=3$$

故所求圆的半径为 $\sqrt{R^2 - d^2} = \sqrt{6^2 - 3^2} = 3\sqrt{3}$.

4.5.2 柱面

给定一条空间曲线 Γ 和通过它上面某点的一条直线 L,当直线 L 沿曲线 Γ 平行移动时所生成的曲面称为**柱面**. 曲线 Γ 称为**准线**,柱面上任一条与 L 平行的直线称为**柱面的母线**(见图 4.30).

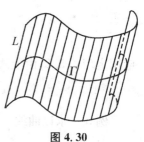

图 4.30

柱面的准线可以是平面曲线,也可以是空间曲线. 我们总可以把它看作两个空间曲面的交线,它的方程可表示为

$$\Gamma: \begin{cases} F(x,y,z) = 0, \\ G(x,y,z) = 0 \end{cases} \qquad (4.5.4)$$

下面我们只考虑一种特殊的柱面,即其母线平行于坐标轴.

定理 4.5.2 以曲线 Γ(方程如式(4.5.4)所示)为准线,则

(1) 母线平行于 z 轴的柱面方程为由式(4.5.4)消去 z 得到的方程;

(2) 母线平行于 x 轴的柱面方程为由式(4.5.4)消去 x 得到的方程;

(3) 母线平行于 y 轴的柱面方程为由式(4.5.4)消去 y 得到的方程.

证 (1) 任取点 $P(x,y,z)$,过点 P 以基向量 $\boldsymbol{k}$ 为方向作直线 L_1,点 P 位于所求柱面上的充要条件是 L_1 与准线 Γ 相交. 设交点为 $Q(x_0, y_0, z_0)$(见图 4.31),则

$$\begin{cases} F(x_0, y_0, z_0) = 0, \\ G(x_0, y_0, z_0) = 0 \end{cases} \qquad (4.5.5)$$

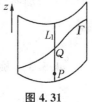

图 4.31

由于 $\overrightarrow{PQ} = (x_0 - x, y_0 - y, z_0 - z)$,$\overrightarrow{PQ} /\!/ \boldsymbol{k}$,所以

$$\frac{x_0 - x}{0} = \frac{y_0 - y}{0} = \frac{z_0 - z}{1} = t$$

即 $x_0 = x, y_0 = y, z_0 = z + t$,代入式(4.5.5)得

$$\begin{cases} F(x, y, z+t) = 0, \\ G(x, y, z+t) = 0 \end{cases} \qquad (4.5.6)$$

其中 t 为参数. 由于式(4.5.6)中 t 是以 $z+t$ 形式出现的,消去参数 t,也就是消去 $z+t$. 而由式(4.5.6)消去 $z+t$ 等价于由式(4.5.4)消去 z,故由式(4.5.4)消去 z 得到的关于 x, y 的方程即为所求.

(2) 和(3)的证明完全类似,不再赘述. □

例 2　求以 xOy 平面上的曲线 $\Gamma:x^2+2y^2=1$ 为准线,母线平行于 z 轴的柱面方程.

解　准线的方程为

$$\begin{cases} x^2+2y^2=1, \\ z=0 \end{cases}$$

应用定理 4.5.2,由上式消去 z 得所求柱面方程为

$$x^2+2y^2=1$$

例 3　求以曲线

$$\begin{cases} x^2+y^2+z^2=a^2, \\ x+y+z=a \end{cases}$$

为准线,母线平行于 z 轴的柱面方程.

解　应用定理 4.5.2,由

$$\begin{cases} x^2+y^2+z^2=a^2, \\ x+y+z=a \end{cases}$$

消去 z 得所求柱面方程为

$$x^2+y^2+xy-ax-ay=0$$

4.5.3　旋转曲面

空间的一条曲线 Γ 绕着一直线 L 旋转所生成的曲面称为**旋转曲面**,且直线 L 称为**旋转曲面的旋转轴**.下面介绍两类特殊的旋转曲面.

1) 坐标平面上的曲线绕坐标轴旋转生成的旋转曲面

定理 4.5.3　已知 xOy 平面上的曲线

$$\Gamma:\begin{cases} f(x,y)=0, \\ z=0 \end{cases}$$

则该曲线绕 x 轴旋转生成的旋转曲面的方程为

$$f(x,\pm\sqrt{y^2+z^2})=0$$

证　任取点 $P(x,y,z)$,过 P 作平面 Π 垂直于 x 轴.设平面 Π 与 x 轴、曲线 Γ 的交点分别为 $Q(x,0,0)$,$P_1(x,y_1,0)$(见图 4.32),则点 P 位于旋转曲面上的充要条件是 $|PQ|=|P_1Q|$.由于

$$|PQ| = \sqrt{y^2 + z^2}, \quad |P_1Q| = |y_1|$$

而点 P_1 位于曲线 Γ 上，所以 $f(x, y_1) = 0$，于是

$$f(x, \pm\sqrt{y^2 + z^2}) = 0$$

这便是动点 P 的坐标满足的方程，也即所求的旋转曲面的方程. □

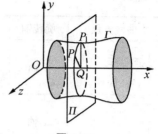

图 4.32

注 在旋转曲面方程 $f(x, \pm\sqrt{y^2 + z^2}) = 0$ 中出现的"±"号由问题的几何性质决定，有时需取"±"号，有时只取"+"号，有时只能取"—"号.

定理 4.5.4 已知 xOy 平面上的曲线

$$\Gamma: \begin{cases} f(x, y) = 0, \\ z = 0 \end{cases}$$

则该曲线绕 y 轴旋转生成的旋转曲面的方程为

$$f(\pm\sqrt{x^2 + z^2}, y) = 0$$

该定理的证明方法与定理 4.5.3 类似，不再赘述.

对于 yOz 平面或 zOx 平面上的曲线绕坐标轴旋转生成的旋转曲面的方程可仿照定理 4.5.3 和定理 4.5.4 写出，这里不一一列出.

反过来，我们也可由上述旋转曲面的方程推出它是由何曲线绕着何坐标轴旋转生成的.

应用定理 4.5.3 与定理 4.5.4 中的公式，下表给出一些常用曲线绕坐标轴旋转一周所生成的旋转曲面的方程与旋转曲面的名称.

曲线方程	旋转轴	生成过程	旋转曲面方程	旋转曲面名称
$\begin{cases} \dfrac{x^2}{a^2} + \dfrac{y^2}{b^2} = 1, \\ z = 0 \end{cases}$	x 轴	变量 x 项不变，将 y^2 改为 $y^2 + z^2$	$\dfrac{x^2}{a^2} + \dfrac{y^2 + z^2}{b^2} = 1$	旋转椭球面
$\begin{cases} \dfrac{x^2}{a^2} + \dfrac{y^2}{b^2} = 1, \\ z = 0 \end{cases}$	y 轴	变量 y 项不变，将 x^2 改为 $x^2 + z^2$	$\dfrac{x^2 + z^2}{a^2} + \dfrac{y^2}{b^2} = 1$	旋转椭球面
$\begin{cases} y^2 = 2pz, \\ x = 0 \end{cases}$	y 轴	变量 y 项不变，将 z^2 改为 $z^2 + x^2$	$y^4 = 4p^2(z^2 + x^2)$	—
$\begin{cases} y^2 = 2pz, \\ x = 0 \end{cases}$	z 轴	变量 z 项不变，将 y^2 改为 $y^2 + x^2$	$x^2 + y^2 = 2pz$	旋转抛物面

曲线方程	旋转轴	生成过程	旋转曲面方程	旋转曲面名称
$\begin{cases} \dfrac{x^2}{a^2} - \dfrac{z^2}{b^2} = 1, \\ y = 0 \end{cases}$	z 轴	变量 z 项不变，将 x^2 改为 $x^2 + y^2$	$\dfrac{x^2 + y^2}{a^2} - \dfrac{z^2}{b^2} = 1$	单叶旋转双曲面（如图 4.33 所示）
$\begin{cases} \dfrac{x^2}{a^2} - \dfrac{z^2}{b^2} = 1, \\ y = 0 \end{cases}$	x 轴	变量 x 项不变，将 z^2 改为 $z^2 + y^2$	$\dfrac{x^2}{a^2} - \dfrac{y^2 + z^2}{b^2} = 1$	双叶旋转双曲面（如图 4.34 所示）

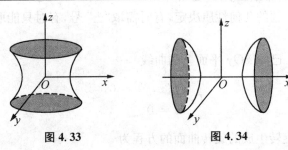

图 4.33 　　　　　　图 4.34

* 2）空间直线绕坐标轴旋转生成的旋转曲面

定理 4.5.5 已知空间直线

$$L: \frac{x - x_0}{m} = \frac{y - y_0}{n} = \frac{z - z_0}{p} \quad (p \neq 0)$$

则该直线绕 z 轴旋转生成的旋转曲面的方程为

$$x^2 + y^2 = \left[x_0 + \frac{m}{p}(z - z_0) \right]^2 + \left[y_0 + \frac{n}{p}(z - z_0) \right]^2 \quad (4.5.7)$$

证 任取点 $P(x, y, z)$，过点 P 作平面 Π 垂直于旋转轴（z 轴）.设平面 Π 与 z 轴、直线 L 的交点分别为 $Q(0, 0, z)$，$P_1(x_1, y_1, z)$（见图 4.35），则点 P 位于旋转曲面上的充要条件是 $|PQ| = |P_1Q|$.由于

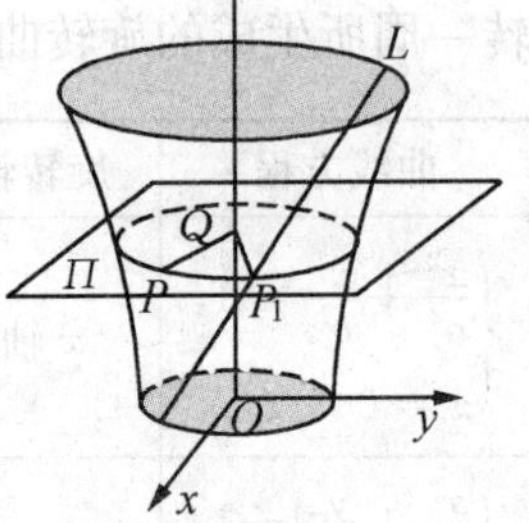

$$|PQ| = \sqrt{x^2 + y^2}, \quad |P_1Q| = \sqrt{x_1^2 + y_1^2}$$

图 4.35

而点 P_1 位于直线 L 上，所以

$$\frac{x_1 - x_0}{m} = \frac{y_1 - y_0}{n} = \frac{z - z_0}{p}$$

由此式解得

$$x_1 = x_0 + \frac{m}{p}(z - z_0), \quad y_1 = y_0 + \frac{n}{p}(z - z_0)$$

于是有

$$x^2 + y^2 = x_1^2 + y_1^2 = \left[x_0 + \frac{m}{p}(z - z_0) \right]^2 + \left[y_0 + \frac{n}{p}(z - z_0) \right]^2 \qquad \Box$$

例 4 试求直线 $\dfrac{x}{\alpha} = \dfrac{y - \beta}{0} = \dfrac{z}{1}$ 绕 z 轴旋转一周生成的旋转曲面的方程,并按 α, β 取值的不同确定该方程表示什么曲面.

解 运用定理 4.5.5 中的旋转曲面公式(4.5.7),即得旋转曲面方程为

$$x^2 + y^2 = (\alpha z)^2 + \beta^2$$

即

$$x^2 + y^2 - \alpha^2 z^2 = \beta^2 \qquad (4.5.8)$$

(1) 当 $\alpha = 0, \beta \neq 0$ 时,式(4.5.8)化为 $x^2 + y^2 = \beta^2$,这是母线平行 z 轴的圆柱面;

(2) 当 $\alpha \neq 0, \beta = 0$ 时,式(4.5.8)化为 $x^2 + y^2 - \alpha^2 z^2 = 0$,这是 zOx 平面上的直线 $x = \alpha z$ 绕 z 轴旋转一周生成的圆锥面;

(3) 当 $\alpha\beta \neq 0$ 时,式(4.5.8)表示单叶旋转双曲面.

4.5.4 常用的二次曲面

关于 x, y, z 的二次方程

$$\begin{aligned}
& a_{11}x^2 + a_{22}y^2 + a_{33}z^2 + 2a_{12}xy + 2a_{13}xz + 2a_{23}yz \\
& + 2b_1 x + 2b_2 y + 2b_3 z + c_1 = 0
\end{aligned} \qquad (4.5.9)$$

在空间的图形称为**二次曲面**.

对于一般的二次曲面,作平移变换,在一定的条件下可消去式(4.5.9)中的全部一次项或部分一次项. 例如通过平移变换

$$x - a = x_1, \quad y - b = y_1, \quad z - c = z_1$$

可将球面方程

$$(x - a)^2 + (y - b)^2 + (z - c)^2 = R^2$$

化为标准球面方程

$$x_1^2 + y_1^2 + z_1^2 = R^2$$

通过坐标系的旋转变换,一定可将式(4.5.9)中的乘积项 xy, yz, zx 一起消去(这一问题留待线性代数课程去解决). 下面我们将二次曲面(4.5.9)经过平移或旋转变换化简后得到的主要几种类型(标准形)列表如下:

二次曲面标准方程	曲面名称	平行截面的形状	图形标号
$\dfrac{x^2}{a^2}+\dfrac{y^2}{b^2}+\dfrac{z^2}{c^2}=1$①	椭球面	它与平面 $x=h(\mid h\mid<a)$ 的交线为椭圆； 它与平面 $y=k(\mid k\mid<b)$ 的交线为椭圆； 它与平面 $z=l(\mid l\mid<c)$ 的交线为椭圆	图 4.36
$\dfrac{x^2}{a^2}+\dfrac{y^2}{b^2}-\dfrac{z^2}{c^2}=1$	单叶双曲面	它与平面 $x=h(h\neq\pm a)$ 的交线为双曲线； 它与平面 $y=k(k\neq\pm b)$ 的交线为双曲线； 它与平面 $z=l$ 的交线为椭圆	图 4.37
$\dfrac{x^2}{a^2}-\dfrac{y^2}{b^2}-\dfrac{z^2}{c^2}=1$	双叶双曲面	它与平面 $x=h(\mid h\mid>a)$ 的交线为椭圆； 它与平面 $y=k$ 的交线为双曲线； 它与平面 $z=l$ 的交线为双曲线	图 4.38
$\dfrac{x^2}{a^2}+\dfrac{y^2}{b^2}-\dfrac{z^2}{c^2}=0$	二次锥面	它与平面 $x=h(h\neq0)$ 的交线为双曲线； 它与平面 $y=k(k\neq0)$ 的交线为双曲线； 它与平面 $z=l(l\neq0)$ 的交线为椭圆	图 4.39
$z=\dfrac{x^2}{a^2}+\dfrac{y^2}{b^2}$	椭圆抛物面	它与平面 $x=h$ 的交线为抛物线； 它与平面 $y=k$ 的交线为抛物线； 它与平面 $z=l(l>0)$ 的交线为椭圆	图 4.40
$z=\dfrac{y^2}{b^2}-\dfrac{x^2}{a^2}$	双曲抛物面	它与平面 $x=h$ 的交线为抛物线； 它与平面 $y=k$ 的交线为抛物线； 它与平面 $z=l(l\neq0)$ 的交线为双曲线	图 4.41

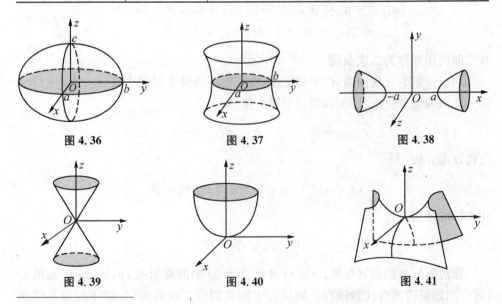

图 4.36　　　　　　图 4.37　　　　　　图 4.38

图 4.39　　　　　　图 4.40　　　　　　图 4.41

①称正数 a,b,c 为椭球面的半轴，当 $a=b=c$ 时椭球面为球面.

上述各种二次曲面的图形,我们是用坐标平面以及与坐标平面平行的平面截二次曲面,根据所得交线的形状及其变化大致描绘出来的. 这种方法称为"**平面截痕法**".

习题 4.5

A 组

1. 求球面 $x^2 + y^2 + z^2 - 6y + 8z = 0$ 的球心与半径.

2. 求圆 $\begin{cases} x^2 + y^2 + z^2 - 2x + 2y = 14, \\ 2x - 2y + z = 1 \end{cases}$ 的圆心与半径.

3. 求内切于由 $x + 2y + 2z = 2$ 与坐标平面所围的四面体的球面方程.

4. 求以曲线 $\begin{cases} (x-1)^2 + (y+3)^2 + (z-2)^2 = 25, \\ x + y - z + 2 = 0 \end{cases}$ 为准线,母线平行于 x 轴的柱面方程.

5. 下列曲面哪些是旋转曲面?它们是如何生成的?

(1) $x^2 + y^2 + 3z^2 = 1$;　　　　　　(2) $2x^2 - 2y^2 - 3z^2 = 1$;

(3) $2x^2 - 2y^2 + 2z^2 = 1$;　　　　　(4) $2x^2 - 2y^2 - 2z^2 = 1$;

(5) $x^2 - 2y^2 + z^2 = 0$.

6. 求下列旋转曲面的方程:

(1) xOy 平面上的 $y = kx$,绕 y 轴旋转;

(2) xOy 平面上的 $y = \sin x (0 \leqslant x \leqslant \pi)$,绕 x 轴旋转;

(3) yOz 平面上的 $z = 4 - y^2 (|y| \leqslant 2)$,绕 z 轴旋转.

7. 直线 $\dfrac{x-1}{0} = \dfrac{y}{1} = \dfrac{z}{1}$ 绕 z 轴旋转一周,求旋转曲面的方程.

8. 直线 $\dfrac{x}{1} = \dfrac{y}{-1} = \dfrac{z-2}{2}$ 绕 y 轴旋转一周,求旋转曲面的方程.

9. 指出下列曲面的名称:

(1) $2x^2 + 2y^2 + 3z^2 = 6$;　　　　　(2) $x = 4y^2$;

(3) $x^2 - y^2 + \dfrac{z^2}{2} = 0$;　　　　　(4) $\dfrac{x^2}{2} + \dfrac{z^2}{3} = 1$;

(5) $\dfrac{x^2}{2} + \dfrac{y^2}{3} - z^2 = -1$;　　　　(6) $x = 2y^2 + 3z^2$;

(7) $\dfrac{x^2}{2} - \dfrac{y^2}{3} + z^2 = 1$;　　　　　(8) $y = 2x^2 - 3z^2$;

(9) $z = \sqrt{x^2 + y^2}$;   (10) $x^2 + y^2 = 2x$.

10. 描绘下列曲面的简图并写出曲面的名称：

(1) $x^2 + 2y^2 + 3z^2 = 6$;   (2) $x^2 + y^2 = 2 \ (0 \leqslant z \leqslant 2)$;

(3) $x^2 + y^2 = z^2 \ (0 \leqslant z \leqslant 2)$;   (4) $z = x^2 + y^2 \ (z \leqslant 2)$;

(5) $x^2 + y^2 = 2y \ (0 \leqslant z \leqslant 2)$;   (6) $z = 2 - (x^2 + y^2) \ (z \geqslant 0)$.

B 组

11. 平面 $x - 3y + z = 0$ 与圆锥面 $x^2 - 5y^2 + z^2 = 0$ 相交于两条直线，求这两条直线的夹角.

4.6　空间的曲线

4.6.1　空间曲线的一般式方程

在上节中我们已经知道空间曲线可看作两个空间曲面的交线，因此空间曲线的方程可表示为

$$\begin{cases} F(x,y,z) = 0, \\ G(x,y,z) = 0 \end{cases}$$

此式称为**空间曲线的一般式方程**.

例 1　方程

$$\begin{cases} z = \sqrt{x^2 + y^2}, \\ x^2 + y^2 = 2y \end{cases}$$

表示一条空间曲线，它是圆锥面

$$z = \sqrt{x^2 + y^2}$$

与圆柱面

$$x^2 + y^2 = 2y$$

的交线. 其图形如图 4.42 中的曲线 Γ 所示.

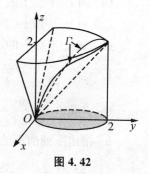

图 4.42

4.6.2　空间曲线的参数方程

设函数 $\varphi(t), \psi(t), \omega(t)$ 皆在区间 $[\alpha, \beta]$ 上有定义，任取 $t_0 \in [\alpha, \beta]$，记 $(x_0, y_0, z_0) =$

$(\varphi(t_0'),\psi(t_0),\omega(t_0))$，则 $P_0(x_0,y_0,z_0)$ 为空间的一点,该点与参数 t_0 对应.当 t 取遍区间 $[\alpha,\beta]$ 时,对应的点

$$(x,y,z) = (\varphi(t),\psi(t),\omega(t))$$

在空间的轨迹是一条空间曲线.我们称

$$x = \varphi(t), \quad y = \psi(t), \quad z = \omega(t) \tag{4.6.1}$$

为**空间曲线的参数方程**.特别,当 $\varphi,\psi,\omega \in \mathscr{C}$ 时,称之为**连续曲线**.当 $\varphi(t),\psi(t)$, $\omega(t)$ 皆为 t 的一次函数时,例如

$$\varphi(t) = a_1 t + b_1, \quad \psi(t) = a_2 t + b_2, \quad \omega(t) = a_3 t + b_3$$

则

$$x = a_1 t + b_1, \quad y = a_2 t + b_2, \quad z = a_3 t + b_3 \tag{4.6.2}$$

表示一条空间直线,且直线(4.6.2)通过点 (b_1,b_2,b_3),方向为 $\boldsymbol{l} = (a_1,a_2,a_3)$.

例 2 参数方程

$$x = a\cos t, \quad y = a\sin t, \quad z = bt \quad (t \geqslant 0, a > 0, b > 0)$$

表示一条空间曲线. $t = 0$ 对应于点 $A(a,0,0)$,当 t 从 0 增大时,对应的点沿着圆柱面

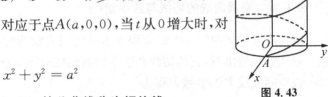

$$x^2 + y^2 = a^2$$

绕 z 轴螺旋式上升(见图 4.43),故此曲线称为**螺旋线**.

图 4.43

4.6.3 空间曲线在坐标平面上的投影

给定一条空间曲线 Γ,我们来研究它在坐标平面 Π 上的投影.以曲线 Γ 为准线,以坐标平面的法向量 $\boldsymbol{n}$ 为母线的方向作柱面 Π_1,柱面 Π_1 与坐标平面 Π 的交线 Γ_1 称为**曲线 Γ 在坐标平面 Π 上的投影**,并称柱面 Π_1 为**投影柱面**(见图 4.44).

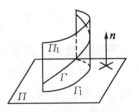

图 4.44

由于以空间曲线为准线,母线平行于坐标轴的柱面(即这里的投影柱面)方程的求法,我们已在第 4.5 节中解决了,所以曲线在坐标平面上的投影就不难写出.

例 3 求曲线

$$\begin{cases} z = \sqrt{x^2 + y^2}, \\ x^2 + y^2 = 2x \end{cases} \tag{4.6.3}$$

在三个坐标平面上的投影.

解 由式(4.6.3)消去 z，得投影柱面 $x^2+y^2=2x$，所以曲线(4.6.3)在 xOy 平面上的投影为圆

$$\begin{cases} x^2+y^2=2x, \\ z=0 \end{cases}$$

由式(4.6.3)消去 y，得投影柱面 $z^2=2x(0\leqslant z\leqslant 2)$，所以曲线(4.6.3)在 zOx 平面上的投影为抛物线

$$\begin{cases} z^2=2x \quad (0\leqslant z\leqslant 2); \\ y=0 \end{cases}$$

由式(4.6.3)消去 x，得投影柱面为 $4y^2=4z^2-z^4(0\leqslant z\leqslant 2)$，所以曲线(4.6.3)在 yOz 平面上的投影为

$$\begin{cases} 4y^2=4z^2-z^4 \quad (0\leqslant z\leqslant 2); \\ x=0 \end{cases}$$

4.6.4　空间曲线的切线与法平面（Ⅰ）

现在研究空间曲线用参数方程表示时空间曲线的切线和法平面概念（当曲线用一般式方程给出时，它的切线和法平面的问题待第 5 章讨论）.

设空间曲线 Γ 的参数方程为

$$x=\varphi(t),\quad y=\psi(t),\quad z=\omega(t)\quad (\alpha\leqslant t\leqslant\beta)$$

记 $\boldsymbol{r}=(x,y,z)$，称 $\boldsymbol{r}$ 为点 (x,y,z) 的位置向量. 称

$$\boldsymbol{r}=\boldsymbol{r}(t)\xlongequal{\text{def}}(\varphi(t),\psi(t),\omega(t))\quad (\alpha\leqslant t\leqslant\beta)$$

为空间曲线 Γ 的向量方程，称 $\boldsymbol{r}(t)$ 为 $\mathbf{R}^3$ 中的一元向量函数.

下面来考虑空间曲线 Γ 的切线. 设 $\varphi,\psi,\omega\in\mathscr{D}(t_0)$，自变量 t 有增量 Δt，曲线 Γ 上与 $t=t_0,t=t_0+\Delta t$ 对应的点分别为（见图4.45）

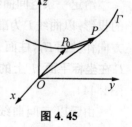

图 4.45

$$P_0(\varphi(t_0),\psi(t_0),\omega(t_0))$$

$$P(\varphi(t_0+\Delta t),\psi(t_0+\Delta t),\omega(t_0+\Delta t))$$

则割线 P_0P 的方向为

$$\overrightarrow{P_0P}=(\varphi(t_0+\Delta t)-\varphi(t_0),\psi(t_0+\Delta t)-\psi(t_0),\omega(t_0+\Delta t)-\omega(t_0))$$

$$=(\varphi(t_0+\Delta t),\psi(t_0+\Delta t),\omega(t_0+\Delta t))-(\varphi(t_0),\psi(t_0),\omega(t_0))$$

$$= \boldsymbol{r}(t_0 + \Delta t) - \boldsymbol{r}(t_0)$$

记 $\Delta\boldsymbol{r}(t_0) = \boldsymbol{r}(t_0 + \Delta t) - \boldsymbol{r}(t_0)$,则上式化为

$$\Delta\boldsymbol{r}(t_0) = (\Delta\varphi(t_0), \Delta\psi(t_0), \Delta\omega(t_0)) \tag{4.6.4}$$

式(4.6.4)两边同除以 Δt,并令 $\Delta t \to 0$,我们定义**曲线 Γ 在点 P_0 处的切线的方向向量**(简称**切向量**) 为

$$\boldsymbol{r}'(t_0) \xlongequal{\text{def}} \lim_{\Delta t \to 0} \frac{\Delta\boldsymbol{r}(t_0)}{\Delta t} = \lim_{\Delta t \to 0}\left(\frac{\Delta\varphi(t_0)}{\Delta t}, \frac{\Delta\psi(t_0)}{\Delta t}, \frac{\Delta\omega(t_0)}{\Delta t}\right)$$

$$\xlongequal{\text{def}} \left(\lim_{\Delta t \to 0}\frac{\Delta\varphi(t_0)}{\Delta t}, \lim_{\Delta t \to 0}\frac{\Delta\psi(t_0)}{\Delta t}, \lim_{\Delta t \to 0}\frac{\Delta\omega(t_0)}{\Delta t}\right)$$

$$= (\varphi'(t_0), \psi'(t_0), \omega'(t_0))$$

并称 $\boldsymbol{r}'(t)$ 为向量函数 $\boldsymbol{r}(t)$ 的导数.

当 $\boldsymbol{r}'(t_0) \neq \boldsymbol{0}$ 时,曲线 Γ 在点 P_0 处的切线方程为

$$\frac{x - \varphi(t_0)}{\varphi'(t_0)} = \frac{y - \psi(t_0)}{\psi'(t_0)} = \frac{z - \omega(t_0)}{\omega'(t_0)}$$

通过点 P_0,与上述切线垂直的平面称为**曲线 Γ 在 P_0 处的法平面**.于是曲线 Γ 在点 P_0 处的法平面方程为

$$\varphi'(t_0)(x - \varphi(t_0)) + \psi'(t_0)(y - \psi(t_0)) + \omega'(t_0)(z - \omega(t_0)) = 0$$

若函数 $\varphi, \psi, \omega \in \mathscr{C}^{(1)}[\alpha, \beta]$,且 $\boldsymbol{r}'(t) \neq \boldsymbol{0}$ 时,称曲线 Γ 为**光滑曲线**.

例 4　求曲线

$$\begin{cases} z = \sqrt{x^2 + y^2}, \\ x^2 + y^2 = 2x \end{cases} \tag{4.6.5}$$

在点 $P_0(1, 1, \sqrt{2})$ 处的切线方程和法平面方程.

解　曲线(4.6.5)的第一封限部分的参数方程为

$$x = 1 + \cos t, \quad y = \sin t, \quad z = 2\cos\frac{t}{2} \quad (0 \leqslant t \leqslant \pi)$$

且点 P_0 对应于参数 $t_0 = \dfrac{\pi}{2}$.由于

$$\boldsymbol{r}'(t_0) = (x'(t_0), y'(t_0), z'(t_0)) = \left(-\sin\frac{\pi}{2}, \cos\frac{\pi}{2}, -\sin\frac{\pi}{4}\right)$$

$$= \left(-1, 0, -\frac{\sqrt{2}}{2}\right) = -\frac{1}{2}(2, 0, \sqrt{2})$$

所以曲线(4.6.5)在点 P_0 处的切向量为 $(2,0,\sqrt{2})$，因而所求切线方程为

$$\frac{x-1}{2} = \frac{y-1}{0} = \frac{z-\sqrt{2}}{\sqrt{2}}$$

曲线(4.6.5)在点 P_0 处的法平面方程为

$$2(x-1) + 0(y-1) + \sqrt{2}(z-\sqrt{2}) = 0$$

化简得 $2x + \sqrt{2}z = 4$.

习题 4.6

A 组

1. 求曲线 $\begin{cases} x^2 + y^2 + z^2 = 4, \\ x^2 + y^2 - z^2 = 0 \end{cases}$ 在 xOy 平面上的投影和投影柱面.

2. 求曲线

$$\begin{cases} x^2 + y^2 + z^2 = 1, \\ (x-1)^2 + (y-1)^2 + (z-1)^2 = 1 \end{cases}$$

在 yOz 平面上的投影和投影柱面.

3. 求曲线

$$\begin{cases} x^2 + y^2 + z^2 = 1, \\ x^2 + (y+1)^2 + (z+1)^2 = 1 \end{cases}$$

在 zOx 平面上的投影和投影柱面.

4. 将曲线

$$\begin{cases} x^2 + y^2 + z^2 = 1, \\ y = z \end{cases}$$

化为参数方程，并求此曲线在 $P\left(\dfrac{\sqrt{2}}{2}, \dfrac{1}{2}, \dfrac{1}{2}\right)$ 处的切线方程与法平面方程.

5. 求曲线 $\begin{cases} y = x, \\ z = x^2 \end{cases}$ 在点 $(1,1,1)$ 处的切线方程和法平面方程.

6. 求曲线 $x = t, y = t^2, z = t^3$ 的切线，使之平行于平面 $x + 2y + z = 4$.

7. 证明：螺旋线 $x = a\cos t, y = a\sin t, z = bt$ 的切线与 z 轴的夹角为定角.

B 组

8. 已知空间曲线

$$\Gamma: \begin{cases} 6x^2 - y^2 - 3z^2 = 0, \\ \lambda x + y - z = 0 \end{cases}$$

试求 λ 分别为何值时，Γ 为一点、一条直线、两条相异直线.

复习题 4

1. 在平面 $x + 2y - z = 3$ 内求作一直线，使其经过直线 $\begin{cases} x - 2y + 2z = 4, \\ 2x - y + z = 2 \end{cases}$ 与已知平面的交点，且与已知直线垂直.

2. 求一平面，使其在三个坐标轴上的截距比为 $1:2:3$，且原点到该平面的距离为 6.

3. 求两平面 $x - 2y + 2z = 1$ 与 $2x + y - 2z = 3$ 的角平分面的方程.

4. 求经过两平面 $x + 5y + z = 0$ 与 $x - z + 4 = 0$ 的交线，且与平面 $x - 4y - 8z = 1$ 的夹角为 $\dfrac{\pi}{4}$ 的平面方程.

5. 求以 $(1, 2, 3)$ 为顶点，对称轴与平面 $2x + 2y - z = 0$ 垂直，半顶角为 $\dfrac{\pi}{6}$ 的圆锥面方程.

6. 求半径为 2，对称轴为 $\dfrac{x}{2} = \dfrac{y - 1}{1} = \dfrac{z + 1}{-2}$ 的圆柱面方程.

7. 一平面经过曲线 $\Gamma: \begin{cases} 3x^2 - 4y^2 - 12z^2 = 0, \\ x + y - z = 0. \end{cases}$ 且与球面

$$(x + 1)^2 + (y - 3)^2 + (z + 1)^2 = 1$$

相切，求此平面的方程.

习 题 答 案 与 提 示

习题 1.1

1. (1) 错;(2) 对;(3) 错;(4) 对;(5) 错;(6) 对;(7) 对;(8) 错.

2. $\varnothing,\{0\},\{1\},\{2\},\{0,1\},\{0,2\},\{1,2\},\{0,1,2\}$.

3. $\left(-\infty,\dfrac{1}{2}\right]$.　　**4.** $(-\infty,2]$.　　**6.** -20.

9. (1) $\rho = 2\sin\theta$;(2) $\rho^2 = \sec 2\theta$;(3) $\rho = 2\csc\theta \cdot \cot\theta$.

10. (1) 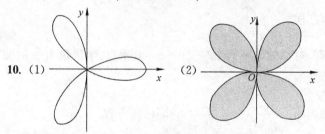 (2)

11. (1) $(-\infty,-1) \bigcup (-1,+\infty)$;(2) $[-1,2]$;(3) $[0,1) \bigcup (1,+\infty)$;

(4) $\left(2k\pi+\dfrac{\pi}{3},2k\pi+\dfrac{5}{3}\pi\right)$, $k \in \mathbf{Z}$.

12. (1) x^2-4;(2) $\dfrac{1}{x}(1+\sqrt{1+x^2})$;(3) $\dfrac{2x-1}{x+1}$.

13. $(x+\sqrt{x})^2,x \geqslant 0$; $\mid x \mid + x^2,x \in \mathbf{R}$.

14. (1) $y = \ln u,u = \sin x$;(2) $y = \cos u,u = \sqrt{v},v = 1+x^2$;

(3) $y = \tan u,u = 1+v,v = \ln w,w = 1+x^2$.

15. (1) 奇;(2) 奇;(3) 偶;(4) 奇;(5) 偶;(6) 偶.

17. (1) $y = \log_2 \dfrac{x}{1-x}(0 < x < 1)$;(2) $y = -\sqrt{1-x^2}(0 \leqslant x \leqslant 1)$;

(3) $y = \begin{cases} \sqrt[3]{x} & (-\infty < x < 1), \\ 1+\log_2 x & (1 \leqslant x < +\infty). \end{cases}$

18. (1) 错,反例:$y = x$;(2) 对;(3) 错,反例:$f(x) = \begin{cases} 0 & (x=0), \\ \dfrac{1}{x} & (x \neq 0) \end{cases}$ 在 $x = 0$ 处;

(4) 错,反例:$f(x) = \sqrt{x^2} = \begin{cases} x & (x \geqslant 0), \\ -x & (x < 0). \end{cases}$

19. $6r - \left(2 + \dfrac{\pi}{2}\right)r^2$.

20. $f(x) = \begin{cases} x^2 - 3x + 2 & (0 \leqslant x \leqslant 2); \\ 0 & (x < 0 \text{ 或 } x > 2). \end{cases}$

21. $y = \begin{cases} \tan \dfrac{\pi x}{4} & (1 < |x| < 2); \\ \dfrac{2}{\pi} \arcsin x & (|x| \leqslant 1). \end{cases}$

22. $f(g(x)) = g(f(x)) = f(x)$.

习题 1.2

1. (1) 正确;(2) 错误;(3) 正确.

4. $f(0^-) = 1, f(0^+) = a, a = 1$.

5. (1) 1;(2) $\dfrac{1}{2}$;(3) 2;(4) $\dfrac{1}{2}$;(5) 0;(6) $\dfrac{1}{2}$.

6. (1) $-\dfrac{1}{3}$;(2) 1;(3) a;(4) $-\dfrac{1}{2}$;(5) $\dfrac{1}{2}$;(6) -6.

7. (1) 错误,例如 $x_n = 1 - \dfrac{1}{n} \to 1(n \to \infty)$;(2) 错误,例如 $x_n = 1 + \dfrac{1}{n} \to 1(n \to \infty)$;

(3) 正确,因极限存在即有有限极限;(4) 错误,极限为 ∞ 意指极限不存在.

8. (1) $A = -1, B = 1$;(2) $A = -1, B = -\dfrac{1}{2}$.

习题 1.3

1. 9.　　**2.** 1.　　**3.** 2.　　**4.** $\sqrt{a}$.

5. (1) $\dfrac{a}{b}$;(2) 1;(3) 2;(4) 1;(5) $\dfrac{1}{2}$;(6) 1;(7) $\dfrac{1}{e^2}$;(8) e^2;(9) e^4;(10) $\dfrac{2}{3}$.

6. 1.　　**7.** 1.　　**8.** $\dfrac{\sqrt{5} - 1}{2}$.

9. (提示) 利用 $[x] \leqslant x < [x] + 1$.

习题 1.4

1. (1) $\dfrac{1}{2}$;(2) -2;(3) $\dfrac{1}{3}$;(4) $\dfrac{1}{2}$;(5) -1;(6) $\dfrac{1}{2}\pi^2$;(7) $\dfrac{1}{24}$;(8) 0;(9) e;(10) e^2.

2. (1) 2 阶;(2) 1 阶;(3) $\dfrac{1}{8}$ 阶;(4) 1 阶;(5) 4 阶;(6) 2 阶.

3. (1) 4 阶;(2) 1 阶;(3) $\dfrac{1}{2}$ 阶;(4) $\dfrac{1}{2}$ 阶.

4. (1) e;(2) 1;(3) $\dfrac{1}{2}$;(4) 1;(5) 1;(6) 0.

5. (1) $\dfrac{1}{3}$ 阶;(2) 1 阶.

6. (1) $\dfrac{1}{6}$;(2) $e^{\frac{3}{2}}$.

习题 1.5

1. $a = 2, b = 1, c \in \mathbf{R}$.

2. (1) $a = 3$；(2) $a = -1$.

3. (1) $x = 0$(可去型)，$x = k\pi(k \neq 0)$(无穷型)；(2) $x = 0$(跳跃型)；(3) $x = 0$(可去型)；
(4) $x = 0$(跳跃型)；(5) $x = 0$(可去型)；(6) $x = 1$(可去型)，$x = -2$(无穷型).

4. (1) $f(x) = \begin{cases} 1 & (|x| \leqslant 1), \\ x^2 & (|x| > 1), \end{cases}$ 无间断点；(2) $f(x) = \begin{cases} x & (|x| < 1), \\ 0 & (|x| = 1), x = \pm 1(皆为跳跃型)； \\ -x & (|x| > 1), \end{cases}$

(3) $f(x) = \begin{cases} x & (|x| < 1), \\ 0 & (|x| > 1), \\ \dfrac{x}{2} & (|x| = 1), \end{cases}$ $x = \pm 1$(皆为跳跃型).

5. $k > \dfrac{1}{e}$.

6. (提示) 构造辅助函数，应用零点定理.

7. (提示) 同第 6 题.

8. $a = e - 1, b = 1$.

9. $x = 0$，跳跃型；$x = 1$，无穷型.

复习题 1

1. $f(g(x)) = \begin{cases} 1 & (|x| < 2), \\ -1 & (|x| \geqslant 2), \end{cases}$ $g(f(x)) = \begin{cases} 1 & (-3 < x < 0 \text{ 或 } 0 < x \leqslant 1), \\ -2 & (x \leqslant -3 \text{ 或 } x = 0 \text{ 或 } x > 1). \end{cases}$

2. (提示) 设 $\lim\limits_{n \to \infty} \alpha(n) = 0$，应用极限的 ε-N 定义证 $\lim\limits_{n \to \infty} (\alpha(n))^n = 0$.

3. (提示) 单调性应用 AG 不等式 $1 \cdot \left(\dfrac{n}{n+1}\right)^{n+1} \leqslant \left(\dfrac{1+n}{n+2}\right)^{n+2}$ 可证，显然有下界.

4. (1) $x^2 + x + \dfrac{1}{3}$；(2) $\tan^4 a - 1$；(3) $\dfrac{n(n+1)}{2}$；(4) $\dfrac{\alpha}{m} - \dfrac{\beta}{n}$；(5) 4；(6) a^2；(7) $\dfrac{\pi}{8}$.

5. (3)，(4) 成立，其余皆不成立. 反例：(1) $f(u) = \begin{cases} 1 & (x = 0), \\ 0 & (x \neq 0), \end{cases}$ $\varphi(x) = 0(\forall x \in \mathbf{R}), x \to 0$；

(2) $f(x) = \begin{cases} 0 & (x \leqslant 0), \\ 1 & (x > 0), \end{cases}$ $g(x) = \begin{cases} 1 & (x \leqslant 0), \\ 0 & (x > 0) \end{cases}$ 在 $x = 0$ 处；(5) $f(x) = \begin{cases} x & (x \leqslant 0), \\ \dfrac{1}{x} & (x > 0). \end{cases}$

6. $a = -\sqrt{3}, b = 2\sqrt{3}$.

7. (提示) $\forall a \in (0, +\infty), \lim\limits_{x \to a} f(x) = \lim\limits_{x \to a} f\left(\dfrac{x}{a}\right) + \lim\limits_{x \to a} f(a)$.

8. (提示) $g(x) = \dfrac{1}{2}(|f(x) + 1| - |f(x) - 1|)$.

9. (1) $f(x) = \begin{cases} 1 & (|x| < 1), \\ \dfrac{1}{2} & (x = 1), \\ 0 & (|x| > 1), \end{cases}$ $x = \pm 1$ 为跳跃型间断点；

(2) $f(x) = \begin{cases} \dfrac{1}{x} & (x < 0), \\ -1 & (x = 0), \\ -x & (x > 0), \end{cases}$ $x = 0$ 为第 Ⅱ 类无穷间断点.

习题 2.1

1. (1) 连续,不可导;(2) 连续,可导;(3) 连续,可导.

2. $3a^2 g(a)$.

3. (1) $-af'(a)$;(2) $(\alpha - \beta) f'(a)$.

4. $y = -2x$.

5. (1) $\dfrac{1}{2\sqrt{x}}$;(2) $-\dfrac{1}{2x\sqrt{x}}$;(3) $-\dfrac{1}{x^2}$;(4) $\dfrac{1}{x\ln 2}$;(5) $2^x e^x (1 + \ln 2)$.

6. $y = 6x - 9$.

7. $x = 2, y = 12(x - 1), y = 4(3x - 4)$.

8. (1) $2\cos(2x)$;(2) $2a^{2x}\ln a$.

9. (提示) 常量为 $2a^2$.

习题 2.2

1. (1) $1 + \dfrac{1}{2\sqrt{x}} - \dfrac{1}{3} x^{-\frac{2}{3}}$;(2) $-\dfrac{1}{x^2} + \dfrac{1}{3} \dfrac{1}{\sqrt[3]{x^4}}$;(3) $6x^2 - \dfrac{7}{2} x^{\frac{5}{2}}$;

(4) $-\sin x \cdot \arcsin x + \dfrac{\cos x}{\sqrt{1-x^2}}$;(5) $a^x (x^a \ln a + ax^{a-1})$;(6) $\dfrac{1 - 2x^2}{\sqrt{1-x^2}}$;(7) $\dfrac{2e^x(x-1)}{(x - e^x)^2}$;

(8) $\dfrac{\sin x - \cos x - 1}{(1 + \cos x)^2}$;(9) $\dfrac{\sin 2x \cdot \sin x^2 - 2x \sin^2 x \cdot \cos x^2}{\sin^2 x^2}$;(10) $\dfrac{3\tan^2 x \cdot \sec^2 x}{1 + \tan^6 x}$;

(11) $\dfrac{1}{2\sqrt{x}\sqrt{x+1}}$;(12) $\dfrac{\sqrt{1-x^2} + x \arcsin x}{(1-x^2)\sqrt{1-x^2}}$.

2. $f'(0) = \dfrac{\pi}{2}, x \neq 0$ 时,$f' = \arctan \dfrac{1}{x^2} - \dfrac{2x^2}{1+x^4}$,$f'$ 在 $x = 0$ 连续.

3. $a \in \mathbf{R}, b = 1, c = 1; f'(0) = 1, x > 0$ 时 $f'(x) = 2ax + 1, x < 0$ 时 $f'(x) = e^x$.

4. $y = 6(x - 1), y = 2(1 - x)$.

5. $y = 2x - e$.

6. (1) $2f'(2x)$;(2) $\cos x \cdot f'(\sin x)$;(3) $f'(x)\cos f(x)$;(4) $e^{f(x)}(e^x f'(e^x) + f(e^x)f'(x))$.

7. (1) -2;(2) $\dfrac{\pi}{4} - 1$.

8. (1) $-\tan \dfrac{t}{2}$;(2) $-\tan t$.

9. (1) $(2-x)^x \left(\ln |2 - x| + \dfrac{x}{x-2} \right)$;(2) $x^{\tan x} \left(\sec^2 x \cdot \ln x + \dfrac{\tan x}{x} \right)$;(3) $(\ln x)^x \left(\ln |\ln x| + \dfrac{1}{\ln x} \right)$;

(4) $\dfrac{2}{3} \sqrt[3]{\dfrac{1-x}{1+x}} \cdot \dfrac{1}{x^2 - 1}$.

10. $x + 2y - 3 = 0, 2x - y - 1 = 0$.

13. (1) $-\dfrac{1}{x^2}\sin\dfrac{2}{x}\cdot e^{\sin^2\frac{1}{x}}$; (2) $\dfrac{\tan x\cdot\sec^2 x}{(2+\tan^2 x)\sqrt{1+\tan^2 x}}$; (3) $\dfrac{8-\pi}{8+\pi}$;

(4) $\dfrac{1}{2}\sqrt{xe^x\sqrt{1+\ln x}}\left(1+\dfrac{1}{x}+\dfrac{1}{2x(1+\ln x)}\right)$.

14. Γ_3 为位移函数曲线, Γ_2 为速度函数曲线, Γ_1 为加速度函数曲线.

习题 2.3

1. (1) $\dfrac{1}{(1+x^2)^{3/2}}$; (2) $2\ln x+3$; (3) $\dfrac{y}{(\cos(x+y)-1)^3}$; (4) $\dfrac{(1+t)(1-2t-t^2)}{(1+t^2)^2}$;

(5) $-\dfrac{1}{4a}\csc^4\dfrac{t}{2}$; (6) $x^x\left((1+\ln x)^2+\dfrac{1}{x}\right)$.

2. (1) $e^x(x^2+2nx+n(n-1))$; (2) $(-1)^n\dfrac{2\cdot n!}{(1+x)^{n+1}}$; (3) $\dfrac{(-1)^n n!}{5}\left(\dfrac{1}{(x+3)^{n+1}}-\dfrac{1}{(x-2)^{n+1}}\right)$;

(4) $(-1)^{n-1}(n-1)!\left(\dfrac{1}{(x-1)^n}-\dfrac{1}{(x+1)^n}\right)$.

3. (1) $2\,450$; (2) $3^{49}(50\cos 3x-3x\sin 3x)$; (3) 2.

4. (1) $2^{n-1}\sin\left(2x+(n-1)\dfrac{\pi}{2}\right)$; (2) $(\sqrt{2})^n e^x\sin\left(x+n\cdot\dfrac{\pi}{4}\right)$.

5. 1.

习题 2.4

1. (1) $-\dfrac{x}{\sqrt{1-x^2}}dx$; (2) $\dfrac{1+x^2}{(1-x^2)^2}dx$; (3) $e^{-x}\left(\dfrac{2x}{1+x^2}-\ln(1+x^2)\right)dx$; (4) $e^x(\sin x+\cos x)dx$;

(5) $\dfrac{1}{\sqrt{x^2-a^2}}dx$; (6) $\left(\arctan x+\dfrac{x}{1+x^2}\right)dx$; (7) $\dfrac{1-2\ln x}{x^3}dx$; (8) $\dfrac{a^2}{(x^2+a^2)^{3/2}}dx$.

2. (1) $-\dfrac{1}{2}\cos 2x$; (2) $2\ln|x|$; (3) $2\sqrt{x}$; (4) $\dfrac{1}{2}e^{2x}$; (5) $-\dfrac{1}{x}$; (6) $\dfrac{1}{3}\tan 3x$.

3. 1.

4. (1) $2x^2+\dfrac{3}{2}x-1$; (2) $\dfrac{\cos x}{3x^2}$.

5. $0.06\pi\ m^3$.

6. $e^{f(x)}\left[\dfrac{1}{x}f'(\ln x)+f(\ln x)f'(x)\right]dx$.

7. $\dfrac{2x+y}{x-2y}dx$.

习题 2.5

1. C.

2. 恰有 3 个实根, 分别位于区间 $(-3,-1),(-1,0),(0,2)$ 上.

3. (提示) 令 $F(x)=f(x)-\arctan x$, 应用罗尔定理.

4. (提示) 令 $F(x)=e^{-x}f(x)$, 应用罗尔定理.

5. (提示) 令 $F(x)=x^2 f(x)$, 应用罗尔定理.

6. **(提示)** 首先应用零点定理证明 $y = f(x)$ 与 $y = x$ 至少有一个交点 $x = c$,然后分别在 $(0,c)$ 与 $(c,1)$ 上应用拉格朗日中值定理.

7. **(提示)** 分别在 (a,c) 与 (c,b) 上应用拉格朗日中值定理,再对 $f'(x)$ 应用拉格朗日中值定理.

8. **(提示)** 对 $f(x)$ 与 $g(x) = x^2$ 应用柯西中值定理.

11. (1) $x + \dfrac{5}{6}x^3 + \dfrac{41}{120}x^5$;(2) $x - \dfrac{1}{2}x^2 - \dfrac{1}{6}x^3$;(3) $x + x^2 + \dfrac{5}{6}x^3 + \dfrac{5}{6}x^4$.

12. $a = 1, b = -1$,四阶.

13. (1) **(提示)** 用反证法,并两次应用罗尔定理;

(2) **(提示)** 令 $F(x) = f(x)g'(x) - g(x)f'(x)$,应用罗尔定理.

14. **(提示)** 在 $[0,a]$ 上应用拉格朗日中值定理.

15. **(提示)** 对 $F(x) = \dfrac{f(x)}{x}, G(x) = \dfrac{1}{x}$ 应用柯西中值定理.

16. **(提示)** 应用一阶泰勒公式和二阶导数的连续性有 $f(a+h) = f(a) + f'(a)h + \dfrac{1}{2}f''(\xi)h^2 = f(a)$

$+ f'(a)h + \dfrac{1}{2}f''(a)h^2 + o(h^2)$,再应用二阶导数的定义 $f''(a) = \lim\limits_{h \to 0} \dfrac{f'(a+\theta h) - f'(a)}{\theta \cdot h}$.

习题 2.6

1. (1) $\dfrac{1}{2}$,不能用;(2) 1,不能用.

2. $a = \ln 3 - 1, b = -2$.

3. (1) $\dfrac{1}{3}$;(2) $\ln \dfrac{a}{b}$;(3) $\dfrac{m}{n}a^{m-n}$;(4) $-\dfrac{1}{6}$;(5) 1;(6) $-\dfrac{1}{10}$;(7) 1;(8) 1;(9) 0;(10) $-\dfrac{1}{2}$e.

4. (1) $\dfrac{1}{3}$;(2) $\dfrac{1}{2}$;(3) $\dfrac{1}{2}$;(4) 0;(5) 1;(6) $e^{-\frac{1}{2}}$;(7) 1;(8) $\dfrac{1}{e}$;(9) 1;(10) $e^{\frac{1}{2}}$;(11) $\sqrt{ab}$;

(12) $e^{-\frac{2}{\pi}}$.

5. (1) $0,0,f' \in \mathscr{C}$;(2) $f'(0)$ 不存在.

6. (1) $-\dfrac{1}{12}$;(2) $-\dfrac{7}{24}$.

7. $f''(a)$.

8. f 在 $x = 0$ 处连续

习题 2.7

1. (1) 在 $(-\infty, -1)$ 上减,在 $(-1,1)$ 上增,在 $(1, +\infty)$ 上减,极小值 $f(-1) = -1$,极大值 $f(1) = 1$;

(2) 在 $(-\infty, 0)$ 上减,在 $(0,1)$ 上减,在 $(1, +\infty)$ 上增,极小值 $f(1) = $ e,无极大值;

(3) 在 $(-\infty, -2)$ 上减,在 $(-2, -1)$ 上增,在 $(-1,0)$ 上减,在 $(0, +\infty)$ 上增,极小值 $f(-2)$
$= -\dfrac{3}{2}$,极大值 $f(-1) = -\dfrac{1}{2}$,极小值 $f(0) = -\dfrac{3}{2}$;

(4) 在 $\left(0, \dfrac{1}{2}\right)$ 上增,在 $\left(\dfrac{1}{2}, 2\right)$ 上减,在 $(2, +\infty)$ 上增,极大值 $f\left(\dfrac{1}{2}\right) = \dfrac{-9}{8} - \ln 2$,极小值
$f(2) = -3 + \ln 2$.

2. (1) $f(-1) = 3$ 为最大值，$f(1) = 1$ 为最小值；

    (2) $f(-1) = -e^2$ 为最小值，$f\left(\dfrac{1}{2}\right) = \dfrac{1}{2e}$ 为最大值；

    (3) $f\left(\dfrac{1}{2}\right) = \dfrac{4}{3}$ 为最大值，$f(-1) = \dfrac{1}{3}$ 为最小值；

    (4) $f(-8) = -5$ 为最小值，$f\left(\dfrac{3}{4}\right) = \dfrac{5}{4}$ 为最大值．

3. **(提示)** $f(x) = (1+x)^{\frac{1}{x}}$ 单调减少，$f(0^+) = e$，$f(+\infty) = 1$.

5. $f'(0) < f(1) - f(0) < f'(1)$.

6. 2.

7. $h = \dfrac{4}{3}R, r = \dfrac{2}{3}\sqrt{2}R, V = \dfrac{32}{81}\pi R^3$.

8. $h = 4R, r = \sqrt{2}R, V = \dfrac{8}{3}\pi R^3$.

9. $r = 2\ \text{m}, h = 2\ \text{m}$.

10. 22.5 km.

11. (1) 在 $(-\infty, -1)$ 上为凹，在 $(-1,3)$ 上为凸，在 $(3, +\infty)$ 上为凹，拐点为 $(-1, -16), (3, -184)$；

    (2) 在 $(-\infty, -1)$ 上为凹，在 $(-1,0)$ 上为凸，在 $(0,1)$ 上为凹，在 $(1, +\infty)$ 上为凸，拐点为

    $(0,0), \left(-1, -\dfrac{11}{15}\right), \left(1, \dfrac{11}{15}\right)$；

    (3) 在 $(-\infty, -3)$ 上为凹，在 $(-3,0)$ 上为凸，在 $(0, +\infty)$ 上为凹，拐点为 $(-3, 12e^{-3}), (0,0)$；

    (4) 在 $(-1,0)$ 上为凸，在 $(0, +\infty)$ 上为凹，拐点为 $\left(0, \dfrac{1}{6}\right)$；

    (5) 在 $(0,1)$ 上为凸，在 $(1, +\infty)$ 上为凹，拐点为 $(1, -7)$；

    (6) 在 $(-\infty, -1)$ 上为凸，在 $\left(-1, \dfrac{7}{2}\right)$ 上为凸，在 $\left(\dfrac{7}{2}, +\infty\right)$ 上为凹，拐点为 $\left(\dfrac{7}{2}, \dfrac{8}{27}\right)$.

12. $a = -6, b = 0$.

13. (1) **(提示)** $y = e^{2x}$ 是凹的；(2) **(提示)** $y = x\ln x$ 是凹的．

14. (1) $y = \pm \dfrac{b}{a} x$（斜）；(2) $x = 0$（铅直），$y = 2$（水平）；(3) $x = -1$（铅直），$y = x-2$（斜）；

    (4) $x = 0$（铅直），$y = x+1$（斜），$y = -x-1$（斜）；(5) $y = 2x + \dfrac{\pi}{2}$（斜），$y = 2x - \dfrac{\pi}{2}$（斜）；

    (6) $x = 1, x = -1$（铅直），$y = x$（斜），$y = -x$（斜）．

15. (1) $y' = \dfrac{1-x^2}{(1+x^2)^2}, y'' = \dfrac{2x(x^2-3)}{(1+x^2)^3}$，极大值为 $y(1) = \dfrac{1}{2}$，极小值为 $y(-1) = -\dfrac{1}{2}$，拐点

    为 $(0,0), \left(\sqrt{3}, \dfrac{\sqrt{3}}{4}\right), \left(-\sqrt{3}, -\dfrac{\sqrt{3}}{4}\right)$，渐近线为 $y = 0$；

    (2) $y' = 8x - \dfrac{1}{x^2}, y'' = 8 + \dfrac{2}{x^3}$，极小值为 $y\left(\dfrac{1}{2}\right) = 3$，拐点为 $\left(-\dfrac{\sqrt[3]{2}}{2}, 0\right)$，渐近线为 $x = 0$；

    (3) $y' = \dfrac{x^2-1}{x^2+1}, y'' = \dfrac{4x}{(1+x^2)^2}$，极小值为 $y(1) = 1 - \dfrac{\pi}{2}$，极大值为 $y(-1) = \dfrac{\pi}{2} - 1$，拐

    点为 $(0,0)$，渐近线为 $y = x \pm \pi$；

(4) $y' = \left(1 - \dfrac{1}{x}\right)\mathrm{e}^{\frac{1}{x}}$, $y'' = \dfrac{1}{x^3}\mathrm{e}^{\frac{1}{x}}$, 极小值为 $y(1) = \mathrm{e}$, 渐近线为 $x = 0, y = x + 1$;

(5) $y' = \dfrac{1 - \ln x}{x^2}$, $y'' = \dfrac{2\ln x - 3}{x^3}$, 极大值为 $y(\mathrm{e}) = \dfrac{1}{\mathrm{e}}$, 拐点为 $\left(\mathrm{e}^{\frac{3}{2}}, \dfrac{3}{2}\mathrm{e}^{-\frac{3}{2}}\right)$, 渐近线为 $x = 0$,

$y = 0$;

(6) $y' = \ln\left(\mathrm{e} + \dfrac{1}{x}\right) - \dfrac{1}{1 + \mathrm{e}x}$, $y'' = -\dfrac{1}{x(1 + \mathrm{e}x)^2}$, $x > 0$ 时 $y'' < 0$, y 为凸的, y 单调增加,

$x < -\dfrac{1}{\mathrm{e}}$ 时 $y'' > 0$, y 为凹的, y 单调增加, 无极值, 渐近线为 $x = -\dfrac{1}{\mathrm{e}}$, $y = x + \dfrac{1}{\mathrm{e}}$.

16. (提示) 求 $F'(x)$ 并应用拉格朗日中值定理.

17. (提示) 应用 $f(x)$ 在 $x = x_0$ 的 n 阶泰勒展式.

18. $\dfrac{1}{\mathrm{e}}$ (提示) $x > 1$ 时求函数 $f(x) = \dfrac{\ln\ln x}{\ln x}$ 的最大值.

19. $4\sqrt{2}$ m (提示) 应用 $\cot\theta = \cot(\alpha - \beta) = \dfrac{1 + \cot\alpha\cot\beta}{\cot\beta - \cot\alpha}$, $\cot\alpha = \dfrac{x}{8}$, $\cot\beta = \dfrac{x}{4}$, 求 x 使得 $\cot\theta$ 取

最小值, 即 θ 取最大值.

复习题 2

1. (1) 错误, 反例: $f(x) = \begin{cases} 1 & (x \neq 0), \\ 0 & (x = 0), \end{cases}$ 取 $x_0 = 0, \alpha = 1, \beta = -1$, 求 $\lim\limits_{x \to 0}\dfrac{1}{x}(f(x) - f(-x))$;

(2) 正确; (3) 错误, 因为 $\dfrac{1}{n} \to 0^+ (n \to \infty)$.

2. (1) $ab - f(a)$; (2) $\exp\left(\dfrac{b}{f(a)}\right)$; (3) 12 (提示) 应用一阶导数、二阶导数、三阶导数的定义;

(4) $f'(0)$ (提示) 应用 $f(x_n) - f(0) = f'(0)x_n + \alpha_n x_n (\alpha_n \to 0)$.

3. $a = 4, b = -7, c = 2, d = 0$.

4. (1) 错误, 反例: $f(x) = \dfrac{\sin x^2}{x}$;

(2) 正确 (提示) 设 $\lim\limits_{x \to +\infty} f'(x) = b$, 取常数 k 使得 $k + a > 0$, 令 $F(x) = \mathrm{e}^x(f(x) + k)$, 先证

$F(+\infty) = +\infty$, 再考虑 $\lim\limits_{x \to +\infty}\dfrac{F(x)}{\mathrm{e}^x}$;

(3) 错误, 反例: $f(x) = \ln x$;

(4) 正确 (提示) 令 $F(x) = f(x) + x$, 则 $\lim\limits_{x \to +\infty} F'(x) = 1$, 应用拉格朗日中值定理证明

$\lim\limits_{x \to +\infty} F(x) = +\infty$, 考虑 $\lim\limits_{x \to +\infty}\dfrac{F(x)}{x}$.

5. (1) 正确 (提示) 若 x_0 是 $f'(x)$ 的第 I 类间断点, 则 $f'(x_0^-)$ 与 $f'(x_0^+)$ 都存在, 应用导数的

定义可证明 $f'(x)$ 在 $x = x_0$ 连续;

(2) 正确 (提示) 应用单调有界准则, $f'(x)$ 的间断点只能是第 I 类间断点, 但由上面(1)的

结论, $f'(x)$ 不可能有第 I 类间断点.

6. $\dfrac{1}{3}$ (提示) 应用马克劳林展式证(1), 应用洛必达法则和三阶导数的定义求 $\lim\limits_{x \to 0}\theta(x)$.

7. (提示) 对 $F(x) = g(a)f(x) - f(a)g(x)$ 应用拉格朗日中值定理.

8. **(提示)** 不妨设 $h>0$，对 $f(x+h)-f(x)+f(x-h)-f(x)$ 三次应用拉格朗日中值定理.

9. $y=-x-\dfrac{2}{3}$ **(提示)** 先证明 $x\to\infty,y\to a$ 不可能，$y\to\infty,x\to a$ 不可能，所以无水平渐近

线和铅直渐近线. 原式化为 $\dfrac{y}{x}\cdot\left(\dfrac{2}{x}-\left(\dfrac{y}{x}\right)^2\right)=1$，再求斜渐近线.

10. (1) $\dfrac{1}{15}$ m/s **(提示)** 设梯子下端离墙壁 x m，梯子上端高 y m，则 $x^2+y^2=13$，因 $x\dfrac{\mathrm{d}x}{\mathrm{d}t}+y\dfrac{\mathrm{d}y}{\mathrm{d}t}$

$=0$，取 $x=2,y=3,\dfrac{\mathrm{d}x}{\mathrm{d}t}=0.1$ 代入即得；

(2) $\dfrac{\sqrt{26}}{130}$ rad/s **(提示)** $\sin\theta=\dfrac{x}{\sqrt{13}}$，则 $\cos\theta\cdot\dfrac{\mathrm{d}\theta}{\mathrm{d}t}=\dfrac{1}{\sqrt{13}}\dfrac{\mathrm{d}x}{\mathrm{d}t}$，取 $\theta=\dfrac{\pi}{4},\dfrac{\mathrm{d}x}{\mathrm{d}t}=0.1$ 代入

即得.

习题 3.1

1. (1) $x^2+2x^{\frac{3}{2}}-3x^{\frac{4}{3}}+C$；(2) $8\sqrt{x}+\dfrac{8}{3}x^{\frac{3}{2}}+\dfrac{2}{5}x^{\frac{5}{2}}+C$；

(3) $\ln(x+\sqrt{1+x^2})-\arcsin x+2\arctan x+C$；(4) $2\tan x+\cot x-x+C$.

2. $\mathrm{e}^x\cdot\sqrt{1+\mathrm{e}^x}\,\mathrm{d}x$.

3. (1) $-\dfrac{1}{3}(1-x^2)^{\frac{3}{2}}+C$；(2) $\dfrac{1}{2}\sqrt{1+2x^2}+C$；(3) $\ln\left|\dfrac{1+\sqrt{x}}{1-\sqrt{x}}\right|+C$；(4) $2\arctan\sqrt{x}+C$；

(5) $\dfrac{1}{18}(2x-3)^9+C$；(6) $-\dfrac{1}{14(2x+3)^7}+C$；(7) $\arctan\mathrm{e}^x+C$；(8) $\dfrac{1}{2}\ln\left|\dfrac{1-\mathrm{e}^x}{1+\mathrm{e}^x}\right|+C$；

(9) $\dfrac{1}{3}(1+\ln x)^3+C$；(10) $2\cdot\sqrt{1+\ln x}+C$；(11) $2\mathrm{e}^{\sqrt{x}}+C$；(12) $-\dfrac{1}{2}(\mathrm{arccot}x)^2+C$；

(13) $\dfrac{1}{2}x-\dfrac{1}{4}\sin 2x+C$；(14) $\sin x-\dfrac{1}{3}\sin^3 x+C$；(15) $\dfrac{3}{8}x+\dfrac{1}{4}\sin 2x+\dfrac{1}{32}\sin 4x+C$；

(16) $\tan x-\sec x+C$；(17) $\dfrac{3}{7}\sqrt[3]{(1-x)^7}-\dfrac{3}{4}\sqrt[3]{(1-x)^4}+C$；(18) $\dfrac{1}{2}\arcsin(2\sin x)+C$；

(19) $\dfrac{1}{3}(1-x^2)^{\frac{3}{2}}-\sqrt{1-x^2}+C$；(20) $-\arcsin\dfrac{1}{x}+C$.

4. (1) $\sin x-x\cos x+C$；(2) $(x-1)\ln(1+\sqrt{x})-\dfrac{x}{2}+\sqrt{x}+C$；(3) $-\dfrac{1}{x}(1+\ln x)+C$；

(4) $2(\sqrt{x}-1)\mathrm{e}^{\sqrt{x}}+C$；(5) $x\arcsin x+\sqrt{1-x^2}+C$；(6) $\dfrac{1}{3}x^3\arctan x-\dfrac{1}{6}x^2+\dfrac{1}{6}\ln(1+x^2)+C$；

(7) $\dfrac{1}{2}\mathrm{e}^{x^2}(x^2-1)+C$；(8) $2\sin\sqrt{x}-2\sqrt{x}\cos\sqrt{x}+C$；(9) $x\tan x+\ln|\cos x|+C$；

(10) $x\ln(x+\sqrt{1+x^2})-\sqrt{1+x^2}+C$；(11) $\dfrac{x}{2}(\sin(\ln x)-\cos(\ln x))+C$；

(12) $xf'(x)-f(x)+C$.

5. $\dfrac{x-2}{x}\mathrm{e}^x+C$.

6. $\sqrt{2+\mathrm{e}^x}$.

7. (1) $\ln|x|-\dfrac{1}{2}\ln(1+x^2)+C$；(2) $\dfrac{1}{5}\ln\left|\dfrac{4-3x}{1-2x}\right|+C$；

(3) $\dfrac{1}{4}x^4+\dfrac{1}{2}x^2-\dfrac{1}{2}\ln|x+1|+\dfrac{3}{2}\ln|x-1|+C$；(4) $\ln\left|\dfrac{(x+1)^3}{x(x+2)^2}\right|+C$；

(5) $-\dfrac{1}{2(1+x^2)}+C$；(6) $\dfrac{1}{2}\ln\dfrac{1+x+x^2}{1+x^2}+\dfrac{\sqrt{3}}{3}\arctan\dfrac{2x+1}{\sqrt{3}}+C$；

(7) $-\dfrac{1}{2}e^{-2x}+e^{-x}+x-\ln(1+e^x)+C$.

8. (1) $\dfrac{1}{4}\tan^2\dfrac{x}{2}+\dfrac{1}{2}\ln\left|\tan\dfrac{x}{2}\right|+C$；(2) $\dfrac{1}{3}\ln\left|\dfrac{3+\tan\dfrac{x}{2}}{3-\tan\dfrac{x}{2}}\right|+C$；(3) $\dfrac{1}{\sqrt{2}}\arctan(\sqrt{2}\tan x)+C$；

(4) $\tan x-\dfrac{3}{2}x+\dfrac{1}{4}\sin 2x+C$.

9. (1) $2\sqrt{x}-4\sqrt[4]{x}+4\ln(\sqrt[4]{x}+1)+C$；(2) $2\arctan\sqrt{x-1}+C$；

(3) $-\sqrt{x-x^2}+\dfrac{1}{2}\arcsin(2x-1)+C$.

10. (1) $-\dfrac{1}{x}\arcsin x-\ln(1+\sqrt{1-x^2})+\ln|x|+C$；(2) $-\dfrac{1}{2}\ln^2\dfrac{1+x}{x}+C$；

(3) $e^{2x}\tan x+C$；(4) $\dfrac{x}{x-\ln x}+C$；(5) $-\ln(\cos^2 x+\sqrt{1+\cos^4 x})+C$；

(6) $\sqrt{x}-\dfrac{1}{2}\ln(\sqrt{x}+\sqrt{1+x})+\dfrac{x}{2}-\dfrac{1}{2}\sqrt{x(1+x)}+C$；

(7) $2x\sqrt{e^x-1}-4\sqrt{e^x-1}+4\arctan\sqrt{e^x-1}+C$.

11. $f(x)=\begin{cases} x & (-\infty<x\leqslant 0);\\ e^x-1 & (0<x). \end{cases}$

习题 3.2

1. $S_2<S_1<S_3$.　**2.** $S_2<S_1$.

3. (1) 可积；(2) 不可积；(3) 可积.

4. (1) $>$；(2) $>$；(3) $<$.

5. (1) $\dfrac{2}{\sqrt[4]{e}}<I<2e^2$；(2) $0<I<\dfrac{1}{4}$.

6. (提示) 应用积分中值定理和罗尔定理.

7. (提示) 仿积分中值定理的证明.

8. (1) $\lim\limits_{n\to\infty}\sum\limits_{i=1}^{n}\dfrac{n}{n^2+i^2}$；(2) $\lim\limits_{n\to\infty}\sum\limits_{i=1}^{n}\dfrac{1}{n}\ln\left(1+\dfrac{i}{n}\right)$；(3) $\lim\limits_{n\to\infty}\sum\limits_{i=1}^{n}\dfrac{\pi}{n}\sin^2\left(\dfrac{i}{n}\pi\right)$；(4) $\lim\limits_{n\to\infty}\sum\limits_{i=1}^{n}\dfrac{1}{\sqrt{2n^2-i^2}}$.

9. (1) $\dfrac{1}{3}$；(2) $-\dfrac{1}{3}$；(3) $\dfrac{\pi}{2}$；(4) $\dfrac{1}{2}$.

10. (1) $\dfrac{20}{3}$；(2) $\dfrac{17}{6}$；(3) $1-\dfrac{\pi}{4}$；(4) $\dfrac{3}{16}\pi$；(5) $\dfrac{4}{3}$；(6) $\dfrac{17}{3}$；(7) $\dfrac{1}{22}$；(8) $2\arctan 2-\dfrac{\pi}{2}$；(9) $2\ln\dfrac{4}{3}$；

(10) $\dfrac{1}{16}\pi a^4$；(11) $2-\dfrac{\pi}{2}$；(12) $\dfrac{5}{3}$；(13) $\dfrac{1}{4}(1-\ln 2)$；(14) -2π；(15) $\dfrac{2}{3}\pi-\dfrac{1}{2}\sqrt{3}$；

(16) $\dfrac{5}{27}e^3 - \dfrac{2}{27}$；(17) $\dfrac{1}{2}(e\sin1 - e\cos1) + \dfrac{1}{2}$；(18) $2\left(1 - \dfrac{1}{e}\right)$.

11. (1) $2x\sin|x|$；(2) $\dfrac{1}{2\sqrt{x}}\sin x - \sin x^2$；(3) $2f(2x) - f(a+x)$；(4) $(2x - \cos x^2)e^{-y^2}$.

12. 极大值为 $y(\pi) = \dfrac{1}{2}(1 + e^\pi)$；$y_{min} = y(2\pi) = \dfrac{1}{2}(1 - e^{2\pi})$，$y_{max} = y(\pi) = \dfrac{1}{2}(1 + e^\pi)$.

14. (提示) 用换元积分法.

15. (提示) 应用泰勒公式.

16. (提示) 应用零点定理.

17. $f(x)$ 在 $[-1,1]$ 上不可积. 说明原函数存在的函数不一定可积.

18. $a < b \leqslant 0$ 时 $\dfrac{1}{3}(a^3 - b^3)$；$a \leqslant 0 < b$ 时 $\dfrac{1}{3}(a^3 + b^3)$；$0 < a < b$ 时 $\dfrac{1}{3}(b^3 - a^3)$.

19. (提示) 令 $F(t) = \displaystyle\int_a^t f(x)\mathrm{d}x$，则 $f(t) = F'(t)$，应用分部积分法.

20. $n = 2k$ 时 $I_{2k} = \dfrac{(2k-1)!!}{(2k)!!} \cdot \dfrac{\pi}{2}$，$n = 2k+1$ 时 $I_{2k+1} = \dfrac{(2k)!!}{(2k+1)!!}\pi (k \in \mathbf{N})$.

21. (提示) 令 $F(x) = \displaystyle\int_a^x f(t)\mathrm{d}t$，应用积分中值定理推知 $\exists c \in (a,b)$，使 $F(c) = 0$；在 $[a,c]$ 与 $[c,b]$ 上对 $F(x)$ 分别应用罗尔定理.

习题 3.3

1. (1) $\dfrac{16}{3}$；(2) $e + \dfrac{1}{e} - 2$；(3) $2\ln2 - 1$；(4) $\dfrac{1}{2}$；(5) 16；(6) $\ln2 - \dfrac{1}{2}$.

2. $\dfrac{9}{4}$.

3. (1) $\dfrac{\pi}{4}a^2$；(2) $\dfrac{3}{4}\pi$；(3) $\dfrac{3}{2}\pi a^2$.

4. (1) $1 + \dfrac{\sqrt{2}}{2}\ln(1+\sqrt{2})$；(2) $\ln3 - \dfrac{1}{2}$；(3) $2\left(e^{\frac{1}{2}} - e^{-\frac{1}{2}}\right)$；(4) 4；(5) $\dfrac{\sqrt{5}}{2}(e^{4\pi} - 1)$；(6) 3π；(7) 6.

5. (1) $\dfrac{\sqrt{3}}{9}, 3\sqrt{3}$；(2) $\dfrac{4}{25}\sqrt{5}, \dfrac{5}{4}\sqrt{5}$.

6. $K_{max} = 1$.

7. (1) $4\sqrt{3}$；(2) $\dfrac{32}{15}\sqrt{3}$.

8. (1) $\dfrac{\pi}{15}$；(2) $\dfrac{2}{3}\pi$；(3) $4\pi^2$；(4) $\dfrac{\pi}{2}$.

10. $y = 2x - 1, \dfrac{\pi}{30}$.

11. $\dfrac{1}{2}e - 1, \dfrac{2}{3}\pi(3 - e)$.

12. (1) < 0；(2) $= 0$；(3) > 0；(4) > 0.

13. $V_x = \dfrac{1}{2}\pi^2, V_y = \pi(\pi - 2)$.

14. $\dfrac{4}{3}\sqrt{3}\,ab^2$.   **15.** $\dfrac{1}{2}\pi^2-\dfrac{2}{3}\pi$.   **16.** $\dfrac{2}{3}\pi R^3(1-\cos\alpha)$.

17. $\dfrac{2}{3}\pi\big[(2a+p)\sqrt{2ap+p^2}-p^2\big]$.

习题 3.4

1. (1) $\left(\dfrac{4}{3}a,\dfrac{4}{3}a\right)$;(2) $\left(0,\dfrac{a}{4\mathrm{sh}1}(2+\mathrm{sh}2)\right)$;(3) $\left(a\dfrac{\sin\alpha}{\alpha},0\right)$.

2. $F_x=\dfrac{kmM}{a\sqrt{a^2+l^2}}(\mathrm{N}),F_y=\dfrac{KmM}{l}\left(\dfrac{1}{a}-\dfrac{1}{\sqrt{a^2+l^2}}\right)(\mathrm{N})$.

3. $\dfrac{2kamM}{r}\left(\dfrac{1}{a}-\dfrac{1}{\sqrt{a^2+r^2}}\right)(\mathrm{N})$.

4. $1.4112\times10^6(\mathrm{N})$.

5. $9.8\times10^3\pi ab^2(\mathrm{N}),9.8\times10^3\left(\dfrac{\pi}{2}+\dfrac{2}{3}\right)ab^2(\mathrm{N})$.

6. $1.225\times10^4\pi(\mathrm{J})$.

7. $\dfrac{Rh}{R+h}mg(\mathrm{J}),mgR(\mathrm{J})$.

8. $0.08(\mathrm{J})$.

9. $4k(b^2-a^2)(\mathrm{J}),k$ 为比例常数.

10. $F_x=\dfrac{3}{5}k(\mathrm{N}),F_y=\dfrac{3}{5}k(\mathrm{N}),k$ 为引力常量.

11. $4.41\times10^4\rho(\mathrm{J})$.

习题 3.5

1. (1) $\dfrac{\pi}{2}$;(2) $1-\dfrac{\pi}{4}$;(3) $1-\cos1$;(4) $\dfrac{1}{2\mathrm{e}}$;(5) $\dfrac{1}{2}$;(6) $\dfrac{1}{2}$;(7) $\dfrac{1}{a^2}$;(8) $\dfrac{2}{9}\sqrt{3}\pi$.

2. (1) π;(2) π;(3) 4;(4) $\dfrac{8}{3}$;(5) $\dfrac{1}{4}\sqrt{3}$;(6) $\dfrac{\pi}{2}$.

3. (1) π;(2) 发散;(3) $\dfrac{1}{\sqrt{5}}\pi$.

4. π.

5. (1) $A=\dfrac{2}{\pi}$;(2) $\dfrac{2}{\pi}\arctan\mathrm{e}$.

6. $\ln2$.

复习题 3

1. $-\dfrac{1}{3}(\sin^3(1-x^3)+\cos(1-x^3))+C$ **(提示)** 令 $1-x^3=u$,原式 $=-\dfrac{1}{3}\displaystyle\int f(u)\mathrm{d}u$.

2. (1) $\dfrac{1-\cos4x}{\sqrt{4+4x-\sin4x}}$ **(提示)** 由 $F'(x)F(x)=\sin^2 2x$, 得 $F(x)=\dfrac{1}{2}\sqrt{4+4x-\sin4x}$;

   (2) $f(x)=x-\arctan x-\dfrac{1}{2}\ln(1+x^2)$ **(提示)** 令 $x=-t,f'(t)=t(f'(-t)-1)$, 则

$$f'(x) = x(f'(-x) - 1) \Rightarrow f'(x) = \frac{x(x-1)}{1+x^2}, f(x) = \int \frac{x(x-1)}{1+x^2} \mathrm{d}x.$$

3. (1) $\frac{1}{2}\arctan(f^2(x)) + C$；(2) $\frac{1}{4}\ln\frac{1+f^2(x)}{1-f^2(x)}$；

(3) $\pm\ln\left| x - \frac{1}{x} + \sqrt{x^2 + \frac{1}{x^2}} \right| + C$（$x > 0$ 时取 ＋号，$x < 0$ 时取 －号）；

(4) $\mp\ln\left| x + \frac{1}{x} + \sqrt{x^2 + \frac{1}{x^2}} \right| + C$（$x > 0$ 时取 －号，$x < 0$ 时取 ＋号）.

4. $P(x) = 2x^2 + 3$，$Q(x) = x^2 + x + 1$.

5. $\frac{1}{\mathrm{e}}$（**提示**）原式 $= \exp\left(\lim\limits_{n\to\infty}\ln\frac{(n!)^{\frac{1}{n}}}{n}\right)$，$\lim\limits_{n\to\infty}\left(\ln\frac{1}{n} + \ln\frac{2}{n} + \cdots + \ln\frac{n}{n}\right)\frac{1}{n} = \int_0^1\ln x\,\mathrm{d}x = -1$.

6. (1) $\frac{\pi}{8}\ln 2$（**提示**）令 $\frac{\pi}{4} - x = t$，$\int_0^{\frac{\pi}{4}}\ln\left(1 + \tan\left(\frac{\pi}{4} - x\right)\right)\mathrm{d}x = \int_0^{\frac{\pi}{4}}\ln(1+\tan t)\,\mathrm{d}t = I$，又

$$\int_0^{\frac{\pi}{4}}\ln\left(1 + \tan\left(\frac{\pi}{4} - x\right)\right)\mathrm{d}x = \int_0^{\frac{\pi}{4}}(\ln 2 - \ln(1 + \tan x))\,\mathrm{d}x = \frac{\pi}{4}\ln 2 - I$$

(2) $\frac{\pi}{8}\ln 2$（**提示**）令 $x = \tan t$，则 $\int_0^1\frac{\ln(1+x)}{1+x^2}\mathrm{d}x = \int_0^{\frac{\pi}{4}}\ln(1 + \tan t)\,\mathrm{d}t$；

(3) $\frac{\pi}{2}\left(\frac{\pi}{2} - \arctan 2\right)$（**提示**）令 $x = \pi - t$，$I = \pi\int_0^\pi\frac{\sin x}{5 - \sin^2 x}\mathrm{d}x - I$；

(4) $\frac{\pi}{4}$（**提示**）令 $x = \frac{\pi}{2} - t$，$I = \int_0^{\frac{\pi}{2}}\frac{1}{1+\cot^\lambda x}\mathrm{d}x = \int_0^{\frac{\pi}{2}}\frac{\tan^\lambda x}{1+\tan^\lambda x}\mathrm{d}x.$

7. $f(0) = -1$（**提示**）两次分部积分，原式 $= \int_0^\pi f(x)\sin x\,\mathrm{d}x + 2 + f(0) - \int_0^\pi f(x)\sin x\,\mathrm{d}x.$

8. （**提示**）记 $m = \min\limits_{x\in[0,T]}f(x)$. $\forall x \in (0, +\infty)$，$\exists n \in \mathbf{N}^*$，使得 $nT \leqslant x < (n+1)T$，对积分 $\frac{1}{x}\int_0^x(f(x) - m)\mathrm{d}x$ 应用夹逼准则.

9. $1 + \ln x$（**提示**）原式两边对 x 求导得

$$yf(xy) = yf(x) + \int_1^y f(t)\mathrm{d}t \Rightarrow \frac{f(xy) - f(x)}{xy - x} = \frac{1}{xy(y-1)}\int_1^y f(t)\mathrm{d}t$$

右端应用积分中值定理，后令 $y \to 1$，求极限.

10. （**提示**）令 $F(x) = \int_a^x f(t)\mathrm{d}t - (x - a)f\left(\frac{a+x}{2}\right)$，应用积分中值定理证明 $F'(x) > 0$；再令

$$F(x) = (x - a)(f(a) + f(x)) - 2\int_a^x f(t)\mathrm{d}t，应用积分中值定理证明 F'(x) > 0.$$

习题 4.1

1. $(1, -2, 1), (-1, 2, 1), (-1, -2, -1); (1, 2, 1), (-1, 2, -1), (1, -2, -1); (-1, -2, 1).$

2. $(1, 4, -2)$. **3.** $(0, 1, -2)$.

4. $(2, 3, 6); 7; \cos\alpha = \frac{2}{7}, \cos\beta = \frac{3}{7}, \cos\gamma = \frac{6}{7}.$

5. $(1, -1, \sqrt{2})$ 或 $(1, -1, -\sqrt{2})$.

6. $(18,19,-31)$.   **7.** $\sqrt{129},7$.   **8.** $\left(\dfrac{11}{4},-\dfrac{1}{4},3\right)$.   **9.** $(-3,-4,-2)$.

10. $17,(-3,3,-1),0,(33,24,-27)$.

11. $A=\arccos\dfrac{\sqrt{2}}{6},B=\arccos\dfrac{4}{21},C=\arccos\dfrac{9}{14}\sqrt{2}$.

12. $\sqrt{3}$.   **13.** $\dfrac{\pi}{3}$.   **14.** $\sqrt{76}$.   **15.** 22.   **16.** 3.   **17.** $12\sqrt{3}$.

18. $\sqrt{\dfrac{41}{14}}$ **19.** $\dfrac{\pi}{3}$.   **20.** $-a^2,P$ 为 EF 的中点.   **21.** 1.

习题 4.2

1. (1) 过原点;(2) 垂直于 xOy 平面,且过原点(或说过 z 轴);

(3) 平行于 yOz 平面(或说垂直于 x 轴).

2. $2x-13y-7z+17=0$.   **3.** $6x+5y+z=15$.   **4.** $4x+3y+z=9$.   **5.** $x+y+z=2$.

6. (1) -4;(2) $\dfrac{1}{3}$;(3) 1;(4) ± 2.

7. 相交,夹角为 $\mathrm{arccos}\dfrac{1}{6}$.

8. $x-2y+4z=2\pm3\sqrt{21}$.

习题 4.3

1. (1) 过原点,$(3,2,6)$;(2) 过$(0,1,-1)$,平行于 xOy 平面,$(2,1,0)$;

(3) 过点$(0,1,-1)$,平行于 x 轴,$(1,0,0)$.

2. $\dfrac{x}{-2}=\dfrac{y-2}{3}=\dfrac{z-4}{1}$.

3. $\left(\dfrac{10}{7},\dfrac{8}{7},\dfrac{5}{7}\right),\left(\dfrac{13}{7},\dfrac{2}{7},\dfrac{17}{7}\right)$.

4. $\sqrt{19}$.   **5.** $(1,6,0),2\sqrt{6}$.

6. $y_0=-\dfrac{7}{2},z_0=-\dfrac{3}{2},n=-\dfrac{13}{2},p=-\dfrac{7}{2}$.

7. $2(y+1)^2+(x+z-1)^2=18$.

8. $\sqrt{14},\dfrac{x+2}{3}=\dfrac{y-3}{-1}=\dfrac{z+1}{2}$.

习题 4.4

1. (1) 直线平行于平面;(2) 直线垂直于平面;(3) 直线在平面内.   **2.** $\arcsin\dfrac{3}{133}$.

3. $\begin{cases}2y-z=4,\\ x+2y+4z=2,\end{cases}2y-z=4$.   **4.** $\dfrac{x+1}{48}=\dfrac{y}{37}=\dfrac{z-4}{4}$.   **5.** $2x+3y-5z=0$.

习题 4.5

1. $(0,3,-4),R=5$.

2. $\left(\dfrac{1}{3}, -\dfrac{1}{3}, -\dfrac{1}{3}\right)$, $\sqrt{15}$.

3. $\left(x-\dfrac{1}{4}\right)^2 + \left(y-\dfrac{1}{4}\right)^2 + \left(z-\dfrac{1}{4}\right)^2 = \dfrac{1}{16}$.

4. $2y^2 + 2z^2 - 2yz + 12y - 10z = 3$.

5. (1) 是，由 $\begin{cases} x^2 + 3z^2 = 1, \\ y = 0 \end{cases}$ 绕 z 轴；(2) 不是；(3) 是，由 $\begin{cases} 2x^2 - 2y^2 = 1, \\ z = 0 \end{cases}$ 绕 y 轴；

(4) 是，由 $\begin{cases} 2x^2 - 2y^2 = 1, \\ z = 0 \end{cases}$ 绕 x 轴；(5) 是，由 $\begin{cases} x = \sqrt{2}\,y, \\ z = 0 \end{cases}$ 绕 y 轴.

6. (1) $k^2(x^2 + z^2) = y^2$；(2) $y^2 + z^2 = \sin^2 x \,(0 \leqslant x \leqslant \pi)$；(3) $z = 4 - x^2 - y^2 \,(z \geqslant 0)$.

7. $x^2 + y^2 - z^2 = 1$.

8. $x^2 - 5y^2 + z^2 + 8y = 4$.

9. (1) 旋转椭球面；(2) 抛物柱面；(3) 二次锥面；(4) 椭圆柱面；(5) 双叶双曲面；

(6) 椭圆抛物面；(7) 单叶双曲面；(8) 双曲抛物面；(9) 上半圆锥面；(10) 圆柱面.

10. (1) 椭球面 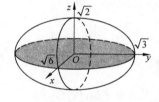 (2) 圆柱面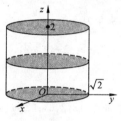

(3) 圆锥面 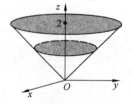 (4) 旋转抛物面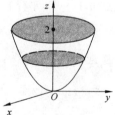

(5) 圆柱面 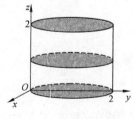 (6) 旋转抛物面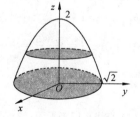

11. $\arccos \dfrac{5}{6}$.

习题 4.6

1. $\begin{cases} x^2 + y^2 = 2, \\ z = 0, \end{cases}$ $x^2 + y^2 = 2$.